《现代数学基础丛书》编委会

"十四五"时期国家重点出版物出版专项规划项目

现代数学基础丛书 200

$\mathcal{PT}$ 对称非线性波方程的理论与应用

闫振亚 陈 勇 沈雨佳 温子超 李 昕 著

科学出版社

北 京

内 容 简 介

自 1998 年 $\mathcal{PT}$ 对称量子力学(非经典量子力学)被提出以来, 逐步激发了人们对有关 $\mathcal{PT}$ 对称理论和实验方面的广泛关注. 作者自 2007 年开始研究 $\mathcal{PT}$ 对称相关的问题, 本书的主要内容源于作者的部分研究成果. 本书主要阐述 $\mathcal{PT}$ 对称理论、方法及其在线性和非线性波方程中的应用, 主要针对具有物理意义的不同复值 $\mathcal{PT}$ 对称势, 研究非厄米 Hamilton 算子具有全实特征值谱的参数分布、非线性光学系统及相关领域中的非线性 Schrödinger 方程 (其在 Bose-Einstein 凝聚态中被称为 Gross-Pitaevskii 方程)、高次非线性 Schrödinger 方程、高阶非线性 Schrödinger 方程、导数非线性 Schrödinger 方程、Ginzburg-Landau 方程、非局域非线性 Schrödinger 方程与三波相互作用耦合系统等非线性波方程的不同类型孤子解和 peakon 解、相互作用、稳定激发以及动力学性质. 这些性质和结果可能激发量子力学、非线性光学与 Bose-Einstein 凝聚态等相关领域的交叉应用, 也为相关物理实验的设计提供理论基础和数据支撑.

本书可作为理工类高等院校数学、物理、力学等专业的研究生教材和参考书, 也可供相关科技工作人员参考.

图书在版编目(CIP)数据

$\mathcal{PT}$ 对称非线性波方程的理论与应用/闫振亚等著. —北京: 科学出版社, 2023.12

(现代数学基础丛书; 200)

ISBN 978-7-03-076535-2

I. ①P⋯ II. ①闫⋯ III. ①非线性方程–波动方程–研究 IV. ①O175.27

中国国家版本馆 CIP 数据核字(2023)第 189466 号

责任编辑: 胡庆家 崔慧娴 / 责任校对: 彭珍珍
责任印制: 张 伟 / 封面设计: 陈 敬

科学出版社 出版

北京东黄城根北街 16 号
邮政编码: 100717
http://www.sciencep.com

河北鑫玉鸿程印刷有限公司 印刷
科学出版社发行 各地新华书店经销

*

2023 年 12 月第 一 版 开本: 720 × 1000 1/16
2023 年 12 月第一次印刷 印张: 22 3/4
字数: 458 000

定价: 198.00 元
(如有印装质量问题, 我社负责调换)

《现代数学基础丛书》序

对于数学研究与培养青年数学人才而言，书籍与期刊起着特殊重要的作用. 许多成就卓越的数学家在青年时代都曾钻研或参考过一些优秀书籍，从中汲取营养，获得教益.

20 世纪 70 年代后期，我国的数学研究与数学书刊的出版由于"文化大革命"的浩劫已经破坏与中断了 10 余年，而在这期间国际上数学研究却在迅猛地发展着. 1978 年以后，我国青年学子重新获得了学习、钻研与深造的机会. 当时他们的参考书籍大多还是 50 年代甚至更早期的著述. 据此，科学出版社陆续推出了多套数学丛书，其中《纯粹数学与应用数学专著》丛书与《现代数学基础丛书》更为突出，前者出版约 40 卷，后者则逾 80 卷. 它们质量甚高，影响颇大，对我国数学研究、交流与人才培养发挥了显著效用.

《现代数学基础丛书》的宗旨是面向大学数学专业的高年级学生、研究生以及青年学者，针对一些重要的数学领域与研究方向，作较系统的介绍. 既注意该领域的基础知识，又反映其新发展，力求深入浅出，简明扼要，注重创新.

近年来，数学在各门科学、高新技术、经济、管理等方面取得了更加广泛与深入的应用，还形成了一些交叉学科. 我们希望这套丛书的内容由基础数学拓展到应用数学、计算数学以及数学交叉学科的各个领域.

这套丛书得到了许多数学家长期的大力支持，编辑人员也为其付出了艰辛的劳动. 它获得了广大读者的喜爱. 我们诚挚地希望大家更加关心与支持它的发展，使它越办越好，为我国数学研究与教育水平的进一步提高做出贡献.

杨　乐

2003 年 8 月

前　　言

自 20 世纪初经典量子力学被诸多著名物理学家 (如普朗克、爱因斯坦、玻尔、康普顿、德布罗意、玻恩、狄拉克、薛定谔、费米、海森伯、泡利等) 创立以来, 量子力学得到了飞速发展. 特别是, 1926 年薛定谔建立的 Schrödinger 方程进一步加速了量子力学的发展, 这充分说明数学物理模型在科学发展中的重要性. 现代科学技术的发展离不开量子力学, 如半导体、激光、材料、量子计算、量子信息等. 经典量子力学中的 Hamilton 算子一般要求是厄米的, 这样虽然能够充分保证其拥有全实谱, 但非厄米 Hamilton 算子能谱的实质性问题仍是未知的. 直到 1998 年, Bender 和 Boettcher 提出一种特殊的非厄米算子, 即复 $\mathcal{PT}$ (parity-time) 对称 Hamilton 算子, 其特征值也可能是实的, 并且发展成为 $\mathcal{PT}$ 对称量子力学 (简称 $\mathcal{PT}$ 量子力学). $\mathcal{PT}$ 量子力学已经应用在很多科学和技术领域中, 如量子力学、数学、光学、材料科学、半导体激光、微机电、传感器、电子系统、量子计算和信息等, 且发挥着越来越重要的作用. 因此, 研究 $\mathcal{PT}$ 对称波方程的理论、方法及其应用具有重要的理论意义和应用前景.

本书的第一作者自 2007 年开始研究孤子方程的复 $\mathcal{PT}$ 对称拓展和 $\mathcal{PT}$ 对称势等, 又从 2010 年开始与几位博士生一起研究 $\mathcal{PT}$ 对称 Hamilton 算子和 $\mathcal{PT}$ 对称波方程等. 本书在前人的基础上研究了不同 $\mathcal{PT}$ 对称势作用下线性和非线性波方程解的波结构和动力学性质等. 为了使内容相对完整, 本书增加了一些有关量子力学的基础知识.

本书共 15 章, 主要针对具有物理意义的不同复 $\mathcal{PT}$ 对称势, 研究非厄米 Hamilton 算子实谱的参数分布、非线性光学系统及相关领域中的非线性 Schrödinger 方程 (其在 Bose-Einstein 凝聚态中被称为 Gross-Pitaevskii 方程)、高次非线性 Schrödinger 方程、高阶非线性 Schrödinger 方程、导数非线性 Schrödinger 方程、Ginzburg-Landau 方程、非局域非线性 Schrödinger 方程、三波相互作用耦合系统等的孤子解、相互作用、稳定激发以及动力学性质.

第 1 章是基础知识, 简要介绍经典量子力学的发展历史和基本波动方程 (线性 Schrödinger 方程)、非厄米 $\mathcal{PT}$ 对称与 $\mathcal{PT}$ 量子力学的基本理论、$\mathcal{PT}$ 对称理论在可积与近可积非线性系统中的应用, 以及分数阶量子力学中的物理模型等.

第 2 章研究一维、二维及三维情况下具有广义 $\mathcal{PT}$ 对称 Scarf-II 势的 Hamilton 算子, 以及聚焦/散焦 Kerr 非线性光学介质中的孤子解及其动力学性质.

第 3 章主要研究具有调和势的 Hamilton 量, 引入参数同步调控的 $\mathcal{PT}$ 对称势和空间变系数产生的非线性效应. 通过数值求解 Schrödinger 算子的特征值问题, 讨论相应 Hamilton 量的对称相变现象, 研究带 $\mathcal{PT}$ 对称势广义非线性 Schrödinger 方程中孤子的稳定性和绝热激发.

第 4 章基于空间变系数的动量调控, 在广义 Gross-Pitaevskii 方程中引入不同种类的与物理上密切相关的 $\mathcal{PT}$ 对称势, 分析非周期势能情形下的亮孤子和周期势能情形下的一维或多维隙孤子以及它们的动力学性质.

第 5 章研究含 $\mathcal{PT}$ 对称周期外势调制的一维和二维广义非线性 Schrödinger 方程, 分析了有效质量调控对光束传播动力学行为及横向功率流的影响.

第 6 章基于非均匀 Kerr 非线性介质下的多维 Schrödinger 方程, 证明具有无界增益–损耗分布的 $\mathcal{PT}$ 对称复值势可以有全实的线性能量谱, 以及稳定的空间孤立子和时空光孤子.

第 7 章主要研究在散焦 Kerr 非线性介质中构造一类新的 $\mathcal{PT}$ 对称有理函数势, 并在一些特殊的传播常数点上构造出精确的非线性局域模态.

第 8 章主要研究具有复值非厄米势的广义非线性 Schrödinger 方程, 并证明在幂律非线性作用下一大类新型的 $\mathcal{PT}$ 对称势都存在成族的稳定亮孤子解.

第 9 章考虑了含 $\mathcal{PT}$ 对称 $\delta(x)$-sgn(x) 函数势的非线性 Schrödinger 方程, 包括含 $\mathcal{PT}$ 对称 $\delta(x)$-sgn(x) 势的线性谱问题, 以及该外势作用下非线性 Schrödinger 方程解的稳定性、相互作用和孤子绝热激发等.

第 10 章基于导数非线性 Schrödinger 方程, 讨论方程中的导数非线性项和 $\mathcal{PT}$ 对称势 (以 Scarf-II 势、调和–厄米–高斯势为例) 对光束传播动力学行为的影响.

第 11 章基于三阶非线性 Schrödinger 方程, 在 $\mathcal{PT}$ 对称势 (如 Scarf-II 势和调和–高斯势) 作用下, 构造其精确孤子解族, 并讨论其稳定性.

第 12 章主要考虑三次复 Ginzburg-Landau 方程在近 $\mathcal{PT}$ 对称势作用下的孤子解及其稳定性, 同时还考虑了含 $\mathcal{PT}$ 对称势的 Hamilton 算子实谱的参数分布情况.

第 13 章主要讨论非线性耦合 $\mathcal{PT}$ 对称系统的稳定性、可积性及非线性动力学行为, 分别研究三次交叉耦合非线性项系统和五次自相位非线性项系统.

第 14 章基于含 $\mathcal{PT}$ 对称势的非局域非线性 Schrödinger 方程, 分析三种 $\mathcal{PT}$ 对称势作用下线性算子问题实谱的参数范围和非局域非线性 Schrödinger 方程的解及其稳定性.

第 15 章主要针对二次非线性介质中 $\mathcal{PT}$ 对称的三波相互作用, 分别对具有 $\mathcal{PT}$ 对称势的三波相互作用模型, 以及两个耦合的 $\mathcal{PT}$ 对称三波系统展开研究, 并讨论相应物理系统中非线性模态的稳定性.

作者感谢可积系统及其应用等领域的专家学者多年来对作者的帮助和大力支持, 感谢国家自然科学基金委员会和中国科学院数学与系统科学研究院对本研究工作和本书出版的大力支持, 感谢科学出版社胡庆家编辑对本书出版所做的辛勤工作. 由于作者水平有限, 书中难免存在不足之处, 相关论著的引用可能有遗漏之处, 敬请读者批评指正.

闫振亚　中国科学院数学与系统科学研究院

陈　勇　江苏师范大学

沈雨佳　中国农业大学

温子超　华盛顿大学

李　昕　常熟理工学院

2022 年 11 月

目　　录

第 1 章　基 础 知 识

由于本书所涉及的方程 (或模型) 与物理有关, 因此首先简单地介绍物理的一些相关知识. 中国古代 "物理" 意为 "万物之理", 最早出现于《庄子·天下》篇中 "判天地之美, 析万物之理" 以及《庄子·外篇·知北游》中 "原天地之美而达万物之理", 战国时期墨家 (墨子, 约公元前 468—前 376, 墨家学派的创始人) 的著作《墨经》是世界上最早的物理学理论著作 (包括力学、声学、光学、数学等) 之一, 较早的春秋末期的著作《考工记》最早系统记载齐国官营手工业技术和制造工艺, 还涉及数学、力学、声学、建筑学、地理学知识等[1,2]. 英文物理学 (physics) 源于古希腊语 ($\varphi \acute{v} \sigma \iota \varsigma$), 其本意是指自然. 物理学分为经典物理学 (classical physics, 19 世纪末之前) 和现代物理学 (modern physics, 20 世纪初至今), 其中经典物理包括经典力学、光学、声学、电动力学、电磁学、热力学、统计力学等, 而现代物理包括量子力学、核物理、宇宙学、相对论、原子物理等. 经典物理学主要研究低速宏观物质的运动等, 量子力学主要研究低速微观粒子 (如分子、原子、原子核、基本粒子等) 的运动, 而相对论主要研究高速宏观运动的物体. 这里的高低速划分是以光速 (3×10^8m/s) 为基准的, 而宏观和微观的划分并没有明显的界限, 只是相对而言的. 在量子力学和相对论基础上, 人们发展了量子场论, 用于描述高速微观粒子的运动. 量子力学与相对论成为近现代物理学的两大基石[3].

量子 (quantum) 来源于拉丁语 quantus, 其意为 "有多少". 量子力学自从 20 世纪初期被诸多著名物理学家 (如普朗克、爱因斯坦、玻尔、康普顿、德布罗意、玻恩、海森伯、薛定谔、费米、狄拉克、泡利等) 创立以来, 在很多领域和技术中发挥着越来越重要的作用, 如半导体技术、纳米技术、激光技术、电子显微镜、原子钟、核磁共振、超导材料、化学、生物学、量子信息、量子计算等. 可以说近现代科技发展和社会的进步离不开量子力学的研究. 量子力学 (也称经典量子力学) 中的一个基本要求是: Hamilton 算子是厄米的, 其充分保证能谱是全实的, 即对应的物理量是可观测的[4]. 事实上, 厄米性并不是 Hamilton 算子拥有全实谱的必要条件. 很长时间人们忽视了对非厄米 Hamilton 算子的关注.

1998 年, Bender 和 Boettcher[5] 首次提出宇称–时间 (parity-time) 反演对称 (即 $\mathcal{PT}$ 对称) 的概念, 并证实非厄米 Hamilton 算子也可能拥有全实谱. 该成果被视为现代量子力学的重大进展, 目前已发展成为非厄米 $\mathcal{PT}$ 对称量子力学 (或称 $\mathcal{PT}$ 量子力学)[6], 这是经典量子力学的推广. 近年来, $\mathcal{PT}$ 量子力学已引起了人们的广泛关注. 特别地, 增益与损耗的影响可能导致传统系统具有全新的意想不到的特性, 于是人们开始从理论、实验和技术等多方面深入地探索非厄米系统. 非厄米 $\mathcal{PT}$ 对称的概念推广了经典量子力学中对 Hamilton 算子厄米性的要求, 因为 $\mathcal{PT}$ 对称 Hamilton 系统不仅可以拥有全实谱, 而且比厄米性更具备物理实验实现的条件. 由于量子力学中描述微观粒子的状态方程与光学中傍轴近似下光束的传输方程在数学形式上是一致的, 即都可以统一用 Schrödinger 方程来描述, 于是人们自然地将 $\mathcal{PT}$ 对称理论引入光学领域中. $\mathcal{PT}$ 对称的结构可以通过在对称的波导几何中包含平衡的增益–损耗 (gain-loss) 分布来实现. 当引入波导的非线性效应时, 由于光束的自然衍射效应、$\mathcal{PT}$ 对称复势作用, 以及介质的非线性效应之间的相互平衡, 光波便可以形成光孤子, 进而在非线性介质中能稳定地传输, 而这种现象在传统的耗散系统中是不存在的. 因此, 研究非厄米 $\mathcal{PT}$ 对称系统中的能谱与孤子稳定传播问题具有重要的理论意义和应用前景[7].

1.1 经典量子力学简介

到 19 世纪末时, 经典物理学体系已发展到了较为完善、系统的阶段. 但在 19~20 世纪之交的新年纪念会上, 英国数学物理学家威廉·汤姆森 (又称开尔文男爵, William Thomson, 又名 1st Baron Kelvin 或 Lord Kelvin, 1824—1907, 热力学温标 (绝对温标) 的发明人, 现代热力学之父) 发表新年祝词, 他提到完善的经典物理学大厦上空还飘着不和谐的 “两朵乌云”: 电动力学中的迈克耳孙–莫雷实验与以太漂移说矛盾, 黑体辐射实验和理论的矛盾. 这两个经典物理学中的 “灾难” 直接导致非经典物理学中的相对论和量子力学的建立.

首先简单地描述经典量子力学 (quantum mechanics 首次被 Born[8] 于 1924 年命名, 也称量子物理) 的历史. 经典量子力学于 20 世纪初由很多著名的物理学家共同创立, 已成为近现代很多学科和技术 (如原子物理学、半导体物理、凝聚态物理、表面物理、固体物理学、核物理学、粒子物理学、分子生物学、量子化学、纳米材料、激光、量子计算与信息等) 的研究基础 (参见文献 [9-15] 及其文献).

(1) 1900 年, 德国理论物理学家马克斯·普朗克 (Max Planck, 全名 Max Karl Ernst Ludwig Planck, 1858—1947, 1918 年获诺贝尔物理学奖, 量子力学之父, 德国威廉皇家学会为纪念普朗克而改名为马克斯·普朗克科学促进学会 (简称马普所)) 提出了黑体辐射中的能量量子化的假说, 认为物质辐射或吸收能量是不连续的. 每份能量满足普朗克公式

$$E = h\nu = \hbar\omega, \tag{1.1.1}$$

其中, ν 是入射光的频率, 数量级比较大, 如可见光谱具有 10^{15}s^{-1} 量级; ω 为光的

角频率, 普朗克常数是 $h = 6.62607 \times 10^{-34}$J · s, 约化普朗克常数为 $\hbar = h/2\pi \approx 1.05457 \times 10^{-34}$J · s. 这里所说的黑体 (black body) 是指理想体, 意为它能够吸收投射来的任意波长的电磁辐射, 且不会有反射与透射.

(2) 1905 年, 美国和瑞士双国籍德国犹太裔物理学家阿尔伯特·爱因斯坦 (Albert Einstein, 1879—1955, 1921 年获诺贝尔物理学奖, 1999 年被美国《时代周刊》评选为 "世纪伟人") 推广了普朗克的量子假说, 提出了光子 (光量子) 假说, 即光具有粒子性, 并给出了光子的能量、动量与辐射的频率和波长的关系, 成功地解释了光电效应. 爱因斯坦光电效应方程为

$$hv = w_0 + \frac{1}{2}m_{\mathrm{e}}v^2, \tag{1.1.2}$$

其中, $w_0 = h\nu_0$ 为金属中的电子逸出功, m_{e} 是电子质量, v 表示其速度. 另外, 根据

$$E = pc, \quad \nu = ck, \quad k = 1/\lambda, \tag{1.1.3}$$

以及普朗克公式 (1.1.1), 可得动量方程

$$p = h/\lambda = hk, \tag{1.1.4}$$

其中, λ 为波长, c 为光速, p 为动量, k 为波数. 理论物理中定义的波数为 $k = 2\pi/\lambda$, 那么动量方程 (1.1.4) 改写为

$$p = h/\lambda = \frac{hk}{2\pi} = \hbar k. \tag{1.1.5}$$

有时称方程 (1.1.1) 和 (1.1.5) 为普朗克–爱因斯坦公式. 爱因斯坦的光量子说于 1916 年被美国罗伯特·安德鲁·密立根 (Robert Andrews Millikan, 1868—1953, 1923 年获诺贝尔物理学奖) 的实验所证实, 并测出当时最精确的普朗克常数的值.

(3) 1913 年, 丹麦物理学家尼尔斯·玻尔 (Niels Bohr, 1885—1962, 1922 年获诺贝尔物理学奖, 哥本哈根学派的创始人) 提出了原子的玻尔模型 (即量子能级跃迁), 表明电子通过吸收或释放能量, 可以从一个能级跃迁到另一个高或低能级, 即玻尔模型.

(4) 1922~1923 年, 美国物理学家阿瑟·霍利·康普顿 (Arthur Holly Compton, 1892—1962, 1927 年获诺贝尔物理学奖) 发现了著名的康普顿效应, 即 X 射线被较轻物质 (如石墨、石蜡等) 散射后光中除了有波长与原波长相同的成分外, 还有波长较长的成分. 该现象可以用爱因斯坦的光电理论来圆满解释. 我国的物理学家吴有训院士 (1897—1977, 康普顿的博士生 (1923—1925), 中国近代物理学研究的开拓者和奠基人之一) 对康普顿效应实验做出了重要贡献.

(5) 1923~1924 年, 法国物理学家路易·德布罗意 (Louis de Broglie, 1892—1987, 1929 年获诺贝尔物理学奖, 物质波理论的创立者) 受普朗克与爱因斯坦的光量子理论以及玻尔的原子量子论的启发, 根据光具有波粒二象性, 设想实物粒子 (如电子、原子、分子等) 也具有波粒二象性 (即电子波动性), 并提出物质波 (粒子也是波, 被称为德布罗意波) 及其方程: 波长和动量成反比, 以及频率和总能成正比之关系;

$$\lambda = h/p, \qquad \nu = E/h. \tag{1.1.6}$$

该理论假说于 1927 年被美国科学家戴维孙 (Clinton Joseph Davisson, 1881—1958) 和他的助手革末 (L. H. Germer, 1896—1971) 首次用低速电子进行电子散射实验证实, 同年也被汤姆孙 (George Paget Thomson, 1892—1975) 设计的电子衍射实验所证实. 戴维孙和汤姆孙于 1937 年获诺贝尔物理学奖.

(6) 1925 年, 德国物理学家沃纳·卡尔·海森伯 (Werner Karl Heisenberg, 1901—1976, 1932 年获诺贝尔物理学奖, 哥本哈根学派的代表人物) 与马克斯·玻恩 (Max Born, 1882—1970) 及帕斯库尔·若尔当 (Pascual Jordan, 1902—1980) 共同建立了矩阵力学.

(7) 1925 年, 美籍奥地利物理学家沃尔夫冈·泡利 (Wolfgang Pauli, 1900—1958, 1945 年获诺贝尔物理学奖, 哥本哈根学派的代表人物) 提出了不相容原理 (即原子的同一轨道中不能容纳运动状态完全相同的电子). 另外, 1927 年他还提出了三个幺正 $(A^{-1} = A^{\dagger} = (A^{\mathrm{T}})^*)$ 厄米 $(A = A^{\dagger})$ 泡利矩阵:

$$\sigma_1 = \sigma_x = \begin{pmatrix} 0 & 1 \\ 1 & 0 \end{pmatrix}, \quad \sigma_2 = \sigma_y = \begin{pmatrix} 0 & -\mathrm{i} \\ \mathrm{i} & 0 \end{pmatrix}, \quad \sigma_3 = \sigma_z = \begin{pmatrix} 1 & 0 \\ 0 & -1 \end{pmatrix}, \tag{1.1.7}$$

且 $\mathrm{tr}(\sigma_j) = 0$, $|\sigma_j| = -1$, $\sigma_j^2 = \mathbb{I} = -\mathrm{i}\sigma_1\sigma_2\sigma_3$, $j = 1, 2, 3$,

$$\sigma_1\sigma_2 = \mathrm{i}\sigma_3, \quad \sigma_2\sigma_3 = \mathrm{i}\sigma_1, \quad \sigma_3\sigma_1 = \mathrm{i}\sigma_2,$$

$$\sigma_i\sigma_j = -\sigma_j\sigma_i \qquad (i \neq j), \tag{1.1.8}$$

$$[\sigma_1, \sigma_2] = 2\mathrm{i}\sigma_3, \quad [\sigma_2, \sigma_3] = 2\mathrm{i}\sigma_1, \quad [\sigma_3, \sigma_1] = 2\mathrm{i}\sigma_2, \tag{1.1.9}$$

$$[\sigma_1, [\sigma_2, \sigma_3]] + [\sigma_2, [\sigma_3, \sigma_1]] + [\sigma_3, [\sigma_1, \sigma_2]] = 0. \tag{1.1.10}$$

它们的特征值为 ±1, 对应的归一化的特征函数为

$$\psi_{1+} = \frac{1}{\sqrt{2}} \begin{pmatrix} 1 \\ 1 \end{pmatrix}, \qquad \psi_{1-} = \frac{1}{\sqrt{2}} \begin{pmatrix} 1 \\ -1 \end{pmatrix},$$

$$\psi_{2+} = \frac{1}{\sqrt{2}} \begin{pmatrix} 1 \\ i \end{pmatrix}, \qquad \psi_{2-} = \frac{1}{\sqrt{2}} \begin{pmatrix} 1 \\ -i \end{pmatrix},$$

$$\psi_{3+} = \begin{pmatrix} 1 \\ 0 \end{pmatrix}, \qquad \psi_{3-} = \begin{pmatrix} 0 \\ 1 \end{pmatrix}.$$

注 1.1 Pauli 阵属于行列式为 $SU(2)$, 因为 $SU(2)$ 是 2×2 酉群中特殊的一类

$$U = \begin{pmatrix} \alpha_R + i\alpha_I & \beta_R + i\beta_I \\ -\beta_R + i\beta_I & \alpha_R - i\alpha_I \end{pmatrix}, \quad |\alpha_R + i\alpha_I|^2 + |\beta_R + i\beta_I|^2 = 1.$$

(8) 1926 年, 奥地利物理学家埃尔温·薛定谔 (Erwin Schrödinger, 1887—1961, 1933 年获诺贝尔物理学奖) 受德布罗意物质波思想的启发, 建立了非相对论量子力学中的波动方程 (即著名的 Schrödinger 方程):

$$i\hbar \frac{\partial}{\partial t} \psi(\boldsymbol{r}, t) = \left[-\frac{\hbar^2}{2m} \nabla^2 + V(\boldsymbol{r}, t) \right] \psi(\boldsymbol{r}, t), \tag{1.1.11}$$

其中, 梯度算子为 $\nabla = (\partial_x, \partial_y, \partial_z)$, ∇^2 为 Laplace 算子, 其后不久证明矩阵力学与波动力学方程是等价的.

(9) 1926 年, 德国物理学家马克斯·玻恩 (Max Born, 1882—1970, 1954 年获诺贝尔物理学奖, 哥本哈根学派的代表人物) 基于对原子系统内碰撞问题的研究, 给出了 Schrödinger 方程波函数的统计诠释, 即用 $|\psi(\boldsymbol{r}, t)|^2$ 表示粒子在某时刻某处出现的概率密度. 认为个别粒子在何处出现有一定的偶然性, 但大量粒子在空间中出现服从一定的统计规律 (即必然性).

(10) 1927 年, 海森伯提出了不确定性原理, 即在量子系统中, 微观粒子的位置与动量无法同时被确定, 且满足关系式

$$\sigma_{x_j} \sigma_{p_{x_j}} \geqslant \frac{h}{4\pi} = \frac{\hbar}{2}, \quad j = 1, 2, 3, \tag{1.1.12}$$

这从数学表达式上论证了波粒二象性, 不确定性原理是量子系统固有的, 与测量方法和测量仪器无关. 同时这与玻恩提出的波函数的统计诠释是一致的. 另外, 能量–时间的不确定性关系式可表示为

$$\sigma_E \sigma_t \geqslant \frac{\hbar}{2}. \tag{1.1.13}$$

(11) 1927 年, 玻尔提出了 "互补原理" (或并协原理), 即宏观与微观理论, 以及不同领域相似问题之间的对应关系, 其从哲学角度诠释了波粒二象性. 波粒二

象性说明量子力学在描述微观现象时, 波和粒子是互斥但又高度统一的, 波动性
和粒子性不会在同一次测量时出现 (即不冲突), 因此它们是互补的. 不确定性原
理与互补原理成为量子力学哥本哈根学派的两大根基.

(12) 1928 年, 英国物理学家保罗·狄拉克 (Paul Dirac, 1902—1984, 1933 年
获诺贝尔物理学奖, 哥本哈根学派的代表人物) 提出了相对论量子力学中的波动
方程 (即著名的 Dirac 方程):

$$i\hbar \frac{\partial}{\partial t}\psi(\boldsymbol{r},t) = \left(-i\hbar c\boldsymbol{\alpha}\cdot\nabla + \beta mc^2\right)\psi(\boldsymbol{r},t), \tag{1.1.14}$$

其中,

$$\boldsymbol{\alpha} = \left[\begin{pmatrix} \mathbf{0}_{2\times 2} & \sigma_1 \\ \sigma_1 & \mathbf{0}_{2\times 2} \end{pmatrix}, \begin{pmatrix} \mathbf{0}_{2\times 2} & \sigma_2 \\ \sigma_2 & \mathbf{0}_{2\times 2} \end{pmatrix}, \begin{pmatrix} \mathbf{0}_{2\times 2} & \sigma_3 \\ \sigma_3 & \mathbf{0}_{2\times 2} \end{pmatrix}\right], \beta = \begin{pmatrix} \mathbf{I}_{2\times 2} & \mathbf{0}_{2\times 2} \\ \mathbf{0}_{2\times 2} & -\mathbf{I}_{2\times 2} \end{pmatrix},$$

且 $\sigma_{1,2,3}$ 为三个 Pauli 阵. 另外, 同年狄拉克独立证明了矩阵力学和波动力学的等
价性.

之后很多人也对量子力学的发展做出了贡献. 到目前为止, 与量子力学有关
的工作获得诺贝尔奖的科学家有 20 多人次, 特别是 2022 年的诺贝尔物理学奖授
予法国物理学家阿兰·阿斯佩 (Alain Aspect, 1947—)、美国理论和实验物理学
家约翰·克劳泽 (John Clauser, 1942—) 和奥地利物理学家安东·蔡林格 (Anton
Zeilinger, 1945—), 以表彰他们在量子纠缠方面所做的开创性的实验, 证伪了贝尔
不等式, 为量子信息技术的发展奠定了坚实的基础.

量子力学虽然逐步被建立, 但对于 Schrödinger 方程波函数的解释仍存在着
很多分歧. 以玻尔为代表的哥本哈根学派 (包括玻恩、海森伯、泡利等) 用概率密
度来诠释, 而以爱因斯坦为代表的少数非正统派 (如薛定谔、德布罗意等) 对哥本
哈根学派提出了质疑, 认为随机性或不可精确预期性并不是客观物理世界的本质,
只不过是人们对它的认识还不完备. 1927 年, 在比利时布鲁塞尔举办的关于 "电
子与光子" 的第五届索尔维 (Solvay) 会议上 (见图 1.1), 该系列会议由比利时大
实业家索尔维 (Ernest Solvay, 1838—1922) 出资于 1911 年举办首次会议 (该会议
三年一次), 两派发生了关于量子力学解释的争论: 爱因斯坦提出著名的言论 "上
帝不掷骰子", 而玻尔却反驳说: "爱因斯坦, 不要指挥上帝怎么做!" 另外, 还有以
布拉格和康普顿为首的实验派. 1930 年, 在布鲁塞尔召开的第六届索尔维会议上
又开始了关于量子力学解释的争论. 1935 年, 为了质疑哥本哈根学派, 薛定谔发
表论文 "量子力学的现状", 提出了 "薛定谔的猫" (Schrödinger's cat) 实验, 这是
关于猫生死叠加的思想实验, 是将微观世界的量子行为扩展到宏观世界的推演.

图 1.1 1927 年第五届索尔维 (Solvay) 会议参会人员 (彩色照片来源 pastincolour.com), 29 位参会人员中有多人获诺贝尔奖. 前排左起：朗缪尔 (I. Langmuir, 1881—1957, 美国化学家、物理学家, 1932 年获诺贝尔化学奖)、普朗克 (M. Planck, 1858—1947, 德国物理学家, 1918 年获诺贝尔物理学奖)、居里夫人 (M. Curie, 1867—1934, 波兰裔法国籍女物理学家、放射化学家, 1903 年获诺贝尔物理学奖、1911 年获诺贝尔化学奖)、洛伦兹 (H. A. Lorentz, 1853—1928, 荷兰物理学家, 1902 年获诺贝尔物理学奖)、爱因斯坦 (A. Einstein, 1879—1955, 美国和瑞士双国籍的犹太裔物理学家, 1921 年获诺贝尔物理学奖)、朗之万 (P. Langevin, 1872—1946, 法国物理学家)、古伊 (Ch. E. Guye, 1866—1942, 瑞士物理学家)、威尔逊 (C. T. R. Wilson, 1869—1959 英国物理学家, 1927 年获诺贝尔物理学奖)、理查森 (O. W. Richardson, 1879—1959, 英国物理学家, 1928 年获诺贝尔物理学奖); 中排左起：德拜 (P. Debye, 1884—1966, 美国物理化学家, 1936 年获诺贝尔化学奖)、克努森 (M. H. C. Knudsen, 1871—1949, 丹麦物理学家)、布拉格 (W. H. Bragg, 1862—1942, 英国物理学家, 1915 年获诺贝尔物理学奖)、克莱默斯 (H. A. Kramers, 1894—1952, 荷兰物理学家)、狄拉克 (P. A. M. Dirac, 1902—1984, 英国物理学家, 1933 年获诺贝尔物理学奖)、康普顿 (A. H. Compton, 1892—1962, 美国物理学家, 1927 年获诺贝尔物理学奖)、德布罗意 (L. de Broglie, 1892—1987, 法国物理学家, 1929 年获诺贝尔物理学奖)、玻恩 (M. Born, 1882—1970, 德国物理学家, 1954 年获诺贝尔物理学奖)、玻尔 (N. Bohr, 1885—1962, 丹麦物理学家, 1922 年获诺贝尔物理学奖); 后排左起: 皮卡尔德 (A. Piccard, 1884—1962, 瑞士物理学家)、亨利厄特 (E. Henriot, 1885—1961, 法国化学家)、埃伦费斯特 (P. Ehrenfest, 1880—1933, 奥地利物理学家)、赫尔岑 (Ed. Herzen, 1877—1936, 比利时化学家)、德康德 (Th. de Donder, 1872—1957, 比利时数学家、物理学家)、薛定谔 (E. Schrödinger, 1887—1961, 奥地利物理学家, 1933 年获诺贝尔物理学奖)、费尔夏费尔德 (E. Verschaffelt, 1870—1955, 比利时物理学家)、泡利 (W. Pauli, 1900—1958, 美籍奥地利科学家, 1945 年获诺贝尔物理学奖)、海森伯 (W. Heisenberg, 1901—1976, 德国理论物理学家, 1932 年获诺贝尔物理学奖)、福勒 (R. H. Fowler, 1889—1944, 英国物理学家)、布里渊 (L. Brillouin, 1889—1969, 法国物理学家)

1.2 量子力学中的波动方程

目前, 量子力学中的基本波动方程为 Schrödinger 方程, 下面主要介绍该方程的一些基本性质[9–15].

1.2.1 含时线性 Schrödinger 方程

下面, 通过用算符表示力学量来讨论含时线性 Schrödinger 方程.

1. 位置算符 (坐标算子)

将位置算符作用到波函数上, 可得

$$\hat{x}\psi(\boldsymbol{r},t) = x\psi(\boldsymbol{r},t), \quad \hat{y}\psi(\boldsymbol{r},t) = y\psi(\boldsymbol{r},t), \quad \hat{z}\psi(\boldsymbol{r},t) = z\psi(\boldsymbol{r},t),$$

其中, $\boldsymbol{r} = (x,y,z), \psi(\boldsymbol{r},t)$ 表示任意波函数, x, y, z 表示位置或坐标, 位置算符 (位置算子) 假定为 $\hat{x} = x, \hat{y} = y, \hat{z} = z$, 其向量表示为 $\hat{\boldsymbol{r}} = \boldsymbol{r} = (x,y,z)$.

注 1.2 *物理上的观察量 A 对应的算符 (算子) 通常被写为 $\hat{A}$.*

2. 动量和动能算符

考虑三维自由粒子的波函数

$$\psi(\boldsymbol{r},t) = A\exp\left[\frac{\mathrm{i}}{\hbar}(\boldsymbol{p}\cdot\boldsymbol{r} - Et)\right], \qquad \boldsymbol{p} = (p_x, p_y, p_z),$$

则有

$$\mathrm{i}\hbar\frac{\partial}{\partial t}\psi(\boldsymbol{r},t) = E\psi(\boldsymbol{r},t), \quad \text{即} \quad \mathrm{i}\hbar\frac{\partial}{\partial t} \to E,$$

$$-\mathrm{i}\hbar\frac{\partial}{\partial x_j}\psi(\boldsymbol{r},t) = p_{x_j}\psi(\boldsymbol{r},t), \quad \text{即} \quad -\mathrm{i}\hbar\frac{\partial}{\partial x_j} \to p_{x_j}, \quad x_j = x,y,z,$$

$$-\hbar^2\frac{\partial^2}{\partial_{x_j}^2}\psi(\boldsymbol{r},t) = p_{x_j}^2\psi(\boldsymbol{r},t), \quad \text{即} \quad -\hbar^2\frac{\partial^2}{\partial_{x_j}^2} \to p_{x_j}^2.$$

算符和力学量的对应关系 (等价关系) 为

$$\hat{E} = \mathrm{i}\hbar\frac{\partial}{\partial t} \to E, \quad \hat{\boldsymbol{p}} = -\mathrm{i}\hbar\nabla \to \boldsymbol{p}, \quad \hat{\boldsymbol{p}}^2 = -\hbar^2\nabla^2 \to \boldsymbol{p}^2.$$

对于非相对论中的自由粒子 (即外势为零), 根据 $\hat{E} = \dfrac{\hat{\boldsymbol{p}}^2}{2m}$, 可知算符对应的关系为

$$\mathrm{i}\hbar\frac{\partial}{\partial t} \to -\frac{\hbar^2}{2m}\nabla^2.$$

两边作用到波函数, 可得自由粒子的含时线性 Schrödinger 方程

$$\mathrm{i}\hbar\frac{\partial\psi}{\partial t} = -\frac{\hbar^2}{2m}\nabla^2\psi. \tag{1.2.1}$$

假设粒子在势场 $V(\boldsymbol{r}, t)$ 中运动, 可导出如下三维含时线性 Schrödinger 方程

$$\mathrm{i}\hbar\frac{\partial\psi}{\partial t} = \hat{H}\psi, \quad \hat{H} = \frac{\boldsymbol{p}^2}{2m} + V(\boldsymbol{r}, t) = -\frac{\hbar^2}{2m}\nabla^2 + V(\boldsymbol{r}, t). \tag{1.2.2}$$

若 V 不含有时间, 则 $\hat{H}$ 称为能量算符.

注 1.3 因为量子力学中的 Schrödinger 方程 (1.2.2) 是线性齐次的, 所以其解 (即波函数) 的线性叠加还是解.

经典量子力学中描述粒子运动的一维线性 Schrödinger 方程为[9, 16]

$$\mathrm{i}\hbar\frac{\partial}{\partial t}\psi(x, t) = \mathcal{H}\psi(x, t), \quad \mathcal{H} = \frac{p^2}{2m} + V(x) = -\frac{\hbar^2}{2m}\frac{\partial^2}{\partial x^2} + V(x), \tag{1.2.3}$$

其中, 复函数 $\psi(x, t)$ 为粒子运动的波函数 (要求其是单值、连续且模有界); $\mathcal{H}$ 是定义在 $L^2(\mathbb{R})$ (特殊的 Hilbert 空间) 上的二阶微分算子, 也称 Hamilton 算符/量 (Hamiltonian operator), 其表示动能 $p^2/(2m)$ 和势能 $V(x)$ 之和; $\mathrm{i}\hbar\dfrac{\partial}{\partial t}$ 为能量算符 (energy operator), $p = -\mathrm{i}\hbar\dfrac{\partial}{\partial x}$ 为动量算符 (momentum operator), $p^2 = -\hbar^2\dfrac{\partial^2}{\partial x^2}$ 为动能算符 (kinetic energy operator).

在量子力学中, 并不能精确给出某些物理量, 但可以考虑它们的概率论的期望值. 考虑一维 Schrödinger 方程 (1.2.3) 的波函数 $\psi(x, t)$, 算符 $\hat{A}$ 的期望值 (平均值) 定义为

$$\langle A \rangle = \frac{\langle \psi, \hat{A}\psi \rangle}{\langle \psi, \psi \rangle} = \frac{\displaystyle\int_{\mathbb{R}} \psi^*(x, t)A\psi(x, t)\mathrm{d}x}{\displaystyle\int_{\mathbb{R}} \psi^*(x, t)\psi(x, t)\mathrm{d}x}, \tag{1.2.4}$$

其中, $\langle \psi, \phi \rangle = \displaystyle\int_{\mathbb{R}} \psi^*\phi\mathrm{d}x$ 表示内积, 这里的积分区间 $\mathbb{R}$ 也可以是其他积分区间.

如果考虑归一化条件, 即 $\langle \psi, \psi \rangle = 1$, 则算符 $\hat{A}$ 期望值的定义简化为

$$\langle A \rangle = \langle \psi | \hat{A} | \psi \rangle = \langle \psi, \hat{A}\psi \rangle = \int_{\mathbb{R}} \psi^*(x, t)A\psi(x, t)\mathrm{d}x. \tag{1.2.5}$$

位置算符 $\hat{x}$ 的期望值 (平均值) 为

$$\langle x \rangle = \langle \psi, \hat{x}\psi \rangle = \int_{\mathbb{R}} x|\psi(x, t)|^2\mathrm{d}x,$$

那么根据方程 (1.2.3), 并且进行分部积分 (其中波函数边界为零), 可得位置期望值的时间变换率 (即速度 v) 的期望值为

$$
\begin{aligned}
\langle v \rangle = \frac{\mathrm{d}\langle x \rangle}{\mathrm{d}t} &= \int_{\mathbb{R}} x(\partial_t |\psi(x,t)|^2) \mathrm{d}x \\
&= \frac{\mathrm{i}\hbar}{2m} \int_{\mathbb{R}} x \frac{\partial}{\partial x}\left(\psi^* \frac{\partial \psi}{\partial x} - \psi \frac{\partial \psi^*}{\partial x}\right) \mathrm{d}x \\
&= \frac{\mathrm{i}\hbar}{m} \int_{\mathbb{R}} \psi \frac{\partial \psi^*}{\partial x} \mathrm{d}x \\
&= -\frac{\mathrm{i}\hbar}{m} \int_{\mathbb{R}} \psi^* \frac{\partial \psi}{\partial x} \mathrm{d}x \\
&= \langle \psi, -\mathrm{i}\hbar/m \partial_x \psi \rangle,
\end{aligned}
\tag{1.2.6}
$$

即 $\hat{v} = -\mathrm{i}\hbar/m\partial_x$ (考虑波函数的任意性).

根据经典力学中的动量公式 $p = mv$ 和方程 (1.2.6), 可得动量算符 $\hat{p}$ 的期望值

$$
\begin{aligned}
\langle p \rangle = m\langle v \rangle = m\frac{\mathrm{d}\langle x \rangle}{\mathrm{d}t} &= -\mathrm{i}\hbar \int_{\mathbb{R}} \psi^* \frac{\partial \psi}{\partial x} \mathrm{d}x \\
&= \int_{\mathbb{R}} \psi^*(-\mathrm{i}\hbar \partial_x \psi) \mathrm{d}x \\
&= \langle \psi, -\mathrm{i}\hbar \partial_x \psi \rangle.
\end{aligned}
\tag{1.2.7}
$$

因此可导出动量算符为 $\hat{p} = -\mathrm{i}\hbar \partial_x$ (考虑波函数的任意性).

下面从另一个角度来简单理解动量算符. 考虑一维空间中非相对论性的自由粒子, 其能量为 E, 则由 Hamilton 算子的特征方程

$$
-\frac{\hbar^2}{2m}\frac{\mathrm{d}\phi(x)}{\mathrm{d}x} = E\phi(x),
$$

可知其有平面波解

$$
\phi_k(x) = \mathrm{e}^{\mathrm{i}kx}, \qquad k = \frac{\sqrt{2mE}}{\hbar}.
$$

根据德布罗意提出的物质波, 可知 $p = \hbar k$. 自由粒子具有明确的动量. 假设每次测量值的动量是不变的, 则量子态是动量算符 $\hat{p}$ 的特征态, 对应的特征值为 p, 即

$$
\hat{p}\phi_k(x) = p\phi_k(x) = \hbar k \phi_k(x) = -\mathrm{i}\hbar \partial_x \mathrm{e}^{\mathrm{i}kx} = -\mathrm{i}\hbar \partial_x \phi_k(x),
$$

因此有 $\hat{p} = -\mathrm{i}\hbar\partial_x$.

另外, 考虑动量期望值随时间的变化率:

$$
\begin{aligned}
\frac{\mathrm{d}\langle p\rangle}{\mathrm{d}t} &= -\mathrm{i}\hbar\int_{\mathbb{R}}\left(\frac{\partial\psi^*}{\partial t}\frac{\partial\psi}{\partial x} + \psi^*\frac{\partial^2\psi}{\partial t\partial x}\right)\mathrm{d}x \\
&= \int_{\mathbb{R}}\left[\left(\mathrm{i}\hbar\frac{\partial\psi}{\partial t}\right)^*\frac{\partial\psi}{\partial x} + \frac{\partial\psi^*}{\partial x}\left(\mathrm{i}\hbar\frac{\partial\psi}{\partial t}\right)\right]\mathrm{d}x \qquad \text{(根据式 (1.2.3))} \\
&= \int_{\mathbb{R}} V(x)\frac{\partial|\psi|^2}{\partial x}\mathrm{d}x \\
&= -\int_{\mathbb{R}}\frac{\partial V(x)}{\partial x}|\psi|^2\mathrm{d}x \\
&= -\left\langle\frac{\partial V(x)}{\partial x}\right\rangle.
\end{aligned}
$$

根据 $E = \dfrac{1}{2}mv^2 = \dfrac{p^2}{2m}$, 可得动能算符为 $\hat{E} = -\dfrac{\hbar^2}{2m}\partial_x^2$, 进而可知动能的期望值为

$$
\langle E\rangle = -\frac{\hbar^2}{2m}\int_{\mathbb{R}}\psi^*\frac{\partial^2\psi}{\partial x^2}\mathrm{d}x = \frac{\hbar^2}{2m}\int_{\mathbb{R}}|\partial_x\psi|^2\mathrm{d}x.
$$

3. 轨道角动量算符

基于经典力学中轨道角动量为位置和动量的外积, 考虑量子力学中轨道角动量 (表示质点绕原点运动所产生的) 算符:

$$
\hat{\boldsymbol{L}} = (\hat{L}_x, \hat{L}_y, \hat{L}_z) = \hat{\boldsymbol{r}}\times\hat{\boldsymbol{p}} = -\mathrm{i}\hbar\,\hat{\boldsymbol{r}}\times\hat{\nabla} = \begin{vmatrix} \boldsymbol{i} & \boldsymbol{j} & \boldsymbol{k} \\ \hat{x} & \hat{y} & \hat{z} \\ \hat{p}_x & \hat{p}_y & \hat{p}_z \end{vmatrix},
$$

其分量算符为

$$
\begin{aligned}
\hat{L}_x &= \hat{y}\hat{p}_z - \hat{z}\hat{p}_y = -\mathrm{i}\hbar(y\partial_z - z\partial_y), \\
\hat{L}_y &= \hat{z}\hat{p}_x - \hat{x}\hat{p}_z = -\mathrm{i}\hbar(z\partial_x - x\partial_z), \\
\hat{L}_z &= \hat{x}\hat{p}_y - \hat{y}\hat{p}_x = -\mathrm{i}\hbar(x\partial_y - y\partial_x).
\end{aligned}
$$

4. 自旋角动量算符

自旋角动量与经典力学没有对应. 自旋角动量算符定义为

$$
\hat{\boldsymbol{S}} = (\hat{S}_x, \hat{S}_y, \hat{S}_z) = \frac{\hbar}{2}\sigma = (\sigma_x, \sigma_y, \sigma_z),
$$

其中, $\sigma_{x,y,z}$ 为三个自旋 1/2 的 Pauli 矩阵, 即 $\sigma_x = \sigma_1$, $\sigma_y = \sigma_2$, $\sigma_z = \sigma_3$.

下面从另一个角度考虑量子与经典力学的关联. 考虑自由粒子 $(V(\boldsymbol{r},t) = 0)$ 的三维 Schrödinger 方程 (1.1.11), 其有平面波解

$$\psi(\boldsymbol{r},t) = c\mathrm{e}^{\mathrm{i}(\boldsymbol{k}\cdot\boldsymbol{r}-\omega t)},$$

其中, c 为复常数, $\boldsymbol{k} = (k_x, k_y, k_z)$, ω 表示波数和频率, 相速度为 $\boldsymbol{v} = (v_x, v_y, v_z) = (\omega/k_x, \omega/k_y, \omega/k_z)$, 且 $\boldsymbol{k}, \omega$ 满足

$$\omega = \frac{\hbar \boldsymbol{k}^2}{2m}.$$

相速度为

$$v_x = \frac{\hbar \boldsymbol{k}^2}{2mk_x}, \quad v_y = \frac{\hbar \boldsymbol{k}^2}{2mk_y}, \quad v_z = \frac{\hbar \boldsymbol{k}^2}{2mk_z}.$$

根据普朗克–爱因斯坦关系式, 可得

$$E = \hbar\omega = \frac{\hbar^2 \boldsymbol{k}^2}{2m} = \frac{\boldsymbol{p}^2}{2m},$$

这与经典力学的关系式一致.

1.2.2 概率守恒形式

对于经典力学中的波动 (如机械波、电磁波等), 可以完全确定位置、动量、能量等. 然而对于量子力学中的微观粒子, 其位置和动量是不确定的. 对于 Schrödinger 方程中的复波函数 $\psi(x,t)$ 的意义, 玻恩给出了概率解释, 即用 $\rho(x,t) = |\psi(x,t)|^2$ 表示 t 时刻位于空间 x 处粒子出现的概率密度, 换句话说, 用概率密度在区间上的积分[9]

$$P_{x\in[x_1,x_2]} = \int_{x_1}^{x_2} \rho(x,t)\mathrm{d}x = \int_{x_1}^{x_2} |\psi(x,t)|^2\mathrm{d}x > 0 \qquad (1.2.8)$$

表示 t 时刻位于区间 $[x_1, x_2]$ 中粒子出现的概率.

方程 (1.2.3) 的复共轭为

$$-\mathrm{i}\hbar\frac{\partial}{\partial t}\psi^*(x,t) = \mathcal{H}\psi^*(x,t), \qquad (1.2.9)$$

用 $\psi^*(x,t)$ 乘以方程 (1.2.3) 减去 $\psi(x,t)$ 乘以方程 (1.2.9), 可得

$$\frac{\partial}{\partial t}(|\psi|^2) = \frac{\mathrm{i}\hbar}{2m}\frac{\partial}{\partial x}\left(\psi^*\frac{\partial\psi}{\partial x} - \psi\frac{\partial\psi^*}{\partial x}\right) = -\frac{\partial}{\partial x}J(x,t), \qquad (1.2.10)$$

其中, $J(x,t) \in \mathbb{R}[x,t]$ 称为概率 (粒子) 流密度

$$J(x,t) = \frac{\mathrm{i}\hbar}{2m} \left(\psi \frac{\partial \psi^*}{\partial x} - \psi^* \frac{\partial \psi}{\partial x} \right) = -\frac{\hbar}{m} \mathrm{Im} \left(\psi \frac{\partial \psi^*}{\partial x} \right).$$

方程 (1.2.10) 改写成概率守恒形式

$$\frac{\partial}{\partial t}\rho(x,t) + \frac{\partial}{\partial x}J(x,t) = 0. \tag{1.2.11}$$

注 1.4 对于三维 Schrödinger 方程情况 (1.2.2), 概率密度和概率 (粒子) 流密度定义为

$$\rho(\boldsymbol{r},t) = |\psi(\boldsymbol{r},t)|^2, \qquad J(\boldsymbol{r},t) = \frac{\mathrm{i}\hbar}{2m}(\psi\nabla\psi^* - \psi^*\nabla\psi),$$

则对应的三维守恒方程 (1.2.10) 改为

$$\partial_t \rho(\boldsymbol{r},t) + \nabla J(\boldsymbol{r},t) = 0. \tag{1.2.12}$$

对方程 (1.2.10) 两边在区间 $x \in [x_1, x_2]$ 上积分, 可得概率守恒方程

$$\frac{\mathrm{d}P_{x\in[x_1,x_2]}}{\mathrm{d}t} + J(x,t)\Big|_{x_1}^{x_2} = 0. \tag{1.2.13}$$

特别地, 若区间 $[x_1, x_2]$ 变为 $\mathbb{R}$, 则方程 (1.2.13) (要求 $\lim_{|x|\to\infty} \psi = 0$) 约化为

$$\frac{\mathrm{d}}{\mathrm{d}t}\int_{\mathbb{R}} |\psi|^2 \mathrm{d}x = \int_{\mathbb{R}} \frac{\partial}{\partial t}|\psi|^2 \mathrm{d}x = -J(x,t)\Big|_{-\infty}^{+\infty} = \frac{\mathrm{i}\hbar}{2m}\left(\psi^*\frac{\partial\psi}{\partial x} - \psi\frac{\partial\psi^*}{\partial x} \right)\Big|_{-\infty}^{+\infty} = 0,$$

即能量是守恒的

$$\mathcal{N}_{x\in\mathbb{R}} = \|\psi\|_2^2 = \int_{\mathbb{R}} |\psi(x,t)|^2 \mathrm{d}x = 常数 = C^2 = \int_{\mathbb{R}} |\psi(x,0)|^2 \mathrm{d}x.$$

若令 $\tilde{\psi} = \psi/C$, 则有归一化条件: $\|\tilde{\psi}\|^2 = 1$.

1.2.3 算符的对易关系

性质 1.1 对易运算 $[A,B] = AB - BA$ 满足如下性质:

$$[A,A] = 0, \quad [A,c] = 0 \ (c \in \mathbb{C}),$$
$$[A,B] = -[B,A], \quad [A,B+C] = [A,B] + [A,C],$$
$$[A,BC] = B[A,C] + [A,B]C, \quad [AB,C] = A[B,C] = [A,C]B,$$
$$[A,B^n] = \sum_{j=0}^{n} B^j[A,B]B^{n-j-1},$$
$$[A,[B,C]] + [B,[C,A]] + [C,[B,A]] = 0.$$

若对易关系的值为零, 则称两个算符是对易的. 两个对易的算符拥有组成完备系的共同的特征函数, 反之也成立.

因为 $\hat{x}\psi = x\psi$, $\hat{p}_x\psi = -\mathrm{i}\hbar\partial_x\psi$, 进而可知

$$[\hat{x},\hat{p}_x]\psi = (\hat{x}\hat{p}_x - \hat{p}_x\hat{x})\psi = -\mathrm{i}\hbar x\partial_x\psi + \mathrm{i}\hbar\partial_x(x\psi) = \mathrm{i}\hbar\psi,$$

所以位置算符和动量算符之间的正则对易关系为

$$[\hat{x},\hat{p}_x] = [\hat{y},\hat{p}_y] = [\hat{z},\hat{p}_z] = \mathrm{i}\hbar \neq 0$$

和

$$[\hat{x},\hat{p}_y] = [\hat{x},\hat{p}_z] = [\hat{y},\hat{p}_x] = [\hat{y},\hat{p}_z] = [\hat{z},\hat{p}_x] = [\hat{z},\hat{p}_y] = 0,$$

$$[\hat{x},\hat{y}] = [\hat{x},\hat{z}] = [\hat{y},\hat{z}] = [\hat{p}_x,\hat{p}_y] = [\hat{p}_x,\hat{p}_z] = [\hat{p}_y,\hat{p}_z] = 0.$$

另外, 角动量算符与位置和动量之间的对易关系如下:

$$[L_x,x] = 0, \quad [L_x,y] = \mathrm{i}\hbar z, \quad [L_x,z] = -\mathrm{i}\hbar y,$$
$$[L_x,p_x] = 0, \quad [L_x,p_y] = \mathrm{i}\hbar p_z, \quad [L_x,p_z] = -\mathrm{i}\hbar p_y,$$
$$[L_x,L_x] = 0, \quad [L_x,L_y] = \mathrm{i}\hbar L_z, \quad [L_x,L_z] = -\mathrm{i}\hbar L_y, \quad [L_y,L_z] = \mathrm{i}\hbar L_x.$$

令角动量平方算符为 $\hat{\boldsymbol{L}}^2 = \hat{L}_x^2 + \hat{L}_y^2 + \hat{L}_z^2$, 则有下面的对易关系

$$[\hat{\boldsymbol{L}}^2,\hat{L}_x] = 0, \quad [\hat{\boldsymbol{L}}^2,\hat{L}_y] = 0, \quad [\hat{\boldsymbol{L}}^2,\hat{L}_z] = 0.$$

注 1.5 下面在讨论算子或算符时, 有时并没有加符号ˆ.

1.2.4 伴随/厄米算子

定义 1.1 算子 $A \in \mathcal{B}(H_1,H_2)$ 和它的厄米伴随算子 (简称为伴随算子, 也称厄米共轭算子或共轭算子) $A^\dagger \in \mathcal{B}(H_2,H_1)$ 满足关系式

$$\langle A\psi,\phi\rangle = \langle \psi,A^\dagger\phi\rangle, \tag{1.2.14}$$

即

$$\int (A\psi)^*\phi\mathrm{d}x = \int \psi^* A^\dagger\phi\mathrm{d}x,$$

其中, 复空间上的内积定义为 $\langle\psi,\phi\rangle = \int \psi^*\phi\mathrm{d}x$, 有时候内积也表示为 $(\psi,\phi) = \int \psi^*\phi\mathrm{d}x$.

性质 1.2 函数内积的性质:

$$\langle \psi, \psi \rangle \geqslant 0,$$

$$\langle \psi, \phi \rangle = (\langle \phi, \psi \rangle)^*,$$

$$\left\langle \psi, \sum_{j=1}^{n} c_j \phi_j \right\rangle = \sum_{j=1}^{n} \langle \psi, c_j \phi_j \rangle = \sum_{j=1}^{n} c_j \langle \psi, \phi_j \rangle,$$

$$\left\langle \sum_{j=1}^{n} c_j \psi_j, \phi \right\rangle = \sum_{j=1}^{n} \langle c_j \psi_j, \phi \rangle = \sum_{j=1}^{n} c_j^* \langle \psi_j, \phi \rangle,$$

其中, $c_j \in \mathbb{C}$.

性质 1.3 如果算子 $A, B, A+B$ 和 AB 的伴随存在, 则有

$$(A+B)^\dagger = A^\dagger + B^\dagger, \quad (AB)^\dagger = B^\dagger A^\dagger, \quad (cA)^\dagger = c^* A^\dagger, \quad (A^\dagger)^\dagger = A.$$

注 1.6 关于算子的伴随计算, 需要考虑复杂的条件, 这里不详细讨论. 算子的伴随 (adjoint) 不同于矩阵的伴随 (adjugate) 矩阵. 矩阵算子 A 的伴随为 $A^\dagger = (A^*)^T$, 然而矩阵 A 的伴随矩阵为 $\mathrm{adj}(A) = (A_{ij})^T$, 其中 A_{ij} 表示 A 的代数余子式.

性质 1.4 如果算子 A 的伴随存在, 则 $[f(A)]^\dagger = f^*(A^\dagger)$.

因为假设 $f(A)$ 可以展成 Taylor 级数形式

$$f(A) = \sum_{j=0}^{\infty} f_j A^j,$$

则

$$[f(A)]^\dagger = \left(\sum_{j=0}^{\infty} f_j A^j \right)^\dagger = \sum_{j=0}^{\infty} f_j^* (A^\dagger)^j = f^*(A^\dagger).$$

定义 1.2 如果算子 A 满足

$$\langle A\psi, \phi \rangle = \langle \psi, A\phi \rangle = (\langle A\psi, \phi \rangle)^*, \quad \text{即 } \mathrm{Im}(\langle A\psi, \phi \rangle) = 0, \tag{1.2.15}$$

则算子 A 是厄米的 (也称为对称的).

性质 1.5 厄米算子是自伴随算子 (自共轭算子), 即 $A = A^\dagger$.

厄米算子有如下性质:

性质 1.6　若 A, B 是厄米算子, 则 $aA+bB\,(a,b\in\mathbb{R})$ 和 $\{A,B\}=AB+BA$ 也都是厄米算子.

性质 1.7　若 A 是厄米算子, 则 A^n, $n\in\mathbb{N}$ 也是厄米算子.

性质 1.8　若 A, B 是厄米算子, 则 AB 不一定是厄米算子, 但当 $[A,B]\equiv AB-BA=0$ 时, 即 A 与 B 是对易的, AB 是厄米算子.

因为

$$\langle AB\psi,\phi\rangle=\langle B\psi,A\phi\rangle=\langle\psi,BA\phi\rangle\not\equiv\langle\psi,AB\phi\rangle,\tag{1.2.16}$$

即

$$(AB)^\dagger=B^\dagger A^\dagger=BA\not\equiv AB.$$

性质 1.9　若 A, B 是厄米算子, 则 $[A,B]\neq0$ 不是厄米算子, 但 $\mathrm{i}[A,B]$ 是厄米算子.

类似于方程 (1.2.16), 可得

$$\langle BA\psi,\phi\rangle=\langle A\psi,B\phi\rangle=\langle\psi,AB\phi\rangle\not\equiv\langle\psi,BA\phi\rangle.\tag{1.2.17}$$

将方程 (1.2.16) 的两边减去方程 (1.2.17) 的两边, 可得

$$\langle[A,B]\psi,\phi\rangle=\langle\psi,-[A,B]\phi\rangle\not\equiv\langle\psi,[A,B]\phi\rangle.\tag{1.2.18}$$

即 $[A,B]\neq0$ 不是厄米算子.

另外, 根据方程 (1.2.18) 可得

$$\langle\mathrm{i}[A,B]\psi,\phi\rangle=\langle\psi,\mathrm{i}[A,B]\phi\rangle,\tag{1.2.19}$$

即 $\mathrm{i}[A,B]\neq0$ 是厄米算子.

性质 1.10　厄米算子 A 的期望值 (也称为平均值, 用 $\bar{A}$ 或 $\langle A\rangle$ 或 $\mathbb{E}(A)$ 表示) 是实函数.

因为

$$\mathbb{E}(A)=\bar{A}=\langle A\rangle=\langle\psi,A\psi\rangle=\langle A\psi,\psi\rangle=(\langle A\rangle)^*.$$

性质 1.11　厄米算子 A 的平方 A^2 是厄米算子, 且 A^2 的期望值是非负的.

因为

$$\mathbb{E}(A^2)=\bar{A}^2=\langle A^2\rangle=\langle\psi,A^2\psi\rangle=\langle A\psi,A\psi\rangle=\|A\psi\|^2\geqslant0.$$

性质 1.12 厄米算子 A 的特征值是实数.

令 $A\phi = \lambda\phi$, λ 是特征值, 根据厄米算子 A 的期望值是实数, 从 $\langle A \rangle = \langle \phi, A\phi \rangle = \lambda\langle \phi, \phi \rangle = \lambda\|\phi\|^2 \in \mathbb{R}$ 可导出 $\lambda \in \mathbb{R}$.

注 1.7 量子物理上引入厄米算子 (算符) 的原因是: 观测的物理量是实的, 因此要求其对应的算符的特征值是实的, 而厄米算子的特征值都是实的 (事实上, 其期望值也是实的), 这一条件保证观测量是实的. 而算符的厄米性并不是观测量是实的必要条件.

定义偏差 $\Delta A = A - \langle A \rangle$, 则由上面性质可得:

性质 1.13 厄米算子 A 的偏差 ΔA 也是厄米的. 进一步可知 A 的方差是非负的, 因为

$$\langle (\Delta A)^2 \rangle = \int \psi^* \Delta A (\Delta A \psi) \mathrm{d}x = \int (\Delta A \psi)^* (\Delta A \psi) \mathrm{d}x$$

$$= \int |\Delta A \psi|^2 \mathrm{d}x = \int |(A - \langle A \rangle)\psi|^2 \mathrm{d}x = \|(A - \langle A \rangle)\psi\|^2 \geqslant 0.$$

注 1.8 $\langle (\Delta A)^2 \rangle = 0$ 的充要条件是 $\hat{A}\psi = \langle A \rangle \psi$, 其中 $\langle A \rangle$ 是特征值.

性质 1.14 厄米算子 A 的不同特征值 $(\lambda_1 \neq \lambda_2)$ 所对应的特征函数 ψ_1, ψ_2 是正交的, 即 $\langle \psi_1, \psi_2 \rangle = \int \psi_1^* \psi_2 \mathrm{d}x = 0$.

根据下面推导

$$\lambda_2 \langle \psi_1, \psi_2 \rangle = \langle \psi_1, \lambda_2 \psi_2 \rangle = \langle \psi_1, A\psi_2 \rangle$$

$$= \langle A\psi_1, \psi_2 \rangle = \langle \lambda_1 \psi_1, \psi_2 \rangle = \lambda_1 \langle \psi_1, \psi_2 \rangle$$

可知, 当 $\lambda_1 \neq \lambda_2$ 时, $\langle \psi_1, \psi_2 \rangle = 0$.

注 1.9 任意非厄米算子 B 可表示为两个厄米算子 $B_{1,2}$ 的复线性组合

$$B = B_1 + \mathrm{i}B_2, \quad B_1 = B_1^\dagger = \frac{B + B^\dagger}{2}, \quad B_2 = B_2^\dagger = \frac{B - B^\dagger}{2\mathrm{i}}.$$

下面给出厄米和非厄米算符的一些举例.

(1) 复数算符 c 的厄米算子是 c^*, 即 $c^\dagger = c^*$:

$$\langle \psi, c\phi \rangle = \int_{\mathbb{R}} \psi^*(x) c\phi(x) \mathrm{d}x = \int_{\mathbb{R}} (c^*\psi(x))^* \phi(x) \mathrm{d}x = \langle c^*\psi, \phi \rangle.$$

(2) 微分算符 ∂_x 不是厄米算符:

$$\langle \psi, \partial_x \phi \rangle = \int_{\mathbb{R}} \psi^*(x) \phi_x(x) \mathrm{d}x = \psi^*(x)\phi(x)\Big|_{-\infty}^{\infty} - \int_{\mathbb{R}} \psi_x^*(x)\phi(x)\mathrm{d}x$$

$$= \int_{\mathbb{R}} [-\psi_x(x)]^* \phi(x) \mathrm{d}x = \langle -\partial_x \psi, \phi \rangle \neq \langle \partial_x \psi, \phi \rangle.$$

微分算符 ∂_x 的厄米算符 (伴随算符) $(\partial_x)^\dagger$ 是 $-\partial_x$, 即 $(\partial_x)^\dagger = -\partial_x$.

(3) 位置算符 $\hat{x}$ 是厄米的:

$$\langle \psi, \hat{x}\phi \rangle = \int_{\mathbb{R}} \psi^*(x) x \phi(x) \mathrm{d}x = \int_{\mathbb{R}} [x\psi(x)]^* \phi(x) \mathrm{d}x = \langle \hat{x}\psi, \phi \rangle.$$

(4) 实函数算符 $f(x)$ 是厄米的:

$$\langle \psi, f(x)\phi \rangle = \int_{\mathbb{R}} \psi^*(x) f(x) \phi(x) \mathrm{d}x = \int_{\mathbb{R}} [f(x)\psi(x)]^* \phi(x) \mathrm{d}x = \langle f(x)\psi, \phi \rangle.$$

(5) 纯虚函数算符 $ig(x)$ 不是厄米的:

$$\langle \psi, ig(x)\phi \rangle = i \int_{\mathbb{R}} \psi^*(x) g(x) \phi(x) \mathrm{d}x = - \int_{\mathbb{R}} [ig(x)\psi(x)]^* \phi(x) \mathrm{d}x = -\langle ig(x)\psi, \phi \rangle.$$

(6) 动量算符 $\hat{p} = -i\hbar\partial_x$ 是厄米的:

$$\langle \psi, \hat{p}\phi \rangle = -i\hbar \int_{\mathbb{R}} \psi^*(x) \phi_x(x) \mathrm{d}x = -i\hbar \psi^*(x)\phi(x) \Big|_{-\infty}^{\infty} + i\hbar \int_{\mathbb{R}} \psi_x^*(x)\phi(x)\mathrm{d}x$$

$$= \int_{\mathbb{R}} [-i\hbar\psi_x(x)]^* \phi(x) \mathrm{d}x = \langle \hat{p}\psi, \phi \rangle.$$

(7) 动能算符 $\hat{p}^2 = -\hbar^2\partial_x^2$ 是厄米的:

$$\langle \psi, \hat{p}^2\phi \rangle = -\hbar^2 \int_{\mathbb{R}} \psi^*(x) \phi_{xx}(x) \mathrm{d}x = -\hbar^2 \psi^*(x)\phi_x(x)\Big|_{-\infty}^{\infty} + \hbar^2 \int_{\mathbb{R}} \psi_x^*(x)\phi_x(x)\mathrm{d}x$$

$$= \hbar^2 \int_{\mathbb{R}} \psi_x^*(x)\phi_x(x)\mathrm{d}x = \hbar^2 \psi_x^*(x)\phi(x)\Big|_{-\infty}^{\infty} - \hbar^2 \int_{\mathbb{R}} \psi_{xx}^*(x)\phi(x)\mathrm{d}x$$

$$= \int_{\mathbb{R}} [-\hbar^2\psi_{xx}(x)]^* \phi(x) \mathrm{d}x = \langle \hat{p}^2\psi, \phi \rangle.$$

(8) 三阶算符 $\hat{p}^3 = i\hbar^3\partial_x^3$ 是厄米的:

$$\langle \psi, \hat{p}^3\phi \rangle = i\hbar^3 \int_{\mathbb{R}} \psi^*(x) \phi_{xxx}(x) \mathrm{d}x = i\hbar^3 \hbar^2 \psi^*(x)\phi_x(x)\Big|_{-\infty}^{\infty} - i\hbar^3 \int_{\mathbb{R}} \psi_x^*(x)\phi_{xx}(x)\mathrm{d}x$$

$$= -i\hbar^3 \int_{\mathbb{R}} \psi_x^*(x)\phi_{xx}(x)\mathrm{d}x = -i\hbar^3 \psi_x^*(x)\phi_x(x)\Big|_{-\infty}^{\infty} + i\hbar^3 \int_{\mathbb{R}} \psi_{xx}^*(x)\phi_x(x)\mathrm{d}x$$

$$= i\hbar^3 \int_{\mathbb{R}} \psi_{xx}^*(x)\phi_x(x)\mathrm{d}x = i\hbar^3 \psi_{xx}^*(x)\phi(x)\Big|_{-\infty}^{\infty} - i\hbar^3 \int_{\mathbb{R}} \psi_{xxx}^*(x)\phi(x)\mathrm{d}x$$

$$= \int_{\mathbb{R}} (i\hbar^3 \psi_{xxx}(x))^* \phi(x)\mathrm{d}x = \langle \hat{p}^3 \psi, \phi \rangle.$$

(9) 类似地, 可证明组合的高阶算符 $\sum_{s=1}^{N} a_s \hat{p}^s$, $a_s \in \mathbb{R}$ 也是厄米的.

(10) 角动量算符是厄米的.

以 $\hat{L}_x = \hat{y}\hat{p}_z - \hat{z}\hat{p}_y$ 为例证明, 因为 $\hat{y}, \hat{z}, \hat{p}_y, \hat{p}_z$ 都是厄米的, 且

$$[\hat{y}, \hat{p}_z] = [\hat{z}, \hat{p}_y] = 0, \tag{1.2.20}$$

即它们分别是对易的, 那么根据上面的性质可知 $\hat{y}\hat{p}_z$ 和 $\hat{z}\hat{p}_y$ 也都是厄米的. 因此 $\hat{L}_x$ 是厄米的.

另一种方法是: 首先直接计算 $\hat{L}_x$ 的伴随算符

$$\hat{L}_x^\dagger = (\hat{y}\hat{p}_z - \hat{z}\hat{p}_y)^\dagger = \hat{p}_z^\dagger \hat{y}^\dagger - \hat{p}_y^\dagger \hat{z}^\dagger = \hat{p}_z \hat{y} - \hat{p}_y \hat{z}, \tag{1.2.21}$$

然后根据对易关系 (1.2.20), 有 $\hat{L}_x^\dagger = \hat{p}_z \hat{y} - \hat{p}_y \hat{z} = \hat{y}\hat{p}_z - \hat{z}\hat{p}_y = \hat{L}_x$.

(11) 角动量平方算符 $\hat{\boldsymbol{L}}^2 = \hat{L}_x^2 + \hat{L}_y^2 + \hat{L}_z^2$ 是厄米的.

因为 $\hat{L}_x, \hat{L}_y, \hat{L}_z$ 是厄米的, 所以它们的平方算符也是厄米的, 因此它们的和即角动量平方算符 $\hat{\boldsymbol{L}}^2$ 也是厄米的.

下面考虑厄米算子性质的应用. 考虑算子 A 的期望值 $\langle A \rangle$ 随时间的变化率

$$\frac{\mathrm{d}\langle A \rangle}{\mathrm{d}t} = \int \frac{\partial}{\partial t}(\psi^* A \psi)\mathrm{d}x$$

$$= \int \left(\frac{\partial \psi^*}{\partial t} A \psi + \psi^* \frac{\partial A}{\partial t} \psi + \psi^* A \frac{\partial \psi}{\partial t} \right)\mathrm{d}x$$

$$= \left\langle \frac{\partial A}{\partial t} \right\rangle + \frac{i}{\hbar} \int [(H\psi)^* A \psi - \psi^* A(H\psi)]\mathrm{d}x$$

$$= \left\langle \frac{\partial A}{\partial t} \right\rangle + \frac{i}{\hbar} (\langle H\psi, A\psi \rangle - \langle \psi, AH\psi \rangle)$$

$$= \left\langle \frac{\partial A}{\partial t} \right\rangle + \frac{i}{\hbar} (\langle \psi, HA\psi \rangle - \langle \psi, AH\psi \rangle) \quad (\text{根据 } H \text{ 的厄米性})$$

$$= \left\langle \frac{\partial A}{\partial t} \right\rangle + \frac{i}{\hbar} \langle \psi, (HA - AH)\psi \rangle$$

$$= \left\langle \frac{\partial A}{\partial t} \right\rangle + \frac{i}{\hbar} \langle [H, A] \rangle.$$

若 $\dfrac{\partial A}{\partial t} = 0$, 则有

$$\mathrm{i}\hbar\frac{\mathrm{d}\langle A\rangle}{\mathrm{d}t} = \langle [A, H]\rangle.$$

根据波函数的任意性, 则有

$$\mathrm{i}\hbar\frac{\mathrm{d}A}{\mathrm{d}t} = [A, H].$$

进一步若 $[A, H] = 0$, 则有 $\mathrm{d}A/\mathrm{d}t = 0$, 即 A 是守恒量.

1.2.5 不确定性原理和关系

1. 位置–动量不确定性关系

下面先讨论位置算符和动量算符的对易关系, 然后分析它们之间的不确定性关系. 很显然位置算符和对应的动量算符是不对易的, 因此它们是不相容的物理观测量, 即不能同时具有确定的值. 这就是海森伯 1927 年所说的 "不确定性原理", 不确定关系式 (也被称为 Heisenberg-Robertson 不确定性关系[17,18]) 为

$$\sigma_x\sigma_{p_x} \geqslant \frac{\hbar}{2}, \quad \sigma_y\sigma_{p_y} \geqslant \frac{\hbar}{2}, \quad \sigma_z\sigma_{p_z} \geqslant \frac{\hbar}{2}, \tag{1.2.22}$$

其中, σ_x, σ_y, σ_z 表示位置的不确定度 (即标准差), 而 σ_{p_x}, σ_{p_y}, σ_{p_z} 表示动量的不确定度. 1927 年, 厄尔·肯纳德 (Earl Kennard) 首先证明这些关系不等式.

下面讨论在某一状态中, 两个不对易算符对应的物理观测量的不确定性程度. 令 $\hat{A}$, $\hat{B}$ 为厄米算符, 且 $[\hat{A}, \hat{B}] = \mathrm{i}\hat{C} \neq 0$. 根据前面性质可知, $\hat{C} = -\mathrm{i}[A, B]$ 是厄米算符. 考虑偏差算符

$$\Delta\hat{A} = \hat{A} - \langle\hat{A}\rangle, \tag{1.2.23}$$

其中, $\langle\hat{A}\rangle$ 表示期望值 (平均值), 定义为 $\langle\hat{A}\rangle = \displaystyle\int_{\mathbb{R}}\psi^*\hat{A}\psi\mathrm{d}x$ 且 ψ 为归一化的波函数. 很显然 $\Delta\hat{A}$ 也是厄米的.

注 1.10 这里的积分区间 $\mathbb{R}$ 是指波函数 ψ 所在的空间, 有时候可能是其他区间.

考虑非负的参数实积分[17] $F(\eta) = \displaystyle\int_{\mathbb{R}} |(\eta\Delta\hat{A} - \mathrm{i}\Delta\hat{B})\psi|^2\mathrm{d}x \geqslant 0$, $\eta \in \mathbb{R}$, 则有

$$F(\eta) = \int_{\mathbb{R}} |(\eta\Delta\hat{A} - \mathrm{i}\Delta\hat{B})\psi|^2\mathrm{d}x$$

$$= \eta^2 \int_{\mathbb{R}} (\Delta \hat{A})^* \psi^* \Delta \hat{A} \psi + \mathrm{i}\eta \int_{\mathbb{R}} [(\Delta \hat{B})^* \psi^* \Delta \hat{A} \psi - (\Delta \hat{A})^* \psi^* \Delta \hat{B} \psi] \mathrm{d}x$$

$$+ \int_{\mathbb{R}} (\Delta \hat{B})^* \psi^* \Delta \hat{B} \psi \mathrm{d}x$$

$$= \eta^2 \int_{\mathbb{R}} \psi^* (\Delta \hat{A})^2 \psi \mathrm{d}x + \mathrm{i}\eta \int_{\mathbb{R}} \psi^* (\Delta \hat{B} \Delta \hat{A} - \Delta \hat{A} \Delta \hat{B}) \psi \mathrm{d}x + \int_{\mathbb{R}} \psi^* (\Delta \hat{B})^2 \psi \mathrm{d}x$$

$$= \eta^2 \langle (\Delta \hat{A})^2 \rangle + \mathrm{i}\eta \langle \Delta \hat{B} \Delta \hat{A} - \Delta \hat{A} \Delta \hat{B} \rangle + \langle (\Delta \hat{B})^2 \rangle$$

$$= \eta^2 \langle (\Delta \hat{A})^2 \rangle + \eta \langle \hat{C} \rangle + \langle (\Delta \hat{B})^2 \rangle \geqslant 0,$$

其中的简化用到下面的等式

$$\Delta \hat{B} \Delta \hat{A} - \Delta \hat{A} \Delta \hat{B} = [\Delta \hat{B}, \Delta \hat{A}]$$

$$= [\hat{B} - \langle \hat{B} \rangle, \hat{A} - \langle \hat{A} \rangle]$$

$$= [\hat{B}, \hat{A}] - [\hat{B}, \langle \hat{A} \rangle] - [\langle \hat{B} \rangle, \hat{A}] + [\langle \hat{B} \rangle, \langle \hat{A} \rangle]$$

$$= [\hat{B}, \hat{A}] = -\mathrm{i}\hat{C}. \tag{1.2.24}$$

因此, 可知 $F(\eta)$ 是关于 η 的一元二次多项式, 其恒大于零的条件为其系数满足

$$\langle (\Delta \hat{A})^2 \rangle \langle (\Delta \hat{B})^2 \rangle \geqslant \frac{\langle \hat{C} \rangle^2}{4} = \frac{\langle -\mathrm{i}[\hat{A}, \hat{B}] \rangle^2}{4}. \tag{1.2.25}$$

另外, $\hat{A}$ 的方差 (表示数据与平均值的偏离程度) 为

$$\langle (\Delta \hat{A})^2 \rangle = \langle (\hat{A}^2 - 2\hat{A}\langle \hat{A} \rangle + \langle \hat{A} \rangle^2) \rangle$$

$$= \langle \hat{A}^2 \rangle - 2\langle \hat{A} \rangle \langle \hat{A} \rangle + \langle \hat{A} \rangle^2$$

$$= \langle \hat{A}^2 \rangle - \langle \hat{A} \rangle^2 \geqslant 0, \tag{1.2.26}$$

其算术平方根为 $\sigma_A = \sqrt{\langle (\Delta \hat{A})^2 \rangle} = \sqrt{\langle \hat{A}^2 \rangle - \langle \hat{A} \rangle^2}$, 称为 $\hat{A}$ 的标准差或均方差 (物理上称为涨落).

因此有

$$\sigma_A \cdot \sigma_B \geqslant \frac{|\langle \hat{C} \rangle|}{2} = \frac{|\langle [\hat{A}, \hat{B}] \rangle|}{2}. \tag{1.2.27}$$

对于 $\Delta \hat{x} = \hat{x} - \langle \hat{x} \rangle, \Delta \hat{p}_x = \hat{p}_x - \langle \hat{p}_x \rangle$, 根据 $[\hat{x}, \hat{p}_x] = \mathrm{i}\hbar$ 以及上面的结论, 可得

$$\sqrt{\langle (\Delta \hat{x})^2 \rangle \langle (\Delta \hat{p}_x)^2 \rangle} \geqslant \frac{\hbar}{2},$$

简记为

$$\sigma_x \sigma_{p_x} \geqslant \frac{\hbar}{2},$$

其中, $\sigma_x = \sqrt{\langle \hat{x}^2 \rangle - \langle \hat{x} \rangle^2}$, $\sigma_{p_x} = \sqrt{\langle \hat{p}_x^2 \rangle - \langle \hat{p}_x \rangle^2}$. 即位置和动量的标准差或均方差的乘积不小于 $\hbar/2$, 即当一个观测量减少时, 另一观测量增大.

  2. 能量-时间不确定性关系

  上面讨论了位置算符与动量算符之间的不确定性关系, 下面讨论能量和时间之间的不确定性关系. 类似地, 很多研究者利用类似于关于位置-动量不确定性关系的思想, 导出时间算符 $\hat{t}$ 和能量算符 $\hbar E = i\hbar \partial_t$ 的如下不对易关系

$$[i\hbar \partial_t, \hat{t}] = i\hbar, \tag{1.2.28}$$

然后导出时间与能量具有类似的不确定性关系

$$\sigma_t \sigma_E \geqslant \hbar/2. \tag{1.2.29}$$

1933 年, 泡利指出能量-时间不确定性关系 (1.2.29) 并不是源于所谓的非对易关系式 (1.2.28). 1973 年, Rayski[19] 曾讨论过该关系式的意义, 然而这个关于能量-时间不确定性关系的推导过程是错误的.

  事实上, 时间不是物理观测量, 而是一个普适的参量, 没有时间延拓算符, 不能像位置算符那样, 将时间作为时间算符直接运用于量子力学中的两个厄米量之间的不确定性关系. 物理学体系 (包括量子力学) 中的能量应有一个有限的下界 E_0 (称为真空态), 否则通过能量辐射, 物理体系不断地向低能态过渡, 这样就无法保证能量的正定性, 因此有 $E \geqslant E_0$. 文献 [20] 证明了方程 (1.2.28) 是不对的. 因为时间是普适量, 所以 σ_t 应理解为很小的时间区间[21]. 2021 年, 文献 [22] 从时间区间角度进一步分析了能量-时间不确定性关系.

  另外, 还有方位角-动量矩的不确定性. 最近, 人们用实验演示了量子系统非平衡物理过程中熵流对一个过程完成速率的限制, 进一步证实了耗散-时间不确定关系[23].

1.3 特 殊 函 数

  下面简单介绍一些特殊函数, 包括符号函数、$\delta(x)$ 函数、Kronecker δ_{ij} 函数和 Levi-Civita 符号函数的基本性质[24].

1.3.1 符号函数: $\mathrm{sgn}(x)$, $\mathrm{csgn}(z)$

符号函数 $\mathrm{sgn}(x)$ 定义为

$$\mathrm{sgn}(x) = \begin{cases} 1, & x > 0, \\ 0, & x = 0, \\ -1, & x < 0. \end{cases} \tag{1.3.1}$$

也可以定义为

$$\mathrm{sgn}(x) = \begin{cases} \dfrac{x}{|x|} = \dfrac{|x|}{x}, & x \neq 0, \\ 0, & x = 0. \end{cases} \tag{1.3.2}$$

符号函数的性质如下.

(1) 符号函数是奇函数: $\mathrm{sgn}(x) = -\mathrm{sgn}(-x)$.

(2) 符号函数的导数满足 $\mathrm{sgn}'(x) = \mathrm{sgn}'(-x)$, 即符号函数的导数是偶函数, 这里的导数是指广义导数 (下同).

(3) x 的绝对值函数的导数: $(|x|)' = \mathrm{sgn}(x)$.

(4) $\mathrm{sgn}(x) = 2H(x) - 1$, 其中 $H(x)$ 为单位阶跃或赫维赛德 (Heaviside) 函数:

$$H(x) = \begin{cases} 0, & x < 0, \\ 1, & x > 0. \end{cases}$$

该函数在零点不连续, 通常取 $H(0) = 1/2$.

(5) $\mathrm{sgn}'(x) = 2H'(x)$.

复数的符号函数 $\mathrm{sgn}(z)$ 定义为

$$\mathrm{sgn}(z) = \begin{cases} \dfrac{z}{|z|} = \mathrm{e}^{\mathrm{i}\arg z}, & z \neq 0, \\ 0, & z = 0. \end{cases} \tag{1.3.3}$$

另一种复符号函数 $\mathrm{csgn}(z)$ 定义为

$$\mathrm{csgn}(z) = \begin{cases} \mathrm{sgn}[\mathrm{Re}(z)], & \mathrm{Re}(z) \neq 0, \\ \mathrm{sgn}[\mathrm{Im}(z)], & \mathrm{Re}(z) = 0, \end{cases} \tag{1.3.4}$$

或者采用如下等价的定义：

$$\mathrm{csgn}(z) = \begin{cases} 1, & \mathrm{Re}(z) > 0, \text{ 或 } \mathrm{Re}(z) = 0, \mathrm{Im}(z) > 0, \\ -1, & \mathrm{Re}(z) < 0, \text{ 或 } \mathrm{Re}(z) = 0, \mathrm{Im}(z) < 0, \\ 0, & z = 0. \end{cases} \tag{1.3.5}$$

或

$$\mathrm{csgn}(z) = \begin{cases} \dfrac{z}{\sqrt{z^2}} = \dfrac{\sqrt{z^2}}{z}, & z \neq 0, \\ 0, & z = 0. \end{cases} \tag{1.3.6}$$

注：这里复数的开方取其中一支, 其主值辐角的范围为 $(-\pi/2, \pi/2)$.

1.3.2　Dirac $\delta(x)$ 广义函数

1930 年, Dirac 引入 $\delta(x)$ 广义函数, 其定义为[4]

$$\delta(x) = \begin{cases} 0, & x \neq 0, \\ \infty, & x = 0, \end{cases} \tag{1.3.7}$$

且满足可积性

$$\int_{\mathbb{R}} \delta(x)\mathrm{d}x = 1. \tag{1.3.8}$$

$\delta(x)$ 函数有如下一些性质[4,25].

(1) $\delta(x)$ 函数是偶函数：$\delta(x) = \delta(-x)$.

(2) $\delta(x)$ 函数的广义导数满足 $\delta'(x) = -\delta'(-x)$, 即 $\delta(x)$ 函数的导数是奇函数.

(3) $\delta(x - x_0)$ 的定义：

$$\delta(x - x_0) = \begin{cases} 0, & x \neq x_0, \\ \infty, & x = x_0. \end{cases}$$

(4) 对于 $x \in \mathbb{R}$ 上的连续函数 $f(x)$, 则有

$$\int_{-\infty}^{\infty} f(x)\delta(x - x_0)\mathrm{d}x = f(x_0).$$

该性质可通过分段积分, 且利用微分中值定理得到.

(5) $H'(x) = \delta(x)$, 其中

$$H(x) = \int_{-\infty}^{x} \delta(x)\mathrm{d}x = \begin{cases} 0, & x < 0, \\ 1, & x > 0. \end{cases}$$

该函数在零点不连续, 通常取 $H(0) = 1/2$.

下面从另一个角度来证明该结论:

$$\begin{aligned} \int_{\mathbb{R}} f(x)H'(x)\mathrm{d}x &= f(x)H(x)\big|_{-\infty}^{\infty} - \int_{\mathbb{R}} f'(x)H(x)\mathrm{d}x \\ &= f(\infty) - \int_{0}^{\infty} f'(x)\mathrm{d}x \\ &= f(\infty) - f(x)\big|_{0}^{\infty} = f(0) = \int_{\mathbb{R}} f(x)\delta(x)\mathrm{d}x. \end{aligned}$$

根据函数 $f(x)$ 的任意性, 可知 $H'(x) = \delta(x)$.

(6) 符号函数的导数：$\mathrm{sgn}'(x) = 2\delta(x)$.

(7) 绝对值函数的二阶导数：$(|x|)'' = \mathrm{sgn}'(x) = 2\delta(x)$.

(8) 设 $\varphi(x)$ 的全部实根 x_k 是单根, 则

$$\delta[\varphi(x)] = \sum_{k} \frac{\delta(x - x_k)}{\varphi'(x_k)}.$$

该性质可以由性质 (4) 导出.

(9) $x^a\delta(x) = 0$, $a > 0$ (由性质 (4) 可得).

(10) $f(x)\delta(x - a) = f(a)\delta(x - a)$.

(11) $\delta(x)$ 函数的 Fourier 变换:

$$\mathcal{F}[\delta(x)] = \int_{\mathbb{R}} \delta(x)\mathrm{e}^{-\mathrm{i}\omega x}\mathrm{d}x = \mathrm{e}^{-\mathrm{i}\omega x}\Big|_{x=0} = 1.$$

通过 Fourier 逆变换, 可得

$$\delta(x) = \mathcal{F}^{-1}[1] = \frac{1}{2\pi} \int_{\mathbb{R}} \mathrm{e}^{\mathrm{i}\omega x}\mathrm{d}\omega.$$

根据该公式和 $\delta(x)$ 的奇偶性, 可导出 $\delta(x)$ 函数的另一种重要的定义:

$$\int_{\mathbb{R}} \mathrm{e}^{\pm\mathrm{i}\omega x}\mathrm{d}\omega = 2\pi\delta(x). \tag{1.3.9}$$

(12) 两个平面波函数乘积的积分:

$$\int_{\mathbb{R}} \mathrm{e}^{-\mathrm{i}k'x}\mathrm{e}^{\mathrm{i}kx}\mathrm{d}x = 2\pi\delta(k-k').$$

(13) 用几种函数的参数极限来表示 $\delta(x)$:

$$\delta(x) = \lim_{a\to 0^+} \frac{1}{a\sqrt{2\pi}}\mathrm{e}^{-x^2/(2a^2)}, \quad \delta(x) = \lim_{\omega\to\infty}\frac{\sin(\omega x)}{\pi x},$$

$$\delta(x) = \lim_{K\to 0^+}\frac{K}{\pi(1+K^2x^2)}, \quad \delta(x) = \begin{cases} \lim_{a\to 0^+}\dfrac{\mathrm{e}^{-x/a}}{a}, & x \geqslant 0 \\[2mm] 0, & x < 0 \end{cases}$$

(14) $f(x) * \delta(x) = f(x)$.

(15) 高维 $\delta_d(\boldsymbol{r}) = \prod_{j=1}^d \delta(x_j)$ 为

$$\delta_d(\boldsymbol{r}) = \begin{cases} \dfrac{1}{2\pi}\nabla^2(\ln r), & d = 2, \\[4mm] -\dfrac{\Gamma(1+d/2)}{d(d-2)\pi^{d/2}}\nabla^2(1/r^{d-2}), & d \geqslant 3, \end{cases}$$

其中, $r^2 = \sum_{j=1}^d x_j^2$. 特别地, 当 $d = 3$ 时, $\delta(\boldsymbol{r})$ 满足方程

$$\nabla^2\frac{1}{r} = -4\pi\delta_3(\boldsymbol{r}), \quad r = \sqrt{x^2+y^2+z^2}, \quad \delta_3(\boldsymbol{r}) = \delta(x)\delta(y)\delta(z).$$

(16) $\delta(x)$ 的广义高阶导数:

$$\int_{\mathbb{R}} f(x)\delta^{(n)}(x-a)\mathrm{d}x = (-1)^n f^{(n)}(a), \quad n \in \mathbb{N}.$$

例 1 对于一族正交基 $\{\phi_n(x), n = 1, 2, \cdots\}$, 函数 $\Phi(x)$ 可表示为

$$\Phi(x) = \sum_{n=1}^\infty c_n\phi_n(x), \quad c_n = \int_{\mathbb{R}} \phi_n^*(x)\Phi(x)\mathrm{d}x.$$

因此有

$$\Phi(x) = \sum_{n=1}^\infty \left[\int_{\mathbb{R}} \phi_n^*(x')\Phi(x')\mathrm{d}x'\right]\phi_n(x)$$

$$= \int_{\mathbb{R}} \mathrm{d}x' \Phi(x') \sum_{n=1}^{\infty} \phi_n^*(x') \phi_n(x)$$

$$= \int_{\mathbb{R}} \mathrm{d}x' \Phi(x') \delta(x' - x),$$

根据函数 Φ 的任意性, 可得

$$\sum_{n=1}^{\infty} \phi_n^*(x') \phi_n(x) = \delta(x' - x).$$

例 2 一维动量算符 $\hat{p}_x = -\mathrm{i}\hbar\partial_x$ 的本征值 p 和本征函数 $\psi_p(x)$ 满足

$$\hat{p}\psi_p(x) = p\psi_p(x), \quad \psi_p(x) = A\exp\left(\mathrm{i}\frac{p}{\hbar}x\right),$$

很显然, 函数 $\psi_p(x)$ 不属于 Hilbert 空间. 它们的正交性表示为

$$\begin{aligned}
\langle \psi_{p'}, \psi_p \rangle &= \int_{\mathbb{R}} \psi_{p'}^*(x)\psi_p(x)\mathrm{d}x \\
&= |A|^2 \int_{\mathbb{R}} \exp\left(\mathrm{i}\frac{p-p'}{\hbar}x\right)\mathrm{d}x \\
&= |A|^2 2\pi\hbar\delta(p-p') \\
&= \delta(p-p'), \qquad A = 1/\sqrt{2\pi\hbar}. \qquad (1.3.10)
\end{aligned}$$

1.3.3 Kronecker δ_{ij} 函数

Kronecker (利奥波德·克罗内克, Leopold Kronecker, 1823—1891, 德国数学家和逻辑学家) δ 函数 (δ_{ij}) 的定义为

$$\delta_{ij} = \delta_{i,j} = \begin{cases} 1, & i = j, \\ 0, & i \neq j. \end{cases} \qquad (1.3.11)$$

Kronecker δ_{ij} 函数具有如下性质.

(1) 对称性 $\delta_{ij} = \delta_{ji}$.

(2) $\delta_{ik}\delta_{kj} = \delta_{ij}$.

(3) $\delta_{ij} = \boldsymbol{e}_i \cdot \boldsymbol{e}_j$, 其中 $\boldsymbol{e}_j$ 为单位基底, 即 $\boldsymbol{e}_j = (\delta_{j1}, \cdots, \delta_{jn})$.

(4) n 阶单位矩阵可表示为: $\boldsymbol{I} = (\delta_{ij})_{n \times n}$.

对于一个向量 $\boldsymbol{c} = (c_1, c_2, \cdots, c_n)$, 则有

$$c_k = \sum_{j=1}^{n} \delta_{jk} a_j,$$

这表明 δ_{ij} 函数类似于 Dirac $\delta(x)$ 函数, 它可以将向量 $\boldsymbol{c}$ 的某一个分量挑选出来.

对于两个向量 $\boldsymbol{a} = (a_1, a_2, \cdots, a_n)$, $\boldsymbol{b} = (b_1, b_2, \cdots, b_n)$, 它们的内积 $\boldsymbol{a} \cdot \boldsymbol{b}$ 可表示为

$$\boldsymbol{a} \cdot \boldsymbol{b} = \sum_{j=1}^{n} a_j b_j = \sum_{i,j=1}^{n} a_i b_j \delta_{ij}.$$

下面考虑正交函数之间的关系.

例 1 假设 $\{\phi_n(x)\}$ 构成完备正交基, 即

$$\langle \phi_m(x), \phi_n(x) \rangle = \int_{\mathbb{R}} \phi_m^*(x) \phi_n(x) \mathrm{d}x = \delta_{mn}.$$

例 2 Fourier 变换中存在如下的正交性:

$$\langle \mathrm{e}^{imx}, \mathrm{e}^{inx} \rangle = \frac{1}{2\pi} \int_0^{2\pi} \mathrm{e}^{-imx} \mathrm{e}^{inx} \mathrm{d}x = \delta_{mn}.$$

1.3.4 Levi-Civita 符号函数

事实上, Kronecker δ 函数 δ_{ij} 也有高元的推广. 例如 δ_{ij} 的三元函数的推广为 Levi-Civita 符号函数

$$\delta_{ijk} = \begin{cases} 1, & ijk = 123, 231, 312, \ (正序或顺时针序) \\ -1, & ijk = 321, 213, 132, \ (倒序或逆时针序) \\ 0, & ijk = 其他 \ 21 \ 种情况, 即两个或三个指标相同. \end{cases} \tag{1.3.12}$$

注: Tullio Levi-Civita (列维–奇维塔, 1873—1941) 是意大利数学家.

Levi-Civita 符号函数具有如下性质.

(1) δ_{ijk} 是斜对称的, 即交换某两个指标, 结果互为相反数:

$$\delta_{ijk} = -\delta_{jik}, \quad \delta_{ijk} = -\delta_{ikj}, \quad \delta_{ijk} = -\delta_{kji}.$$

(2) 由 $\delta_{iik} = -\delta_{iik}$, 可知 $\delta_{iik} = 0$. 其他情况类似.

(3) $2\delta_{ijk} = (i-j)(j-k)(k-i)$.

(4) 两个向量 $\boldsymbol{a} = (a_1, a_2, a_3)$, $\boldsymbol{b} = (b_1, b_2, b_3)$, 它们的叉积 $\boldsymbol{a} \times \boldsymbol{b}$ 可表示为

$$\boldsymbol{a} \times \boldsymbol{b} = \begin{vmatrix} \boldsymbol{e}_1 & \boldsymbol{e}_2 & \boldsymbol{e}_3 \\ a_1 & a_2 & a_3 \\ b_1 & b_2 & b_3 \end{vmatrix} = \sum_{i,j,k} a_j b_k \boldsymbol{e}_k \delta_{ijk}.$$

(5) $\det(A) = \det((a_{ij})_{3\times3}) = \sum_{i,j,k=1}^{3} \delta_{ijk} a_{1i} a_{2j} a_{3k}$.

(6) δ_{ijk} 可以用三维空间的标准基 $\boldsymbol{e}_j (j = 1, 2, 3)$ 的内积和叉积的组合来表示:

$$\delta_{ijk} = \det(\boldsymbol{e}_1, \boldsymbol{e}_2, \boldsymbol{e}_3) = \boldsymbol{e}_i \cdot (\boldsymbol{e}_j \times \boldsymbol{e}_k) = \begin{vmatrix} \delta_{i1} & \delta_{i2} & \delta_{i3} \\ \delta_{j1} & \delta_{j2} & \delta_{j3} \\ \delta_{k1} & \delta_{k2} & \delta_{k3} \end{vmatrix}.$$

(7) $\sum_{i=1}^{3} \delta_{ijk} \delta_{ij} = \delta_{iik} = 0$.

(8) $\delta_{ijk} \delta_{smn} = \delta_{is}(\delta_{jm}\delta_{kn} - \delta_{jn}\delta_{km}) - \delta_{im}(\delta_{js}\delta_{kn} - \delta_{jn}\delta_{ks}) + \delta_{in}(\delta_{js}\delta_{km} - \delta_{jm}\delta_{ks})$.

注: 利用爱因斯坦求和约定 (Einstein summation convention, 爱因斯坦于 1916 年提出): 任意指标在每一项中最多出现两次; 重复的指标意为求和: 有时可以省去求和号, 即两个表达式中相同指标进行求和时, 求和号可省去.

1.4 定态线性 Schrödinger 方程

通过简单尺度变换, 方程 (1.2.3) 约化为

$$i\psi_t = \mathcal{H}\psi, \quad \mathcal{H} = -\frac{\partial^2}{\partial x^2} + V(x), \tag{1.4.1}$$

其中, $\mathcal{H}$ 是一个线性算符. 设其波函数具有定态形式的解 $\psi(x,t) = \phi(x)\mathrm{e}^{-\mathrm{i}Et}$, $\phi(x) \in \mathbb{C}[x]$, $E \in \mathbb{R}$, 则 $\phi(x)$ 满足定态 Schrödinger 方程 (也称特征值方程)

$$\mathcal{H}\phi = E\phi. \tag{1.4.2}$$

注 1.11 该定态解 $\psi(x,t) = \phi(x)\mathrm{e}^{-\mathrm{i}Et}$ 事实上是通过分离变量方法确定的. 令

$$\psi(x,t) = \phi(x)T(t),$$

将其代入 Schrödinger 方程 (1.2.3), 可得

$$\frac{\mathrm{i}}{T(t)} \frac{\mathrm{d}T(t)}{\mathrm{d}t} = -\frac{1}{\phi(x)} \frac{\mathrm{d}^2\phi(x)}{\mathrm{d}x^2} + V(x) = E,$$

这里引入实常数 E, 即粒子的总能量.

从上面的方程可导出 $T(t) = T_0\mathrm{e}^{-\mathrm{i}Et}$, 其中 T_0 是常数, 并且 $\phi(x)$ 满足定态的 Schrödinger 方程 (1.4.2).

注 1.12　定态解中的定态的意思就是对应的能量为确定值 E.

总能量的期望 (平均值)

$$\langle \mathcal{H} \rangle_\phi = \int_{\mathbb{R}} \phi^* \mathcal{H} \phi \mathrm{d}x = \langle \phi, \mathcal{H}\phi \rangle = E \int_{\mathbb{R}} |\phi|^2 \mathrm{d}x = E, \quad \int_{\mathbb{R}} |\phi|^2 \mathrm{d}x = 1, \quad (1.4.3)$$

类似地,

$$\langle \mathcal{H}^2 \rangle_\phi = \int_{\mathbb{R}} \phi^* \mathcal{H}^2 \phi \mathrm{d}x = E^2 \int_{\mathbb{R}} |\phi|^2 \mathrm{d}x = E^2, \quad (1.4.4)$$

因此 $\mathcal{H}$ 的标准差 (不确定度) 为

$$\sigma_\mathcal{H}^2 = \langle \mathcal{H}^2 \rangle_\phi - \langle \mathcal{H} \rangle_\phi^2 = E^2 - E^2 = 0. \quad (1.4.5)$$

这表明总能量的每次测量值是不变的, 即为 E.

前面提到厄米算符的本征值都是实数, 这里考虑本征值的连续性和离散性. 如果本征值 (或谱) 是离散的, 则对应的本征函数 (即物理上的可观测量对应的态) 属于 Hilbert 空间, 可以进行归一化. 否则, 如果谱是连续的, 则本征函数不能归一化.

例如, 具有调和势或一维无限深方势阱的 Hamilton 算符仅有离散谱; 自由粒子或具有 $\delta(x)$ 函数势垒的 Hamilton 算符仅有连续谱; 而具有有限深方势阱或 $\delta(x)$ 函数势阱的 Hamilton 算符既有离散谱也有连续谱.

根据动量算符 $\hat{p}_x = -\mathrm{i}\hbar\partial_x$ 的本征值 p 所对应的本征函数 $\phi_p(x)$ 的正交性 (1.3.10), 任意 L^2 空间中的函数 $f(x)$ 可以写为

$$f(x) = \int_{\mathbb{R}} c(p)\phi_p(x)\mathrm{d}p, \quad (1.4.6)$$

则有

$$\langle \phi_{p'}(x), f(x) \rangle = \int_{\mathbb{R}} \mathrm{d}p c(p)\langle \phi_{p'}(x), \phi_p \rangle = \int_{\mathbb{R}} \mathrm{d}p c(p)\delta(p - p') = c(p'), \quad (1.4.7)$$

即 $c(p) = \int_{\mathbb{R}} \phi_p^*(x)f(x)\mathrm{d}x = \langle \phi_p(x), f(x) \rangle$.

下面考虑几种代表性的外势.

1.4.1 零外势: 自由粒子

考虑自由粒子情况, 即外势 $V(x) = 0$, 定态方程 (1.4.2) 有如下解 (特征函数):

$$\phi(x) = c \mathrm{e}^{\pm \sqrt{E} x}, \tag{1.4.8}$$

其中, c 是常数. 事实上, 该特征函数是连续谱的本征函数, 不能用通常方法来归一化.

1.4.2 调和外势

考虑调和外势 $V(x) = x^2$, 定态方程 (1.4.2) 有如下解 (特征函数):

$$\phi(x) = \phi_n(x) = \frac{1}{\sqrt{2^n n! \sqrt{\pi}}} H_n(x) \mathrm{e}^{-x^2/2}, \quad E = E_n = 2n + 1, \tag{1.4.9}$$

其中, $H_n(x)$ 为 Hermite 多项式, 满足厄米方程

$$H_n''(x) - 2x H_n'(x) + 2n H_n(x) = 0, \tag{1.4.10}$$

其解表示为

$$H_n(x) = (-1)^n \mathrm{e}^{x^2/2} \frac{\mathrm{d}^n}{\mathrm{d}x^n} \mathrm{e}^{-x^2/2}, \quad n = 0, 1, 2, \cdots, \tag{1.4.11}$$

其中的前几个厄米多项式函数为

$$\begin{aligned}
H_0(x) &= 1, \\
H_1(x) &= x, \\
H_2(x) &= x^2 - 1, \\
H_3(x) &= x^3 - 3x, \\
H_4(x) &= x^4 - 6x^2 + 3, \cdots.
\end{aligned}$$

注 1.13 上面提到的厄米多项式是概率论中常用的形式. 事实上, 物理领域常使用另一种形式

$$\hat{H}_n(x) = (-1)^n \mathrm{e}^{x^2} \frac{\mathrm{d}^n}{\mathrm{d}x^n} \mathrm{e}^{-x^2}, \quad n = 0, 1, 2, \cdots, \tag{1.4.12}$$

且满足

$$H_{n+1}(x) - 2x H_n(x) + 2n H_{n-1}(x) = 0, \tag{1.4.13}$$

其中前几个厄米多项式函数表示为

$$\hat{H}_0(x) = 1,$$
$$\hat{H}_1(x) = 2x,$$
$$\hat{H}_2(x) = 4x^2 - 2,$$
$$\hat{H}_3(x) = 8x^3 - 12x,$$
$$\hat{H}_4(x) = 16x^4 - 48x^2 + 12, \cdots.$$

它们之间有如下关系:

$$\hat{H}_n(x) = 2^{n/2} H_n(\sqrt{2}x). \tag{1.4.14}$$

1.4.3　Dirac $\delta(x)$ 函数势

考虑 Dirac $\delta(x)$ 函数势 $V(x) = -\omega\delta(x)\,(\omega > 0)$, 定态方程 (1.4.2) 在 $x \neq 0$ 时有解

$$\phi(x) = a\mathrm{e}^{\sqrt{-E}x} + b\mathrm{e}^{-\sqrt{-E}x}, \tag{1.4.15}$$

其中, a, b 是常数.

为了使得波函数收敛 (当 $|x| \to \infty$ 时), 且在 $x = 0$ 处连续, 可知

$$\phi(x) = \begin{cases} a\mathrm{e}^{\sqrt{-E}x}, & x < 0, \\ a\mathrm{e}^{-\sqrt{-E}x}, & x > 0. \end{cases}$$

取 $x = 0$ 附近的小区间 $[-\epsilon, \epsilon]$, 积分含有 $\delta(x)$ 外势的定态方程 (1.4.2) 可得

$$-\phi_x(x)\Big|_{-\epsilon}^{\epsilon} - \int_{-\epsilon}^{\epsilon} \omega\delta(x)\phi(x)\mathrm{d}x = E\int_{-\epsilon}^{\epsilon} \phi(x)\mathrm{d}x. \tag{1.4.16}$$

令 $\epsilon \to 0$, 可知 $\phi(x) \to a$ 且

$$\lim_{\epsilon \to 0}\left(-\phi_x(x)\Big|_{\epsilon} + \phi_x(x)\Big|_{-\epsilon}\right) = \lim_{\epsilon \to 0} 2a\sqrt{-E}\mathrm{e}^{-\sqrt{-E}\epsilon} = 2a\sqrt{-E}.$$

$$\int_{-\epsilon}^{\epsilon} \omega\delta(x)\phi(x)\mathrm{d}x = \omega\phi(0).$$

$$\lim_{\epsilon \to 0} \int_{-\epsilon}^{\epsilon} \phi(x)\mathrm{d}x = 0.$$

因此当 $\epsilon \to 0$ 时, 从方程 (1.4.16) 可知

$$2a\sqrt{-E} - \omega\phi(0) = 2a\sqrt{-E} - a\omega = 0,$$

进而导致 $E = -\omega^2/4 < 0$. 因此, 含有 $\delta(x)$ 外势的定态方程 (1.4.2) 有尖峰 (peakon) 解 (束缚态)

$$\phi(x) = a\, \mathrm{e}^{-\frac{\omega}{2}|x|}, \quad \omega > 0,$$

该解在 $x = 0$ 处连续而不可微. 由归一化条件 $\displaystyle\int_{\mathbb{R}} \phi(x)\phi^*(x)\mathrm{d}x = 1$, 可知 $a = \sqrt{\omega/2}$.

另外, 还可以通过待定系数来确定.

令定态方程 (1.4.2) 有尖峰解

$$\phi(x) = A\, \mathrm{e}^{-\alpha|x|},$$

其中, $A, \alpha \in \mathbb{R}$ 是待定的常数, 则有

$$\phi_x(x) = -A\alpha\,\mathrm{sgn}(x)\mathrm{e}^{-\alpha|x|},$$

$$\phi_{xx}(x) = A\alpha^2\,\mathrm{sgn}^2(x)\mathrm{e}^{-\alpha|x|} - 2A\alpha\delta(x)\mathrm{e}^{-\alpha|x|} \qquad (1.4.17)$$

$$= A\alpha^2\mathrm{e}^{-\alpha|x|} - 2A\alpha\delta(x).$$

考虑测试函数 $f(x) \in \mathcal{C}[x]$, 则有

$$0 = \int_{\mathbb{R}} [-\phi_{xx}(x) - \omega\delta(x)\phi(x) - E\phi(x)]f(x)\mathrm{d}x$$

$$= \int_{\mathbb{R}} [-A\alpha^2\mathrm{e}^{-\alpha|x|} + 2A\alpha\delta(x) - A\omega\delta(x)\mathrm{e}^{-\alpha|x|} - AE\mathrm{e}^{-\alpha|x|}]f(x)\mathrm{d}x$$

$$= -A\int_{\mathbb{R}} (E+\alpha^2)\mathrm{e}^{-\alpha|x|}f(x)\mathrm{d}x + A\int_{\mathbb{R}} (2\alpha-\omega)\delta(x)\mathrm{e}^{-\alpha|x|}f(x)\mathrm{d}x$$

$$= -A\int_{\mathbb{R}} (E+\alpha^2)\mathrm{e}^{-\alpha|x|}f(x)\mathrm{d}x + A(2\alpha-\omega)f(0).$$

根据 $f(x)$ 的任意性, 可得

$$E + \alpha^2 = 0, \qquad 2\alpha - \omega = 0,$$

即

$$\alpha = \frac{\omega}{2}, \qquad E = -\frac{\omega^2}{4}.$$

1.4.4　无反射 Pöschl-Teller 势

考虑外势为一维无反射势 (也称 Pöschl-Teller 势)

$$V(x) = -V_0 \text{sech}^2(kx), \qquad V_0 > 0, \quad k \in \mathbb{R}, \tag{1.4.18}$$

其中, V_0 表示势阱的深度, k 与势的范围有关.

令定态方程 (1.4.2) 具有如下束缚态:

$$\phi(x) = A\text{sech}(kx), \tag{1.4.19}$$

将其代入定态方程 (1.4.2), 得

$$(2k^2 - V_0)\text{sech}^3(kx) - (E + k^2)\text{sech}(kx) = 0, \tag{1.4.20}$$

因此可知约束条件

$$E = -k^2, \qquad V_0 = 2k^2. \tag{1.4.21}$$

1.4.5　无限深方势阱

考虑外势为一维无限深方势阱

$$V(x) = \begin{cases} 0, & x \in (-a, a),\ a > 0, \\ \infty, & \text{其他}. \end{cases} \tag{1.4.22}$$

下面分区域求解.

(1) 在势阱外 $V(x) = \infty$, 根据波函数有界的条件, 则波函数为 $\phi(x) = 0$;

(2) 在势阱内 $V(x) = 0$ $(-a < x < a)$, 由方程 (1.4.2) 可知 $E > 0$, 进而可知

$$\phi(x) = c_1 \sin(\sqrt{E}x) + c_2 \cos(\sqrt{E}x),$$

其中, c_1, c_2 是常数.

根据边界条件 $\phi(\pm a) = 0$, 可得

$$\begin{cases} \phi_n(x) = c_1 \sin\left(\dfrac{n\pi}{a}x\right), & E = \dfrac{n^2\pi^2}{a^2},\ n = 1, 2, \cdots, \\[3mm] \phi_n(x) = c_2 \cos\left[\dfrac{(2n+1)\pi}{2a}x\right], & E = \dfrac{(2n-1)^2\pi^2}{4a^2},\ n = 1, 2, \cdots. \end{cases} \tag{1.4.23}$$

根据归一化条件 $\displaystyle\int_{-a}^{a} \phi_n^2(x)\mathrm{d}x = 1$, 很容易确定常数 c_1, c_2.

注 1.14　当 $E > 0$ 时, 定态方程 (1.4.2) 有散射态.

1.5 高维定态线性 Schrödinger 方程

考虑高维 Schrödinger 方程的零外势或无限深势阱情况, 该情况变成 Helmholtz 方程

$$\nabla^2 \phi(\boldsymbol{r}) + \mu^2 \phi(\boldsymbol{r}) = 0. \tag{1.5.1}$$

1.5.1 二维极坐标系情况——Bessel 函数

在二维极坐标系作用下

$$x = r\cos\theta, \quad y = r\sin\theta, \quad r \geqslant 0, \quad \theta \in [0, 2\pi],$$

方程 (1.5.1) 化为

$$\frac{1}{\rho}\frac{\partial}{\partial\rho}\left(\rho\frac{\partial\phi}{\partial\rho}\right)\frac{1}{\rho^2}\frac{\partial}{\partial\theta} + \mu^2\phi = 0.$$

令 $\phi(\boldsymbol{r}) = \phi(\rho, \theta, z) = R(\rho)\Theta(\theta)$, 通过分离变量可得

$$\Theta''(\theta) + \lambda\Theta = 0, \quad \frac{\mathrm{d}^2 R}{\mathrm{d}\rho^2} + \frac{1}{\rho}\frac{\mathrm{d}R}{\mathrm{d}\rho} + \left(k^2 - \frac{\lambda}{\rho^2}\right)R = 0.$$

考虑边界条件 $\lambda = m^2$, $m = 0, 1, 2, \cdots$ (这里 m 取非负整数, 主要是因为 Θ 周期边界条件), 则有

$$\Theta = A_m\cos(m\theta) + B_m\sin(m\theta).$$

令 $\xi = k\rho$, 则有 m 阶 Bessel 方程[26,27]

$$\xi^2\frac{\mathrm{d}^2 R}{\mathrm{d}\xi^2} + \xi\frac{\mathrm{d}R}{\mathrm{d}\xi} + \left(\xi^2 - m^2\right)R = 0. \tag{1.5.2}$$

该方程的解无法用初等函数表示, 下面可以通过待定系数法

$$R(\xi) = \xi^\alpha \sum_{j=0}^\infty a_j\xi^j \tag{1.5.3}$$

来确定其有第一种 Bessel 函数解 (见图 1.2(a))

$$J_m(\xi) = \sum_{k=0}^\infty \frac{(-1)^k}{k!\Gamma(m+k+1)}\left(\frac{\xi}{2}\right)^{m+2k},$$

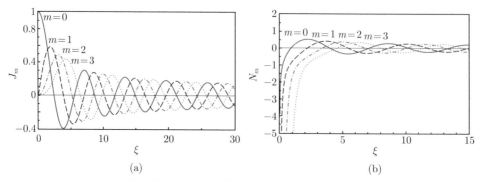

图 1.2 第一种 $(J_m(\xi))$ 和第二种 $(N_m(\xi))$ m 阶 Bessel 函数

其中, $J_0(\xi) = 1$, $J_m(\xi) = 0\,(m > 0)$, 且 $J_{-m}(\xi) = (-1)^m J_m(\xi)$. J_m 是有界函数, 即 $J_m \in (-1, 1]$, $\lim_{\xi \to +\infty} J_m(\xi) = 0$, 且

$$J_m(\xi) \sim \sqrt{\frac{2}{\pi \xi}} \cos\left(\xi - \frac{2m+1}{4}\pi\right), \qquad \xi \to +\infty.$$

另外, $\Gamma(s)$ 函数定义为

$$\Gamma(s) = \int_0^\infty t^{s-1} \mathrm{e}^{-t} \mathrm{d}t, \qquad s > 0.$$

其满足 $\Gamma(x+1) = x\Gamma(x)$, 且 $\Gamma(n+1) = n!\,(n \in \mathbb{N})$.

注 1.15 1732 年, 瑞士数学家丹尼尔·伯努利 (Daniel Bernoulli, 1700—1782) 在研究悬链振动时提出 Bessel 函数的几个整数解特例, 之后欧拉、拉格朗日、傅里叶、泊松等也研究过该函数. Bessel 函数是由德国天文学家贝塞尔 (Friedrich Wilhelm Bessel, 1784—1846) 于 1817 年在研究开普勒提出的三体引力系统的运动问题时系统提出的函数.

另外, 根据表达式可得

$$\frac{\mathrm{d}}{\mathrm{d}\xi}\left[\xi^{-m} J_m(\xi)\right] = -\xi^{-m} J_{m+1}(\xi), \quad J_m'(\xi) = mx^{-1} J_m(\xi) - J_{m+1}(\xi).$$

进而令 $m \to -m$ 且根据 $J_m = (-1)^m J_{-m}$, 可得

$$\frac{\mathrm{d}}{\mathrm{d}\xi}\left[\xi^m J_m(\xi)\right] = \xi^m J_{m-1}(\xi), \quad J_m'(\xi) = J_{m-1}(\xi) - mx^{-1} J_m(\xi).$$

因此有

$$J_{m+1}(\xi) + J_{m-1}(\xi) = 2mx^{-1} J_m(\xi).$$

可以证明 $J_{\pm m}(x)$ 是某个函数的展开系数

$$\mathrm{e}^{(x/2)(t-t^{-1})} = \sum_{m=-\infty}^{\infty} J_m(x)t^m.$$

事实上, 当 $m \to \nu$ $(\nu \geqslant 0)$ 时, Bessel 方程 (1.5.2) 也有同样的解

$$J_\nu(\xi) = J_m(\xi)\Big|_{m \to \nu}.$$

当 ν 不是整数时, 有

$$J_\nu(\xi) \sim x^\nu, \quad \xi \to 0.$$

因此 $J_\nu(\xi)$ 和 $J_{-\nu}(\xi)$ 是线性无关的.

考虑 $\nu = m$ 的情况, 因为 Bessel 方程 (1.5.2) 是二阶常微分方程, 且 $J_m(\xi)$ 和 $J_{-m}(\xi)$ 是线性相关的, 所以其应该有两个线性无关的解. 另一个线性无关的 Weber 或 Neumann 函数 (也称第二种 Bessel 函数) 解 (见图 1.2(b)) 为

$$N_m(\xi) = (-1)^m N_{-m}(\xi) = \lim_{\nu \to m} N_\nu(\xi), \tag{1.5.4}$$

其中,

$$N_\nu(\xi) = \cot(\nu\pi)J_\nu(\xi) - \csc(\nu\pi)J_{-\nu}(\xi),$$

且 $\lim_{\xi \to 0^+} N_m(\xi) = -\infty$.

任意实数 ν 阶第一种和第二种的 Bessel 函数有如下性质 $(F_\nu(\xi) = J_\nu(\xi),$ $N_\nu(\xi))$:

$$F_{\nu+1}(\xi) = 2\nu x^{-1}F_\nu(\xi) - F_{\nu-1}(\xi), \quad 2F'_{\nu+1}(\xi) = F_{\nu-1}(\xi) - F_{\nu+1}(\xi),$$

$$F'_\nu(\xi) = F_{\nu-1}(\xi) - \nu x^{-1}F_\nu(\xi), \qquad F'_\nu(\xi) = \nu x^{-1}F_\nu(\xi) - F_{\nu+1}(\xi), \tag{1.5.5}$$

$$(\xi^\nu F_\nu(\xi))' = \xi^\nu F_{\nu-1}(\xi), \qquad\qquad (\xi^{-\nu}F_\nu(\xi))' = -\xi^{-\nu}F_{\nu-1}(\xi).$$

另外, 可以用两种复的 Hankel 函数的线性表示 $R(\xi) = AH_\nu^{(1)}(\xi) + BH_\nu^{(2)}(\xi)$ 来表示 Bessel 方程 (1.5.2) 且 $m \to \nu$ 的解, 其中

$$\begin{aligned} H_\nu^{(1)}(\xi) &= J_\nu(\xi) + \mathrm{i}N_\nu(\xi), \\ H_\nu^{(2)}(\xi) &= J_\nu(\xi) - \mathrm{i}N_\nu(\xi), \end{aligned} \tag{1.5.6}$$

若 ν 为整数 m, 则需要对上面两表达式取极限 $\nu \to m$.

1.5.2　三维柱坐标系情况——Bessel 函数

类似地, 在柱坐标系作用下

$$x = r\cos\theta, \quad y = r\sin\theta, \quad z = z,$$

$$r \geqslant 0, \quad \theta \in [0, 2\pi], \quad z \in \mathbb{R},$$

方程 (1.5.1) 化为

$$\frac{1}{\rho}\frac{\partial}{\partial\rho}\left(\rho\frac{\partial\phi}{\partial\rho}\right)\frac{1}{\rho^2}\frac{\partial}{\partial\theta} + \frac{\partial^2\phi}{\partial z^2} + \mu^2\phi = 0.$$

令 $\phi(\boldsymbol{r}) = \phi(\rho, \theta, z) = R(\rho)\Theta(\theta)Z(z)$, 通过分离变量, 得

$$\Theta''(\theta) + \lambda\Theta = 0, \quad Z'' + c^2 Z = 0, \quad \frac{\mathrm{d}^2 R}{\mathrm{d}\rho^2} + \frac{1}{\rho}\frac{\mathrm{d}R}{\mathrm{d}\rho} + \left(k^2 - c^2 - \frac{\lambda}{\rho^2}\right)R = 0.$$

考虑齐次边界条件 $k^2 - c^2 \geqslant 0$, $\lambda = m^2$, $m = 0, 1, 2, \cdots$ (这里 m 取非负整数, 主要是因为 Θ 周期边界条件), 则有

$$\Theta = A_m\cos(m\theta) + B_m\sin(m\theta), \quad Z = a_m\cos(cz) + b_m\sin(cz),$$

令 $\xi = \sqrt{k^2 - c^2}\rho$, 则有同样形式的 m 阶 Bessel 方程 (1.5.2).

1.5.3　三维球坐标系情况——Bessel 和 Legendre 函数

在球坐标系作用下

$$x = r\sin\theta\cos\varphi, \quad y = r\sin\theta\sin\varphi, \quad z = r\cos\theta,$$

$$r \geqslant 0, \quad \theta \in [0, 2\pi], \quad \varphi \in [0, \pi],$$

方程 (1.5.1) 化为

$$\frac{1}{r^2}\frac{\partial}{\partial r}\left(r^2\frac{\partial\phi}{\partial r}\right)\frac{1}{r^2\sin\theta}\frac{\partial}{\partial\theta}\left(\sin\theta\frac{\partial\phi}{\partial\theta}\right) + \frac{1}{r^2\sin^2\theta}\frac{\partial^2\phi}{\partial\varphi^2} + \mu^2\phi = 0.$$

令 $\phi(\boldsymbol{r}) = \phi(\rho, \theta, \varphi) = R(\rho)Q(\theta, \varphi)$, 通过分离变量, 得球函数方程

$$\frac{1}{\sin\theta}\frac{\partial}{\partial\theta}\left(\sin\theta\frac{\partial Q}{\partial\theta}\right) + \frac{1}{\sin^2\theta}\frac{\partial^2 Q}{\partial\varphi^2} + l(l+1)Q = 0 \tag{1.5.7}$$

和 l 阶球 Bessel 方程

$$\frac{\mathrm{d}}{\mathrm{d}r}\left(r^2\frac{\mathrm{d}R}{\mathrm{d}r}\right) + [\mu^2 r^2 - l(l+1)]R = 0. \tag{1.5.8}$$

对于方程 (1.5.8), 令 $\xi = \mu r$, 则有球 Bessel 方程

$$\frac{\mathrm{d}}{\mathrm{d}\xi}\left(\xi^2\frac{\mathrm{d}R}{\mathrm{d}\xi}\right) + [\xi^2 - l(l+1)]R = 0, \tag{1.5.9}$$

再令 $R(\xi) = \xi^{-1/2}\eta(\xi)$, 则得 $(l+1/2)$ 阶 Bessel 方程

$$\xi^2\frac{\mathrm{d}^2\eta}{\mathrm{d}\xi^2} + \xi\frac{\mathrm{d}\eta}{\mathrm{d}\xi} + \left[\xi^2 - (l+1/2)^2\right]\eta = 0,$$

其有球 Bessel 函数解

$$J_{l+1/2}(\xi) = J_m(\xi)|_{m\to l+1/2}.$$

因此, 球 Bessel 方程 (1.5.9) 有解 $R(\xi) = aj_l(\xi) + bn_l(\xi)$, 其中

$$j_l(\xi) = \sqrt{\frac{\pi}{2\xi}}J_{l+1/2}(\xi) = (-\xi)^l\left(\frac{1}{\xi}\frac{\mathrm{d}}{\mathrm{d}\xi}\right)^l\frac{\sin\xi}{\xi},$$

$$n_l(\xi) = \sqrt{\frac{\pi}{2\xi}}N_{l+1/2}(\xi) = (-1)^{l+1}\sqrt{\frac{\pi}{2\xi}}J_{-(l+1/2)}(\xi) = -(-\xi)^l\left(\frac{1}{\xi}\frac{\mathrm{d}}{\mathrm{d}\xi}\right)^l\frac{\cos\xi}{\xi},$$

其中前几个函数为

$$j_0(\xi) = \frac{\sin\xi}{\xi}, \quad j_1(\xi) = \frac{\sin\xi}{\xi^2} - \frac{\cos\xi}{\xi}, \quad j_2(\xi) = \frac{3-\xi^2}{\xi^2}\frac{\sin\xi}{\xi} - \frac{3\cos\xi}{\xi^2},$$

$$n_0(\xi) = -\frac{\cos\xi}{\xi}, \quad n_1(\xi) = -\frac{\cos\xi}{\xi^2} - \frac{\sin\xi}{\xi}, \quad n_2(\xi) = \frac{\xi^2-3}{\xi^2}\frac{\cos\xi}{\xi} - \frac{3\sin\xi}{\xi^2},$$

另外, 对于球函数方程 (1.5.7), 进一步令 $Q(\theta, \varphi) = \Theta(\theta)\Phi(\varphi)$, 则有

$$\Phi'' + \lambda\Phi = 0, \quad \sin\theta\frac{\mathrm{d}}{\mathrm{d}\theta}\left(\sin\theta\frac{\mathrm{d}\Theta}{\mathrm{d}\theta}\right) + [l(l+1)\sin^2\theta - \lambda]\Theta = 0.$$

根据边界条件 $\lambda = m^2$, $m = 0, 1, 2, \cdots$, 则令 $\xi = \cos\theta$, 可得 l 阶连带勒让德 (Legendre) 方程

$$(1-\xi^2)\frac{\mathrm{d}}{\mathrm{d}\xi}\left[(1-\xi^2)\frac{\mathrm{d}\Theta}{\mathrm{d}\xi}\right] + [l(l+1)(1-\xi^2) - m^2]\Theta = 0.$$

特别地, 当 $m = 0$ 时, 可约化为 Legendre 方程

$$(1 - \xi^2)\frac{\mathrm{d}}{\mathrm{d}\xi}\left[(1 - \xi^2)\frac{\mathrm{d}\Theta}{\mathrm{d}\xi}\right] + l(l+1)(1 - \xi^2)\Theta = 0,$$

其解为 Legendre 多项式

$$\Theta_l(\xi) = \sum_{k=0}^{[l/2]} \frac{(-1)^k(2l-2k)!}{2^l k!(l-k)!(l-2k)!}\xi^{l-2k} = \frac{1}{2^l l!}\frac{\mathrm{d}^l}{\mathrm{d}\xi^l}(\xi^2-1)^l,$$

其中, $[l/2]$ 表示取小于 $l/2$ 的最大整数, 前几个 Legendre 函数为

$$\Theta_0(\xi) = 1,$$
$$\Theta_1(\xi) = \xi = \cos\theta,$$
$$\Theta_2(\xi) = \frac{3\xi^2 - 1}{2} = \frac{3\cos(2\theta) + 1}{4}.$$

对于 l 阶缔合 (连带) Legendre 方程, 令 $\Theta(\theta) = (1 - \xi^2)^{m/2}\hat{\Theta}$, 则有

$$(1 - \xi^2)\hat{\Theta}'' - 2(m+1)\xi\hat{\Theta}' + [l(l+1) - m(m+1)]\hat{\Theta} = 0.$$

然后对 Legendre 方程求 m 阶导数可导出上面方程, 因此可得 l 阶连带 Legendre 方程的解

$$\Theta_l^{[m]}(\xi) = (1 - \xi^2)^{m/2}\hat{\Theta} = (1 - \xi^2)^{m/2}\Theta_l^{(m)}(\xi) = \frac{(1 - \xi^2)^{m/2}}{2^l l!}\frac{\mathrm{d}^{m+l}}{\mathrm{d}\xi^{m+l}}(\xi^2-1)^l,$$

其中, $l \geqslant m$, $l, m = 0, 1, 2, \cdots$, 前几个连带 Legendre 函数为

$$\Theta_l^{[0]}(\xi) = \Theta_l(\xi),$$
$$\Theta_1^{[1]}(\xi) = (1 - \xi^2)^{1/2}\Theta_1'(\xi) = (1 - \xi^2)^{1/2} = \sin\theta,$$
$$\Theta_2^{[1]}(\xi) = (1 - \xi^2)^{1/2}\Theta_2'(\xi) = 3x(1 - \xi^2)^{1/2} = \frac{3}{2}\sin(2\theta),$$
$$\Theta_2^{[2]}(\xi) = (1 - \xi^2)\Theta_2''(\xi) = 3(1 - \xi^2) = 3\sin^2\theta.$$

1.6 非厄米 $\mathcal{PT}$ 对称与 $\mathcal{PT}$ 量子力学

前面提到经典量子力学中能量守恒, 其要求一个封闭的系统具有全实的能量谱, 这自然导致厄米 Hamilton 算子理论的产生. 然而, 在很多情况下, 人们感兴

趣的不是整个系统, 而仅仅是它的一个有限的子空间. 在这种情况下, 能量可以在这个特定的量子系统与它所处的外部环境之间进行能量交换. 在这种开放的量子系统中, Gamow 在研究 α 衰变[28] 时证明了一个粒子可能脱离原子核的束缚, 并且跃迁速率可以用复的能量特征值来有效地描述. 他发现这些特征值的实部和虚部与实验上观察到的相应核共振的能级和宽度相关. 之后, Feshbach, Porter 和 Weisskopf 引入非厄米复势来模拟中子和原子核之间的散射相互作用[29]. 在这种情况下, 复势的虚部用来描述中子的吸收和复合核的形成[30].

为了获得与实谱相关的可观测量, 经典量子力学通常要求相应的力学算符是厄米的[9]

$$\mathcal{H} = \mathcal{H}^{\dagger}, \quad \mathcal{H} = -\frac{\hbar^2}{2m}\nabla^2 + V(\boldsymbol{r},t), \quad V(\boldsymbol{r},t) \in \mathbb{R}[x,t], \tag{1.6.1}$$

而 $\mathcal{PT}$ 对称理论正是起源于经典量子力学中对算符特征值的研究, 它推广了数学上对算符厄米条件的要求. 1998 年, Bender 和 Boettcher[5] 首次提出一类非厄米 $\mathcal{PT}$ 对称 Hamilton 算符, 并证实该算符可能拥有全实谱.

定义 1.3 空间反演 (也称宇称) 算符 $\mathcal{P}$ 与时间反演算符 $\mathcal{T}$ 分别定义[5,31−33]为

$$\mathcal{P} : \hat{x} \to -\hat{x}, \quad \hat{p} \to -\hat{p}, \quad i \to i, \tag{1.6.2}$$

$$\mathcal{T} : \hat{x} \to \hat{x}, \quad \hat{p} \to -\hat{p}, \quad i \to -i, \tag{1.6.3}$$

即

$$\mathcal{P}\hat{x}\mathcal{P} = -\hat{x}, \quad \mathcal{P}\hat{p}\mathcal{P} = -\hat{p}, \tag{1.6.4}$$

$$\mathcal{T}\hat{x}\mathcal{T} = \hat{x}, \quad \mathcal{T}\hat{p}\mathcal{T} = -\hat{p}, \quad \mathcal{T}i\mathcal{T} = -i, \tag{1.6.5}$$

这里 $\hat{x}$ 和 $\hat{p} = \dfrac{\hbar}{i}\dfrac{\partial}{\partial \hat{x}}$ 分别为位置算符和动量算符, 且 $\hat{x}\psi(x) = x\psi(x)$, 它们满足量子力学基本对易关系: $[\hat{x},\hat{p}] \equiv \hat{x}\hat{p} - \hat{p}\hat{x} = i\hbar$.

易证宇称算符 $\mathcal{P}$ 是一个线性算符:

$$\mathcal{P}[\lambda_1\psi_1(x) + \lambda_2\psi_2(x)] = \lambda_1\mathcal{P}\psi_1(x) + \lambda_2\mathcal{P}\psi_2(x), \quad \lambda_{1,2} \in \mathbb{C}, \tag{1.6.6}$$

然而时间反演算符 $\mathcal{T}$ 是反线性的

$$\mathcal{T}[\lambda_1\psi_1(x) + \lambda_2\psi_2(x)] = \lambda_1^*\mathcal{T}\psi_1(x) + \lambda_2^*\mathcal{T}\psi_2(x), \quad \lambda_{1,2} \in \mathbb{C}, \tag{1.6.7}$$

且

$$\mathcal{P}^2 = \mathcal{T}^2 = I, \quad [\mathcal{P},\mathcal{T}] = [\mathcal{T},\mathcal{P}] \equiv \mathcal{PT} - \mathcal{TP} = 0, \tag{1.6.8}$$

$$\mathcal{PT} : \hat{x} \to -\hat{x}, \; \hat{p} \to \hat{p}, \; \mathrm{i} \to -\mathrm{i}, \tag{1.6.9}$$

其中, $*$ 表示复共轭, I 为恒等算符, $[\cdot, \cdot]$ 为 Lie 括号. 因此 $\mathcal{PT}$ 也是反线性的, 且动量算符是 $\mathcal{PT}$ 对称的, 即 $[\hat{p}, \mathcal{PT}] = 0$.

因此, $\mathcal{P}$ 与 $\mathcal{T}$ 均为幂幺算符且满足对易关系, 于是变换群 $\{\mathcal{P}, \mathcal{T}, \mathcal{PT}, I\}$ 在代数结构上做成一个 Klein 四元群 (当 $\mathcal{T}$ 同时将 t 变为 $-t$ 时也成立[34]), 在物理上为空间旋转齐次洛伦兹群[31], 由此可以看出 $\mathcal{PT}$ 对称性比厄米性更具有物理条件.

注 1.16 为了验证 $\mathcal{P}, \mathcal{T}$ 定义的另一等价的形式, 即式 (1.6.4) 和式(1.6.5) 中的每两个算子是相同的, 选择函数 $\psi(x)$, 结果有

$$(\mathcal{P}\hat{x}\mathcal{P})\psi(x) = \mathcal{P}\hat{x}\mathcal{P}\psi(x) = (\mathcal{P}\hat{x})[\mathcal{P}^2\psi(x)] = -\hat{x}\psi(x), \tag{1.6.10}$$

或者

$$(\mathcal{P}\hat{x}\mathcal{P})\psi(x) = \mathcal{P}\hat{x}\mathcal{P}\psi(x) = \mathcal{P}\hat{x}\psi(-x) = -\hat{x}\psi(x), \tag{1.6.11}$$

因此, 可知 $\mathcal{P}\hat{x}\mathcal{P} = -\hat{x}$. 其他的证明是类似的.

定义 1.4 $\mathcal{PT}$ 对称 Hamilton 算符 H 定义为[5,31-33]

$$H = H^{\mathcal{PT}} \equiv (\mathcal{PT})H(\mathcal{PT})^{-1} \equiv (\mathcal{PT})H(\mathcal{PT}). \tag{1.6.12}$$

选择函数 $\psi(x)$, 可以简单验证

$$H\psi(x) = (\mathcal{PT}H\mathcal{PT})\psi(x) = \mathcal{PT}H\mathcal{PT}\psi(x) = (\mathcal{PT}H)(\mathcal{P}^2\mathcal{T}^2\psi(x)) = (\mathcal{PT}H)\psi(x),$$

即 $\mathcal{PT} : H \to H$, 换句话说, H 在 $\mathcal{PT}$ 作用下是不变的.

根据该定义可知 $\mathcal{PT}$ 对称 Hamilton 算符 H 与 $\mathcal{PT}$ 是对合的或可交换的, 即

$$[H, \mathcal{PT}] = 0. \tag{1.6.13}$$

定义 1.5[31] 如果一个 $\mathcal{PT}$ 对称的 Hamilton 算子 H 的任意一个特征函数同时是 $\mathcal{PT}$ 算子的特征函数, 那么称该 Hamilton 算子 H 是未破缺的 (即特征值是实数), 否则称 H 是破缺的.

该定义 (或结论) 可以从下面的讨论导出.

令 $\phi(x)$ 是 $\mathcal{PT}$ 对称算子 H 的任一个特征函数, 且其也是 $\mathcal{PT}$ 算子的特征函数, 则有

$$H\phi(x) = E\phi(x), \quad \mathcal{PT}\phi(x) = \lambda\phi(x), \quad E, \lambda \in \mathbb{C}. \tag{1.6.14}$$

将 $\mathcal{PT}$ 算子作用到式 (1.6.14) 中的第二个表达式的两边, 得

$$\phi(x) = (\mathcal{PT})^2\phi(x) = \mathcal{PTPT}\phi(x) = \mathcal{PT}\lambda\phi(x) = \lambda^*\mathcal{PT}\phi(x) = |\lambda|^2\phi(x),$$
(1.6.15)

其导致 $|\lambda|^2 = 1$, 即 $\lambda = \mathrm{e}^{2\mathrm{i}\theta}$, $\theta \in \mathbb{R}$.

令 $\hat{\phi}(x) = \phi(x)\mathrm{e}^{\mathrm{i}\theta}$, 则

$$\mathcal{PT}\hat{\phi}(x) = \mathrm{e}^{-\mathrm{i}\theta}\mathcal{PT}\phi(x) = \mathrm{e}^{\mathrm{i}\theta}\phi(x) = \hat{\phi}(x),$$
(1.6.16)

因此, 不失一般性选择 $\lambda = 1$, 进而有 $\mathcal{PT}\phi(x) = \phi(x)$.

由于 H 是 $\mathcal{PT}$ 对称的, 即 $[\mathcal{PT}, H] = 0$, 则有

$$\mathcal{PT}H\phi(x) = H\mathcal{PT}\phi(x) = H\phi(x) = E\phi(x),$$
$$\mathcal{PT}E\phi(x) = E^*\mathcal{PT}\phi(x) = E^*\phi(x),$$
(1.6.17)

其导致 $E = E^*$ (即 E 是实数) 或 $\phi(x) \equiv 0$ (平凡).

注 1.17 一般来说, 要验证 $\mathcal{PT}$ 对称 Hamilton 算子 H 的所有特征函数都是 $\mathcal{PT}$ 算子的特征函数是非常困难的. 如果 $\mathcal{PT}$ 对称 Hamilton 算子 H 有某个特征函数不是 $\mathcal{PT}$ 算子的特征函数, 则该 Hamilton 算子 H 是破缺的.

因此, 不像厄米性能确保 Hamilton 算子的实谱性 (即厄米性是确保 Hamilton 算子全实谱的充分条件), $\mathcal{PT}$ 对称性并不能保证 Hamilton 算子的实谱性 (即 $\mathcal{PT}$ 对称性不是确保 Hamilton 算子全实谱的充分条件), 然而再附加上未破缺的条件就可以变为纯实谱的充分条件, 即具有未破缺 $\mathcal{PT}$ 对称的 Hamilton 算子拥有全实谱[35].

性质 1.15 如果 E 是 $\mathcal{PT}$ 对称 Hamilton 算子 H 的特征值, 且特征向量为 ψ, 则 E^* 也是它的特征值, 且相应的特征向量为 $\mathcal{PT}\psi$.

因为 $H\psi = E\psi$, 则有

$$\mathcal{PT}H\psi = H(\mathcal{PT}\psi) = \mathcal{PT}E\psi = E^*(\mathcal{PT}\psi).$$
(1.6.18)

1.7 $\mathcal{PT}$ 对称 Hamilton 算子和性质

考虑一维无量纲含有复值势 ($U(x) \in \mathbb{C}[x]$) 的线性 Hamilton 算子

$$H = p^2 + U(x) = -\partial_x^2 + U(x), \quad p = -\mathrm{i}\partial_x, \quad U(x) = V(x) + \mathrm{i}W(x), \quad (1.7.1)$$

其中, $\mathrm{i} \equiv \sqrt{-1}$, $V(x), W(x) \in \mathbb{R}[x]$. 若它是 $\mathcal{PT}$ 对称的, 那么复势 $U(x)$ 满足 $U^*(x) = U(-x)$, 即它的实部和虚部分别为空间位置的偶函数和奇函数

$$V(-x) = V(x), \qquad W(-x) = -W(x).$$
(1.7.2)

类似地, 对于三维无量纲含有复势 $(U(\mathbf{r}) \in \mathbb{C}[\mathbf{r}])$ 的 Hamilton 算子

$$H = -\nabla^2 + U(\mathbf{r}), \quad U(\mathbf{r}) = V(\mathbf{r}) + \mathrm{i}W(\mathbf{r}), \tag{1.7.3}$$

若其是 $\mathcal{PT}$ 对称的, 那么可知复势 $U(\mathbf{r})$ 满足 $U^*(\mathbf{r}) = U(-\mathbf{r})$, 即它的实部和虚部分别为空间位置的偶函数和奇函数

$$V(-\mathbf{r}) = V(\mathbf{r}), \qquad W(-\mathbf{r}) = -W(\mathbf{r}).$$

注 1.18 若 V, W 满足下列条件之一:

(1) $V(-x, y, z) = V(x, y, z)$, $W(-x, y, z) = -W(x, y, z)$,

(2) $V(-x, -y, z) = V(x, y, z)$, $W(-x, -y, z) = -W(x, y, z)$,

(3) $V(-x, y, -z) = V(x, y, z)$, $W(-x, y, -z) = -W(x, y, z)$,

则称该 Hamilton 算符 (1.7.3) 是部分 $\mathcal{PT}$ 对称的.

注 1.19 任意非 $\mathcal{PT}$ 对称算子 B 都可以表示为两个 $\mathcal{PT}$ 对称算子 $B_{1,2} = \mathcal{PT}B_{1,2}$ 的复线性组合

$$B = B_1 + \mathrm{i}B_2, \quad B_1 = \frac{B + \mathcal{PT}B}{2}, \quad B_2 = \frac{B - \mathcal{PT}B}{2\mathrm{i}}.$$

特别地, 对于非 $\mathcal{PT}$ 对称外势 $V(x) \in \mathbb{C}[x]$, 若令 $V(x) = V_1(x) + \mathrm{i}V_2(x)$, 其中 $\mathcal{PT}$ 对称外势 $V_{1,2}(x)$ 为

$$V_1(x) = \frac{V(x) + V^*(-x)}{2}, \quad V_2(x) = \frac{V(x) - V^*(-x)}{2\mathrm{i}}.$$

定义 1.6[36] 若存在可逆线性的厄米算子 η, 满足

$$H^\dagger = \eta H \eta^{-1}, \tag{1.7.4}$$

则称 H 是 η-伪厄米算子. 特别当 η 是恒等算子时, 该条件约化为厄米算子的条件.

例如, 如果 $\mathcal{PT}$ 对称的矩阵算子 H 是对称的, 则它是 η-伪厄米算子, 其中 $\eta = \mathcal{P}$. 根据 H 是 $\mathcal{PT}$ 对称的, 则有

$$\mathcal{PT}H = H\mathcal{PT}, \quad \mathcal{P}H^* = H\mathcal{P},$$

导致

$$H^* = \mathcal{P}H\mathcal{P}.$$

又因为 $H^{\mathrm{T}} = H$, 所以有 $H^\dagger = H^*$. 综上可知

$$H^\dagger = H^* = \mathcal{P}H\mathcal{P}.$$

对于由 (1.7.1) 定义的 $\mathcal{PT}$ 对称算子 H, 则有

$$H^{\dagger} = H^* = -\partial_x^2 + V(x) - \mathrm{i}W(x) = -\partial_x^2 + V(-x) + \mathrm{i}W(-x) = \mathcal{P}H\mathcal{P} = \mathcal{P}H\mathcal{P}^{-1}.$$

即 $\mathcal{PT}$ 对称算子 H 是 $\mathcal{P}$-伪厄米算子.

1.8 含 $\mathcal{PT}$ 对称势的线性 Schrödinger 方程

$\mathcal{PT}$ 对称量子力学中的一维无量纲线性 Schrödinger 波动方程为[9, 16]

$$\mathrm{i}\frac{\partial}{\partial t}\psi(x,t) = \mathcal{H}_{\mathcal{PT}}\psi(x,t), \quad \mathcal{H}_{\mathcal{PT}} = p^2 + U(x) = -\frac{\partial^2}{\partial x^2} + U(x), \tag{1.8.1}$$

其中, 复函数 $\psi(x,t)$ 表示粒子运动的波函数; $U(x) = V(x) + \mathrm{i}W(x)$ 为 $\mathcal{PT}$ 对称外势, 即满足方程 (1.7.2); $\mathcal{H}$ 是定义在 $L^2(\mathbb{R})$ 上的二阶微分算子, 也称 $\mathcal{PT}$ 对称 Hamilton 算符 (或 $\mathcal{PT}$ 对称 Hamilton 量), 表示动能、势能和增益-损耗之和; $p = -\mathrm{i}\frac{\partial}{\partial x}$ 为动量算子, $-\frac{\partial^2}{\partial x^2}$ 为动能算子, $\mathrm{i}\frac{\partial}{\partial t}$ 为能量算子.

对于复的波函数 $\psi(x,t)$, 类似于玻恩给出的概率解释, 即用 $\rho = |\psi(x,t)|^2$ 和 $\varrho = \psi(x,t)\psi^*(-x,t)$ 分别表示 t 时刻位于空间 x 处粒子出现的概率和 t 时刻位于空间 x 和 $-x$ 处粒子出现的拟概率, 换句话说用

$$P_{x\in[a,b]} = \int_a^b |\psi(x,t)|^2 \mathrm{d}x > 0, \quad Q_{x\in[a,b]} = \int_a^b \psi(x,t)\psi^*(-x,t)\mathrm{d}x \tag{1.8.2}$$

分别表示 t 时刻位于区间 $[a,b]$ 中粒子出现的概率和拟概率. 注: $Q_{x\in[a,b]}$ 不一定是实数.

情况 1 首先考虑 $P_{x\in[a,b]}$, 方程 (1.8.1) 的复共轭为

$$-\mathrm{i}\frac{\partial}{\partial t}\psi^*(x,t) = \mathcal{H}_{\mathcal{PT}}^*\psi^*(x,t), \quad \mathcal{H}_{\mathcal{PT}}^* = p^2 + V(x) - \mathrm{i}W(x). \tag{1.8.3}$$

用 $\psi^*(x,t)$ 乘以方程 (1.8.1) 减去 $\psi(x,t)$ 乘以方程 (1.8.3), 可得

$$\frac{\partial}{\partial t}|\psi|^2 + \frac{\partial}{\partial x}J(x,t) = 2W(x)|\psi|^2, \quad J(x,t) = \mathrm{i}\left(\psi\frac{\partial\psi^*}{\partial x} - \psi^*\frac{\partial\psi}{\partial x}\right). \tag{1.8.4}$$

对方程 (1.8.4) 两边在区间 $x \in [a,b]$ 上积分, 可得概率守恒方程

$$\frac{\mathrm{d}P_{x\in[a,b]}}{\mathrm{d}t} + J(x,t)\Big|_a^b = 2\int_b^a W(x)|\psi|^2\mathrm{d}x. \tag{1.8.5}$$

特别地, 若区间 $[a,b]$ 变为 $\mathbb{R}$, 则方程 (1.8.5) (要求 $\lim_{|x|\to\infty}\psi = 0$) 约化为

$$\frac{\mathrm{d}}{\mathrm{d}t}\int_{\mathbb{R}}|\psi|^2\mathrm{d}x = -J(x,t)\Big|_{-\infty}^{+\infty} + 2\int_{-\infty}^{+\infty}W(x)|\psi|^2\mathrm{d}x = 2\int_{-\infty}^{+\infty}W(x)|\psi|^2\mathrm{d}x.$$

$$(1.8.6)$$

注 1.20　若 $\psi(x,t)$ 是关于空间的偶函数, 则 $\dfrac{\mathrm{d}}{\mathrm{d}t}\displaystyle\int_{\mathbb{R}}|\psi|^2\mathrm{d}x = 0$, 即能量是守恒的. 否则 $\dfrac{\mathrm{d}}{\mathrm{d}t}\displaystyle\int_{\mathbb{R}}|\psi|^2\mathrm{d}x \neq 0$, 即能量与时间有关.

情况 2　下面考虑 $Q_{x\in[a,b]}$, 方程 (1.8.1) 的复共轭且取 $x \to -x$ 为

$$-\mathrm{i}\frac{\partial}{\partial t}\psi^*(-x,t) = \mathcal{H}_{\mathcal{PT}}\psi^*(-x,t).$$

$$(1.8.7)$$

用 $\psi^*(-x,t)$ 乘以方程 (1.8.1) 减去 $\psi(x,t)$ 乘以方程 (1.8.7), 可得

$$\frac{\partial}{\partial t}[\psi(x,t)\psi^*(-x,t)] + \frac{\partial}{\partial x}J_{\mathcal{PT}}(x,t) = 0,$$

$$(1.8.8)$$

其中, 拟概率流 $J_{\mathcal{PT}}(x,t)$ 为

$$J_{\mathcal{PT}}(x,t) = \mathrm{i}\left[\psi(x,t)\frac{\partial\psi^*(-x,t)}{\partial x} - \psi^*(-x,t)\frac{\partial\psi(x,t)}{\partial x}\right].$$

对方程 (1.8.8) 两边在区间 $x \in [a,b]$ 上积分, 可得拟概率守恒方程

$$\frac{\mathrm{d}Q_{x\in[a,b]}}{\mathrm{d}t} + J_{\mathcal{PT}}(x,t)\Big|_a^b = 0.$$

$$(1.8.9)$$

特别地, 若区间 $[a,b]$ 变为 $\mathbb{R}$, 则方程 (1.8.9) (要求 $\lim_{|x|\to\infty}\psi(\pm x,t) = 0$) 约化为

$$\frac{\mathrm{d}}{\mathrm{d}t}\int_{\mathbb{R}}\psi(x,t)\psi^*(-x,t)\mathrm{d}x = \frac{\mathrm{d}}{\mathrm{d}t}Q_{x\in\mathbb{R}} = -J_{\mathcal{PT}}(x,t)\Big|_{-\infty}^{+\infty} = 0.$$

即拟能量是守恒的

$$Q_{x\in\mathbb{R}} = \int_{\mathbb{R}}[\psi(x,t)\psi^*(-x,t)]\mathrm{d}x = 常数 = \int_{\mathbb{R}}[\psi(x,0)\psi^*(-x,0)]\mathrm{d}x.$$

注: 这里常数可能是复数.

1.9 非厄米 $\mathcal{PT}$ 对称复势

1.9.1 $\mathcal{PT}$ 对称 Bessis-Bender-Boettcher 势

Bender 和 Boettcher[5] 曾提到: Bessis 基于数值的研究猜测 Hamilton 算子

$$H = p^2 + x^2 + \mathrm{i}x^3 \tag{1.9.1}$$

的特征谱为正实的. 1998 年他们推广了 Bessis 的猜测, 并研究了具有如下一类复
$\mathcal{PT}$ 对称势

$$U(x) = U^*(-x) = -(\mathrm{i}x)^N, \quad N \in \mathbb{R} \tag{1.9.2}$$

的 Hamilton 算子 (1.7.1) 的特征谱, 通过数值计算发现 (见图 1.3):

(1) 当 $N \geqslant 2$ 时, 特征谱为正实的;

(2) 当 $N = 2$ 时, 势 $U(x)$ 变为一个实值的二次抛物势, 对应于调和势, 能级
为 $E_n = 2n + 1$, 其中 n 为自然数;

(3) 当 $1 < N < 2$ 时, 特征谱中含有有限多个正实的特征值和无限多对的复
共轭特征值, 当 $1 < N \leqslant 1.42207$ 时, 仅存在一个正实的特征值即为基态能级, 当
$N \to 1^+$ 时, 最低能级的实特征值趋于正无穷大, 即基态发散;

(4) 当 $N < 1$ 时, 不存在实的特征值.

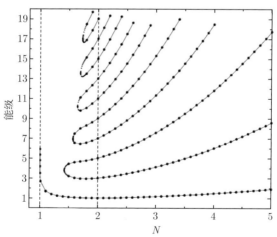

图 1.3 非厄米 $\mathcal{PT}$ 对称 Hamilton 量 $H = -\partial_x^2 - (\mathrm{i}x)^N$ 的能级随参数 N 变化的关系图[5]

因此, 当 $N \geqslant 2$ 时 $\mathcal{PT}$ 对称是未破缺的, 但是当 N 向下跨越临界值 $N_{\mathrm{cr}} = 2$
时, 会出现自发对称破缺现象. Dorey 等于 2001 年从数学上严格证明了当 $N \geqslant 2$
时的结论[37,38].

对于 $U(x)$ 为 x 的其他多项式的外势, Bender 和 Boettcher[5] 也提到简单的复 $\mathcal{PT}$ 对称调和势

$$U(x) = x^2 + \mathrm{i}x, \tag{1.9.3}$$

进而可知具有 $\mathcal{PT}$ 对称势 (1.9.3) 的 Hamilton 算子 (1.7.1) 拥有实谱 $E = E_n = 2n + 5/4$, 且波函数 $\phi(x) \in L^2(\mathbb{R})$ 为

$$\phi(x) = \phi_n(x) = \sqrt{\frac{1}{2^n n! \sqrt{\pi}}}\, H_n(x + \mathrm{i}/2)\mathrm{e}^{-(x+\mathrm{i}/2)^2/2}, \tag{1.9.4}$$

其中, $H_n(x)$ 为 Hermite 多项式: $H_0(x) = 1$, $H_1(x) = 2x$, $H_2(x) = 4x^2 - 2$, $H_3(x) = 8x^3 - 12x$.

另外, $\mathcal{PT}$ 对称势 (1.9.2) 的广义形式

$$U(x) = m^2 x^2 - (\mathrm{i}x)^N, \quad m \neq 0, \tag{1.9.5}$$

所对应的 Hamilton 算子 (1.7.1) 的谱问题比较复杂 (如 $m^2 = 3/16, 5/16, 7/17$, $N = 1, 2$, 见文献 [5]). 特别地, 当 $m = 1$, $N = 3$ 时, Delabaere 和 Pham[39] 研究了所对应的 Hamilton 算子 (1.7.1) 的谱问题.

1999 年, Znojil[40] 研究了 $\mathcal{PT}$ 对称势 (1.9.3) 的广义等价形式

$$U(x) = (x - \mathrm{i}\alpha)^2 = x^2 - \alpha^2 - 2\mathrm{i}\alpha x, \quad \alpha \in \mathbb{R}, \tag{1.9.6}$$

进而可知具有 $\mathcal{PT}$ 对称势 (1.9.6) 的 Hamilton 算子 (1.7.1) 拥有实谱 $E = E_n = 2n + 1 + \alpha^2$, 且波函数 $\phi(x) \in L^2(\mathbb{R})$ 为

$$\phi(x) = \phi_n(x) = \sqrt{\frac{1}{2^n n! \sqrt{\pi}}}\, H_n(x - \mathrm{i}\alpha)\mathrm{e}^{-(x-\mathrm{i}\alpha)^2/2}, \tag{1.9.7}$$

其中, $H_n(x)$ 为 Hermite 多项式.

1.9.2 $\mathcal{PT}$ 对称 Scarf-II 势

2001 年, Ahmed[41] 研究了另外一个精确可解的一维复 $\mathcal{PT}$ 对称 Scarf-II 势

$$U(x) = -V_0 \operatorname{sech}^2 x - \mathrm{i}W_0 \operatorname{sech} x \tanh x, \quad V_0 > 0, \tag{1.9.8}$$

证明了在复势 (1.9.8) 下 Hamilton 算子 (1.7.1) 拥有纯实离散特征值的条件是

$$|W_0| \leqslant V_0 + 1/4, \tag{1.9.9}$$

即 $\mathcal{PT}$ 对称是未破缺的; 否则会产生成对的复共轭特征值, 即 $\mathcal{PT}$ 对称是自发破缺的.

1.9.3 $\mathcal{PT}$ 对称势与 Miura 变换

情况 1   对于聚焦 mKdV 方程

$$u_t + 6u^2 u_x + u_{xxx} = 0 \tag{1.9.10}$$

的 Lax 对

$$
\begin{aligned}
\Phi_x &= X\Phi, \quad X = \mathrm{i}k\sigma_3 + Q, \\
\Phi_t &= T\Phi, \quad T = (4k^2 - 2q^2)X - 2\mathrm{i}k\sigma_3 Q_x + [Q_x, Q] - Q_{xx},
\end{aligned}
\tag{1.9.11}
$$

其中, $\Phi = \Phi(x, t; k) = (\Phi_1, \Phi_2)^{\mathrm{T}}$ 为向量复特征函数, k 为复谱参数, 且

$$Q = Q(x, t) = \begin{bmatrix} 0 & u(x, t) \\ -u(x, t) & 0 \end{bmatrix}, \quad \sigma = \pm 1.$$

对于 Dirac 型 Lax 对的空间部分, 引入变换

$$\phi_1 = \Phi_1 + \mathrm{i}\Phi_2, \quad \phi_2 = \Phi_1 - \mathrm{i}\Phi_2, \tag{1.9.12}$$

可知 $\phi_{1,2}$ 分别满足如下 Schrödinger 方程

$$(-\partial_x^2 + U)\Phi_1 = k^2 \phi_1, \tag{1.9.13}$$

$$(-\partial_x^2 + U^*)\Phi_2 = k^2 \phi_2, \tag{1.9.14}$$

其中, U 是由 mKdV 方程的解 u 确定的[42]

$$U = V + \mathrm{i}W = -u^2 - \mathrm{i}u_x. \tag{1.9.15}$$

该变换事实上是复数形式的 Miura 变换[43], 其中复函数 U 满足 KdV 方程

$$U_t - 6UU_x + U_{xxx} = 0. \tag{1.9.16}$$

注 1.21   KdV 方程 (1.9.16) 的实数解 U 可由另一个实函数形式的 Miura 变换[43]

$$U = u^2 + u_x \tag{1.9.17}$$

得到, 其中 u 满足散焦 mKdV 方程

$$u_t - 6u^2 u_x + u_{xxx} = 0. \tag{1.9.18}$$

注 1.22 mKdV 方程的解 u 依赖于时空, 为了与特征值问题建立联系, 可以将其中的时间 t 看成常数. 如果 $u(x,t)$ 是空间变量的偶函数, 即 $u(x,t) = u(-x,t)$, 那么 $W = -u_x$ 就是空间变量的奇函数, 而且 $U = -u^2 - \mathrm{i}u_x$ 就是 $\mathcal{PT}$ 对称的外势.

如 mKdV 方程拥有单孤子解:

$$u(x,t) = 2\alpha \operatorname{sech}(2\alpha x - 8\alpha^3 t + c), \quad k = \mathrm{i}\alpha, \quad \alpha \in \mathbb{R}. \tag{1.9.19}$$

对于 $t = t_0$, 令 $c = 8\alpha^3 t_0$, 则有 $u(x) = u(x,t_0) = 2\alpha \operatorname{sech}(2\alpha x)$, 进而有

$$V(x) = -4\alpha^2 \operatorname{sech}^2(2\alpha x), \quad W(x) = 4\alpha^2 \operatorname{sech}(2\alpha x)\tanh(2\alpha x), \tag{1.9.20}$$

这是特殊的 Scarf-II 势, 很显然满足条件 (1.9.9), 即其对应的谱问题的谱是实的 $(k^2 = -\alpha^2)$.

另外, mKdV 方程还拥有多孤子解、多极点解、有理解、双周期解等, 进而得到相应的复 $\mathcal{PT}$ 对称外势.

情况 2 对于聚焦 Gardner 方程 (也称 KdV-mKdV 方程)

$$u_t + 6auu_x + 6bu^2 u_x + u_{xxx} = 0, \quad b > 0, \tag{1.9.21}$$

类似地, 可由 u 来确定复外势

$$U = V + \mathrm{i}W = -au - bu^2 - \mathrm{i}\sqrt{b}\,u_x. \tag{1.9.22}$$

1.9.4 $\mathcal{PT}$ 对称 Rosen-Morse 势

人们也研究了 $\mathcal{PT}$ 对称 Rosen-Morse 势[44]

$$U(x) = V_0 \operatorname{sech}^2 x + \mathrm{i}W_0 \tanh x, \quad V_0 < 0. \tag{1.9.23}$$

当 $|x| \to \infty$ 时, 该增益–损耗项 $W_0 \tanh x$ 并不趋于零, 即该项对系统一直有影响.

1.9.5 $\mathcal{PT}$ 对称周期势

对于 $\mathcal{PT}$ 对称周期势[45]

$$U(x) = \cos^2(x) + \mathrm{i}W_0 \sin(2x), \tag{1.9.24}$$

当 $0 \leqslant W_0 < 1/2$ 时, 相应的 Hamilton 算子 (1.7.1) 拥有纯实谱.

1.9.6 $\mathcal{PT}$ 对称矩阵型势

考虑耦合光场中的波导模型[46]

$$i\begin{pmatrix} E_1 \\ E_2 \end{pmatrix}_z = A \begin{pmatrix} E_1 \\ E_2 \end{pmatrix}, \quad A = \begin{pmatrix} i\gamma & -k \\ -k & -i\gamma \end{pmatrix}, \tag{1.9.25}$$

其中, $\gamma, k > 0$. 可以证明 H 是 $\mathcal{PT}$ 对称的, 即

$$\mathcal{PT}A\mathcal{PT} = A, \quad \mathcal{P} = \sigma_1. \tag{1.9.26}$$

当 $k \geqslant \gamma$ 时, A 拥有全实谱.

1.9.7 $\mathcal{PT}$ 对称其他类型势

例如, k-波数 Scarf-II 势[47]、扰动的抛物势[48]、六次非调和双势阱[49] 等在一定的参数范围内也具有全实的特征值谱.

1.10 超对称伙伴势

1.10.1 量子力学中的超对称势

超对称 (supersymmetry, SUSY) 的概念最初源于量子场论和高能物理. 物理学中的基本粒子按照自旋的不同分为两类: 一类是自旋为整数的玻色子 (Boson), 另一类是自旋为半整数的费米子 (Fermion), 超对称就是将这两类粒子关联起来的一种对称性[50,51].

下面考虑量子力学中的超对称, 其是根据 Hamilton 算子的分解来确定的. 对于 Hamilton 算子

$$H = -\frac{\hbar^2}{2m}\frac{\mathrm{d}^2}{\mathrm{d}x^2} + V(x), \tag{1.10.1}$$

其中, $V(x)$ 是实函数, 考虑基态 $\phi_0(x)$ (无零点) 对应的能量为零, 否则通过简单的常数变换 $V(x) \to V(x) - E_0$ 来转换, 即

$$H\phi_0 = 0,$$

其可导出

$$V(x) = \frac{\hbar^2}{2m}\frac{\phi_0''(x)}{\phi_0(x)}. \tag{1.10.2}$$

现在考虑 H 的分解[52]

$$H = \widetilde{A}A, \qquad A = \frac{\hbar}{\sqrt{2m}}\frac{\mathrm{d}}{\mathrm{d}x} + U(x), \qquad \widetilde{A} = -\frac{\hbar}{\sqrt{2m}}\frac{\mathrm{d}}{\mathrm{d}x} + U(x), \quad (1.10.3)$$

其中, 待定的实函数 $U(x)$ 被称为超势 (superpotential). 很显然 $\widetilde{A} = A^\dagger$, 即 $\widetilde{A}$ 是 A 的伴随 (厄米共轭).

通过方程 (1.10.1) 和 (1.10.3), 即

$$\begin{aligned}
H = \widetilde{A}A &= \left[-\frac{\hbar}{\sqrt{2m}}\frac{\mathrm{d}}{\mathrm{d}x} + U(x)\right]\left[\frac{\hbar}{\sqrt{2m}}\frac{\mathrm{d}}{\mathrm{d}x} + U(x)\right] \\
&= -\frac{\hbar^2}{2m}\frac{\mathrm{d}^2}{\mathrm{d}x^2} - \frac{\hbar}{\sqrt{2m}}U'(x) + U^2(x) \\
&= -\frac{\hbar^2}{2m}\frac{\mathrm{d}^2}{\mathrm{d}x^2} + V(x),
\end{aligned}$$

因此可得关于 $U(x)$ 的 Riccati 方程

$$-\frac{\hbar}{\sqrt{2m}}U'(x) + U^2(x) = V(x). \tag{1.10.4}$$

进而根据式 (1.10.2), 可解得超势

$$U(x) = -\frac{\hbar}{\sqrt{2m}}\frac{\phi_0'(x)}{\phi_0(x)} = -\frac{\hbar}{\sqrt{2m}}\frac{\mathrm{d}\ln|\phi_0(x)|}{\mathrm{d}x},$$

因此有

$$A\phi_0(x) = 0, \qquad H\phi_0(x) = \widetilde{A}A\phi_0(x) = 0.$$

从 $A\phi_0(x) = 0$ 可得

$$\phi_0(x) = C\exp\left(-\frac{\sqrt{2m}}{\hbar}\int_0^x U(s)\mathrm{d}s\right).$$

通过调整 A 和 $\widetilde{A}$ 的顺序, 可得新的 Hamilton 算子

$$\widetilde{H} = A\widetilde{A} = -\frac{\hbar^2}{2m}\frac{\mathrm{d}^2}{\mathrm{d}x^2} + \widetilde{V}(x),$$

其中,

$$\widetilde{V}(x) = \frac{\hbar}{\sqrt{2m}}U'(x) + U^2(x)$$

$$= V(x) + \frac{2\hbar}{\sqrt{2m}} U'(x)$$

$$= V(x) - \frac{\hbar^2}{m} \frac{\mathrm{d}^2}{\mathrm{d}x^2} \ln|\phi_0(x)|,$$

$V(x)$ 和 $\widetilde{V}(x)$ 称为超对称伙伴势 (supersymmetric partner potential).

下面考虑 H 和 $\widetilde{H}$ 的能谱以及态之间的关系.

假设 H 具有特征函数 $\phi_n(x)$ 和特征值 $E_n \geqslant 0$, 即它们满足

$$H\phi_n(x) = \widetilde{A}A\phi_n(x) = E_n\phi_n(x),$$

则

$$\widetilde{H}(A\phi_n(x)) = A\widetilde{A}A\phi_n(x) = AH\phi_n(x) = A[E_n\phi_n(x)] = E_n[A\phi_n(x)].$$

即 $A\phi_n(x)$ 是 $\widetilde{H}$ 的特征函数, 对应的特征值仍是 E_n, 即 H 和 $\widetilde{H}$ 具有同样的谱.

反之, 若 $\widetilde{H}$ 具有特征函数 $\widetilde{\phi}_n(x)$ 和特征值 $\widetilde{E}_n$, 即它们满足

$$\widetilde{H}\widetilde{\phi}_n(x) = A\widetilde{A}\widetilde{\phi}_n(x) = \widetilde{E}_n\widetilde{\phi}_n(x),$$

则有

$$H[\widetilde{A}\widetilde{\phi}_n(x)] = \widetilde{A}A\widetilde{A}\widetilde{\phi}_n(x) = \widetilde{A}[\widetilde{E}_n\widetilde{\phi}_n(x)] = \widetilde{E}_n[\widetilde{A}\widetilde{\phi}_n(x)].$$

即 $\widetilde{A}\widetilde{\phi}_n(x)$ 是 H 的特征函数, 对应的特征值仍是 $\widetilde{E}_n$.

因此可得

$$E_0 = 0, \quad \widetilde{E}_n = E_{n+1}, \quad \widetilde{\phi}_n(x) = 1/\sqrt{E_{n+1}}A\phi_{n+1}, \quad \phi_{n+1}(x) = 1/\sqrt{\widetilde{E}_n}\widetilde{A}\widetilde{\phi}_n.$$

例如, 考虑 Hamilton 算子 H 的基态

$$\phi_0(x) = a\mathrm{e}^{-\alpha x^4},$$

则根据 $H\phi_0(x) = 0$, 有

$$V(x) = \frac{\hbar^2}{2m}(16\alpha^2 x^6 - 12\alpha x^2).$$

进而有超势

$$W(x) = \frac{4\alpha\hbar}{\sqrt{2m}}x^3,$$

进而有

$$\widetilde{V}(x) = \frac{\hbar^2}{2m}(16\alpha^2 x^6 + 12\alpha x^2).$$

例如, 考虑如下的超势

$$\mathcal{U}(x) = a\operatorname{sech}(x), \qquad a \in \mathbb{R},$$

则有实的 Scarf-I 势

$$V(x) = a^2 \operatorname{sech}^2(x) + \frac{a\hbar}{\sqrt{2m}}\operatorname{sech}(x)\tanh(x),$$

$$\widetilde{V}(x) = a^2 \operatorname{sech}^2(x) - \frac{a\hbar}{\sqrt{2m}}\operatorname{sech}(x)\tanh(x).$$

1.10.2　$\mathcal{PT}$ 量子力学中的超对称势

类似于量子力学中的超对称构造方法, $\mathcal{PT}$ 量子力学中也可以对 $\mathcal{PT}$ Hamilton 算子进行分解[53]. 例如考虑

$$U(x) = aU_r(x) + \mathrm{i}bU_i(x), \tag{1.10.5}$$

其中, $a, b \in \mathbb{R}$, $U_r(x)$, $U_i(x)$ 是实函数.

根据前面的算子分解, 可得 Hamilton 算子 H 中的外势 $V(x)$ 变为复外势

$$V(x) = U^2(x) - \frac{2\hbar}{\sqrt{2m}}U'(x)$$

$$= a^2 U_r^2(x) - b^2 U_i^2(x) - \frac{a\hbar}{\sqrt{2m}}U_r'(x) + \mathrm{i}\left[2abU_r(x)U_i(x) - \frac{b\hbar}{\sqrt{2m}}U_i'(x)\right].$$

反之, 可得 Hamilton 算子 $\widetilde{H}$ 中的复外势 $\widetilde{V}(x)$ 为

$$\widetilde{V}(x) = V(x) + \frac{2\hbar}{\sqrt{2m}}U'(x)$$

$$= a^2 U_r^2(x) - b^2 U_i^2(x) + \frac{2a\hbar}{\sqrt{2m}}U_r'(x) + \mathrm{i}\left[2abU_r(x)U_i(x) + \frac{2b\hbar}{\sqrt{2m}}U_i'(x)\right].$$

注 1.23　(1) 若 $U_r(x) = -U_r(-x)$, $U_i(x) = U_i(-x)$ 且可微, 则可知由式 (1.10.5) 确定的 $U(x)$ 是反 $\mathcal{PT}$ 对称的, 而 $V(x)$ 和 $\widetilde{V}(x)$ 都是 $\mathcal{PT}$ 对称的, 即

$$U(x) = -U^*(-x), \qquad V(x) = V^*(-x), \qquad \widetilde{V}(x) = \widetilde{V}^*(-x).$$

(2) 若 $b = 0$, 则 $U(x), V(x), \widetilde{V}(x)$ 是实外势.

例如, 考虑如下的复超势

$$U(x) = a\tanh(x) + \mathrm{i}b\,\mathrm{sech}(x), \qquad a, b \in \mathbb{R},$$

则有 $\mathcal{PT}$ 对称的 Scarf-II 势

$$V(x) = a^2 + \alpha\,\mathrm{sech}^2(x) + \mathrm{i}\beta\,\mathrm{sech}(x)\tanh(x),$$

其中, $\alpha = -a^2 - b^2 - \dfrac{a\hbar}{\sqrt{2m}}$, $\beta = 2ab + \dfrac{b\hbar}{\sqrt{2m}}$.

1.10.3　超对称的其他分解

将前面的分解 (1.10.3) 变为

$$\mathcal{H} = -\frac{\hbar^2}{2m}\frac{\mathrm{d}^2}{\mathrm{d}x^2} + \mathcal{V}(x) = \widetilde{\mathcal{A}}\mathcal{A}, \tag{1.10.6}$$

其中,

$$\mathcal{A} = \frac{p}{\sqrt{2m}} + \mathcal{U}(x), \quad \widetilde{\mathcal{A}} = \frac{p}{\sqrt{2m}} - \mathcal{U}(x), \quad p = -\mathrm{i}\hbar\frac{\mathrm{d}}{\mathrm{d}x}, \tag{1.10.7}$$

因此可导出

$$\mathcal{V}(x) = -\mathcal{U}^2(x) - \mathrm{i}\frac{\hbar}{\sqrt{2m}}\mathcal{U}'(x). \tag{1.10.8}$$

反之, 交换 $\widetilde{\mathcal{A}}$, $\mathcal{A}$ 的顺序, 可得新的 Hamilton 算子

$$\widetilde{\mathcal{H}} = \mathcal{A}\widetilde{\mathcal{A}} = -\frac{\hbar^2}{2m}\frac{\mathrm{d}^2}{\mathrm{d}x^2} - \mathcal{U}^2(x) + \mathrm{i}\frac{\hbar}{\sqrt{2m}}\mathcal{U}'(x) = -\frac{\hbar^2}{2m}\frac{\mathrm{d}^2}{\mathrm{d}x^2} + \widetilde{\mathcal{V}}(x), \tag{1.10.9}$$

其中,

$$\widetilde{\mathcal{V}}(x) = -\mathcal{U}^2(x) + \mathrm{i}\frac{\hbar}{\sqrt{2m}}\mathcal{U}'(x) = \mathcal{V}(x) + 2\mathrm{i}\frac{\hbar}{\sqrt{2m}}\mathcal{U}'(x).$$

注 1.24　当 $\mathcal{U}(x) = \mathrm{i}U(x)$, $U(x) \in \mathbb{R}[x]$ 时, $\mathcal{V}(x)$, $\widetilde{\mathcal{V}}(x)$ 为实外势,

$$\mathcal{V}(x) = U^2(x) + \frac{\hbar}{\sqrt{2m}}U'(x), \quad \widetilde{\mathcal{V}}(x) = U^2(x) - \frac{\hbar}{\sqrt{2m}}U'(x),$$

且 $\widetilde{\mathcal{A}} = \mathcal{A}^\dagger$.

注 1.25　当 $\mathcal{U}(x)$ 是实的偶函数时, $\mathcal{V}(x)$, $\widetilde{\mathcal{V}}(x)$ 为复的 $\mathcal{PT}$ 外势, 这与前面提到的由 mKdV 方程的 Lax 对导出的外势是一样的, 即特殊的 Miura 变换.

例如, 考虑如下的超势

$$\mathcal{U}(x) = a\,\mathrm{sech}(x), \qquad a \in \mathbb{R}, \tag{1.10.10}$$

则有 $\mathcal{PT}$ 对称的 Scarf-II 势

$$\mathcal{V}(x) = -a^2\,\mathrm{sech}^2(x) + \mathrm{i}\,\frac{a\hbar}{\sqrt{2m}}\,\mathrm{sech}(x)\tanh(x),$$

$$\widetilde{\mathcal{V}}(x) = -a^2\,\mathrm{sech}^2(x) - \mathrm{i}\,\frac{a\hbar}{\sqrt{2m}}\,\mathrm{sech}(x)\tanh(x).$$

1.11　$\mathcal{PT}$ 对称广义非线性 Schrödinger 方程

$\mathcal{PT}$ 对称量子力学中的一维无量纲广义非线性 Schrödinger 波动方程为[9,16]

$$\mathrm{i}\psi_z = -\psi_{xx} + [V(x) + \mathrm{i}W(x)]\psi + f(x, |\psi|^2)\psi, \tag{1.11.1}$$

其中, 复函数 $\psi(x, z)$ 表示包络光场, $V(x) + \mathrm{i}W(x)$ 为 $\mathcal{PT}$ 对称外势, 即满足方程 (1.7.2). 当 $z \to t$ 时, 该方程称为 Gross-Pitaevskii (GP) 方程.

对于复的波函数 $\psi(x, z)$, 类似于玻恩给出的概率解释, 即用

$$\rho(x, z) = |\psi(x, z)|^2, \qquad \varrho(x, z) = \psi(x, t)\psi^*(-x, t) \tag{1.11.2}$$

分别表示 z 位置位于空间 x 处光出现的概率和 z 位置位于空间 x 和 $-x$ 处光出现的拟概率, 换句话说, 用

$$P_{x\in[a,b]} = \int_a^b \rho(x, z)\mathrm{d}x > 0, \quad Q_{x\in[a,b]} = \int_a^b \varrho(x, z)\mathrm{d}x \tag{1.11.3}$$

分别表示 z 位置位于区间 $[a, b]$ 中粒子出现的概率和拟概率. 注：$Q_{x\in[a,b]}$ 不一定是实数.

情况 1　首先考虑 $P_{x\in[a,b]}$, 方程 (1.11.1) 的复共轭为

$$-\mathrm{i}\psi_z^* = -\psi_{xx}^* + [V(x) - \mathrm{i}W(x)]\psi + f^*(x, |\psi|^2)\psi^*. \tag{1.11.4}$$

用 $\psi^*(x, z)$ 乘以方程 (1.11.1) 减去 $\psi(x, z)$ 乘以方程 (1.11.4), 可得

$$\frac{\partial}{\partial z}|\psi|^2 + \frac{\partial}{\partial x}J(x, t) = 2\{W(x) + \mathrm{Im}[f(x, |\psi|^2)]\}|\psi|^2, \tag{1.11.5}$$

其中,

$$J(x,z) = \mathrm{i}\left(\psi\frac{\partial\psi^*}{\partial x} - \psi^*\frac{\partial\psi}{\partial x}\right).$$

对方程 (1.11.5) 两边在区间 $x \in [a,b]$ 上积分, 可得概率守恒方程

$$\frac{\mathrm{d}P_{x\in[a,b]}}{\mathrm{d}z} + J(x,z)\Big|_a^b = 2\int_b^a \{W(x) + \mathrm{Im}[f(x,|\psi|^2)]\}|\psi|^2\mathrm{d}x. \tag{1.11.6}$$

特别地, 若区间 $[a,b]$ 变为 $\mathbb{R}$, 则方程 (1.11.6) (要求 $\lim_{|x|\to\infty}\psi = 0$) 约化为

$$\frac{\mathrm{d}}{\mathrm{d}z}\int_{\mathbb{R}}|\psi|^2\mathrm{d}x = -J(x,z)\Big|_{-\infty}^{+\infty} + 2\int_{-\infty}^{+\infty}\{W(x) + \mathrm{Im}[f(x,|\psi|^2)]\}|\psi|^2\mathrm{d}x$$

$$= 2\int_{-\infty}^{+\infty}\{W(x) + \mathrm{Im}[f(x,|\psi|^2)]\}|\psi|^2\mathrm{d}x. \tag{1.11.7}$$

注 1.26 若 $\psi(x,z)$, $\mathrm{Im}(f(x,|\psi|^2))$ 是空间 x 的偶函数, 则

$$\frac{\mathrm{d}}{\mathrm{d}z}\int_{\mathbb{R}}|\psi|^2\mathrm{d}x = 0,$$

即能量是守恒的. 否则 $\dfrac{\mathrm{d}}{\mathrm{d}z}\displaystyle\int_{\mathbb{R}}|\psi|^2\mathrm{d}x \neq 0$, 即能量与时间有关.

注 1.27 另外, 该结论也适用于实外势的情况, 即 $W(x) \equiv 0$, 而实部 $V(x)$ 不要求是偶函数.

情况 2 下面考虑 $Q_{x\in[a,b]}$, 方程 (1.8.1) 的复共轭且取 $x \to -x$ 为

$$-\mathrm{i}\psi_z^*(-x,z) = -\psi_{xx}^*(-x,z) + [V(x) + \mathrm{i}W(x)]\psi^*(-x,z)$$

$$+ f^*(-x,|\psi(-x,z)|^2)\psi^*(-x,z), \tag{1.11.8}$$

用 $\psi^*(-x,z)$ 乘以方程 (1.11.1) 减去 $\psi(x,z)$ 乘以方程 (1.11.8), 可得

$$\frac{\partial}{\partial z}[\psi(x,z)\psi^*(-x,z)] + \frac{\partial}{\partial x}J_{\mathcal{PT}}(x,z)$$

$$= [f(x,|\psi(x,z)|^2) - f^*(-x,|\psi(-x,z)|^2)]\psi(x,z)\psi^*(-x,z), \tag{1.11.9}$$

其中, 拟概率流 $J_{\mathcal{PT}}(x,z)$ 为

$$J_{\mathcal{PT}}(x,z) = \mathrm{i}\left[\psi(x,z)\frac{\partial\psi^*(-x,z)}{\partial x} - \psi^*(-x,z)\frac{\partial\psi(x,z)}{\partial x}\right].$$

对方程 (1.11.9) 两边在区间 $x \in [a, b]$ 上积分, 可得拟概率守恒方程

$$\frac{\mathrm{d}Q_{x \in [a,b]}}{\mathrm{d}z} + J_{\mathcal{PT}}(x, z)\Big|_a^b$$

$$= \int_a^b [f(x, |\psi(x, z)|^2) - f^*(-x, |\psi(-x, z)|^2)]\varrho(x, z)\mathrm{d}x. \tag{1.11.10}$$

特别地, 若区间 $[a, b]$ 变为 $\mathbb{R}$, 则方程 (1.11.10)(要求 $\lim_{|x| \to \infty} \psi(\pm x, z) = 0$) 约化为

$$\frac{\mathrm{d}}{\mathrm{d}z}Q_{x \in \mathbb{R}} = -J_{\mathcal{PT}}(x, z)\Big|_{-\infty}^{+\infty} + \int_{-\infty}^{+\infty} [f(x, |\psi(x, z)|^2)$$

$$- f^*(-x, |\psi(-x, z)|^2)]\varrho(x, z)\mathrm{d}x$$

$$= \int_{-\infty}^{+\infty} [f(x, |\psi(x, z)|^2) - f^*(-x, |\psi(-x, z)|^2)]\varrho(x, z)\mathrm{d}x.$$

注 1.28　若 $\psi(x, z)$, $f(x, |\psi|^2)$ 是 $\mathcal{PT}$ 对称函数, 则

$$\frac{\mathrm{d}}{\mathrm{d}z} \int_{\mathbb{R}} \varrho(x, z)\mathrm{d}x = 0,$$

即拟能量是守恒的

$$Q_{x \in \mathbb{R}} = \int_{\mathbb{R}} \psi(x, t)\psi^*(-x, t)\mathrm{d}x = 常数 = \int_{\mathbb{R}} \psi(x, 0)\psi^*(-x, 0)\mathrm{d}x,$$

这里常数可能是复数. 否则 $\dfrac{\mathrm{d}}{\mathrm{d}z}Q_{x \in \mathbb{R}} \neq 0$, 即能量与传播距离 z 有关.

1.12　可积与近可积 $\mathcal{PT}$ 对称非线性系统

1.12.1　经典孤子与可积非线性系统

孤立波 (solitary wave) 最早是由英国造船工程师 Russell 于 1834 年在狭窄的河道中偶然发现的一种特殊的浅水波[54]. 1895 年, 该孤波现象由 Keteweg 和其博士生 de Vries 提出的非线性波方程 (称为 KdV 方程 (1.9.16)) 来描述[55]. 1953~1955 年, Fermi, Pasta 和 Ulam 三位科学家负责研究, Mary Tsingou 负责编程的, 利用当时世界上最先进的计算机 MANIAC-1 (mathematical analyzer numerical integrator and computer) 研究离散问题的能量分布问题, 即通常所说的 FPU 或 FPUT 问题[56]. 该问题的研究催生了非线性科学中很多分支的快速发展, 如混沌、分形、孤子等.

1965 年, 受 FPUT 问题的启发, Zabusky 和 Kruskal 发现 FPUT 问题中的离散模型可以近似为 KdV 方程, 因此他们通过数值方法研究 KdV 方程初值问题的解[57]

$$\begin{cases} u_t + uu_x + \delta^2 u_{xxx} = 0, \\ u(x,0) = \cos(\pi x), \end{cases} \tag{1.12.1}$$

发现 KdV 方程的孤波具有类似于粒子的性质, 即在相互作用之后保持各自的波形不变, 并且可以保持能量和动量守恒, 因此又将其命名为孤立子 (soliton), 简称孤子.

1967 年, Gardner, Greene, Kruskal 和 Miura (GGKM)[58] 提出求解 KdV 方程 (1.9.16) 多孤子解的反散射方法, 其中引入谱问题 (后来被称为 Lax 对)

$$\begin{cases} \psi_{xx} + (u - \lambda)\psi = 0, \\ \psi_t + 4\psi_{xxx} + 6u\psi_x + 3u_x\psi = 0. \end{cases} \tag{1.12.2}$$

1968 年, 基于 KdV 方程的谱问题, Lax[59] 提出了著名的 Lax 对框架:

$$\begin{cases} L\psi = \lambda\psi, \\ \psi_t = B\psi. \end{cases} \tag{1.12.3}$$

该模式表明某些非线性偏微分方程可以表示为特征方程组的相容性条件 $L_t + [L, B] = 0$ $(\lambda_t = 0)$. 同年, Miura[43] 提出了非线性变换 (即 Miura 变换), 其将 mKdV 方程的解变为 KdV 方程的解.

1971 年, Shabat 和 Zakharov[60] 提出了非线性 Schrödinger (NLS) 方程

$$\mathrm{i}q_t + q_{xx} - 2\sigma|q|^2 q = 0, \qquad \sigma = \pm 1 \tag{1.12.4}$$

的 Lax 对

$$\begin{cases} \varPhi_x = X\varPhi, & X(x,t;k) = \mathrm{i}k\sigma_3 + Q, \\ \varPhi_t = T\varPhi, & T(x,t;k) = -2kX + \mathrm{i}\sigma_3\left(Q_x - Q^2\right), \end{cases} \tag{1.12.5}$$

其中, $\varPhi = \varPhi(x,t;k)$ 为 2×2 矩阵特征函数, $k \in \mathbb{C}$ 为谱参数, 势函数 $Q = Q(x,t)$ 为

$$Q = \begin{bmatrix} 0 & q(x,t) \\ \sigma q^*(x,t) & 0 \end{bmatrix}, \quad \sigma_3 = \begin{bmatrix} 1 & 0 \\ 0 & -1 \end{bmatrix}.$$

1972~1973 年, Wadati[61] 提出了 mKdV 方程

$$q_t - 6\sigma q^2 q_x + q_{xxx} = 0, \ \sigma = \pm 1, \ (x,t) \in \mathbb{R}^2 \tag{1.12.6}$$

的 Lax 对

$$\begin{cases} \Phi_x = X\Phi, & X(x,t;k) = ik\sigma_3 + Q, \\ \Phi_t = T\Phi, & T(x,t;k) = 4k^2 X - 2ik\sigma_3 \left(Q_x - Q^2\right) + 2Q^3 + [Q_x, Q] - Q_{xx}, \end{cases} \tag{1.12.7}$$

其中, $\Phi = \Phi(x,t;k)$ 为 2×2 矩阵特征函数, $k \in \mathbb{C}$ 为谱参数, 势函数为

$$Q = Q(x,t) = \begin{bmatrix} 0 & q(x,t) \\ \sigma q(x,t) & 0 \end{bmatrix}.$$

并且给出了 mKdV 方程的反散射变换. 1973~1974 年, Ablowitz, Kaup, Newell 和 Segur[62,63] 基于 Zakharov-Shabat 谱问题, 提出了 sine-Gordon 方程以及 ANKS 系统的 Lax 对和反散射变换. 1976 年, Ablowitz 和 Ladik[64,65] 提出了 NLS 方程的离散版本 (AL 方程)

$$i\frac{dr_n}{dt} = r_{n+1} - 2r_n + r_{n-1} + \sigma |r_n|^2 (r_{n+1} + r_{n-1}), \tag{1.12.8}$$

其中 $r_n = r_n(t) = r(n,t)$, 并且给出其 Lax 对

$$E\varphi_n = \varphi_{n+1} = X_n \varphi_n, \quad X_n = \begin{pmatrix} k^2 & kr_n \\ \sigma k r_n^* & 1 \end{pmatrix},$$

$$\varphi_{n,t} = T_n \varphi_n, \quad T_n = \begin{pmatrix} i(1 - k^2) + i\sigma r_n r_{n-1}^* & ik^{-1}(r_{n-1} - k^2 r_n) \\ i\sigma k^{-1}(r_n^* - k^2 r_{n-1}^*) & ik^{-2}(1 - \lambda^2) - i\sigma r_{n-1} r_n^* \end{pmatrix}. \tag{1.12.9}$$

另外, 还考虑了该可积离散方程的反散射变换.

之后, 孤子理论和可积系统引起了应用数学、物理学、光学、力学、Bose-Einstein 凝聚态、海洋学、生物学、金融学等领域的人们的极大兴趣, 很多新的可积系统和有效的方法被提出, 如 Darboux 变换、Hirota 双线性方法、Riemann-Hilbert 方法、$\bar{\partial}$-方法、非线性化方法、Deift-Zhou 速降方法、Fokas 统一方法等 (如见文献 [66−141] 等).

目前存在描述各种孤波或孤子现象的非线性波方程, 如 NLS 方程[66,142]、Boussinesq 方程[143]、mKdV 方程[66,142]、sine-Gordon 方程[144]、Toda 格子方

程[145,146]、Kadomtsev-Petviashvili 方程[147] 等. 在光学领域中, 孤子可以用来描述光脉冲包络在非线性色散介质传播中类似于粒子的特性, 这种包络孤波不仅能保真地传播, 而且也能像粒子那样经受碰撞仍保持原形而继续存在, 因而被称为光孤子[148]. 根据光波传输过程中与非线性项平衡的是衍射、色散还是同时包含衍射、色散, 可以将光孤子大致分为空间光孤子、时间光孤子和时空光孤子[68,149].

光孤子 (optical soliton) 的概念最早由 Hasegawa 和 Tappert[148] 于 1973 年首次提出, 并从理论上证明了光脉冲在任何无损光纤中传输时自身可以形变为能稳定传播的孤子. 平板波导中产生的空间孤子是光束衍射与非线性耗散相互作用的结果, 可以由如下无量纲的非线性 Schrödinger 方程来描述[66,142]

$$\mathrm{i}\frac{\partial\psi}{\partial z}+\frac{\partial^2\psi}{\partial x^2}+g|\psi|^2\psi=0, \tag{1.12.10}$$

其中, 复值波函数 $\psi\equiv\psi(x,z)$ 用来描述光场强度, 其为横向坐标 x 和传播距离 z 的函数, g 是非线性系数 ($g>0$ 和 $g<0$ 分别表示聚焦和散焦的非线性作用). 该方程除了可以用来模拟平板光波导中光束的传播外, 还可以描述非线性光纤中光脉冲的传播[150,151]、Bose-Einstein 凝聚态[72] 等. 在 Bose-Einstein 凝聚态中, NLS方程也常被称为 Gross-Pitaevskii (GP) 方程[72]

$$\mathrm{i}\frac{\partial\psi}{\partial t}+\frac{\partial^2\psi}{\partial x^2}+v(x)\psi+g|\psi|^2\psi=0, \tag{1.12.11}$$

其中, $v(x)$ 表示外势.

NLS 方程是最重要的完全可积的孤子方程之一, 可以用来描述许多保守的物理系统, 并且广泛应用于光纤、Bose-Einstein 凝聚态物理、等离子体物理、海洋科学以及金融市场等领域[66,72,150,152,153]. 尽管 NLS 方程 (1.12.10) 的形式表达简单, 却包含着丰富的非线性波结构, 例如可以用 Hirota 双线性方法[70,154]、Darboux变换方法[155] 和反散射变换法 (IST)[60,156] 等求解 NLS 方程, 结果发现 NLS 方程拥有亮暗孤子[68]、呼吸子[157]、怪波[95,158] 等.

1980 年, 人们成功地观察到亮孤子在光纤中能无形变地传输[159], 1987 年又观察到了暗孤子[160]. 于是人们提出用光纤中的孤子作为传递信息的载体, 构建出一种新型的光纤通信方案, 称为光孤子通信, 后来其理论和实验都得到了迅猛、全面的发展. 理论上, 从麦克斯韦方程组出发, 近似推导出了光脉冲 (皮秒) 在光纤中的传输遵循非线性 Schrödinger 方程.

1987 年, Kodama 和 Hasegawa 又利用多重尺度法推导出了飞秒光脉冲在光纤中传输的高阶 NLS 方程[161]

$$\mathrm{i}\frac{\partial\psi}{\partial z}+\frac{\partial^2\psi}{\partial t^2}+g|\psi|^2\psi+\mathrm{i}\left[\beta\frac{\partial^3\psi}{\partial t^3}+\alpha_1|\psi|^2\frac{\partial\psi}{\partial t}+\alpha_2\frac{\partial(|\psi|^2\psi)}{\partial t}\right]=0, \tag{1.12.12}$$

其主要增加了不可忽略的三阶色散 (β)、自陡峭 (α_1) 及自频移 (α_2) 等效应引起的附加项.

1.12.2 近可积 $\mathcal{PT}$ 对称非线性波系统

2008 年, Musslimani 等[45,162] 首次在可积 NLS 方程 (1.12.10) 中引入 $\mathcal{PT}$ 对称的复外势, 研究了如下近可积的 $\mathcal{PT}$ 对称广义 NLS 方程

$$\mathrm{i}\frac{\partial\psi}{\partial z} + \frac{\partial^2\psi}{\partial x^2} + [V(x) + \mathrm{i}W(x)]\psi + g|\psi|^2\psi = 0, \tag{1.12.13}$$

其中, 复函数 $\psi \equiv \psi(x,z)$ 与电场包络成比例, x 和 z 分别表示无量纲横向坐标和传播距离. 在 $\mathcal{PT}$ 对称 Scarf-II 势 (1.9.8) 作用下

$$V(x) = V_0\mathrm{sech}^2(x), \quad W(x) = W_0\mathrm{sech}(x)\tanh(x), \tag{1.12.14}$$

他们证明了在自聚焦 Kerr 非线性介质 ($g = 1$) 中存在着稳定的亮孤子 (见图 1.4)

$$\psi(x,z) = \sqrt{2 - V_0 + \frac{W_0^2}{9}}\,\mathrm{sech}(x)\,\exp\left\{\frac{\mathrm{i}W_0}{3}\arctan[\sinh(x)] + \mathrm{i}z\right\}, \tag{1.12.15}$$

其中, $2 - V_0 + W_0^2/9 > 0$.

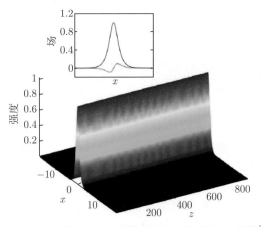

图 1.4 $\mathcal{PT}$ 对称 NLS 方程的精确孤子解与稳定传播[45]

$\mathcal{PT}$ 对称的量子理论为传统孤子理论的研究打开了新的发展方向. 更重要的是, 他们指出 $\mathcal{PT}$ 对称的结构可以通过在对称的几何光波导中包含平衡的增益–损耗分布来实现[45,163,164]. 2011 年 Shi 等证明了即使在散焦 Kerr 非线性介质 ($g = -1$) 中, 该 $\mathcal{PT}$ 对称的 Scarf-II 势也支持稳定的一维和二维亮空间孤立子[165].

2015 年, Yan 等[47] 研究了 k-波数 Scarf-II 势下的稳定孤子解, 并且发现该孤子解存在条件的临界抛物线与线性问题 $\mathcal{PT}$ 相位破缺的两条临界直线 (1.9.9) 是相切的.

自从 2007 年 El-Ganainy 等[166] 提出了耦合的 $\mathcal{PT}$ 对称光波导系统理论以来, $\mathcal{PT}$ 对称光晶格中空间孤子的传输特性引起了人们的极大关注. 2008 年, Musslimani 等证明了光孤子可以在一维和二维的周期 $\mathcal{PT}$ 对称光晶格中稳定地传输[45], 然而当超过 $\mathcal{PT}$ 临界值时变得不稳定. 同年, Makris 等发现光束在周期 $\mathcal{PT}$ 对称光晶格中传输时会呈现出双折射、功率振荡、二次发射、非互易性、相位奇异性等奇特的现象[167-169], 原因在于相应的 Floquet-Bloch 模是斜交的[168,169] (见图 1.5). 2009 年, Guo 等率先在复的 $\mathcal{PT}$ 对称光波导系统中观察到了 $\mathcal{PT}$ 对称破缺现象[170]. 2010 年, Rüter 等又在 $\mathcal{PT}$ 对称耦合的光学系统中观察到自发的 $\mathcal{PT}$ 对称破缺现象以及功率振荡现象[46]. 同年, Yan 等[171] 在 Bose-Einstein 凝聚态背景下研究了 $\mathcal{PT}$ 对称的具有厄米–高斯型增益–损耗分布的调和势阱, 发现了自发的 $\mathcal{PT}$ 对称破缺现象及精确 $\mathcal{PT}$ 对称孤子解的存在性. 2012 年, Zezyulin 和 Konotop 基于抛物势 (1.9.6) 在克尔非线性介质中解析地获得了稳定的非线性局域模

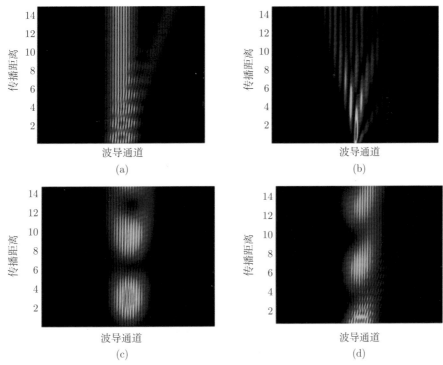

图 1.5　(a) 双折射与功率振荡现象, (b) 二次发射现象, (c), (d) 非互易的衍射模式[167]

态[172]. 2013 年, Regensburger 等在 $\mathcal{PT}$ 对称光晶格中观察到了缺陷态[173]. 2015年, Wimmer 等从实验上在 $\mathcal{PT}$ 对称晶格中观察到光孤子[174]. $\mathcal{PT}$ 对称的特性可以用于合成光子晶体[175]、超材料[176]、回音壁微腔[177]、光子激光器[178]、微环激光器[179] 等. 此外, 人们也在理论上以及光学实验中广泛探索了其他与 $\mathcal{PT}$ 对称行为相关的性质和现象[30,35,180–186].

值得注意的是, Scarf-II 势以及周期光晶格势都类似于 Wadati 势 (其实际上是复形式的 Miura 变换)[42,187,188]

$$U(x) = -W^2(x) + \mathrm{i}W_x(x). \tag{1.12.16}$$

然而, 即使 $W(x)$ 是一个非对称的函数, 人们已经证明这样的势 $U(x)$ 也可能拥有全实谱, 并且支持连续族稳定的孤子解[189–191]. 2014 年, Yang 推广了 $\mathcal{PT}$ 对称的Wadati 势[192,193]

$$U(x) = -g^2(x) + \alpha g(x) + \mathrm{i}g'(x), \tag{1.12.17}$$

其中, $g(x)$ 是一个实值的偶函数, α 是一个实常数, 并且证明了孤子可能出现对称破缺, 一支非 $\mathcal{PT}$ 对称的孤立子可以从基支 $\mathcal{PT}$ 对称的孤子中分叉出来; 同年Yang 也在多维系统中提出了部分 $\mathcal{PT}$ 对称 (partial parity-time symmetry) 的概念, 证明了部分 $\mathcal{PT}$ 对称的光势也具有全实谱以及稳定的孤立子族[194]; 更有趣的是, Yang 还证明了另一类光势[195]

$$U(x) = g^2(x) + cg(x) - \mathrm{i}G(x), \tag{1.12.18}$$

也具有全实谱以及相变的性质, 其中 $G(x)$ 为任意的增益–损耗分布, c 为自由参数. 物理上该光势已经在一个连贯的原子系统中实现[196]. 2016 年, Yan 和 Chen[197]进一步推广了 Wadati 势为

$$U(x) = -W^2(x) + W_x(x) + 2W(x)(\ln|\Phi(x)|)_x, \tag{1.12.19}$$

其中, $\Phi(x)$ 满足某一常微分方程, 其可用于获得稳定的 $\mathcal{PT}$ 孤子.

最近几年, 人们已经在各种各样的 $\mathcal{PT}$ 对称光势中研究了一维和二维的孤立子及稳定性, 包括 Scarf-II 势[45,47,141,198–200]、光晶格与超晶格[201–206]、调和势[172]、高斯势[192,207,208]、六次非调和双势阱[49]、时间依赖的调和–高斯势[48]、双 $\delta(x)$ 函数势[209,210]、超高斯势[211] 以及具有增益与损耗的非线性耦合器[212,213] 等[214–219]. 在国内, He 等研究了具有 $\mathcal{PT}$ 对称周期势能的 Ginzburg-Landau 方程中的晶格孤立子[184,220]; Dong 等研究了具有较低折射率芯的 $\mathcal{PT}$ 对称晶格中隙孤子的存在性以及稳定性[221]; 在具有 $\mathcal{PT}$ 对称势的非齐次克尔介质中, Dai 和 Wang 研究

了二维的空间亮孤子解[222], 并且在具有 $\mathcal{PT}$ 对称势的幂律非线性介质中研究了 $(n+1)$-维的非线性局域模式[218]; 在二次非线性介质中, Shen 等研究了 $\mathcal{PT}$ 对称势下三波相互作用模型中的非线性波[223]. 人们发现 $\mathcal{PT}$ 对称的双峰 Scarf-II 势也支持非对称的孤子解[200]; 具有渐近非零常数虚部的 $\mathcal{PT}$ 对称 Rosen-Morse 势拥有全实的能量谱, 然而在克尔非线性介质中却没有发现稳定的非线性模态[44].

1.12.3 孤子方程的 $\mathcal{PT}$ 对称拓展

2007 年, Bender 等[224] 基于一些 $\mathcal{PT}$ 对称变换, 提出了 $\mathcal{PT}$ 对称 KdV 方程的 $\mathcal{PT}$ 对称拓展

$$u_t - iu(iu_x)^\epsilon + u_{xxx} = 0. \tag{1.12.20}$$

2008 年, Yan[225] 提出了非 $\mathcal{PT}$ 对称 Burgers 方程的 $\mathcal{PT}$ 拓展

$$(iu_t)^\delta + u^m(iu_x)^\epsilon + (u^n)_{xx} = 0 \tag{1.12.21}$$

和

$$u_t + uu_x + i\epsilon(iu_x)^{\epsilon-1}u_{xx} = 0, \tag{1.12.22}$$

以及 KP 方程、二维 Nizhnik-Novikov-Veselov 方程、二维 Broer-Kaup-Kupershimidt 方程、广义 Klein-Gordon 型方程的 $\mathcal{PT}$ 拓展. 2012 年, Yan[226] 提出了非 $\mathcal{PT}$ 对称短脉冲方程

$$u_{xt} = u + \frac{1}{2}(u^2 u_x)_x \tag{1.12.23}$$

的 $\mathcal{PT}$ 拓展

$$i[(iu_x)^\sigma]_t = au + bu^m + ic[u^n(iu_x)^\epsilon]_x. \tag{1.12.24}$$

1.12.4 $\mathcal{PT}$ 对称非局域可积和非可积系统

2013 年, Ablowitz 与 Musslimani[227] 提出了 $\mathcal{PT}$ 对称的可积非局域 NLS 方程

$$i\psi_t(x,t) = -\psi_{xx}(x,t) + \sigma\psi^*(-x,t)\psi^2(x,t), \qquad \sigma = \pm 1. \tag{1.12.25}$$

2014 年, 他们[228] 又提出了 $\mathcal{PT}$ 对称可积非局域 Ablowitz-Ladik 方程

$$i\frac{dQ_n}{dt} = Q_{n+1} - 2Q_n + Q_{n-1} + \sigma Q_n Q_{-n}^*(Q_{n+1} + Q_{n-1}), \sigma = \pm 1. \tag{1.12.26}$$

2015 年, Yan[34] 建立了 $\{\mathcal{P}, \mathcal{T}, \mathcal{PT}, I\}$ 与复平面上的 Klein 四元群的同构关系 (见图 1.6), 据此提出了一个统一的两参数族模型 (简称 $\mathcal{Q}_{\epsilon_x, \epsilon_t}^{(n)}$ 模型):

$$\mathcal{Q}_{\epsilon_x, \epsilon_t}^{(n)}: \ \mathrm{i}\boldsymbol{Q}_t(x, t) = -\boldsymbol{Q}_{xx}(x, t) + 2\sigma\boldsymbol{Q}(x, t)\boldsymbol{Q}^\dagger(\epsilon_x x, \epsilon_t t)\boldsymbol{Q}(x, t), \qquad (1.12.27)$$

建立了可积的局域和非局域的向量非线性 Schrödinger 方程之间的联系, 其中 $\boldsymbol{Q}(x, t) = (q_1(x, t), q_2(x, t), \cdots, q_n(x, t))^\mathrm{T}$, $x, t \in \mathbb{R}$, $\epsilon_{x, t} = \pm 1$ 为对称参数, $\sigma = \pm 1$ 代表聚焦 $(-)$ 和散焦 $(+)$ 作用, $\boldsymbol{Q}^\dagger(\epsilon_x x, \epsilon_t t)$ 为 $\boldsymbol{Q}(\epsilon_x x, \epsilon_t t)$ 的共轭转置. $\mathcal{Q}_{\epsilon_x, \epsilon_t}^{(n)}$ 模型展示了两参数族 $(\epsilon_x, \epsilon_t) \in \{(1, 1), (-1, 1), (1, -1), (-1, -1)\}$ 方程. 另外, 也提出了局域和非局域组合的两参数系统 (简称 $\mathcal{Q}_{\epsilon_{x_n}, \epsilon_{t_n}}^{(n)}$ 模型)[229, 230]

$$\mathcal{Q}_{\epsilon_{x_n}, \epsilon_{t_n}}^{(n)}: \ \mathrm{i}\boldsymbol{Q}_t(x, t) = -\boldsymbol{Q}_{xx}(x, t) + 2\boldsymbol{Q}(x, t)\boldsymbol{Q}^\dagger(\epsilon_{x_n} x, \epsilon_{t_n} t)\Lambda\boldsymbol{Q}(x, t), (1.12.28)$$

其中, $\boldsymbol{Q}(\epsilon_{x_n} x, \epsilon_{t_n} t) = (q_1(\epsilon_{x_1} x, \ \epsilon_{t_1} t), \ q_2(\epsilon_{x_2} x, \ \epsilon_{t_2} t), \ \cdots, \ q_n(\epsilon_{x_n} x, \ \epsilon_{t_n} t))^\mathrm{T}$, $\epsilon_{x_j, t_j} = \pm 1$, $\Lambda = \mathrm{diag}(\sigma_1, \sigma_2, \cdots, \sigma_n)$ 且 $\sigma_j = \pm 1$. 这里 Λ 能够被一般的非零厄米矩阵 M 代替. 例如 $n = 2$, 有如下新的局域–非局域系统: q_1 非局域-q_2 局域系统

$$\mathrm{i}q_{jt}(x, t) = -q_{jxx}(x, t) + 2[\sigma_1 q_1(x, t)q_1^*(-x, \ t) + \sigma_2|q_2(x, t)|^2]q_j(x, t), \ j = 1, 2,$$

$$\mathrm{i}q_{jt}(x, t) = -q_{jxx}(x, t) + 2[\sigma_1 q_1(x, t)q_1^*(x, \ -t) + \sigma_2|q_2(x, t)|^2]q_j(x, t), \ j = 1, 2,$$

$$\mathrm{i}q_{jt}(x, t) = -q_{jxx}(x, t) + 2[\sigma_1 q_1(x, t)q_1^*(-x, \ -t) + \sigma_2|q_2(x, t)|^2]q_j(x, t), \ j = 1, 2$$

和 q_1 非局域-q_2 非局域系统

$$\begin{aligned} \mathrm{i}q_{jt}(x, t) &= -q_{jxx}(x, t) + 2[\sigma_1 q_1(x, t)q_1^*(-x, \ t) \\ &\quad + \sigma_2 q_2(x, t)q_2^*(x, \ -t)]q_j(x, t), \qquad j = 1, 2, \\ \mathrm{i}q_{jt}(x, t) &= -q_{jxx}(x, t) + 2[\sigma_1 q_1(x, t)q_1^*(x, \ -t) \\ &\quad + \sigma_2 q_2(x, t)q_2^*(-x, \ -t)]q_j(x, t), \qquad j = 1, 2, \\ \mathrm{i}q_{jt}(x, t) &= -q_{jxx}(x, t) + 2[\sigma_1 q_1(x, t)q_1^*(-x, \ t) \\ &\quad + \sigma_2 q_2(x, t)q_2^*(-x, \ -t)]q_j(x, t), \qquad j = 1, 2. \end{aligned}$$

随后, 研究了非局域 NLS 方程的高阶有理孤子解的动力学性质[231] 以及 $\mathcal{PT}$ 对称外势下非局域非线性 Schrödinger 方程中的孤立子与稳定性[232] 等.

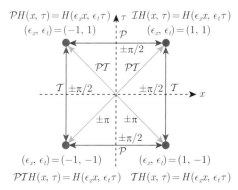

图 1.6 $\{\mathcal{P}, \mathcal{T}, \mathcal{PT}, I\}$ 与复平面上的 Klein 四元群的同构关系[34]

2016~2017 年, Ablowitz 与 Musslimani[233,234] 提出了非局域 mKdV 和 sine-Gordon 方程等. 2016 年, Fokas[235] 提出了高维非局域 Davey-Stewartson 方程. 之后, $\mathcal{PT}$ 对称的非局域方程引起了人们的广泛关注 (如文献 [236–250]).

此外, 非 $\mathcal{PT}$ 对称势中的孤子与稳定性也被广泛研究[189–191,251–253]. 更多的关于 $\mathcal{PT}$ 对称系统的理论研究与实验进展可看最近的一些综述文献 [35, 184, 198, 254, 255].

1.13 分数阶量子力学

前面所讨论的模型都是整数阶的. 事实上, 分数阶微积分的研究历史与整数阶微积分的历史几乎是同步的, 最早可以追溯到 1695 年 L'Hospital 与 Leibnitz 的通信中讨论的问题, 即函数的分数阶导数是什么?

经过很多数学家 (如 Euler, Laplace, Lacroix, Fourier, Abel, Liouville, Riemann, Holmgren, Grunwald, Letnikov, Laurent, Heaviside, Hardy, Littlewood, Weyl, Levy, Riesz, Feller 等) 不懈的努力, 分数阶微积分逐步发展成为一门重要的学科[256–259]. 目前, 分数阶微积分在很多领域得到了迅猛的发展和广泛的应用, 如物理学、控制论、信号和图像处理、力学、生物学、环境科学、材料科学、交通系统、金融经济、大数据、人工智能等 (参见文献 [260–267]).

1.13.1 分数阶线性 Schrödinger 方程

2000 年, Laskin[268–270] 用 Lévy 飞行 (Lévy flights) 来代替 Feynman 路径积分中的布朗运动, 并建立了分数阶量子力学理论[271], 其中的空间分数阶线性 Schrödinger 方程为

$$\mathrm{i}\hbar\frac{\partial\psi}{\partial t} = H_\alpha\psi, \qquad H_\alpha = D_\alpha\big(-\hbar^2\Delta\big)^{\alpha/2} + V(\boldsymbol{r}, t), \tag{1.13.1}$$

其中, $\psi(\boldsymbol{r}, t)$ 为复的波函数, D_α 为参数, H_α 表示分数阶 Hamilton 算子, Δ 为 Laplace 算子, Lévy 指标满足 $\alpha \in (1, 2]$, d-维 Riesz 分数阶导数 (分数阶 Laplace 算符) $\left(-\hbar^2\Delta\right)^{\alpha/2}$ 可以由正逆 Fourier 变换来表示[272]

$$\left(-\hbar^2\Delta\right)^{\alpha/2}\psi(\boldsymbol{r}, t) = \frac{1}{(2\pi\hbar)^d}\int_{\mathbb{R}^d}\mathrm{d}\boldsymbol{p}|\boldsymbol{p}|^\alpha\mathrm{e}^{\mathrm{i}\boldsymbol{p}\cdot\boldsymbol{r}/\hbar}\psi(\boldsymbol{p}, t), \quad d = 1, 2, 3, \qquad (1.13.2)$$

其中

$$\psi(\boldsymbol{p}, t) = \int_{\mathbb{R}^d}\mathrm{d}\boldsymbol{r}\mathrm{e}^{-\mathrm{i}\boldsymbol{p}\cdot\boldsymbol{r}/\hbar}\psi(\boldsymbol{r}, t). \qquad (1.13.3)$$

特别地, d 维分数阶 Laplace 算符 $(-\Delta)^{\alpha/2}$ 可以表示为

$$(-\Delta)^{\alpha/2}\phi(x_1, \cdots, x_d) = \mathcal{F}^{-1}\left[|\boldsymbol{k}|^\alpha\mathcal{F}\left[\phi\right]\right]$$

$$= \frac{1}{(2\pi)^d}\int_{\mathbb{R}^d}\mathrm{d}k_1\cdots\mathrm{d}k_d(k_1^2 + \cdots + k_d^2)^{\alpha/2}$$

$$\times \int_{\mathbb{R}^d}\mathrm{d}\xi_1\cdots\mathrm{d}\xi_d\phi(\xi_1, \cdots, \xi_d)\mathrm{e}^{\mathrm{i}k_1(x_1-\xi_1)+\cdots+\mathrm{i}k_d(x_d-\xi_d)},$$

其中, $\mathcal{F}[\cdot]$ 和 $\mathcal{F}^{-1}[\cdot]$ 分别表示 Fourier 正逆变换, 且 $\boldsymbol{k} = (k_1, \cdots, k_d)$.

性质 1.16　分数阶 Hamilton 算子 H_α 是厄米的, 即 $H_\alpha = H_\alpha^\dagger$:

$$\left\langle\psi, \left(-\hbar^2\Delta\right)^{\alpha/2}\phi\right\rangle = \left\langle\left(-\hbar^2\Delta\right)^{\alpha/2}\psi, \phi\right\rangle. \qquad (1.13.4)$$

性质 1.17　分数阶 Laplace 算子 $\left(-\hbar^2\Delta\right)^{\alpha/2}$ 是对称的, 即

$$\left(-\hbar^2\Delta_{\boldsymbol{r}}\right)^{\alpha/2} = \left(-\hbar^2\Delta_{-\boldsymbol{r}}\right)^{\alpha/2}. \qquad (1.13.5)$$

根据方程 (1.13.2), 可知

$$\left(-\hbar^2\Delta\right)^{\alpha/2}\exp\left(\mathrm{i}\frac{\boldsymbol{p}\cdot\boldsymbol{r}}{\hbar}\right) = |\boldsymbol{p}|^\alpha\exp\left(\mathrm{i}\frac{\boldsymbol{p}\cdot\boldsymbol{r}}{\hbar}\right), \qquad (1.13.6)$$

即函数 $\exp\left(\mathrm{i}\dfrac{\boldsymbol{p}\cdot\boldsymbol{r}}{\hbar}\right)$ 是分数阶 Laplace 算子 $\left(-\hbar^2\Delta\right)^{\alpha/2}$ 的特征函数, 其对应的特征值为 $|\boldsymbol{p}|^\alpha$.

类似于整数阶 Schrödinger 方程, 根据方程 (1.13.1), 可知

$$\frac{\mathrm{d}}{\mathrm{d}t}\int\mathrm{d}\boldsymbol{r}|\psi(\boldsymbol{r}, t)|^2 = \int\mathrm{d}\boldsymbol{r}\left[\psi_t(\boldsymbol{r}, t)\psi^*(\boldsymbol{r}, t) + \psi(\boldsymbol{r}, t)\psi_t^*(\boldsymbol{r}, t)\right]$$

$$= \frac{D_\alpha}{\mathrm{i}\hbar}\int\mathrm{d}\boldsymbol{r}\left[\psi^*\left(-\hbar^2\Delta\right)^{\alpha/2}\psi - \psi\left(-\hbar^2\Delta_{\boldsymbol{r}}\right)^{\alpha/2}\psi^*\right], \quad (1.13.7)$$

从该积分可知

$$\frac{\mathrm{d}}{\mathrm{d}t}\rho(\boldsymbol{r},t)+\mathrm{div}\boldsymbol{J}(\boldsymbol{r},t)=0, \tag{1.13.8}$$

其中, 概率密度为 $\rho(\boldsymbol{r},t)=|\psi(\boldsymbol{r},t)|^2$, 分数阶概率流密度向量函数为

$$\boldsymbol{J}(\boldsymbol{r},t)=\frac{\mathrm{i}D_\alpha}{\hbar}\left[\psi^*\left(-\hbar^2\Delta_{\boldsymbol{r}}\right)^{\alpha/2-1}\nabla\psi-\psi\left(-\hbar^2\Delta\right)^{\alpha/2-1}\nabla\psi^*\right]. \tag{1.13.9}$$

2015 年, Longhi[273] 提出了一维空间分数阶 Schrödinger 方程 (1.13.1) 在光学系统可以实现的设计方案, 其中 $V(\boldsymbol{r},t)=V(x)$. 另外, 人们对含高维调和外势的分数阶 Schrödinger 方程也进行了研究[274,275].

1.13.2　分数阶非线性 Schrödinger 方程

分数阶 NLS 方程为[271]

$$\mathrm{i}\hbar\frac{\partial\psi}{\partial t}=\left(-\hbar^2\Delta\right)^{\alpha/2}\psi+V(\boldsymbol{r},t)\psi+f(|\psi|^2)\psi, \tag{1.13.10}$$

其质量和能量是守恒的, 即[276]

$$M(t)=\int_{\mathbb{R}^d}|\psi(\boldsymbol{r},t)|^2\mathrm{d}\boldsymbol{r}=M(0). \tag{1.13.11}$$

$$E(t)=\int_{\mathbb{R}^d}\left[|\nabla^{\alpha/2}\psi|^2+V(\boldsymbol{r},t)|\psi|+F(|\psi|^2)\right]\mathrm{d}\boldsymbol{r}=E(0). \tag{1.13.12}$$

其中, $F(s)=\int f(s)\mathrm{d}s$, $s=|\psi|^2$.

对于分数阶 Schrödinger 方程 (1.13.1), 若 $V(\boldsymbol{r},t)=V(\boldsymbol{r})$, 则根据 $\psi(\boldsymbol{r},t)=\phi(\boldsymbol{r})\mathrm{e}^{-\mathrm{i}E_\alpha t/\hbar}$, 可知 $\phi(\boldsymbol{r})$ 满足时间无关 (定态) 的分数阶 Schrödinger 方程

$$H_\alpha\phi(\boldsymbol{r})=E_\alpha\phi(\boldsymbol{r}). \tag{1.13.13}$$

1.14　$\mathcal{PT}$ 对称的分数阶非线性 Schrödinger 方程

之后, 人们研究了含 $\mathcal{PT}$ 对称势的线性 Schrödinger 方程[277]

$$\mathrm{i}\frac{\partial\psi}{\partial z}+\left[-\left(-\Delta\right)^{\alpha/2}+V(\boldsymbol{r})+\mathrm{i}W(\boldsymbol{r})\right]\psi=0 \tag{1.14.1}$$

和含 $\mathcal{PT}$ 对称势的广义非线性 Schrödinger 方程[278-284]

$$i\frac{\partial\psi}{\partial z} - (-\Delta)^{\alpha/2}\psi + [V(\boldsymbol{r}) + iW(\boldsymbol{r})]\psi + f(\boldsymbol{r}, |\psi|^2)\psi = 0, \qquad (1.14.2)$$

其中, $V(\boldsymbol{r}) = V(-\boldsymbol{r})$, $W(\boldsymbol{r}) = -W(-\boldsymbol{r})$, $f(\boldsymbol{r}, |\psi|^2)$ 为概率密度 $|\psi|^2$ 和 $\boldsymbol{r} = (x_1, x_2, \cdots, x_d)$ 的函数.

另外, 也有人研究了具有 $\mathcal{PT}$ 对称势的分数阶耦合 NLS 系统[285]

$$\begin{cases} i\dfrac{\partial\psi_1}{\partial z} - (-\Delta)^{\alpha/2}\psi_1 + [V(x) + iW(x)]\psi_1 + (|\psi_1|^2 + |\psi_2|^2)\psi_1 = 0, \\ i\dfrac{\partial\psi_2}{\partial z} - (-\Delta)^{\alpha/2}\psi_2 + [V(x) + iW(x)]\psi_2 + (|\psi_1|^2 + |\psi_2|^2)\psi_2 = 0. \end{cases} \qquad (1.14.3)$$

1.15　可积分数阶孤子方程

前面提到的分数阶非线性方程一般是非可积的, 下面讨论可积的分数阶孤子方程。

1.15.1　单 Lévy 指标情况

前面所提到的可积非线性系统是指整数阶微分方程或整数阶离散方程, 下面讨论可积的分数阶非线性系统.

2022 年, 基于完备性、反常色散关系和反散射方法, Ablowitz 等[286,287] 提出了新的可积分数阶孤子方程, 例如,

(1) 可积分数阶 KdV 方程

$$q_t + |\widehat{\mathcal{L}}_{\mathrm{KdV}}|^\epsilon (q_{xxx} + 6qq_x) = 0, \qquad \alpha \in (0, 1), \qquad (1.15.1)$$

其中, $\widehat{\mathcal{L}}_{\mathrm{KdV}} = -\partial_x^2 - 4q + 2q_x \displaystyle\int_x^\infty \mathrm{d}y$. 该方程有分数阶 1-孤子解

$$q(x, t) = 2k^2 \mathrm{sech}^2 \left\{ k \left[(x - x_0) - (4k^2)^{1+\epsilon} t \right] \right\}.$$

(2) 可积分数阶 NLS 方程

$$\sigma_3 \boldsymbol{q}_t + 4i\widehat{\boldsymbol{L}}_{\mathrm{NLS}}^2 |4\widehat{\boldsymbol{L}}_{\mathrm{NLS}}^2|^\epsilon \boldsymbol{q} = 0, \qquad \boldsymbol{q} = (r, q)^{\mathrm{T}}, \qquad (1.15.2)$$

其中, $r = r(x, t)$, $q = (x, t)$, $\epsilon \in (0, 1)$,

$$\sigma_3 = \begin{bmatrix} 1 & 0 \\ 0 & -1 \end{bmatrix}, \quad \widehat{\boldsymbol{L}}_{\mathrm{NLS}} = \frac{1}{2i} \begin{bmatrix} \partial - 2r\partial_-^{-1}q & 2r\partial_-^{-1}r \\ -2q\partial_-^{-1}q & -\partial + 2q\partial_-^{-1}r \end{bmatrix}$$

且 $\partial = \partial/\partial x$, $\partial_-^{-1} = \int_{-\infty}^{x} \mathrm{d}y$.

(3) 可积分数阶 mKdV 方程

$$q_t + |\widehat{\mathcal{L}}_{\mathrm{mKdV}}|^\epsilon (q_{xxx} + 6\sigma q^2 q_x) = 0, \tag{1.15.3}$$

其中, $\widehat{\mathcal{L}}_{\mathrm{mKdV}} = -\partial_x^2 - 4\sigma q^2 - 4\sigma q_x \partial_x^{-1} q$. 该方程有分数阶 1-孤子解

$$q(x,t) = 2\eta \,\mathrm{sech}\left[2\eta(x - x_0) - (2\eta)^{3+2\epsilon} t\right].$$

(4) 可积分数阶 sine-Gordon 方程

$$q_t + \frac{|\widehat{\mathcal{L}}_{\mathrm{mKdV}}|^\epsilon}{\widehat{\mathcal{L}}_{\mathrm{mKdV}}} q_x = 0, \ u_{xt} + \frac{|\widehat{\mathcal{L}}_{\mathrm{mKdV}}|^\epsilon}{\widehat{\mathcal{L}}_{\mathrm{mKdV}}} u_{xx} = 0, \ u_x = -2q, \ \sigma = 1. \tag{1.15.4}$$

(5) 可积分数阶 sinh-Gordon 方程

$$q_t + \frac{|\widehat{\mathcal{L}}_{\mathrm{mKdV}}|^\epsilon}{\widehat{\mathcal{L}}_{\mathrm{mKdV}}} q_x = 0, \ u_{xt} + \frac{|\widehat{\mathcal{L}}_{\mathrm{mKdV}}|^\epsilon}{\widehat{\mathcal{L}}_{\mathrm{mKdV}}} u_{xx} = 0, \ u_x = 2q, \ \sigma = -1. \tag{1.15.5}$$

(6) 可积分数阶 AL 格子族[286]

$$\mathrm{i}\boldsymbol{u}_{n,t} + (2 - \varLambda_+ - \varLambda_+^{-1})^{m+\epsilon} \boldsymbol{u}_n = 0, \quad \boldsymbol{u}_n = (q_n, -r_n)^{\mathrm{T}}, \quad m \in \mathbb{N}, \tag{1.15.6}$$

其中,

$$\varLambda_+ \boldsymbol{x}_n = \left[h_n \begin{pmatrix} E_n^+ & 0 \\ 0 & E_n^- \end{pmatrix} + \begin{pmatrix} q_n \sum_{n-1}^+ r_{k-1} & q_n \sum_{n-2}^+ q_{k+1} \\ -r_n \sum_{n-1}^+ r_{k-1} & -r_n \sum_{n-2}^+ q_{k+1} \end{pmatrix} \right.$$

$$\left. + h_n \begin{pmatrix} q_{n+1} \sum_{n+1}^+ r_k/h_k & q_{n+1} \sum_{n+1}^+ q_k/h_k \\ -r_{n-1} \sum_{n}^+ r_k/h_k & -r_{n-1} \sum_{n+1}^+ q_k/h_k \end{pmatrix} \right] \boldsymbol{x}_k,$$

且 $\sum_n^+ = \sum_{k=n}^\infty$, $E_n^\pm \boldsymbol{x}_k = \boldsymbol{x}_{n\pm1}$.

2022 年, Yan 等[288,289] 进一步提出了一些可积分数阶高阶孤子方程族, 并获得其多孤子解及其相互作用等.

(1) 可积分数阶高阶 NLS 方程族[288]

$$\boldsymbol{q}_t + \sigma_3 \mathcal{N}_h(\widehat{\boldsymbol{L}}_{\mathrm{NLS}})\boldsymbol{q} = 0, \quad \mathcal{N}_h(\widehat{\boldsymbol{L}}_{\mathrm{NLS}}) = \left(\sum_{j=2}^{N} \alpha_j \delta_j \widehat{\boldsymbol{L}}_{\mathrm{NLS}}^j\right) |4\widehat{\boldsymbol{L}}_{\mathrm{NLS}}^2|^\epsilon, \quad (1.15.7)$$

其中, $\boldsymbol{q} = (r, q)^{\mathrm{T}}$, $\alpha_j \in \mathbb{R}$,

$$\delta_j = \begin{cases} \mathrm{i}(2\mathrm{i})^j, & j = 2n, \quad n \in \mathbb{N}, \\ (2\mathrm{i})^j, & j = 2n+1, \quad n \in \mathbb{N}. \end{cases}$$

令 $r = -\nu q^*$, $\nu = \pm 1$, 则从方程族 (1.15.17) 可导出可积分数阶 NLS 方程族

$$\mathrm{i} \begin{bmatrix} -\nu q^* \\ q \end{bmatrix}_t + \mathrm{i}\sigma_3 |4\widehat{\boldsymbol{L}}_{\mathrm{NLS}}^2|^\epsilon \left(\sum_{j=2}^{N} \alpha_j \delta_j \widehat{\boldsymbol{L}}_{\mathrm{NLS}}^j\right) \begin{bmatrix} -\nu q^* \\ q \end{bmatrix} = 0. \qquad (1.15.8)$$

当 $N = 3$ 时, 可得可积分数阶 Hirota 方程

$$\mathrm{i} \begin{bmatrix} -\nu q^* \\ q \end{bmatrix}_t - \sigma_3 |4\widehat{\boldsymbol{L}}_{\mathrm{NLS}}^2|^\epsilon \begin{bmatrix} -\alpha_2(\nu q_{xx}^* + 2|q|^2 q^*) + \mathrm{i}\alpha_3(\nu q_{xxx}^* + 6|q|^2 q_x^*) \\ \alpha_2(q_{xx} + 2\nu|q|^2 q) + \mathrm{i}\alpha_3(q_{xxx} + 6\nu|q|^2 q_x) \end{bmatrix} = 0. \quad (1.15.9)$$

特别地, 当 $\alpha_2 = 0$, $\alpha_3 = 1$ 时, 可导出可积分数阶复 mKdV 方程

$$\begin{bmatrix} -\nu q^* \\ q \end{bmatrix}_t - \sigma_3 |4\widehat{\boldsymbol{L}}_{\mathrm{NLS}}^2|^\epsilon \begin{bmatrix} -\nu q_{xxx}^* - 6|q|^2 q_x^* \\ q_{xxx} + 6\nu|q|^2 q_x \end{bmatrix} = 0. \qquad (1.15.10)$$

(2) 可积分数阶高阶 mKdV 方程族[289]

$$q_t + \mathcal{M}_h(\widehat{L}_{\mathrm{mKdV}})q_x = 0, \quad \mathcal{M}_h(\widehat{L}_{\mathrm{mKdV}}) = \left[\sum_{\ell=1}^{n} \alpha_{2\ell+1}(-\widehat{L}_{\mathrm{mKdV}})^\ell\right] |\widehat{L}_{\mathrm{mKdV}}|^\epsilon,$$

$$\qquad (1.15.11)$$

即

$$q_t + |\widehat{L}_{\mathrm{mKdV}}|^\epsilon \left[\sum_{j=1}^{n} \alpha_{2j+1} \partial_x K_{2j+1}[q]\right] = 0, \qquad (1.15.12)$$

其中, $\alpha_{2\ell+1} \in \mathbb{R}$, $K_{2j+1}[q]$ 为

$$K_3[q] = q_{xx} + 3q^3,$$

$$K_5[q] = q_{4x} + 10(q^2 q_{xx} + q q_x^2) + 6q^5,$$

$$K_7[q] = q_{6x} + 14(q^2 q_{4x} + 4qq_x q_{xxx} + 3qq_{xx}^2 + 5q_x^2 q_{xx} + 5q^4 q_{xx} + 10q^3 q_x^2) + 20q^7,$$

$$\cdots$$

另外, 还可以导出可积分数阶高阶 KdV 方程族

$$q_t + \mathcal{M}_h(\widehat{L}_{\mathrm{KdV}})q_x = 0, \quad \mathcal{M}_h(\widehat{L}_{\mathrm{KdV}}) = \left[\sum_{\ell=1}^n \alpha_{2\ell+1}(-\widehat{L}_{\mathrm{KdV}})^\ell\right]|\widehat{L}_{\mathrm{KdV}}|^\epsilon. \quad (1.15.13)$$

1.15.2 多 Lévy 指标和混合 Lévy 指标情况

2022 年, Yan[290] 提出了可积的多 Lévy 指标和混合 Lévy 指标的分数阶孤子方程族, 并给出其多孤子解, 例如:

(1) 新的多 Lévy 指标和混合 Lévy 指标的分数阶 NLS 孤子方程族

$$\boldsymbol{q}_t + \sigma_3 \mathcal{N}_{h,\epsilon_\ell}(\widehat{\boldsymbol{L}}_{NLS})\boldsymbol{q} = 0, \quad \mathcal{N}_{h,\epsilon_\ell}(\widehat{\boldsymbol{L}}_{\mathrm{NLS}}) = \sum_{\ell=2}^n \alpha_\ell \chi_\ell |4\widehat{\boldsymbol{L}}^2|^{\epsilon_\ell}(2\mathrm{i}\widehat{\boldsymbol{L}})^\ell, \quad (1.15.14)$$

其中, $\boldsymbol{q} = (r(x,t), q(x,t))^{\mathrm{T}}$, $\epsilon_\ell \in (0,1)$, $\alpha_\ell \in \mathbb{R}$, $\chi_\ell = \mathrm{i}\,(\ell\ \text{偶数})$, $\chi_\ell = 1\,(\ell\ \text{奇数})$. 令 $r = -\sigma q^*\,(\sigma = \pm 1)$, 则方程族 (1.15.19) 导出新的多 Lévy 指标和混合 Lévy 指标的分数阶 NLS 孤子方程族

$$\mathrm{i}\begin{pmatrix} -\sigma q_t^* \\ q_t \end{pmatrix} + \sigma_3 \left[\sum_{\ell=2}^n \alpha_\ell \chi_\ell \mathrm{i}^{\ell+1}|4\widehat{\boldsymbol{L}}^2|^{\epsilon_\ell}(2\widehat{\boldsymbol{L}}_{\mathrm{NLS}})^\ell\right]\begin{pmatrix} -\sigma q^* \\ q \end{pmatrix} = 0. \quad (1.15.15)$$

(2) 新的多 Lévy 指标和混合 Lévy 指标的分数阶 mKdV 孤子方程族

$$q_t + \mathcal{M}_{h,\epsilon_\ell}(\widehat{\mathcal{L}}_{\mathrm{mKdV}})q_x = 0, \quad \mathcal{M}_{h,\epsilon_\ell} = \sum_{\ell=1}^n \alpha_{2\ell+1}(-\widehat{\mathcal{L}}_{\mathrm{mKdV}})^\ell|\widehat{\mathcal{L}}_{\mathrm{mKdV}}|^{\epsilon_{2\ell+1}},$$
$$(1.15.16)$$

其中, $\epsilon_\ell \in (0,1)$, $\alpha_{2\ell+1} \in \mathbb{R}$, 其可改写为

$$q_t + \sum_{\ell=1}^n \alpha_{2\ell+1}|\widehat{\mathcal{L}}_{\mathrm{mKdV}}|^{\epsilon_{2\ell+1}}\partial_x K_{2\ell+1}[q] = 0. \quad (1.15.17)$$

(3) 新的多 Lévy 指标和混合 Lévy 指标的分数阶 KdV 孤子方程族

$$q_t + \mathcal{M}_{h,\epsilon_\ell}(\widehat{\mathcal{L}}_{\mathrm{KdV}})q_x = 0, \quad \mathcal{M}_{h,\epsilon_\ell} = \sum_{\ell=1}^n \alpha_{2\ell+1}(-\widehat{\mathcal{L}}_{\mathrm{KdV}})^\ell|\widehat{\mathcal{L}}_{\mathrm{KdV}}|^{\epsilon_{2\ell+1}}. \quad (1.15.18)$$

1.15.3 不同 Lévy 指标情况

在上面研究的基础上, Yan[291] 最近提出了不同 Lévy 指标情况下的新可积分数阶 NLS 孤子方程族, 如

$$
\boldsymbol{q}_t + \sigma_3 \mathcal{N}_{nm}(\widehat{\boldsymbol{L}}_{\mathrm{NLS}})\boldsymbol{q} = 0, \qquad \mathcal{N}_{nm} = \mathrm{i} \sum_{\ell=2}^{n} \sum_{j=1}^{m} \alpha_{\ell j} \chi_\ell |4\widehat{\boldsymbol{L}}_{\mathrm{NLS}}^2|^{\epsilon_{\ell j}} (2\mathrm{i}\widehat{\boldsymbol{L}}_{\mathrm{NLS}})^\ell,
$$

$$(1.15.19)$$

特别地, 当 $n = 2$ 时, 导出含不同指标的可积分数阶 NLS 方程

$$
\mathrm{i} \begin{pmatrix} -\sigma q_t^* \\ q_t \end{pmatrix} - \sigma_3 \sum_{j=1}^{m} \alpha_{2j} |4\widehat{\boldsymbol{L}}^2|^{\epsilon_{2j}} \begin{pmatrix} -(\sigma q_{xx}^* + 2|q|^2 q^*) \\ q_{xx} + 2\sigma|q|^2 q \end{pmatrix} = 0. \qquad (1.15.20)
$$

另外, 这种不同 Lévy 指标的方法也可以推广到其他分数阶孤子方程族, 如分数阶 KdV 方程、分数阶 mKdV 方程、分数阶 AL 格子等以及分数阶多分量的孤子方程族等.

2022 年, Zhong 等[292] 基于机器方法, 研究了分数阶 KdV 方程、分数阶 mKdV 方程以及分数阶 sine-Gordon 方程的分数阶孤子解.

第 2 章 含广义 $\mathcal{PT}$ 对称 Scarf-II 势的非线性 Schrödinger 方程

本章研究具有广义 $\mathcal{PT}$ 对称 Scarf-II 势的 Hamilton 算子, 以及聚焦/散焦 Kerr 非线性光学介质中的孤子解及其动力学性质. 对于一维情况, 研究具有波数为 k 的 $\mathcal{PT}$ 对称 Scarf-II 势 Hamilton 量的 $\mathcal{PT}$ 对称破缺/未破缺参数区域, 以及相应非线性 Schrödinger 方程孤子解存在的参数区域. 另外, 构造一类 $\mathcal{PT}$ 对称多势阱及对应的亮孤子解, 通过数值计算研究所得孤子解的线性稳定性及其演化行为, 并在 $\mathcal{PT}$ 对称破缺参数区域中发现了稳定传播的孤子解. 对于二维情况, 研究了修正 $\mathcal{PT}$ 对称 Scarf-II 势作用下的二维幂律孤子及其稳定性. 对于三维情况, 构造了三维 $\mathcal{PT}$ 对称 Scarf-II 势及其三维孤子解, 并讨论其光学性质 (见文献 [47, 293]).

2.1 $\mathcal{PT}$ 对称非线性 Schrödinger 方程

2.1.1 $\mathcal{PT}$ 对称非线性光学系统

由于光学介质的复折射率分布可以用复函数 $n(x) = n_{\mathrm{R}}(x) + \mathrm{i} n_{\mathrm{I}}(x)$ (实部表示光学外势, 虚部表示增益–损耗分布) 表示, 因此复外势及其相关非线性光学系统的研究具有重要意义[35, 45]. 在光学中, 只有当光波的传播常数限制在实谱范围内时, 光信号的传播才可能是稳定的. 而在线性光学系统中, 如果光学介质的光学外势和增益–损耗作用能够达到严格的对称关系 $n(x) = n^*(-x)$, 即构成 $\mathcal{PT}$ 对称光学系统[35], 就可能满足传播常数的实谱范围要求. 因为在一定的参数范围内, $\mathcal{PT}$ 对称系统具有未破缺的 $\mathcal{PT}$ 对称性, 系统具有纯实能谱[5, 31, 41, 294], 而当参数在这些区域范围之外时, $\mathcal{PT}$ 对称性的破缺使得系统能谱含有复数, 从而导致光波的传播具有不稳定性.

具有非线性调制作用的 $\mathcal{PT}$ 对称波动系统中, 非线性效应会对系统的稳定性产生影响, 这使得系统在 $\mathcal{PT}$ 对称破缺的参数范围仍可能存在稳定的波动现象[35, 45, 48]. 在非线性光学中, 聚焦 (focusing) 或散焦 (defocusing) Kerr 非线性光学介质中光孤子的传播现象可以通过 NLS 方程来描述[68, 295]. 通过引入复折射率的调制作用, 研究带外势项和增益–损耗项的 NLS 方程, 可以对光孤子的传播进行调控[296-304]. 具有 $\mathcal{PT}$ 对称性的复折射率在 NLS 方程中对应于 $\mathcal{PT}$ 对称势, 而

在这种具有平衡作用的光学势下, 稳定传播的光孤子可能存在于非线性光学系统中[41,294], 因此 $\mathcal{PT}$ 对称势在非线性光纤光学和波导光学中具有重要意义, 其是近年来的研究热点[45,141,165,204]. 不同于对全空间区域产生调制作用的 $\mathcal{PT}$ 对称简谐势和光格子势 (参见文献 [45,141,172,198,201,202]), 波数为 k 的 Scarf-II 势的调制作用局限在有限空间区域内[294,305]. 当 $|x| \to \infty$ 时, 后者的实部和虚部都趋于零 (参见方程 (2.2.1), 当 $V_0 = 2$, $W_0 = 1$, $k = \sqrt{2}$ 时, $V(x)|_{x=20} \approx 3.25 \times 10^{-24}$ 和 $W(x)|_{x=20} \approx 1.04 \times 10^{-12}$). 然而, 含波数 k 的 $\mathcal{PT}$ 对称 Scarf-II 势的 NLS 方程的孤子解及其稳定性并未在整个参数空间中进行系统讨论.

2.1.2 含 $\mathcal{PT}$ 对称势的定态非线性 Schrödinger 方程

本节主要研究在 $\mathcal{PT}$ 对称外势下聚焦和散焦 NLS 方程解的一般性质, 其无量纲模型可写为[45]

$$\mathrm{i}\frac{\partial}{\partial t}\psi + \frac{\partial^2}{\partial x^2}\psi + [V(x) + \mathrm{i}\,W(x)]\,\psi + g|\psi|^2\psi = 0, \qquad (2.1.1)$$

其中, $\psi = \psi(x,t)$ 表示无量纲时空变量 x, t 的复包络场; $U(x) = -[V(x) + \mathrm{i}\,W(x)]$ 表示复外势, $-V(x)$ 为外势或外势实部, $-W(x)$ 是系统增益–损耗分布或外势虚部; g 表征 Kerr 非线性特性 ($g > 0\,(< 0)$ 代表聚焦 (散焦) Kerr 非线性效应).

方程 (2.1.1) 可由变分原理 $\delta\mathcal{L}(\psi)/\delta\psi^* = 0$ 导出, 其中拉格朗日 (Lagrangian) 密度为

$$\mathcal{L}(\psi) = \mathrm{i}\,(\psi^*\psi_t - \psi\psi_t^*) + 2|\psi_x|^2 + 2[V(x) + \mathrm{i}\,W(x)]|\psi|^2 + g|\psi|^4. \qquad (2.1.2)$$

若复外势 $U(x)$ 满足 $\mathcal{PT}$ 对称, 则必须满足对称条件 $V(x) = V(-x)$ 和 $W(x) = -W(-x)$. 方程 (2.1.1) 中解对应的 "拟功率 (或拟能量)" 和 "功率 (或能量)" 分别定义为

$$Q(t) = \int_{-\infty}^{+\infty} \psi(x,t)\psi^*(-x,t)\mathrm{d}x, \qquad (2.1.3a)$$

$$P(t) = \int_{-\infty}^{+\infty} |\psi(x,t)|^2 \mathrm{d}x, \qquad (2.1.3b)$$

易得

$$\frac{\mathrm{d}}{\mathrm{d}t}Q(t) = \mathrm{i}\int_{-\infty}^{+\infty} g\psi(x,t)\psi^*(-x,t)[|\psi(x,t)|^2 - |\psi(-x,t)|^2]\mathrm{d}x, \qquad (2.1.4a)$$

$$\frac{\mathrm{d}}{\mathrm{d}t}P(t) = -2\int_{-\infty}^{+\infty} W(x)|\psi(x,t)|^2 \mathrm{d}x, \qquad (2.1.4b)$$

假设本书所涉及的定积分都存在, 若解 $\psi(x,t)$ 满足对称性 $|\psi(x,t)| = |\psi(-x,t)|$, 且注意到 $W(x)$ 是奇函数, 式 (2.1.4a) 和式 (2.1.4b) 则皆为零, 即拟功率 $Q(t)$ 和功率 $P(t)$ 都是守恒量. 文献 [45] 中的模型与方程 (2.1.1) 等价, 仅作了坐标代换 $t \to z$, 其中 z 表示传播距离.

考虑方程 (2.1.1) 的定态解

$$\psi(x,t) = \phi(x)\mathrm{e}^{\mathrm{i}\mu t}, \tag{2.1.5}$$

其中, 实数 μ 是传播常数, 复函数 $\phi(x)$ 满足含复外势的定态 NLS 方程

$$\mu\,\phi(x) = \frac{\mathrm{d}^2\phi(x)}{\mathrm{d}x^2} + [V(x) + \mathrm{i}\,W(x)]\phi(x) + g|\phi(x)|^2\phi(x). \tag{2.1.6}$$

复函数 $\phi \equiv \phi(x)$ 可表示为

$$\phi(x) = u(x)\exp\left[\mathrm{i}\int_0^x v(s)\mathrm{d}s\right], \tag{2.1.7}$$

其中, $u(x)$ 为实振幅, $v(x)$ 为流体动力速度, 它们满足

$$\begin{cases} v(x) = -u^{-2}(x)\displaystyle\int_0^x W(s)u^2(s)\mathrm{d}s, \\[2mm] \dfrac{\mathrm{d}^2 u(x)}{\mathrm{d}x^2} = [-V(x) - gu^2(x) + v^2(x) + \mu]u(x). \end{cases} \tag{2.1.8}$$

下面考虑波数为 k 的 $\mathcal{PT}$ 对称 Scarf-II 势, 讨论 $\mathcal{PT}$ 对称未破缺和破缺的参数区域, 研究孤子解及其稳定性.

2.2 含波数 k 的 $\mathcal{PT}$ 对称 Scarf-II 势中的孤子

为研究方程 (2.1.6) 的孤子解, 首先考虑波数为 k 的 $\mathcal{PT}$ 对称 Scarf-II 势[294,305]:

$$V(x) = V_0\,\mathrm{sech}^2(kx), \quad W(x) = W_0\,\mathrm{sech}(kx)\tanh(kx), \tag{2.2.1}$$

其中, 波数 $k > 0$, 参数 $V_0 > 0$ 用于调控势阱深度, 参数 W_0 用于调控增益–损耗分布的幅度. 由方程 (2.1.1) 可知, 当 $W_0 < 0$ 时, x 正半轴为增益区间, 负半轴为损耗区间; 当 $W_0 > 0$ 时, x 正半轴为损耗区间, 负半轴为增益区间. 当 $k = 1$ 时, 式 (2.2.1) 约化为 $\mathcal{PT}$ 对称 Scarf-II 势[41]. 图 2.1 展示了不同参数下 $\mathcal{PT}$ 对称 Scarf-II 势 (2.2.1) 的图像.

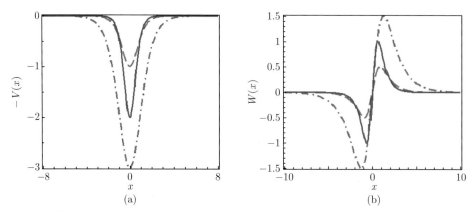

图 2.1　波数为 k 的 $\mathcal{PT}$ 对称 Scarf-II 势: (a) $-V(x)$; (b) $W(x)$. 点划线: $V_0 = 3$, $k = 1/\sqrt{2}$; 实线: $V_0 = 2$, $k = \sqrt{2}$; 虚线: $V_0 = k = 1$

从式 (2.2.1) 易知, 当 $|x| \to \infty$ 或者 $k \to \infty$ 时, $V(x)$, $W(x) \to 0$; 当 $x = 0$ 或者 $k \to 0$ 时, $V(x) \to V_0$, $W(x) \to 0$. 如果 $V_0 W_0 \neq 0$, 那么 $V(x)$ 和 $W(x)$ 满足以下等式关系

$$\left[\frac{V(x)}{V_0/2} - 1 \right]^2 + \frac{W^2(x)}{(W_0/2)^2} \equiv 1, \tag{2.2.2}$$

该等式关系与波数 k 无关.

　　一般来说, 对于由式 (2.2.1) 给出的 $\mathcal{PT}$ 对称 Scarf-II 势 $U_{\mathcal{PT}} = V(x) + \mathrm{i}\, W(x)$, 可以分为以下三类.

　　(i) 当 $W_0 = 0$ 时, $U_{\mathcal{PT}} = V(x)$ 是实值函数, 对应的 Hamilton 量是厄米的, 也满足 $\mathcal{PT}$ 对称性;

　　(ii) 当 $V_0 = 0$ 时, $U_{\mathcal{PT}} = \mathrm{i}\, W(x)$ 是纯虚函数, 对应的 Hamilton 量是非厄米 $\mathcal{PT}$ 对称的;

　　(iii) 当 $V_0 W_0 \neq 0$ 时, $U_{\mathcal{PT}} = V(x) + \mathrm{i}\, W(x)$ 是复值函数, 对应的 Hamilton 量是非厄米 $\mathcal{PT}$ 对称的.

　　下面主要考虑情况 (iii) $V_0 W_0 \neq 0$ 且 $V_0 > 0$, 其保证外势的实部形成开口向上的势阱.

2.2.1　Hamilton 量特征值问题与 $\mathcal{PT}$ 对称自发破缺

考虑特征值问题

$$H\Phi(x) = \lambda\, \Phi(x), \quad H = -\partial_x^2 - [V(x) + \mathrm{i}\, W(x)], \tag{2.2.3}$$

其中, $V(x)$ 和 $W(x)$ 由式 (2.2.1) 给出, λ 和 $\Phi(x)$ 分别是特征值和相应的特征函数. 当参数 $V_0 > 0$, W_0, k 满足如下关系时

$$|W_0| \leqslant V_0 + \frac{k^2}{4}, \tag{2.2.4}$$

Hamilton 量 H 具有纯实能谱. 如果 $|W_0| > V_0 + k^2/4$, Hamilton 量 H 能谱中含有复数特征值. 文献 [41, 294] 证明了不等式 (2.2.4) 取定 $k = 1$ 时的特殊情况, 即 $|W_0| \leqslant V_0 + 1/4$. 于是, 依赖于波数 k 的两条开射线

$$l_1: \quad W_0 = V_0 + k^2/4, \quad V_0 > 0, \tag{2.2.5}$$

$$l_2: \quad W_0 = -(V_0 + k^2/4), \quad V_0 > 0. \tag{2.2.6}$$

将右半参数空间 $\{(V_0, W_0) | V_0 > 0, W_0 \in \mathbb{R}\}$ 划分为两类区域, 即 $\mathcal{PT}$ 对称未破缺参数区域 $|W_0| \leqslant V_0 + k^2/4$ 和 $\mathcal{PT}$ 对称破缺参数区域 $|W_0| > V_0 + k^2/4$ (见图 2.2 和表 2.1).

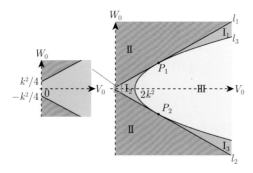

图 2.2 参数区域的划分. 开射线 $l_{1,2}: W_0 = \pm(V_0 + k^2/4)$; 抛物线 $l_3: W_0^2 = 9k^2(V_0 - 2k^2)$. 开射线 $l_{1,2}$ 与抛物线 l_3 的切点: $P_{1,2} = (17k^2/4, \pm 9k^2/2)$

表 2.1 图 2.2 中参数区域的 $\mathcal{PT}$ 对称相, 以及式 (2.2.7) 是否是孤子解

参数区域	$\mathcal{PT}$ 对称相	聚焦孤子解	散焦孤子解
$(I_{1,2,3} \cup l_{1,2}) \setminus P_{1,2}$	未破缺	是	否
l_3	未破缺	否	否
II	破缺	是	否
III	未破缺	否	是

2.2.2 孤子解的存在条件

对于波数 k 的 $\mathcal{PT}$ 对称 Scarf-II 势 (2.2.1), 其中 $V_0 > 0$ 和 $W_0 \in \mathbb{R}$, 方程 (2.1.6) 具有亮孤子解

$$\phi(x) = \sqrt{\frac{1}{g}\left(\frac{W_0^2}{9k^2} - V_0 + 2k^2\right)} \, \mathrm{sech}(kx) \mathrm{e}^{\mathrm{i}\varphi(x)}, \tag{2.2.7}$$

其中, 参数 g, k, V_0, W_0 满足不等式

$$\left(\frac{W_0^2}{9k^2} - V_0 + 2k^2\right)g > 0, \tag{2.2.8}$$

且 μ 和相位分别为

$$\mu = k^2, \quad \varphi(x) = \frac{W_0}{3k^2}\arctan[\sinh(kx)].$$

不等式 (2.2.8) 保证孤子解 (2.2.7) 有意义, 且对聚焦非线性 ($g > 0$) 和散焦非线性 ($g < 0$) 情况都适用. 文献 [45, 165] 给出了当 $k = g = 1$ 或 $k = 1$, $g = -1$ 时孤子解 (2.2.7) 的特殊形式.

对于聚焦非线性 ($g > 0$) 情况, 式 (2.2.7) 代表亮孤子解的参数条件为

$$W_0^2 > 9k^2(V_0 - 2k^2). \tag{2.2.9}$$

图 2.3(a) 给出了聚焦非线性 ($g > 0$) 情况孤子解的实部和虚部.

对于散焦非线性 ($g < 0$) 情况, 式 (2.2.7) 代表亮孤子解的参数条件为

$$\begin{cases} |W_0| < 3k\sqrt{V_0 - 2k^2}, \\ V_0 > 2k^2. \end{cases} \tag{2.2.10}$$

图 2.3(b) 给出了散焦非线性 ($g < 0$) 情况孤子解的实部和虚部.

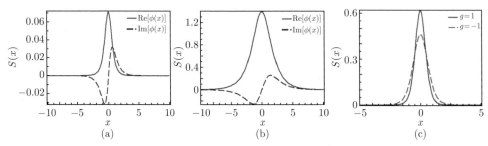

图 2.3　(a), (b) 亮孤子解的实部 (实线) 和虚部 (虚线). (a) $g = 1$, $V_0 = 5$, $W_0 = 5.2$, $k = \sqrt{2}$. (b) $g = -1$, $V_0 = 3$, $W_0 = 0.5$, $k = 1/\sqrt{2}$. (c) 横截能流 $S(x)$, 实线: $g = 1$, $V_0 = 5$, $W_0 = 5.2$, $k = \sqrt{2}$; 虚线: $g = -1$, $V_0 = 3$, $W_0 = 0.5$, $k = 1/\sqrt{2}$

考虑到聚焦非线性 ($g > 0$) 和散焦非线性 ($g < 0$) 系统中, 亮孤子解 (2.2.7) 存在的参数条件分别为式 (2.2.9) 和式 (2.2.10), 参数空间 $\{(V_0, W_0)|V_0 > 0, W_0 \in \mathbb{R}\}$ 被顶点为 $(2k^2, 0)$ 的抛物线

$$l_3 : W_0^2 = 9k^2(V_0 - 2k^2)$$

划分为两块区域 (见图 2.2 和表 2.1). 注意: 聚焦非线性情况 ($g > 0$) 的亮孤子解 (2.2.7) 也能存在于左半参数平面 $\{(V_0, W_0)|V_0 \leqslant 0, W_0 \in \mathbb{R}\}$, 尽管 $V_0 \leqslant 0$ 时外势实部的形状并非势阱.

由式 (2.2.5) 和式 (2.2.6) 给定的两条开射线 $l_{1,2}$ 与抛物线 l_3 相切, 切点满足方程

$$W_0^2 = 9k^2(V_0 - 2k^2), \tag{2.2.11}$$

即切点为 $P_{1,2} = (17k^2/4, \pm 9k^2/2)$. 即除了切点 $P_{1,2}$ 以外 (见图 2.2), 不等式 $|V_0 + k^2/4| > 3k\sqrt{V_0 - 2k^2}$ 恒成立.

所以, 参数空间 $\{(V_0, W_0)|V_0 > 0, W_0 \in \mathbb{R}\}$ 被划分为以下 8 个集合:

$$\{(V_0, W_0)|V_0 > 0, W_0 \in \mathbb{R}\} = \mathrm{I}_1 \cup \mathrm{I}_2 \cup \mathrm{I}_3 \cup \mathrm{II} \cup \mathrm{III} \cup l_1 \cup l_2 \cup l_3,$$

其中, 区域 $\mathrm{I}_{1,2,3}$, II, III 为开集, 并不包含边界 (见图 2.2).

对于任何具有形式 $\phi(x) = |\phi(x)|e^{i\varphi(x)}$ 的解, 其中实函数 $\varphi(x)$ 为相位, 它的横截能流 (Poynting 向量) 是一维标量函数 $S(x)$: $S(x) > 0$ 表示横截能流方向为 x 轴正方向, 反之为负方向. 横截能流 $S(x)$ 与相位 $\varphi(x)$ 之间具有以下关系:

$$S(x) = \frac{\mathrm{i}}{2}(\phi\phi_x^* - \phi^*\phi_x) = |\phi(x)|^2\varphi_x. \tag{2.2.12}$$

对于参数满足条件 (2.2.8) 时, 亮孤子解 (2.2.7) 的横截能流为

$$S(x) = \frac{W_0}{3kg}\left(\frac{W_0^2}{9k^2} - V_0 + 2k^2\right)\mathrm{sech}^3(kx). \tag{2.2.13}$$

考虑到参数条件 $k > 0$ 和 $[W_0^2/(9k^2) - V_0 + 2k^2]g > 0$, 这意味着在聚焦或散焦非线性条件下 ($g = \pm 1$), 在任意点 x 处孤子解的横截能流 $S(x)$ 与 W_0 同号, 即 $\mathrm{sgn}[S(x)] \equiv \mathrm{sgn}(W_0)$ (见图 2.3(c)). 因此, 系统中能量总是从增益区域流向损耗区域, 方向是单向的. 另外, 由式 (2.1.5) 可知, 孤子解 (2.2.7) 具有守恒的拟功率 $Q(t)$ (见式 (2.1.3a)) 和守恒的功率 $P(t)$ (见式 (2.1.3b)), 且 $Q(t) \equiv P(t)$:

$$
\begin{aligned}
Q(t) &= \int_{-\infty}^{+\infty} \psi(x,t)\psi^*(-x,t)\mathrm{d}x \\
&= \int_{-\infty}^{+\infty} \phi(x)\phi^*(-x)\mathrm{d}x = \frac{2}{gk}\left(\frac{W_0^2}{9k^2} - V_0 + 2k^2\right) > 0,
\end{aligned} \tag{2.2.14a}
$$

$$
\begin{aligned}
P(t) &= \int_{-\infty}^{+\infty} |\psi(x,t)|^2\mathrm{d}x \\
&= \int_{-\infty}^{+\infty} |\phi(x)|^2\mathrm{d}x = \frac{2}{gk}\left(\frac{W_0^2}{9k^2} - V_0 + 2k^2\right) > 0.
\end{aligned} \tag{2.2.14b}
$$

2.2.3　孤子解的稳定性

下面研究不同的参数区域内亮孤子解 (2.2.7) 的稳定性. 不妨固定非线性参数 $g = \pm 1$. 为讨论线性稳定性, 首先考虑对亮孤子进行微扰[306]

$$\tilde{\psi}(x,t) = \left\{ \phi(x) + \epsilon \left[F(x)\mathrm{e}^{\mathrm{i}\delta t} + G^*(x)\mathrm{e}^{-\mathrm{i}\delta^* t} \right] \right\} \mathrm{e}^{\mathrm{i}\mu t}, \qquad (2.2.15)$$

其中, $\psi(x,t) = \phi(x)\mathrm{e}^{\mathrm{i}\mu t}$ 是方程 (2.1.1) 的一个定态解, $0 < \epsilon \ll 1$, $F(x)$ 和 $G(x)$ 是线性化方程的特征函数. 将式 (2.2.15) 代入方程 (2.1.1) 并忽略 ϵ 的高次项, 从 ϵ 的线性项系数得到如下特征值问题:

$$\begin{pmatrix} L & g\phi^2(x) \\ -g\phi^{*2}(x) & -L^* \end{pmatrix} \begin{pmatrix} F(x) \\ G(x) \end{pmatrix} = \delta \begin{pmatrix} F(x) \\ G(x) \end{pmatrix}, \qquad (2.2.16)$$

其中, $L = \partial_x^2 + V(x) + \mathrm{i}W(x) + 2g|\phi(x)|^2 - \mu$. 解 $\psi(x,t)$ 的线性稳定性是由特征值问题 (2.2.16) 谱确定的, 如果所有特征值 δ 是实数, 那么该解是线性稳定的, 否则是线性不稳定的.

一般来说, 无法精确求解特征值问题 (2.2.16), 这里采用 Fourier 谱方法进行数值求解. 考虑到特征值的数值解存在误差, 当特征值的虚部数量级小于 10^{-6} 时, 可认为它是实数. 另外, 采用分裂步长方法对亮孤子解 (2.2.7) 进行演化模拟时, 数值模拟中以亮孤子解 (2.2.7) 在 $t = 0$ 时的取值作为初值, 并加入幅度为 2% 的复值随机噪声扰动.

由于参数区域 I₁ 和 I₃ 是关于 V_0 轴对称的, 所以只需考虑其一即可, 不妨研究 I₁. 于是共需研究四个参数区域中亮孤子解 (2.2.7) 的线性稳定性, 它们分别是对应于聚焦非线性 ($g = 1$) 的 I₁, I₂ 和 II, 以及对应于散焦非线性 ($g = -1$) 的 III. 由于 $W(x)$ 是奇函数, 不妨只考虑 $W_0 > 0$ 的情况. 以 k 和 g 的四种不同取值情况为例, 来分析不同参数区域内 Hamilton 量的 $\mathcal{PT}$ 对称相和亮孤子解的稳定性.

(I) 当 $k = 1$, $g = 1$ 时:

(1) 参数区域 II 中 $V_0 = 0.1$, $W_0 = 0.5$, $\mathcal{PT}$ 对称破缺, 孤子解是线性稳定的, 演化的数值模拟显示孤子能够稳定传播 (图 2.4(a), (b));

(2) 参数区域 I₂ 中 $V_0 = 1.5$, $W_0 = 0.2$, $\mathcal{PT}$ 对称未破缺, 孤子解是线性稳定的, 演化的数值模拟显示孤子能够稳定传播 (图 2.4(c), (d));

(3) 参数区域 I₁ 中 $V_0 = 5$, $W_0 = 5.2$, $\mathcal{PT}$ 对称未破缺, 孤子解是线性不稳定的, 演化的数值模拟显示孤子在传播过程中发散 (图 2.4(e), (f));

(4) 参数区域 $\{(V_0, W_0) | V_0 \leqslant 0, W_0 \in \mathbb{R}\}$ 中 $V_0 = -0.1$, $W_0 = 0.1$, 孤子解是线性不稳定的, 演化的数值模拟显示孤子在传播过程中, 孤子宽度变大, 波幅变小, 并改变传播方向 (图 2.4(g), (h)).

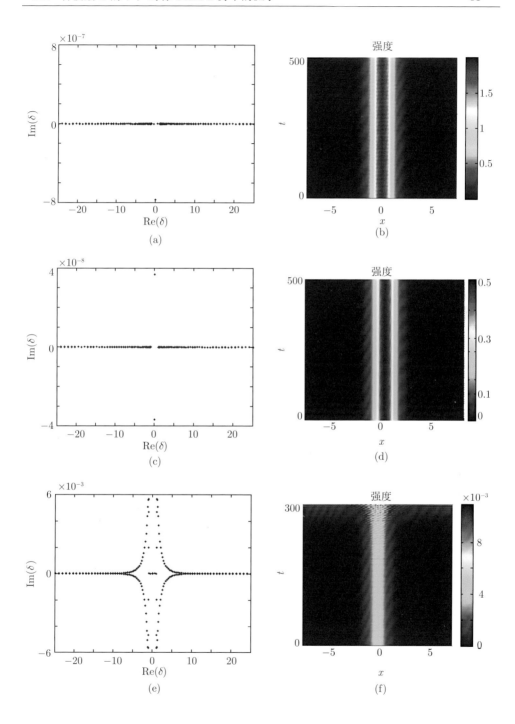

(a)

(b)

(c)

(d)

(e)

(f)

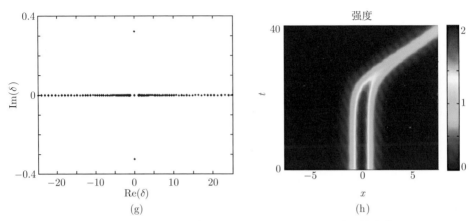

图 2.4 (a), (c), (e), (g) 特征值 δ 的数值解; (b), (d), (f), (h) 孤子的演化. (a), (b) $V_0 = 0.1$, $W_0 = 0.5$, 区域 II; (c), (d) $V_0 = 1.5$, $W_0 = 0.2$, 区域 I_2; (e), (f) $V_0 = 5$, $W_0 = 5.2$; 区域 I_1; (g), (h) $V_0 = -0.1$, $W_0 = 0.1$, 左半区域 $V_0 < 0$. 其他参数为: $k = g = 1$

(II) 当 $k = 1, g = -1$ 时:

参数区域 III 中 $V_0 = 3$, $W_0 = 0.5$, $\mathcal{PT}$ 对称未破缺, 孤子解是线性稳定的, 演化的数值模拟显示孤子能够稳定传播 (图 2.5(a), (b)).

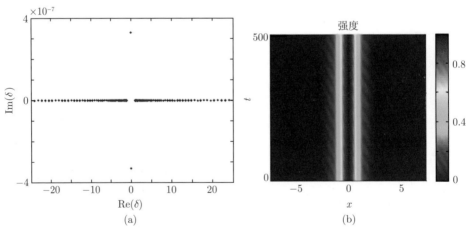

图 2.5 (a) 特征值 δ 的数值解; (b) 孤子的演化. 参数为: $V_0 = 3$, $W_0 = 0.5$, $k = 1$, $g = -1$, 区域 III

(III) 当 $k \neq 1, g = 1$ 时:

(1) 参数区域 II 中 $V_0 = 0.05$, $W_0 = 0.25$, $k = 1/\sqrt{2}$, $\mathcal{PT}$ 对称破缺, 孤子解是线性稳定的, 演化的数值模拟显示孤子能够稳定传播 (图 2.6(a), (b));

(2) 参数区域 I_2 中 $V_0 = 2.16$, $W_0 = 0.12$, $k = \sqrt{1.2}$, $\mathcal{PT}$ 对称未破缺, 孤子解是线性稳定的, 演化的数值模拟显示孤子能够稳定传播 (图 2.6(c), (d));

(3) 参数区域 I_1 中 $V_0 = 10$, $W_0 = 10.4$, $k = \sqrt{2}$, $\mathcal{PT}$ 对称未破缺, 孤子解是线性不稳定的, 演化的数值模拟显示孤子在传播过程中发散 (图 2.6(e), (f));

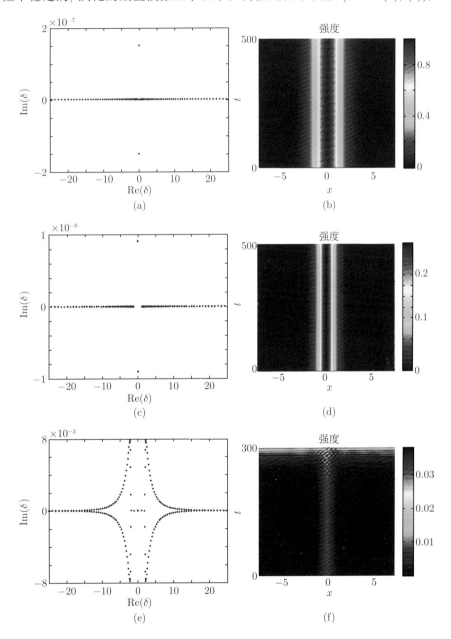

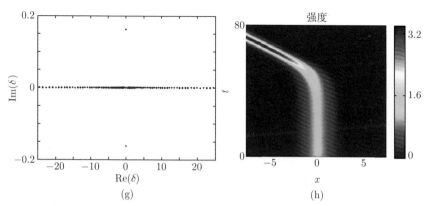

(g)　　　　　　　　　　　　　(h)

图 2.6　(a), (c), (e), (g) 特征值 δ 的数值解; (b), (d), (f), (h) 孤子的演化. (a), (b) $V_0 = 0.05$, $W_0 = 0.25$, $k = 1/\sqrt{2}$, 区域 II; (c), (d) $V_0 = 2.16$, $W_0 = 0.12$, $k = \sqrt{1.2}$, 区域 I_2; (e), (f) $V_0 = 10$, $W_0 = 10.4$, $k = \sqrt{2}$, 区域 I_1; (g), (h) $V_0 = -0.05$, $W_0 = 0.05$, $k = 1/\sqrt{2}$, 左半区域 $V_0 < 0$. 其他参数为: $g = 1$

(4) 参数区域 $\{(V_0, W_0) | V_0 \leqslant 0, W_0 \in \mathbb{R}\}$ 中 $V_0 = -0.05$, $W_0 = 0.05$, $k = 1/\sqrt{2}$, 孤子解是线性不稳定的, 演化的数值模拟显示孤子在传播过程中, 孤子宽度变小, 波幅变大, 并改变传播方向 (图 2.6(g), (h)).

(IV) 当 $k \neq 1, g = -1$ 时:

参数区域 III 中 $V_0 = 6$, $W_0 = 1$, $k = \sqrt{2}$, $\mathcal{PT}$ 对称未破缺, 孤子解是线性稳定的, 演化的数值模拟显示孤子能够稳定传播 (图 2.7(a), (b)).

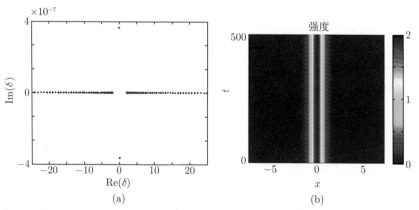

(a)　　　　　　　　　　　　　(b)

图 2.7　(a) 特征值 δ 的数值解; (b) 孤子的演化. 参数为: $V_0 = 6$, $W_0 = 1$, $k = \sqrt{2}$, $g = -1$, 区域 III

2.3　修正 $\mathcal{PT}$ 对称 Scarf-II 多势阱中的孤子及稳定性

考虑修正的 $\mathcal{PT}$ 对称 Scarf-II 多势阱

$$V(x) = \left[\frac{W_0^2}{9} + 2 - \sigma\cos(\omega x)\right]\mathrm{sech}^2(x), \qquad (2.3.1a)$$

$$W(x) = W_0\,\mathrm{sech}(x)\tanh(x), \qquad (2.3.1b)$$

其中, W_0, σ 是实参数, $\omega \geqslant 0$ 表示波数. 由方程 (2.1.1) 可知, 当 $W_0 < 0$ 时, x 的正半轴为增益区间, 负半轴为损耗区间; 当 $W_0 > 0$ 时, x 的正半轴为损耗区间, 负半轴为增益区间. 如果 $\omega = 0$ 且 $\sigma = W_0^2/9 + 2 - V_0$, 那么 $V(x) + \mathrm{i}W(x)$ 变为通常的 $\mathcal{PT}$ 对称 Scarf-II 外势[41,294], 该外势是单阱的. 而对于波数 ω 非零的情况, 能构造出不同的多阱形状的外势. 以 $W_0 = 0.2$ 为例, 当参数 $\sigma = 2, \omega = 1$ 时为双势阱, 当参数 $\sigma = -2, \omega = 1$ 时为单势阱, 而当参数 $\sigma = \pm 2, \omega = 6$ 时为多势阱 (见图 2.8). 事实上, 对于给定的参数 W_0 和 ω, 可以通过调节 σ 来改变势阱的数量. 当 $\omega \ll 1$ 时, $\mathcal{PT}$ 对称外势 (2.3.1) 决定的 Hamilton 量具有纯实能谱当且仅当 $|W_0| \leqslant W_0^2/9 + 9/4 - \sigma$. 当 ω 不可忽略时, $\mathcal{PT}$ 对称相位与参数的关系是十分复杂的. 给定 $W_0 = 0.2$, 发现以下参数区域对应于 $\mathcal{PT}$ 对称未破缺区域:

(1) $\omega = 0.5$, $-280 < \sigma \leqslant 2.5$;

(2) $\omega = 1$, $-53.3 \leqslant \sigma \leqslant 3.17$;

(3) $\omega = 2$, $-13.1 \leqslant \sigma \leqslant 6.65$;

(4) $\omega = 5$, $-13.9 \leqslant \sigma \leqslant 11.33$.

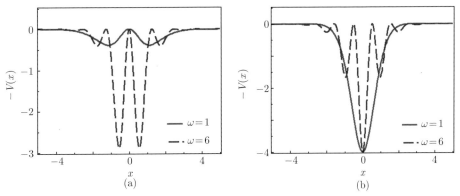

图 2.8　$\mathcal{PT}$ 对称多势阱 (2.3.1a) 对应的势阱 $-V(x)$: (a) $\sigma = 2$; (b) $\sigma = -2$. 实线 $\omega = 1$, 虚线 $\omega = 6$. 其他参数为: $W_0 = 0.2$

除了 $\mathcal{PT}$ 对称多势阱 (2.3.1), 同时考虑空间方向周期调控的不均匀非线性效应:

$$g(x) = \sigma \cos(\omega x). \tag{2.3.2}$$

当波数 $\omega = 0$ 时, 非线性效应 $g(x)$ 是均匀的, 即 $g(x) \equiv \sigma$. 但是, 对于给定的非零波数 ω, 非线性效应 $g(x)$ 周期性地变换正负性, 即周期性地在聚焦和散焦之间切换. 基于 $\mathcal{PT}$ 对称外势 (2.3.1) 和非线性效应 (2.3.2), 得到相应 NLS 方程 (2.1.6) 的亮孤子解

$$\phi(x) = \operatorname{sech}(x) \mathrm{e}^{\mathrm{i}\varphi(x)}, \tag{2.3.3}$$

其中, $\mu = 1$, 相位为

$$\varphi(x) = \frac{W_0}{3} \arctan[\sinh(x)]. \tag{2.3.4}$$

该解的横截能流 (Poynting 向量) 为

$$S(x) = \frac{\mathrm{i}}{2}(\phi\phi_x^* - \phi^*\phi_x) = \frac{W_0}{3} \operatorname{sech}^3(x), \tag{2.3.5}$$

这意味着在任意点 x 处孤子解的横截能流 $S(x)$ 与 W_0 同号, 即 $\operatorname{sgn}[S(x)] \equiv \operatorname{sgn}(W_0)$. 因此, 系统中能量总是从增益区域流向损耗区域. 另外, 由式 (2.1.5) 可知, 孤子解 (2.3.3) 具有守恒的拟功率 $Q(t)$ (见式 (2.1.3a)) 和功率 $P(t)$ (见式 (2.1.3b)), 且 $Q(t) \equiv P(t)$:

$$Q(t) = \int_{-\infty}^{+\infty} \psi(x,t)\psi^*(-x,t)\mathrm{d}x = \int_{-\infty}^{+\infty} \phi(x)\phi^*(-x)\mathrm{d}x = 2, \tag{2.3.6}$$

$$P(t) = \int_{-\infty}^{+\infty} |\psi(x,t)|^2\mathrm{d}x = \int_{-\infty}^{+\infty} |\phi(x)|^2\mathrm{d}x = 2. \tag{2.3.7}$$

下面考虑孤子解 (2.3.3) 的线性稳定性. 将特征值问题 (2.2.16) 中的常数 g 替换为周期变化的非线性效应 $g(x)$, 即式 (2.3.2), 并且取定 $W_0 = 0.2$.

图 2.9 展示了四种参数选取下孤子解的线性稳定性分析和孤子演化的数值模拟: (a), (b) $\omega = 1$, $\sigma = 2$; (c), (d) $\omega = 1$, $\sigma = -2$; (e), (f) $\omega = 0.5$, $\sigma = -3$; (g), (h) $\omega = 0.5$, $\sigma = 1$. 它们虽然对应的 $\mathcal{PT}$ 对称都是破缺的, 但孤子是线性稳定传播的.

图 2.10 展示了另外两种参数选取下孤子解的线性稳定性分析和孤子演化的

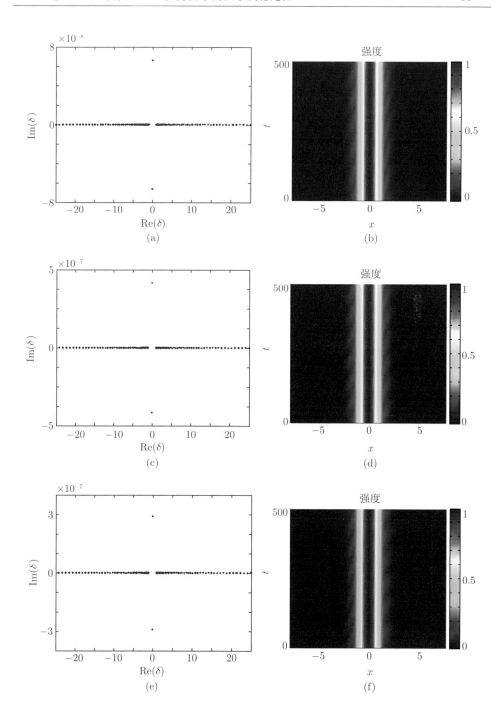

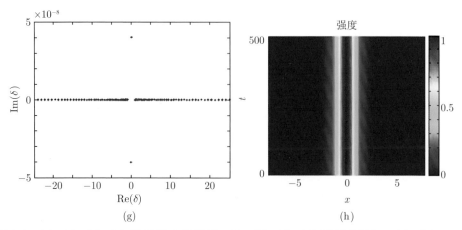

(g)　　　　　　　　　　　　　　　　　(h)

图 2.9　(a), (c), (e), (g) 特征值 δ 数值解; (b), (d), (f), (h) 孤子的演化. (a), (b) $W_0 = 0.2$, $\omega = 1$, $\sigma = 2$; (c), (d) $W_0 = 0.2$, $\omega = 1$, $\sigma = -2$; (e), (f) $W_0 = 0.2$, $\omega = 0.5$, $\sigma = -3$; (g), (h) $W_0 = 0.2$, $\omega = 0.5$, $\sigma = 1$. 所有参数下的 $\mathcal{PT}$ 对称都是未破缺的

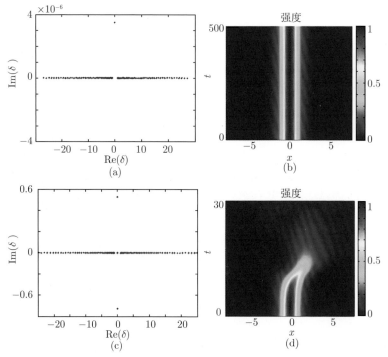

(a)　　　　　　　　　　　　　　　　　(b)

(c)　　　　　　　　　　　　　　　　　(d)

图 2.10　(a), (c) 特征值 δ 的数值解; (b), (d) 孤子的演化. (a), (b) $\omega = 1$, $\sigma = -310$, $\mathcal{PT}$ 对称未破缺; (c), (d) $\omega = 0.5$, $\sigma = 2.5$, $\mathcal{PT}$ 对称未破缺. 其他参数: $W_0 = 0.2$

数值模拟: (a), (b) $\omega = 1$, $\sigma = -310$, 其对应的 $\mathcal{PT}$ 对称是未破缺的, 且孤子是线性稳定的, 即孤子能够稳定传播; (c), (d) $\omega = 0.5$, $\sigma = 2.5$, 虽然其对应的 $\mathcal{PT}$ 对称是未破缺的, 但孤子是线性不稳定的, 即孤子在传播过程中有损耗, 并逐渐消失.

2.4 修正 $\mathcal{PT}$ 对称 Scarf-II 双势阱中的孤子

考虑修正 $\mathcal{PT}$ 对称 Scarf-II 双势阱

$$
\begin{aligned}
V(x) &= A \operatorname{sech}^2 x - B \operatorname{sech}^{2\alpha} x, \\
W(x) &= w_0 \operatorname{sech} x \tanh x,
\end{aligned}
\tag{2.4.1}
$$

其中, A, B, w_0 和 $\alpha > 0$ 都是实数. 当 $B = 0$ 或 $\alpha = 1$, $A > B$ 时, 该势约化为著名的 Scarf-II 势.

为了研究 NLS 方程 (2.1.1) 的孤子解, 这里限制 A, B 如下:

$$
A = \frac{w_0^2}{(2\alpha + 1)^2} + \alpha(\alpha + 1), \quad B = g\phi_0^2,
\tag{2.4.2}
$$

其中, ϕ_0 是实参数. 增益-损耗强度 w_0 也用于调控外势 $V(x)$ 的结构.

不失一般性, 令 ϕ_0, $w_0 \geqslant 0$, $g = \pm 1$, 则含修正 $\mathcal{PT}$ 对称 Scarf-II 双势阱 (2.4.1) 的广义 Hamilton 算子的能量谱问题为

$$
\mathcal{L}\Phi(x) = \lambda\Phi(x), \quad \mathcal{L} = -\frac{\mathrm{d}^2}{\mathrm{d}x^2} - V(x) - \mathrm{i}W(x),
\tag{2.4.3}
$$

其中, λ, $\Phi(x)$ 分别表示特征值和特征函数.

首先考虑 $\alpha = 1$ 的情况, 在 (ϕ_0, w_0) 参数空间的第一象限中, 利用 Fourier 谱方法[307], 能够获得线性特征值问题 (2.4.3) 的两条 $\mathcal{PT}$ 对称破缺/未破缺的临界直线, 其交点为 $(\phi_0, w_0) = (0, 9/2)$ (见图 2.11(a1)). 事实上, 这两条对称破缺线可以由解析结果导出. 因为当 $\alpha = 1$ 时, 修正 $\mathcal{PT}$ 对称 Scarf-II 势 (2.4.1) 约化为特殊的 Scarf-II 势, 因此可知 $w_0 \leqslant (A - B) + 1/4$[41], 即

$$
w_0 \leqslant \frac{w_0^2}{9} - \phi_0^2 + \frac{9}{4} \quad \Rightarrow \quad \phi_0 \leqslant \left| \frac{2w_0 - 9}{6} \right|.
\tag{2.4.4}
$$

该结果见图 2.11(a1) 中的小环表示, 这与数值结果完全吻合.

$\mathcal{PT}$ 对称未破缺区域为两条临界线的外面部分, 两条临界线之间的部分为 $\mathcal{PT}$ 对称破缺区域. 因此, 即使增益-损耗强度 w_0 非常大, 对应的特征值问题

(2.4.3) 仍拥有全实谱. 例如, 若固定 $\phi_0 = 0.5$, 则特征值问题 (2.4.3) 拥有全实谱的增益–损耗强度 w_0 范围为: $w_0 \in [0,3] \cup [6,+\infty)$. 特别地, 数值发现自发 $\mathcal{PT}$ 对称破缺 (见图 2.11(a2) 和 (a3)), 结果表明从 $w_0 = 0$ 开始, 特征谱是实的, 但当 w_0 从 3 变化到 6 之间时, 相应的特征谱是复的. 这表明与经典的 Scarf-II 势相比, 该修正 $\mathcal{PT}$ 对称 Scarf-II 势 (2.4.1) 能使得当特征值问题 (2.4.3) 拥有全实谱时增益–损耗强度范围变大.

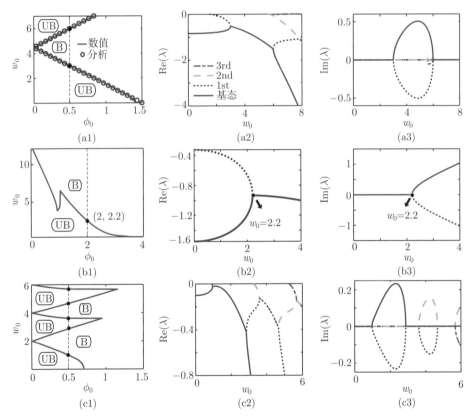

图 2.11　线性谱问题: 线性 $\mathcal{PT}$ 对称相位破缺/未破缺区域 ($g = 1$). (a1) $\alpha = 1$, (b1) $\alpha = 2$, (c1) $\alpha = 0.5$, 其中 B 表示破缺区域, UB 为未破缺区域. 关于 w_0 的前几个低能级特征值实谱: (a2), (a3) $\alpha = 1, \phi_0 = 0.5$, (b2), (b3) $\alpha = 2, \phi_0 = 2$, (c2), (c3) $\alpha = 1/2, \phi_0 = 0.5$ (基态: 实线; 第一激发态: 点线; 第二激发态: 间断短线; 第三激发态: 间断点线)

通过数值计算发现, 当 $\alpha > 1$ 时, $\mathcal{PT}$ 对称破缺/未破缺临界曲线是较简单的, 但是当 $0 < \alpha < 1$ 时, 对应的临界曲线变得较复杂. 如取 $\alpha = 2$, 对于每个固定的 ϕ_0, 存在一条 $\mathcal{PT}$ 对称破缺/未破缺临界曲线, 该曲线下面对应于 $\mathcal{PT}$ 对称未破缺区域 (见图 2.11(b1)). 若进一步固定 $\phi_0 = 2$, 则当 w_0 增加时, 前两个最小特征值是实的, 但从 $w_0 = 2.2$ 开始, 出现一对复的特征值 (见图 2.11(b2) 和 (b3)); 令

$\alpha = 0.5$, 图 2.11(c1) 表明相应的对称破缺曲线变得复杂 (见图 2.11(c2) 和 (c3)).

2.4.1 基本幂律孤子形成和动力学

修正 $\mathcal{PT}$ 对称 Scarf-II 双势阱的定态方程 (2.1.6) 变为

$$
\begin{cases}
\dfrac{\mathrm{d}[v(x)u^2(x)]}{\mathrm{d}x} = -w_0\,\mathrm{sech}\,x\,\tanh x\,u^2(x), \\[2mm]
\dfrac{\mathrm{d}^2u(x)}{\mathrm{d}x^2} = \left[-A\,\mathrm{sech}^2 x + B\,\mathrm{sech}^{2\alpha} x - gu^2(x) + v^2(x) + \mu\right]u(x).
\end{cases}
\tag{2.4.5}
$$

当 $\alpha > 0$ 且 A, B 满足方程 (2.4.2) 时, 系统 (2.4.5) 拥有如下解

$$
u(x) = \phi_0\,\mathrm{sech}^\alpha x, \quad v(x) = \frac{w_0}{2\alpha+1}\,\mathrm{sech}\,x,
\tag{2.4.6}
$$

其中, 传播常数为 $\mu = \alpha^2$. 因此, 基于式 (2.1.7) 和式 (2.4.6) 可得方程 (2.1.6) 的解

$$
\phi(x) = \phi_0\,\mathrm{sech}^\alpha x\,\exp\left[\frac{\mathrm{i}w_0}{2\alpha+1}\arctan(\sinh x)\right].
\tag{2.4.7}
$$

注 2.1 基本幂律孤子解 (2.4.7) 的强度仅依赖于 ϕ_0 和幂律参数 α, 与非线性系数 g_0 和增益–损耗强度 w_0 无关. 非平凡相位的振幅是由 w_0 和 α 调控的.

(1) 当 $\alpha = 1$ 时, 势 (2.4.1) 变为已知的 $\mathcal{PT}$ 对称 Scarf-II 势

$$
\begin{aligned}
V(x) &= V_0\,\mathrm{sech}^2 x, \quad V_0 \equiv A - B > 0, \\
W(x) &= w_0\,\mathrm{sech}\,x\,\tanh x,
\end{aligned}
\tag{2.4.8}
$$

因此, 方程 (2.1.6) 的解为

$$
\phi(x) = \phi_0\,\mathrm{sech}\,x\,\exp\left[\frac{\mathrm{i}w_0}{3}\arctan(\sinh x)\right],
\tag{2.4.9}
$$

且 $\phi_0 = \sqrt{\dfrac{1}{g}\left(\dfrac{w_0^2}{9} - V_0 + 2\right)}$, $\mu = 1$.

(i) 对于吸引情况 $g = 1$, 可知 $\phi_0 = \sqrt{w_0^2/9 - V_0 + 2}$ 且 $w_0^2/9 - V_0 + 2 > 0$, 则孤子解 (2.4.9) 变为已知的[45];

(ii) 对于吸引情况 $g = -1$, 可知 $\phi_0 = \sqrt{V_0 - w_0^2/9 - 2}$ 且 $V_0 - w_0^2/9 - 2 > 0$, 则孤子解 (2.4.9) 变为已知的[165].

(2) 对于其他情况 (即 $\alpha > 0$, $\alpha \neq 1$), 不仅推广经典 Scarf-II 势, 而且也扩充了相应非线性 Schrödinger 方程的孤子解.

不失一般性, 设 $\alpha = 2$, 当 $\phi_0 = 2$, $w_0 = 0.1$ 时, $\mathcal{PT}$ 对称势 (2.4.1) 约化为双势阱 (见图 2.12(a)), 这不同于通常的单阱 Scarf-II 势. 图 2.12(b) 展示了基本单峰孤子, 该解在 2% 噪声扰动下仍是长时间稳定的 (见图 2.12(c)). 图 2.12(d) 展示 (ϕ_0, w_0)-空间上孤子解线性稳定性的区域分布. 很明显, 对于固定 $\phi_0 = 2$, 孤子解 (2.4.7) 在区域 $w_0 \in [0, 3.1)$ 上是稳定的. 若取比较大的 w_0 (如 $w_0 = 3$), 则非线性模态 (2.4.7) 展示类呼吸子行为 (见图 2.12(e)), 而且图 2.12(d) 中黄色区域展示不稳定孤子. 例如图 2.12(c) 展示的稳定孤子, 当 ϕ_0 从 2 增加到 2.2 时, 相应的孤子解变成不稳定的状态 (见图 2.12(f)).

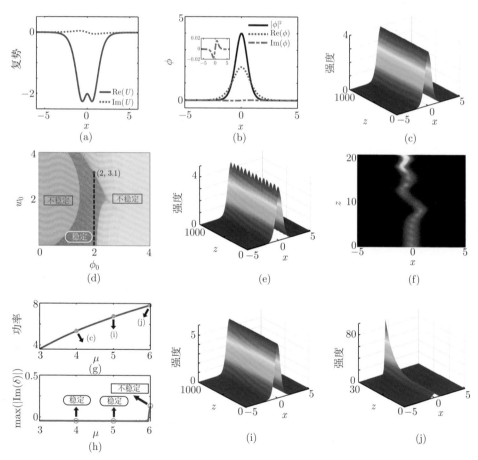

图 2.12　孤子稳定性 ($g = 1$): (a) $\mathcal{PT}$ 对称 Scarf-II 势 $-V(x) - iW(x)$ 的实部和虚部 ($\alpha = 2, \phi_0 = 2, w_0 = 0.1$); (b) 精确孤子; (c) 稳定传播; (d) 孤子 (2.4.7) 在区域 (ϕ_0, w_0) 空间的线性稳定 (蓝色) 和不稳定 (黄色) 区域; (e) 孤子的周期振荡传播: $\phi_0 = 2, w_0 = 3$; (f) 孤子的不稳定传播: $\phi_0 = 2.2, w_0 = 0.1$; (g) 能量曲线随参数 μ 的变化; (h) 线性稳定曲线; (i) 稳定传播: $\mu = 5$; (j) 不稳定传播: $\mu = 6, \alpha = 2, \phi_0 = 2, w_0 = 0.1$

考虑精确孤子对应的横向功率流 (Poynting 向量), 它源于非线性模态 (2.4.7) 的非平凡的相位结构:

$$S(x) = \frac{\mathrm{i}}{2}\left(\phi\frac{\mathrm{d}\phi^*}{\mathrm{d}x} - \phi^*\frac{\mathrm{d}\phi}{\mathrm{d}x}\right) = \frac{w_0\phi_0^2}{2\alpha+1}\operatorname{sech}^{2\alpha+1}x, \tag{2.4.10}$$

因此可知当 $w_0 > 0$ 时, 能量从增益区域流向损耗区域. 当 $\alpha = 2$ 时, 孤子解 (2.4.7) 的能量为

$$P(z) = \int_{-\infty}^{+\infty} |\psi(x,z)|^2 \mathrm{d}x = \frac{4}{3}\phi_0^2. \tag{2.4.11}$$

进而可知

$$\frac{\mathrm{d}P(z)}{\mathrm{d}z} = -2\int_{-\infty}^{+\infty} W(x)|\psi(x,z)|^2\mathrm{d}x = 0, \tag{2.4.12}$$

这表明能量的传播是守恒的.

2.4.2 数值非线性模态及其稳定性分析

图 2.12(b) 所展示精确稳定解中的参数为 $\phi_0 = 2$, $w_0 = 0.1$, 在精确传播常数 $\mu = \alpha^2 = 4$ 附近, 可以通过数值迭代方法获得一族基本孤子解, 其能量曲线和线性稳定性分别见图 2.12(g), (h). 直接的数值模拟可验证孤子传播 ($\mu = 4$) 与精确孤子是一致的 (见图 2.12(b)). 当 μ 增加到 5 时, 基本孤子仍保持相当稳定, 然而当 $\mu = 6$ 时, 孤子变得不稳定 (见图 2.12(i), (j)).

2.4.3 高阶孤子及其动力学演化

这里研究含外势 (2.4.1) 的方程 (2.1.6) 的高阶孤子. 利用修正平方算子迭代方法, 考虑初值

$$\tilde{\phi} = R\,|x|^m\,\mathrm{e}^{-x^2/w^2}, \tag{2.4.13}$$

其中, R 和 w 分别表示正实数和波宽, m 表示与波峰数有关的正整数. 为了获得多峰孤子, 固定 $R = 4$, $w = 2$, 取 $m = 1, 2, 3$ 分别可得到 2-, 3-和 4-峰高阶孤子 (见图 2.13(a1), (b1), (c1)). 特别指出这些高阶孤子是不稳定的 (见图 2.13(a2), (b2), (c2)).

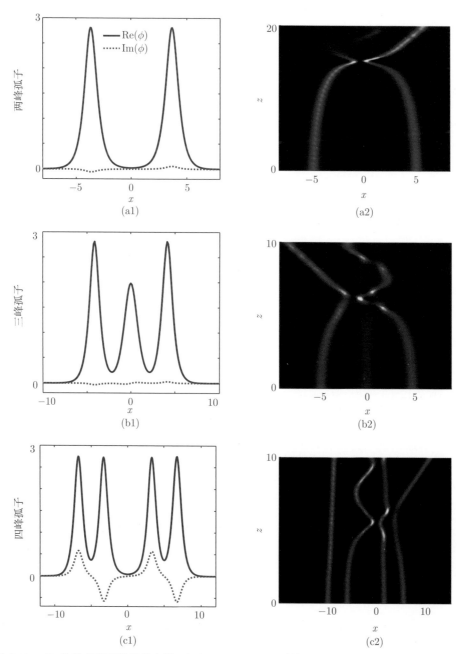

图 2.13   1D 数值多峰孤子及稳定性: (a1), (a2) $m = 1$ (两峰), (b1), (b2) $m = 2$ (三峰), (c1), (c2) $m = 3$ (四峰). 参数 $g = 1, \alpha = 2, \phi_0 = 2, w_0 = 0.1, \mu = 4$

2.5 $\mathcal{PT}$ 对称势中的二维幂律孤子

2.5.1 二维幂律孤子

考虑二维 $\mathcal{PT}$ 对称 GS-II 势

$$V(\boldsymbol{r}) = A(\mathrm{sech}^2 x + \mathrm{sech}^2 y) - B\mathrm{sech}^{2\alpha} x\, \mathrm{sech}^{2\alpha} y,$$

$$W(\boldsymbol{r}) = w_0(\mathrm{sech}x \tanh x + \mathrm{sech}y \tanh y),$$
$$\tag{2.5.1}$$

其中, A 和 B 由式 (2.4.2) 确定, α, ϕ_0 和 w_0 都是实参数.

为了讨论方便, 令 $x = x_1$, $y = x_2$, 则表达式 (2.5.1) 改写为

$$V(\boldsymbol{r}) = A \sum_{k=1}^{2} \mathrm{sech}^2 x_k - B \prod_{k=1}^{2} \mathrm{sech}^{2\alpha} x_k,$$

$$W(\boldsymbol{r}) = w_0 \sum_{k=1}^{2} \mathrm{sech}x_k \tanh x_k,$$
$$\tag{2.5.2}$$

当 $\alpha = 1$ 时, 该 $\mathcal{PT}$ 对称势约化为已知的势[47].

根据二维定态方程 (2.1.6), 令 $\phi = \hat{u}(\boldsymbol{r})\mathrm{e}^{\mathrm{i}\hat{\theta}(\boldsymbol{r})}$, 则可得约束方程组

$$\Delta_{\boldsymbol{r}}\hat{u} - |\nabla_{\boldsymbol{r}}\hat{\theta}|^2\hat{u} + V(\boldsymbol{r})\hat{u} - \mu\hat{u} + g(\boldsymbol{r})\hat{u}^3 = 0, \tag{2.5.3}$$

$$\hat{u}\Delta_{\boldsymbol{r}}\hat{\theta} + 2\nabla_{\boldsymbol{r}}\hat{\theta} \cdot \nabla_{\boldsymbol{r}}\hat{u} + W(\boldsymbol{r})\hat{u} = 0. \tag{2.5.4}$$

研究如下形式的二维孤子解

$$\phi = \phi_0 \prod_{k=1}^{2} \bar{u}(x_k)\mathrm{e}^{\mathrm{i}\beta\bar{\theta}(x_k)} = \phi_0 \prod_{k=1}^{2} \bar{u}(x_k) \exp\left(\mathrm{i}\beta\sum_{k=1}^{2}\bar{\theta}(x_k)\right), \tag{2.5.5}$$

其中, 实函数 $\bar{u}(x)$ 和 $\bar{\theta}(x)$ 为待定的, ϕ_0 和 β 是实参数. 因此令

$$\hat{u} = \phi_0 \prod_{k=1}^{2} \bar{u}(x_k), \quad \hat{\theta} = \beta\sum_{k=1}^{2}\bar{\theta}(x_k), \tag{2.5.6}$$

将它们代入方程 (2.5.3) 和 (2.5.4), 并结合复势 (2.5.2), 可得

$$\sum_{k=1}^{2}\left[\bar{u}''(x_k)\prod_{j=1,j\neq k}^{2}\bar{u}(x_j)\right] + \left\{\sum_{k=1}^{2}\left[A\,\mathrm{sech}^2 x_k - \beta^2\bar{\theta}'^2(x_k)\right]\right.$$

$$-B\prod_{k=1}^{2}\mathrm{sech}^{2\alpha}x_k - \mu\Bigg\}\cdot\prod_{k=1}^{2}\bar{u}(x_k) + g\phi_0^2\prod_{k=1}^{2}\bar{u}^3(x_k) = 0, \qquad (2.5.7)$$

$$\sum_{k=1}^{2}\Big[\beta\bar{\theta}''(x_k)+w_0\mathrm{sech}x_k\tanh x_k\Big]\prod_{k=1}^{2}\bar{u}(x_k)$$

$$+2\beta\sum_{k=1}^{2}\Bigg[\bar{u}'(x_k)\bar{\theta}'(x_k)\prod_{j=1,j\neq k}^{2}\bar{u}(x_j)\Bigg] = 0, \qquad (2.5.8)$$

其中, "′" 表示关于 x_k 的导数.

　　令 $\bar{\theta}'(x) = \mathrm{sech}x$, 则可得 $\bar{\theta}(x) = \arctan(\sinh x) + C$ (C 为常数). 因此取

$$\bar{\theta}(x) = \arctan(\sinh x), \qquad (2.5.9)$$

结果使得方程 (2.5.8) 约化为

$$(w_0 - \beta)\sum_{k=1}^{2}\Bigg[\bar{u}(x_k)\mathrm{sech}x_k\tanh x_k\cdot\prod_{j=1,j\neq k}^{2}\bar{u}(x_j)\Bigg]$$

$$+2\beta\sum_{k=1}^{2}\Bigg[\bar{u}'(x_k)\mathrm{sech}x_k\cdot\prod_{j=1,j\neq k}^{2}\bar{u}(x_j)\Bigg] = 0. \qquad (2.5.10)$$

　　通过比较方程 (2.5.10) 左边两项, 令 $\bar{u}'(x) = -p\,\bar{u}(x)\tanh x$ (p 是正参数), 进而可得 $\bar{u}(x) = C\,\mathrm{sech}^p x$ (C 为任意常数). 因此可得

$$\bar{u}(x) = \mathrm{sech}^p x, \qquad (2.5.11)$$

同时从方程 (2.5.10) 可得

$$w_0 - \beta - 2\beta p = 0 \Rightarrow \beta = \frac{w_0}{2p+1}. \qquad (2.5.12)$$

另外, 将方程 (2.5.9) 和 (2.5.11) 代入方程 (2.5.7), 且消去 $\prod_{k=1}^{2}\mathrm{sech}^p x_k$ 可得

$$\sum_{k=1}^{2}\Big[(A - \bar{\beta}^2) - (p^2 + p)\Big]\mathrm{sech}^2 x_k - B\prod_{k=1}^{2}\mathrm{sech}^{2\alpha}x_k$$

$$+g\phi_0^2\prod_{k=1}^{2}\mathrm{sech}^{2p}x_k + 2p^2 - \mu = 0. \qquad (2.5.13)$$

因此, 可得 $p = \alpha$ 及

$$\bar{u}(x) = \mathrm{sech}^\alpha x, \quad \beta = \frac{w_0}{2\alpha + 1}. \tag{2.5.14}$$

进一步利用方程 (2.4.2), 从方程 (2.5.13) 可得

$$\mu = 2p^2 = 2\alpha^2. \tag{2.5.15}$$

总之, 将式 (2.5.9)、式 (2.5.14) 和式 (2.5.15) 代入式 (2.5.5) 和 $\psi(\boldsymbol{r}, z) = \phi(\boldsymbol{r})\mathrm{e}^{\mathrm{i}\mu z}$, 可得 NLS 方程的二维孤子

$$\psi(\boldsymbol{r}, z) = \phi_0 \mathrm{e}^{\mathrm{i}\varphi(\boldsymbol{r}) + 2\mathrm{i}\alpha^2 z} \prod_{k=1}^{2} \mathrm{sech}^\alpha x_k, \tag{2.5.16}$$

且相位为

$$\varphi(\boldsymbol{r}) = \frac{w_0}{2\alpha + 1} \sum_{k=1}^{2} \arctan(\sinh x_k). \tag{2.5.17}$$

固定 $\alpha = 2$, 含二维 GS-II 势 (2.5.2) 的 Hamilton 算子拥有全实谱的曲线与一维情况是同样的 (见图 2.11(b1)).

2.5.2 二维涡旋孤子的动力学性质

下面考虑含 $\mathcal{PT}$ 对称 GS-II 势 (2.5.2) 的 2D 方程的孤子解. 图 2.14(a), (b) 展示了 2D 双势阱 (2.5.2) 的实部和虚部, 其中 $g = 1$, $\phi_0 = 2$, $w_0 = 0.1$. 根据方程 (2.5.16), 可得 2D 基本孤子, 其中图 2.14(c), (d), (e) 分别展示其实部、虚部和强度, 图 2.14(f) 展示了二维孤子线性稳定谱, 图 2.14(g) 展示了孤子稳定传播, 图 2.14(h) 展示了最后态的强度. 2D 幂律孤子 (2.5.16) 在关于 w_0 的较大范围内是稳定的. 例如, 图 2.14(e), (i), (j) 展示稳定孤子传播, 其中初始态强度见图 2.14(e), 然而随着 w_0 增加到 1, 该 2D 孤子解变得不稳定 (见图 2.14(e), (k), (l)). 与 1D 情况相比, 2D 孤子稳定的范围变得缩小.

在每个 2D 精确孤子所对应传播常数附近, 选择初值为

$$\tilde{\phi} = R \, |\boldsymbol{r}|^m \, \mathrm{e}^{-\boldsymbol{r}^2/w^2}, \quad |\boldsymbol{r}|^2 = x^2 + y^2, \tag{2.5.18}$$

可数值得到一族 2D 局域非线性态 (包括基本和高阶态), 并且发现: 如果 2D 精确孤子是稳定的, 则其附近的基本非线性态仍然保持稳定, 然而高阶非线性态通常是不稳定的. 例如, 在精确 2D 孤子 (图 2.14(c), (d)) 所对应传播常数 $\mu = 8$,

图 2.15(a1)~(a3) 展示了新的 2D 局域基本非线性态 ($\mu = 7$). 图 2.15(a4)~(a6) 展示了线性稳定的纯实谱和孤子的稳定传播. 另外, 图 2.15(b1)~(b3) 也展示了具有 4 峰的 2D 高阶非线性态. 因为其对应的线性谱是复的, 因此其传播是不稳定的 (见图 2.15(b4)). 图 2.15(b5), (b6) 展示了该 4 峰涡旋解在很短时间内发生不稳定传播现象.

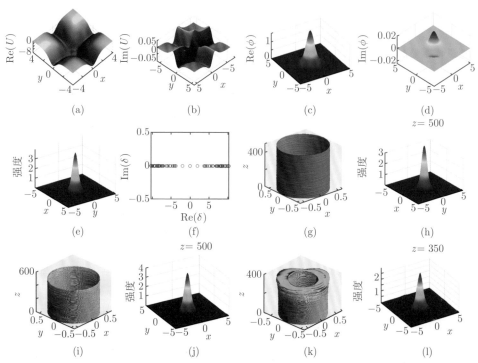

图 2.14　二维幂律孤子和稳定性. (a), (b) 二维广义 Scarf-II 势 $U = -V(x,y) - iW(x,y)$ 的实部和虚部: $w_0 = 0.1$; (c), (d), (e) 二维孤子实部、虚部和强度; (f) 线性稳定谱; (g) 孤子稳定传播; (h) 最后态的强度. 二维孤子的动力学行为和最后态的强度: (i), (j) $w_0 = 0.5$, (k), (l) $w_0 = 1$. 其他参数: $g = 1, \alpha = \phi_0 = 2$

下面考虑 2D 精确幂律解 (2.5.16) 对应的高阶涡旋解. 利用初值条件 (2.5.18), 数值可得具有 2^{m+1} ($m \in \mathbb{N}^*$) 峰的高阶涡旋解. 例如, 取 $m = 1$, 可得 4 峰涡旋解 (参见图 2.16(a1)), 然而其线性稳定谱是复的 (图 2.16(a2)), 这表明该 4 峰涡旋解是不稳定的. 为了进一步研究其不稳定性, 数值模拟其不稳定传播情况 (图 2.16(a3), (a4)). 图 2.16(b1) 展示 8 峰涡旋解, 图 2.16(b2)~(b4) 展示了其线性稳定谱和不稳定传播. 类似地, 图 2.16(c1)~(c4) 展示了 16 峰涡旋解.

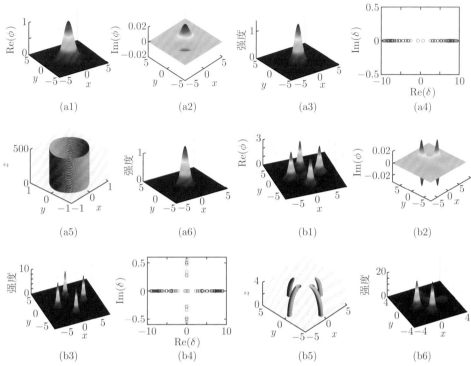

图 2.15 精确传播常数 ($\mu = 7$) 附近的稳定二维孤子. 二维孤子的实部、虚部、初始强度、线性稳定谱、传播动力学和最后态的强度: (a1)~(a6) $m = 0$ (单峰), (b1)~(b6) $m = 1$ (4 峰). 其他参数: $g = 1$, $\alpha = \phi_0 = 2$, $w_0 = 0.1$

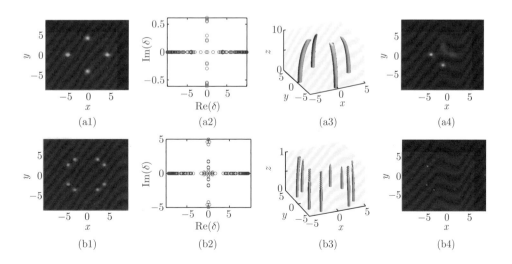

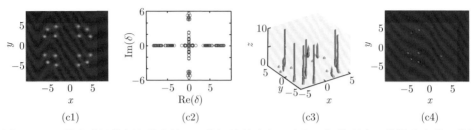

图 2.16　二维高阶涡旋解和稳定性. 二维涡旋的实部、虚部、初始强度、线性稳定谱、传播动力学和最后态的强度 (精确传播常数 $\mu = 8$ 附近): (a1), (a2), (a3), (a4) $m = 1$ (4 峰), (b1), (b2), (b3), (b4) $m = 2$ (8 峰), (c1), (c2), (c3), (c4) $m = 3$ (16 峰). 其他参数: $g = 1$, $\alpha = \phi_0 = 2$, $w_0 = 0.1$

2.6　三维广义 $\mathcal{PT}$ 对称外势中的孤子

本节来研究三维空间中 $\mathcal{PT}$ 对称外势和孤子解 ($x \to \boldsymbol{r} = (x, y, z)$). 三维 $\mathcal{PT}$ 对称外势下的三维非线性 Schrödinger (3D-NLS) 方程为

$$\mathrm{i}\partial_t \psi(\boldsymbol{r}, t) + \left[\nabla^2 + V(\boldsymbol{r}) + \mathrm{i}W(\boldsymbol{r}) + g|\psi(\boldsymbol{r}, t)|^2\right] \psi(\boldsymbol{r}, t) = 0, \qquad (2.6.1)$$

其中, $\psi = \psi(\boldsymbol{r}, t)$ 是关于三维空间 $\boldsymbol{r} = (x, y, z)$ 和时间 t 的复场, $\nabla^2 = \partial_x^2 + \partial_y^2 + \partial_z^2$, 实函数 $V(\boldsymbol{r})$ 和 $W(\boldsymbol{r})$ 分别决定三维外势和三维增益–损耗分布, $g = \pm 1$ 是非线性系数. 对 $V(\boldsymbol{r})$ 和 $W(\boldsymbol{r})$ 满足对称条件 $V(\boldsymbol{r}) = V(-\boldsymbol{r})$ 和 $W(\boldsymbol{r}) = -W(-\boldsymbol{r})$, 使得 $U(\boldsymbol{r}) = V(\boldsymbol{r}) + \mathrm{i}W(\boldsymbol{r})$ 成为三维的 $\mathcal{PT}$ 对称外势. 研究定态解

$$\psi(\boldsymbol{r}) = \phi(\boldsymbol{r})\mathrm{e}^{\mathrm{i}\mu t}, \qquad (2.6.2)$$

其中, 实数 μ 是传播常数, $\phi(\boldsymbol{r})$ 是相位. 将上式代入方程 (2.6.1), 可得

$$\mu\,\phi(\boldsymbol{r}) = \nabla^2 \phi(\boldsymbol{r}) + [V(\boldsymbol{r}) + \mathrm{i}W(\boldsymbol{r})]\,\phi(\boldsymbol{r}) + g|\phi(\boldsymbol{r})|^2\phi(\boldsymbol{r}). \qquad (2.6.3)$$

考虑 Scarf-II 型的三维 $\mathcal{PT}$ 对称势 $U(\boldsymbol{r}) = V(\boldsymbol{r}) + \mathrm{i}W(\boldsymbol{r})$:

$$V(x, y, z) = \sum_{\eta=x,y,z} \left(\frac{W_0^2}{9k_\eta^2} + 2k_\eta^2\right) \operatorname{sech}^2(k_\eta \eta) - g\phi_0^2 \prod_{\eta=x,y,z} \operatorname{sech}^2(k_\eta \eta), \quad (2.6.4\mathrm{a})$$

$$W(x, y, z) = W_0 \sum_{\eta=x,y,z} \operatorname{sech}(k_\eta \eta) \tanh(k_\eta \eta), \qquad (2.6.4\mathrm{b})$$

其中, $k_\eta > 0\,(\eta = x, y, z)$ 是 x, y, z 方向的波数, W_0, ϕ_0 是实数. 特别地, 考虑降维 $\eta \to x$ 和参数 $k_x = 1$ 时, $\mathcal{PT}$ 对称势 (2.6.4) 为 $\mathcal{PT}$ 对称 Scarf-II 势 (2.2.1).

$V(x,y,z)$ 和 $W(x,y,z)$ 关于 $x,\ y,\ z$ 具有对称性 (见图 2.17, 其中 $z=0$). 对于聚焦非线性 $g>0$ 情况, $V(x,y,0)$ 的图像与 g 有关, 如图 2.17 所示.

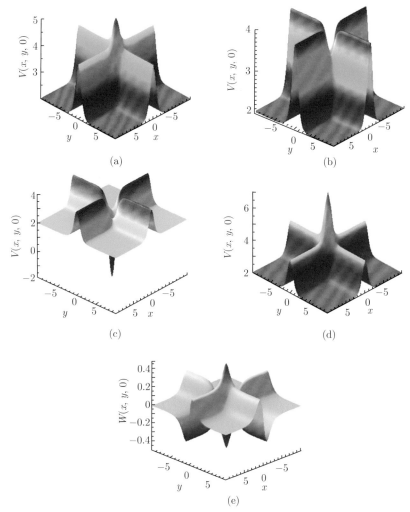

图 2.17 (a)~(d) 函数 $V(x,y,0)$: (a) $g=1$; (b) $g=3$; (c) $g=8$; (d) $g=-1$. (e) 函数 $W(x,y,0)$. 其他参数取为: $W_0=0.5$, $\phi_0=k_x=k_y=k_z=1$

三维 $\mathcal{PT}$ 对称势 (2.6.4) 下定态 3D-NLS 方程 (2.6.3) 具有亮孤子解

$$\phi(x,y,z)=\phi_0\,\mathrm{sech}(k_x x)\,\mathrm{sech}(k_y y)\,\mathrm{sech}(k_z z)\mathrm{e}^{\mathrm{i}\varphi(x,y,z)}, \qquad (2.6.5)$$

其中, $\mu=k_x^2+k_y^2+k_z^2$, 相位为

$$\varphi(x,y,z)=\frac{W_0}{3}\sum_{\eta=x,y,z}\frac{\arctan[\sinh(k_\eta\eta)]}{k_\eta^2}. \qquad (2.6.6)$$

图 2.18(a)~(c) 展示了 $W_0 = 0.5$, $k_x = k_y = k_z = 1$ 时该亮孤子解的图像, 该亮孤子解的速度场 $\boldsymbol{v} = \boldsymbol{v}(x, y, z)$ 为

$$\boldsymbol{v} = \nabla \varphi(\boldsymbol{r}) = \frac{W_0}{3} \left(\frac{\operatorname{sech}(k_x x)}{k_x}, \ \frac{\operatorname{sech}(k_y y)}{k_y}, \ \frac{\operatorname{sech}(k_z z)}{k_z} \right), \quad (2.6.7)$$

图 2.19(a) 展示了 $W_0 = 0.5$ 速度场的图像. 根据方程 (2.6.7) 可知, 速度场 $\boldsymbol{v}(x, y, z)$ 对应的流量密度 (速度场的散度) 为

$$\operatorname{div} \boldsymbol{v} = \nabla \cdot \boldsymbol{v} = \nabla^2 \varphi(\boldsymbol{r}) = -\frac{W_0}{3} \sum_{\eta = x, y, z} \operatorname{sech}(k_\eta \eta) \tanh(k_\eta \eta), \quad (2.6.8)$$

它描述单位体积中的流量 (见图 2.19(b)). 此外, 流量密度与增益–损耗分布之间具有以下关系:

$$\operatorname{div} \boldsymbol{v} = \nabla^2 \varphi(\boldsymbol{r}) = -\frac{1}{3} W(\boldsymbol{r}), \quad (2.6.9)$$

即总是从增益区域流向损耗区域.

对于方程 (2.6.3) 的解 $\phi(\boldsymbol{r}) = \phi(\boldsymbol{r}) \mathrm{e}^{\mathrm{i} \varphi(\boldsymbol{r})}$, 它的横截能流 (Poynting 向量) $\boldsymbol{S} = \boldsymbol{S}(x, y, z)$ 定义为

$$\boldsymbol{S} = \frac{\mathrm{i}}{2} \left[\phi(\boldsymbol{r}) \nabla \phi^*(\boldsymbol{r}) - \phi^*(\boldsymbol{r}) \nabla \phi(\boldsymbol{r}) \right] = |\phi(\boldsymbol{r})|^2 \nabla \varphi(\boldsymbol{r}). \quad (2.6.10)$$

将亮孤子解 (2.6.5) 代入上式, 可以导出该亮孤子解的横截能流

$$\begin{aligned} \boldsymbol{S} &= \phi_0^2 \prod_{\eta = x, y, z} \operatorname{sech}^2(k_\eta \eta) \, \boldsymbol{v} \\ &= \frac{W_0 \phi_0^2}{3} \prod_{\eta = x, y, z} \operatorname{sech}^2(k_\eta \eta) \left(\frac{\operatorname{sech}(k_x x)}{k_x}, \ \frac{\operatorname{sech}(k_y y)}{k_y}, \ \frac{\operatorname{sech}(k_z z)}{k_z} \right), \quad (2.6.11) \end{aligned}$$

如图 2.18(d) 所示. 最后, 亮孤子解 (2.6.5) 具有守恒的拟功率 $Q(t)$ (见式 (2.1.3a)), 和守恒的功率 $P(t)$ (见式 (2.1.3b)), 且 $Q(t) \equiv P(t)$:

$$Q(t) = \int_{\mathbb{R}^3} \psi(\boldsymbol{r}, t) \psi^*(-\boldsymbol{r}, t) \, \mathrm{d}\boldsymbol{r} = \int_{\mathbb{R}^3} \phi(\boldsymbol{r}) \phi^*(-\boldsymbol{r}) \, \mathrm{d}\boldsymbol{r} = \frac{8\phi_0^2}{k_x k_y k_z}, \quad (2.6.12a)$$

$$P(t) = \int_{\mathbb{R}^3} |\psi(\boldsymbol{r}, t)|^2 \, \mathrm{d}\boldsymbol{r} = \int_{\mathbb{R}^3} |\phi(\boldsymbol{r})|^2 \, \mathrm{d}\boldsymbol{r} = \frac{8\phi_0^2}{k_x k_y k_z}. \quad (2.6.12b)$$

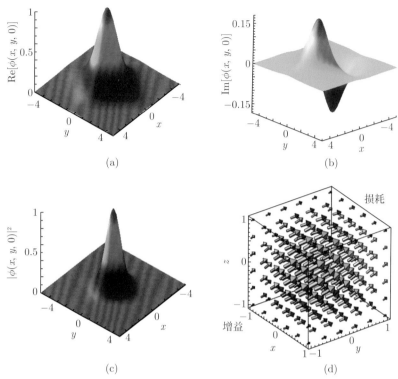

图 2.18 (a)~(c) 三维亮孤子解 (2.6.5): (a) 实部; (b) 虚部; (c) 亮孤子强度分布. (d) 横截能流 $\boldsymbol{S}$. 参数取为 $W_0 = 0.5$, $k_x = k_y = k_z = 1$

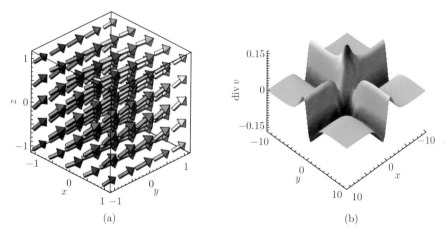

图 2.19 (a) 速度场 $\boldsymbol{v}(x,y,z)$; (b) 流量密度在平面 $(x,y,0)$ 中的分布 $\mathrm{div}\,\boldsymbol{v}(x,y,0)$. 参数取为: $W_0 = 0.5$, $k_x = k_y = k_z = 1$

第 3 章　含 $\mathcal{PT}$ 对称调和–高斯势的非线性 Schrödinger 方程

本章基于具有调和势的 Hamilton 量, 引入参数同步调控的 $\mathcal{PT}$ 对称势和空间变系数非线性效应, 数值求解 Schrödinger 算子的特征值问题, 讨论相应 Hamilton 量的对称相变现象, 研究带 $\mathcal{PT}$ 对称势广义非线性 Schrödinger 方程中孤子的稳定性和绝热激发. 通过解析的构造方法, 导出 $\mathcal{PT}$ 对称单阱和双势阱中孤子解的表达式, 并分析孤子解的稳定性. 同时, 基于参数的绝热调控设计一种有效的孤子稳定激发方法. 另外, 研究 $\mathcal{PT}$ 对称六次双势阱的非线性 Schrödinger 方程, 讨论 $\mathcal{PT}$ 对称六次双势阱 Hamilton 量的对称破缺/未破缺参数区域. 运用解析和数值方法求解含 $\mathcal{PT}$ 对称六次双势阱的非线性 Schrödinger 方程, 并分析所得孤子解 (族) 的稳定性 (见文献 [48, 49]).

3.1　$\mathcal{PT}$ 对称非线性系统的解析理论和方法

3.1.1　研究背景

在 $\mathcal{PT}$ 对称破缺的参数区域中, Hamilton 量具有非实特征值, 而这些复值特征值对应的线性模态 (特征函数) 是不稳定的. 这是因为复值特征值中存在虚部, 线性 Schrödinger 方程中的模态演化不满足幺正性 (unitarity), 从而其线性模态发生指数增长或者衰减. 而在 $\mathcal{PT}$ 对称非线性系统中, 由于非线性项的调制作用, $\mathcal{PT}$ 对称破缺的参数区域仍可能存在稳定的非线性模态 (族)[45,204,308]. 然而, 由于缺乏有效的激发方法, 这些在理论上具有稳定性的非线性模态并不容易在实际中得到广泛应用. 本章的第一个目的就是构造一种有效的激发方法, 使得激发的非线性模态能够稳定地存在于线性 $\mathcal{PT}$ 对称破缺的系统中. 该激发机制源于对非线性效应和 $\mathcal{PT}$ 对称势的同步调控. 使用参数 ϵ 表征对非线性效应和 $\mathcal{PT}$ 对称势中增益–损耗强度的同步调控, 并规定 $\epsilon = 0$ 表示非线性系统退化为经典的厄米 Hamilton 量模型 (线性 Schrödinger 方程). 当 $\epsilon = 0$ 时, 厄米系统中的线性模态具有稳定的演化; 当 $\epsilon > 0$ 时, 厄米系统的线性模态会分岔产生相应的非线性模态, 这些非线性模态的稳定性是重要的. 验证非线性模态的稳定性之后, 可以考虑绝热的参数变化 $\epsilon = \epsilon(t)$, 即参数变化率 $\epsilon'(t)$ 足够小. 系统从制备的初态开始, 通过对参数 ϵ 进行绝热调控, 最终进入 $\mathcal{PT}$ 对称破缺区域. 通过这种绝热激发的方法构造参数位于 $\mathcal{PT}$ 对称破缺区域并且能够稳定传播的非线性模态.

为了能从数学上研究这个问题, 精确可解的外势非常适合用来构造系统和研究解的动力学行为. 在实际应用中, 复势的构造可以通过逆向工程 (inverse engineering) 实现[309]. 一般而言, 精确可解 $\mathcal{PT}$ 对称势的构造是由预先给定的解反向导出[45,198], 为保证 $\mathcal{PT}$ 对称势的存在性, 引入了额外的约束条件. 通过这种方法导出的 $\mathcal{PT}$ 对称势一般具有相对复杂的形式, 不利于实际应用. 因此, 本章的另一个目的是构造一些形式相对简单, 实验上易于操作的 $\mathcal{PT}$ 对称势, 并考虑其非线性模态的产生方法. 本章的研究及其推广也可以应用于原子气体中的光学[310–313], 以及 $\mathcal{PT}$ 对称的 Bose-Einstein 凝聚态物理中[181,209,314,315].

3.1.2   非线性波方程的构造

首先介绍 $\mathcal{PT}$ 对称势和空间变系数非线性作用下的非线性 Schrödinger($\mathcal{PT}$-NLS) 方程

$$\mathrm{i}\frac{\partial \psi}{\partial t} = -\frac{1}{2}\frac{\partial^2 \psi}{\partial x^2} + U_\epsilon(x)\psi + G_\epsilon(x)|\psi|^2\psi, \tag{3.1.1}$$

其中复函数 $\psi = \psi(x,t)$ 表示电场的复包络, 复外势满足 $\mathcal{PT}$ 对称性 $U_\epsilon(x) = U_\epsilon^*(-x)$, 即 $(\mathrm{Re}[U_\epsilon(x)] = \mathrm{Re}[U_\epsilon(-x)], \mathrm{Im}[U_\epsilon(x)] = -\mathrm{Im}[U_\epsilon(-x)])$, 实函数 $G_\epsilon(x)$ 描述空间变系数非线性作用, "$*$" 表示复共轭. 对于实值外势 $(U_\epsilon(x) = U_\epsilon^*(x))$ 的情况, 方程 (3.1.1) 退化为保守的空间变系数 NLS 方程, 相关系统的精确解及其动力学行为已有大量研究 (见文献 [296,299,300,304,316–319]).

为了实现 3.1.1 节中对空间变系数非线性效应和增益–损耗分布的同步调控, 考虑如下外势

$$U_\epsilon(x) = \sum_{j=0}^{2} \epsilon^{2j} V_j(x) + \mathrm{i}\,\epsilon W(x), \tag{3.1.2}$$

$$G_\epsilon(x) = \epsilon^2 G(x), \tag{3.1.3}$$

其中, 实函数 $V_j(x)$ $(j=0,1,2)$ 是外势的实部, 实函数 $\epsilon W(x)$ 是增益–损耗分布, $\epsilon \geqslant 0$ 是对非线性模态参数化的分岔参数. 需要强调的是, ϵ 在这里并不表示小量. 为确保复外势 $U_\epsilon(x)$ 具有 $\mathcal{PT}$ 对称性, 要求 $V_j(x) = V_j(-x)$ $(j=0,1,2)$ 和 $W(x) = -W(-x)$. 当 $\epsilon = 0$ 时, 方程 (3.1.1) 退化为线性 Schrödinger 方程. 下面主要研究当 $\epsilon > 0$, $W(x) \not\equiv 0$ 时的情况, 即复外势 $U_\epsilon(x)$ 是非厄米的.

考虑 $\mathcal{PT}$-NLS 方程 (3.1.1) 的定态解, $\psi(x,t) = \phi(x)\mathrm{e}^{-\mathrm{i}\mu t}$, 其中实数 μ 是谱参数, 复值非线性特征模态 $\phi(x)$ 满足定态的 $\mathcal{PT}$-NLS 方程

$$\mu\phi = -\frac{1}{2}\frac{\mathrm{d}^2}{\mathrm{d}x^2}\phi(x) + U_\epsilon(x)\phi(x) + G_\epsilon(x)|\phi(x)|^2\phi(x), \tag{3.1.4}$$

以及零边界条件 $\lim\limits_{x\to\pm\infty}\phi(x)\to 0$.

当 $\epsilon = 0$ 时, 假定 Hamilton 量具有纯离散谱 (考虑的所有例子都属于这种情况), 与定态 $\mathcal{PT}$-NLS 方程 (3.1.4) 相关的 Hamilton 量特征值问题由以下常微分方程以及边界条件给出

$$\tilde{L}\,\tilde{\phi}_n(x) = \tilde{\mu}_n\,\tilde{\phi}_n(x), \qquad \lim_{x\to\pm\infty}\tilde{\phi}_n(x) = 0, \tag{3.1.5}$$

其中, $\tilde{\mu}_n$ 和 $\tilde{\phi}_n(x)$ $(n = 0, 1, 2, \cdots)$ 分别是特征值和对应的特征函数, Hamilton 量 $\tilde{L}$ 为

$$\tilde{L} = -\frac{1}{2}\frac{\mathrm{d}^2}{\mathrm{d}x^2} + V_0(x), \tag{3.1.6}$$

这里 $n = 0$ 表示基态, $n = j$ 表示第 j 个激发态. 按照 3.1.1节描述的策略, 假定 $\tilde{\mu}_n$ 和 $\tilde{\phi}_n(x)$ 是已知的. 由于哈密顿量 $\tilde{L}$ 是厄米的, 所有特征值 $\tilde{\mu}_n$ 都是实值的, 且不失一般性, 所有的特征函数 $\tilde{\phi}_n(x)$ 也都是实值函数. 这意味着线性系统中的模态都是稳定的 (排除零特征值的情况).

当 $\epsilon > 0$ 时, 由于增益–损耗分布的存在, 方程 (3.1.4) 的定态解 (如果存在的话) 必须具有非平凡的能量流动, 即相位依赖于 x 的辐角. 注意 $\epsilon W(x)$ 对应于 ϵ 的一次项, 因此可以假定非线性模态 $\phi(x)$ 具有正比于 ϵ 的相位. 另外, 通过同步调控表达式 (3.1.2) 和 (3.1.3) 所得的非线性模态 $\phi(x)$, 是由相应的线性模态 $\tilde{\phi}_n(x)$ 关于参数 ϵ 分岔产生的, 这使得非线性和线性模态的模应具有相似的轮廓.

因此, 考虑对 $\tilde{\phi}_n(x)$ 引入参数 ϵ 的变形 $\tilde{\phi}_n(x;\epsilon)$, 来构造 $\phi(x) = \phi_n(x)$ 的振幅. 拟设

$$\phi_n(x) = \tilde{\phi}_n(x;\epsilon)\exp\left(\mathrm{i}\,\epsilon\int_{-\infty}^{x}v_n(\xi)\mathrm{d}\xi\right), \tag{3.1.7}$$

其中, 实函数 $v_n(x)$ 表示能流速度, n 是非线性模态族的序号, 第 n 族非线性模态对应于 Hamilton 量 $\tilde{L}$ 的第 n 特征态 ($n = 0$ 表示基态, $n = j$ 表示第 j 个激发态). 将式 (3.1.7) 代入方程 (3.1.4), 化简并整理得到

$$\frac{\mathrm{d}}{\mathrm{d}x}\left(v_n(x)|\tilde{\phi}_n(x;\epsilon)|^2\right) = 2W(x)|\tilde{\phi}_n(x;\epsilon)|^2, \tag{3.1.8}$$

$$\frac{1}{2}v_n^2(x) + G(x)|\tilde{\phi}_n(x;\epsilon)|^2 + V_1(x) + \epsilon^2 V_2(x) = \nu_n, \tag{3.1.9}$$

其中 $\nu_n = (\mu - \tilde{\mu}_n)/\epsilon^2$. 通过考虑方程中参数 ϵ 的零次幂项和二次幂项, 可进一步约化方程 (3.1.8) 和 (3.1.9), 得到以下两类约束关系.

情况 1 $\phi_n(x)$ 的振幅与 ϵ 无关, 即 $\tilde{\phi}_n(x;\epsilon) = \tilde{\phi}_n(x)$. 约束关系为

$$\frac{1}{2}v_n^2(x) + G(x)\tilde{\phi}_n^2(x) + V_1(x) = \nu_n, \tag{3.1.10a}$$

$$V_2(x) \equiv 0. \tag{3.1.10b}$$

情况 2 $\phi_n(x)$ 的振幅正比于 ϵ, 即 $\tilde{\phi}_n(x;\epsilon) = \epsilon\tilde{\phi}_n(x)$. 约束关系为

$$\frac{1}{2}v_n^2(x) + V_1(x) = \nu_n, \tag{3.1.11a}$$

$$G(x)\tilde{\phi}_n^2(x) + V_2(x) = 0. \tag{3.1.11b}$$

在这两类情况当中, 方程 (3.1.10a) 或者方程 (3.1.11a) 仍包含自由变量 $v_n(x)$, $V_j(x)$ ($j=1$ 或 $j=1,2$) 和 $G(x)$. 因此, 可考虑作进一步的约束, 要求它们都是局域的, 即当 $|x| \to \infty$ 时, $V_j(x) \to 0$ ($j=1,2$), $v_n(x) \to 0$ 以及 $G(x) \to 0$. 在渐近条件 $|x| \to \infty$ 下考虑方程 (3.1.9), 易知 $\nu_n = 0$. 因此在这些约束条件下, 非线性模态和线性模态不仅在形式上相似, 而且具有相同的特征值. 于是完成了 $\mathcal{PT}$ 对称非线性波动系统及其非线性模态的构造.

3.1.3 孤子的线性稳定性分析

下面通过两种标准方法来分析 $\mathcal{PT}$ 对称系统中孤子的稳定性.

第一种是线性稳定性分析. 考虑微扰下的孤子解

$$\Psi_n(x,t) = \left\{\phi_n(x) + \delta\left[f(x)\mathrm{e}^{-\mathrm{i}\lambda t} + g^*(x)\mathrm{e}^{\mathrm{i}\lambda^* t}\right]\right\}\mathrm{e}^{-\mathrm{i}\mu_n t}, \tag{3.1.12}$$

其中 $\delta \ll 1$, 实函数 $f(x)$ 和 $g(x)$ 是以下特征值问题的特征函数:

$$\begin{pmatrix} M_\epsilon & G_\epsilon(x)\phi_n^2(x) \\ -G_\epsilon(x)\phi_n^{*2}(x) & -M_\epsilon^* \end{pmatrix}\begin{pmatrix} f(x) \\ g(x) \end{pmatrix} = \lambda\begin{pmatrix} f(x) \\ g(x) \end{pmatrix}, \tag{3.1.13}$$

其中算子 M_ϵ 为

$$M_\epsilon = -\frac{1}{2}\partial_x^2 + U_\epsilon(x) + 2G_\epsilon(x)|\phi_n(x)|^2 - \mu_n. \tag{3.1.14}$$

当上述表达式中所有特征值 λ 都是实数时, 孤子解 $\psi_n(x,t) = \phi_n(x)\mathrm{e}^{-\mathrm{i}\mu_n t}$ 是线性稳定的, 否则是线性不稳定的.

第二种是演化稳定性分析. 采用分步 Fourier 方法实现孤子演化的数值模拟, 根据孤子在一段时间内的动力学行为, 判断解的稳定性. 在具体的数值模拟中, 以方程的孤子解为初值, 并加入相对幅度为 1% 的复值随机扰动.

3.2 摄动 $\mathcal{PT}$ 对称调和势

下面考虑具有物理意义的调和势 $V_0(x) = \frac{1}{2}\omega^2 x^2$ 的情形. 不失一般性, 通过尺度变换可以取调和势的频率 $\omega = 1$, 因此有

$$V_0(x) = \frac{1}{2}x^2. \tag{3.2.1}$$

调和势 (3.2.1) 在 $W(x) = x$, $V_j(x) \equiv 0$ $(j = 1, 2)$ 以及均匀非线性效应 $G(x)$ 为常数的情况下, 对应的 $\mathcal{PT}$ 对称非线性波动系统及其孤子解已被研究[172].

此时 Hamilton 量的特征值问题 (3.1.2) 的特征函数由 Gauss-Hermite 函数给出:

$$\tilde{\phi}_n(x) = H_n(x)\mathrm{e}^{-x^2/2}, \tag{3.2.2}$$

其中 $H_n(x)$ $(n = 0, 1, 2, \cdots)$ 为 Hermite 多项式:

$$H_n(x) = (-1)^n \mathrm{e}^{x^2}\left(\frac{\mathrm{d}^n}{\mathrm{d}x^n}\mathrm{e}^{-x^2}\right), \tag{3.2.3}$$

相应的特征值为

$$\mu = \tilde{\mu}_n = n + \frac{1}{2}. \tag{3.2.4}$$

由此可知, 谱参数 μ 相对于 Hamilton 量特征值的变化为零 (参见方程 (3.1.9)), 即

$$\nu_n = \mu - \tilde{\mu}_n \equiv 0, \tag{3.2.5}$$

这可以化简方程 (3.1.10) 和 (3.1.11).

同时考虑高斯型非线性效应

$$G(x) = 2\sigma\mathrm{e}^{-\alpha x^2}, \tag{3.2.6}$$

其中特征宽度为 $1/\sqrt{\alpha}\,(\alpha > 0)$, σ 为常数. 特别地, 当 $\alpha = 0$ 时, 其非线性作用是强度为 σ 的均匀非线性效应. 在 Bose-Einstein 凝聚态的应用中, 可以通过约束激光束强度的空间分布为 $G(x)$, 调控 Feshbach 共振产生该非线性效应 (见文献 [320–322]).

于是非线性问题的求解可约化为以下两步: 第一, 对于由表达式 (3.1.8) 给定的增益-损耗分布 $W(x)$, 流动速度可以表示为

$$v_n(x) = \frac{2}{|\tilde{\phi}_n(x;\epsilon)|^2} \int_{-\infty}^{x} W(\xi)|\tilde{\phi}_n(\xi;\epsilon)|^2 \mathrm{d}\xi. \tag{3.2.7}$$

第二, 由式 (3.2.6)、式 (3.2.7) 和式 (3.2.2) 确定的 $G(x)$, $v_n(x)$ 和 $\tilde{\phi}_n(x)$, 通过求方程 (3.1.10a) 和 (3.1.11a) 确定 $\mathcal{PT}$ 对称 Hamilton 量.

另外, 虚外势 $W(x)$ 的选取需要确保等式 (3.2.7) 右边的积分存在. 在实际应用中, 这个问题可以通过逆向工程方法得到解决, 即考虑给定的流动速度, 利用方程 (3.1.8) 构造得到 $W(x)$[309].

3.3　$\mathcal{PT}$ 对称调和-高斯单势阱

取 $V_j(x) \equiv 0\,(j = 1, 2)$, 可以构造得到 $\mathcal{PT}$ 对称单势阱的简单例子. 在第二类约束关系中, 方程 (3.1.11a) 要求 $G(x)\tilde{\phi}_n^2(x) \equiv 0$, 即平凡解. 因此考虑第一类约束关系, 即方程 (3.1.10a). $\tilde{\mu}_n$ 可由方程 (3.2.4) 给出, 即 $\nu_n = 0$; $\tilde{\phi}_n(x)$ 由方程 (3.2.2) 导出. 可知参数 $\sigma < 0$, 即聚焦 (吸引) 非线性效应, 不失一般性规定 $\sigma = -1$, 因此流动速度为

$$v_n(x) = 2H_n(x)\mathrm{e}^{-(\alpha+1)x^2/2}. \tag{3.3.1}$$

可以通过方程 (3.1.8) 确定一族 $W_n(x)$:

$$W_n(x) = [6nH_{n-1}(x) - (\alpha + 3)xH_n(x)]\,\mathrm{e}^{-(\alpha+1)x^2/2}, \tag{3.3.2}$$

其中, α 是高斯函数中的内部参数, $n = 0, 1, 2, \cdots$. 因此, 构造一族含有两个参数 ϵ, α 的复势 (3.1.2), 其中 ϵ 表示增益-损耗分布的幅度. 但是, 当 n 取为奇数时 $W_n(x)$ 是偶函数, 不满足 $\mathcal{PT}$ 对称的必要条件. 尽管如此, 方程 (3.1.4) 仍具有局域解 (3.1.7), 其中 $V_0(x)$, $\tilde{\phi}_n(x)$, $G(x)$, $v_n(x)$ 和 $W_n(x)$ 分别由方程 (3.2.1), (3.2.2), (3.2.6), (3.3.1) 和 (3.3.2) 给出. 当 n 为偶数时, $W_n(x)$ 是奇函数, 复势 $U_\epsilon(x)$ 具有 $\mathcal{PT}$ 对称性. 所以本节中只考虑 n 为偶数的情况.

3.3.1　广义 Hamilton 算子谱和 $\mathcal{PT}$ 对称相位破缺

$\mathcal{PT}$ 对称单势阱 $U_\epsilon(x)$ 的 Hamilton 量是 (n 为偶数)

$$L_n^{(1)} = \tilde{L} + \mathrm{i}\,\epsilon W_n(x), \tag{3.3.3}$$

其中 $\tilde{L}$ 由式 (3.1.2) 给出. 通过求解 Hamilton 量 (3.3.3) 的特征值问题, 根据能谱的实复性就能在参数空间 (α, ϵ) 中划分 $\mathcal{PT}$ 对称破缺/未破缺参数区域, 这族 $\mathcal{PT}$ 对称势中最简单的两个例子是 $n = 0, 2$ 时的情况:

$$U_\epsilon(x) = \frac{x^2}{2} - \mathrm{i}\,\epsilon(\alpha + 3)x e^{-(\alpha+1)x^2/2}, \tag{3.3.4}$$

$$U_\epsilon(x) = \frac{x^2}{2} - 2\mathrm{i}\,\epsilon x[2(\alpha + 3)x^2 - (\alpha + 15)]e^{-(\alpha+1)x^2/2}. \tag{3.3.5}$$

图 3.1 展示了参数空间 (α, ϵ) 中 $\mathcal{PT}$ 对称破缺和未破缺的参数区域. 描述 $n = 0$ 和 $n = 2$ 两种情况的对称破缺相变点都随着 α 增加而升高, 这是由于当参数 α 增加时, 增益–损耗 $W_n(x)$ 的有效区域在收缩.

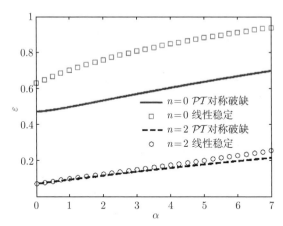

图 3.1　Hamilton 量 (3.3.3) 的 $\mathcal{PT}$ 对称相变曲线和孤子解 (3.3.6) 的线性稳定性临界曲线. $\mathcal{PT}$ 对称曲线上方 (下方) 为 $\mathcal{PT}$ 对称破缺 (未破缺) 参数区域, 线性稳定性相变曲线上方 (下方) 为线性不稳定 (稳定) 参数区域

图 3.2 展示的是通过数值计算所得六个最低能态的特征值. 当 α 增加时两种情况发生对称自发破缺, 都发生在两个最低能态; 随着 α 的减小, 两个最低能态的实特征值相互靠近、重合 ($\mathcal{PT}$ 对称相变点), 最终以共轭对的形式进入复平面, 而其他能态的特征值仍是实的.

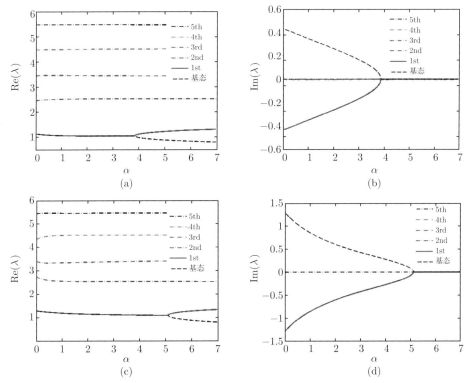

图 3.2   Hamilton 量特征值 λ 与参数 α 的函数关系. (a), (b) $n = 0$, 参数取为 $\epsilon = 0.6$;
(c), (d) $n = 2$, 参数取为 $\epsilon = 0.18$

3.3.2 $\mathcal{PT}$ 对称调和单势阱中的孤子: 稳定性和绝热激发

现在讨论 $\mathcal{PT}$ 对称调和单势阱 (3.3.4) 和 (3.3.5) 的孤子解. 这属于 3.1.2节中提及的第一类约束关系 (3.1.10). 由式 (3.1.7) 和式 (3.3.1) 可得孤子解

$$\phi_n(x) = H_n(x)\mathrm{e}^{-x^2/2} \exp\left[2\mathrm{i}\,\epsilon \int_{-\infty}^{x} H_n(\xi)\mathrm{e}^{-(\alpha+1)\xi^2/2}\mathrm{d}\xi\right]. \qquad (3.3.6)$$

该孤子解的线性稳定性分析参见图 3.1, 图中 ($n = 0$) 实线和方形之间, 以及 ($n = 2$) 虚线和圆圈之间没有交点, 存在一片连通的参数区域, 这说明孤子解线性稳定的参数区域包含 $\mathcal{PT}$ 对称未破缺的参数区域. 也就是说当 $n = 0$ 或 $n = 2$ 时, 位于这些参数区域中的孤子解 (3.3.6) 是线性稳定的, 而相应 $\mathcal{PT}$ 对称 Hamilton 量位于 $\mathcal{PT}$ 对称破缺的参数区域内.

重点研究线性稳定参数区域中的孤子, 图 3.3 和图 3.4 展示了初始微扰下孤子的演化. 以孤子解 (3.3.6) 在 $t = 0$ 时刻的取值作为演化初值 (见图 3.3 和

图 3.4中的 (a), (b)), 并加入 1% 复值随机扰动.

图 3.3 展示了 $n = 0$ 时单峰孤子解 (3.3.6) 的演化. 图 3.3(a), (c) 中所选参数位于外势 (3.3.4) Hamilton 量 $L_0^{(1)}$ (见式 (3.3.3)) 的 $\mathcal{PT}$ 对称未破缺区域, 孤子的传播非常稳定; 图 3.3(b) 和 (d) 中, 所选参数位于 $\mathcal{PT}$ 对称破缺区域, 孤子在传播过程中有轻微振荡.

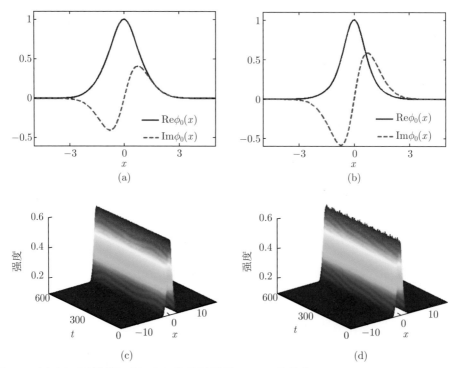

图 3.3　(a),(b) 单峰孤子; (c), (d) 单峰孤子解 (3.3.6) 的演化. (a), (c): $\epsilon = 0.45$; (b), (d): $\epsilon = 0.7$. 其他参数取为: $\alpha = 1$

图 3.4 展示的是 $n = 2$ 时三峰孤子解 (3.3.6) 的演化. 图 3.4(a) 和 (c) 中, 所选参数位于外势 (3.3.5) Hamilton 量 $L_2^{(1)}$ (见式 (3.3.3)) 的 $\mathcal{PT}$ 对称未破缺区域, 孤子的传播非常稳定; 图 3.4(b) 和 (d) 中, 所选参数位于 $\mathcal{PT}$ 对称破缺区域, 孤子在传播过程中有很轻微的振荡.

由此看出, $\mathcal{PT}$ 对称广义非线性 Schrödinger 方程中的三次非线性项的作用延拓了系统解稳定的参数区域.

接下来研究通过缓慢调节系统参数 $\epsilon(t)$ (此时 ϵ 是关于时间的函数) 的孤子绝热激发. 更明确地说, 考虑以 $\epsilon(0)$ 时的孤子解 (3.3.6) 作为初始模态, 通过时间变系数 $\epsilon(t)$ 缓慢的同时增加系统增益–损耗和非线性效应的强度, 得到如下初值问

题 (对照参数 ϵ 恒定时的方程 (3.1.1))

$$\begin{cases} \mathrm{i}\dfrac{\partial \psi}{\partial t} = -\dfrac{1}{2}\dfrac{\partial^2 \psi}{\partial x^2} + [V_0(x) + \mathrm{i}\,\epsilon(t)W_n(x)]\psi, \\ \psi(x,0) = \phi_n(x), \end{cases} \qquad (3.3.7)$$

其中, 单阱外势 $V_0(x)$、非线性效应 $G(x)$ 和增益–损耗分布 $W_n(x)$ 分别由表达式 (3.2.1), (3.2.6) 和 (3.3.2) 给出. 激发非线性模式的参数 ϵ 由 $\epsilon(t)$ 曲线的最终取值确定.

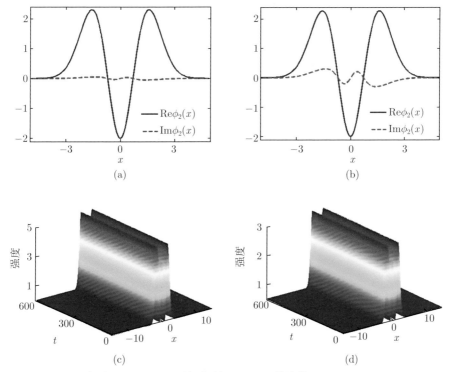

图 3.4 (a), (b) 三峰孤子; (c), (d) 三峰孤子解 (3.3.6) 的演化. (a), (c): $\epsilon = 0.02$; (b), (d): $\epsilon = 0.12$. 其他参数取为: $\alpha = 2$

对于 $n = 0$ 情况, 参变量随时间的变化规律取为

$$\epsilon(t) = \begin{cases} 0.2\sin\left(\dfrac{\pi t}{1200}\right) + 0.45, & 0 \leqslant t < 600, \\ 0.65, & 600 \leqslant t \leqslant 1200. \end{cases} \qquad (3.3.8)$$

如图 3.5(a) 所示, 在整个模态激发过程中, 调控参数 $\epsilon(t)$ 都位于非线性模态的线性稳定区域, 且从 $\mathcal{PT}$ 对称未破缺区域连续变化到 $\mathcal{PT}$ 对称破缺区域 (均保持在线性稳定区域). 图 3.5(b) 展示了 $n=0$ 时单势阱孤子的绝热激发过程, 即求解方程 (3.3.7) 的初值问题, 其中单阱外势 $V_0(x)$ 为式 (3.2.1), 增益–损耗分布 $W_0(x)$ 为当 $n=0$ 时的式 (3.3.2) , 非线性效应 $G(x)$ 为式 (3.2.6), 慢变参数 $\epsilon(t)$ 为式 (3.3.8). 模态激发的初态由 $n=0$ 时的式 (3.3.6) 确定, 即 $\psi(x,t=0)=\phi_0(x)$, 该表达式中的 ϵ 取为调控参数的初始值 $\epsilon(0)=0.45$. 其参数取为: $\alpha=1$. 观察到非常稳定的激发和演化. 在模态激发阶段, 非线性模态的幅度逐渐增加, 模态的轮廓与解 (3.3.6) 明显不同; 调控参数达到最大值 $\epsilon=0.7$ 之后保持恒定, 该参数对应的激发态孤子也能够稳定传播.

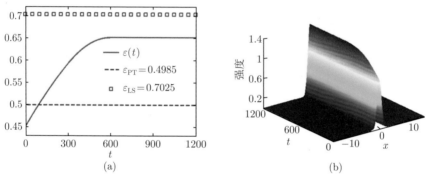

图 3.5　(a) 调控参数 $\epsilon(t)$, $\mathcal{PT}$ 对称相变点 ϵ_{PT} 和线性稳定性临界点 ϵ_{LS}; (b) 单峰孤子的绝热激发过程. 其他参数取为: $\alpha=1$

对于 $n=2$ 情况, 取参数随时间的变化规律为

$$\epsilon(t)=\begin{cases} 0.1\sin\left(\dfrac{\pi t}{1200}\right)+0.02, & 0\leqslant t<600, \\[2mm] 0.12, & 600\leqslant t\leqslant 1200. \end{cases} \tag{3.3.9}$$

如图 3.6(a) 所示, 在整个模态激发过程中, 调控参数 $\epsilon(t)$ 都位于非线性模态的线性稳定区域, 且从 $\mathcal{PT}$ 对称未破缺区域连续变化到 $\mathcal{PT}$ 对称破缺区域 (均保持在线性稳定区域). 图 3.6(b) 展示了 $n=2$ 时单势阱三峰孤子的绝热激发过程, 即求解方程 (3.3.7) 的初值问题, 其中单阱外势 $V_0(x)$ 为式 (3.2.1), 增益–损耗分布 $W_2(x)$ 为当 $n=2$ 时的式 (3.3.2), 非线性效应 $G(x)$ 为式 (3.2.6), 慢变参数 $\epsilon(t)$ 为式 (3.3.9). 模态激发的初态由 $n=2$ 时的式 (3.3.6) 确定, 即 $\psi(x,t=0)=\phi_2(x)$, 该表达式中的 ϵ 取为调控参数的初始值 $\epsilon(0)=0.02$. 其他参数取为: $\alpha=2$. 观察

到类似于 $n = 0$ 情况中孤子的模态绝热激发, 以及 $\epsilon = 0.12$ 对应激发态孤子的稳定传播现象.

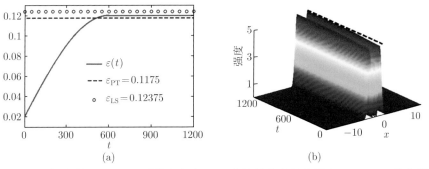

图 3.6 (a) 调控参数 $\epsilon(t)$, $\mathcal{PT}$ 对称相变点 ϵ_{PT} 和线性稳定性临界点 ϵ_{LS}. (b) 单势阱三峰孤子的绝热激发过程. 其他参数取为: $\alpha = 2$

因此, 通过参数对系统增益–损耗和非线性作用的绝热同步调控, 可以构造适用于该模型的一种孤子激发方法. 而这种方法只需考虑系统参数的绝热调控, 具有应用于其他波动系统的潜力.

3.4 $\mathcal{PT}$ 对称调和–高斯双势阱

3.4.1 广义 Hamilton 算子谱和 $\mathcal{PT}$ 对称相位破缺

本节讨论当方程 (3.1.11a) 成立时的多阱外势情况, 即 $V_1(x)V_2(x) \not\equiv 0$. $\tilde{\phi}_n(x)$ 和 $\tilde{\mu}_n$ 分别由式 (3.2.4) 和式 (3.2.2) 确定, 且易得流动速度为

$$v_n(x) = H_n(x)\mathrm{e}^{-x^2/2}, \tag{3.4.1}$$

表达式中不含有自由参数.

联立方程 (3.1.8) 和方程 (3.4.1), 得到增益–损耗分布 $W_n(x)$ 为

$$W_n(x) = \left[3nH_{n-1}(x) - \frac{3}{2}xH_n(x)\right]\mathrm{e}^{-x^2/2}. \tag{3.4.2}$$

它是 $\mathcal{PT}$ 对称外势的虚部, 因此要求 n 取为偶数以保证复外势的 $\mathcal{PT}$ 对称性. 利用等式 (3.2.5) 和流动速度 (3.4.1), 求解关于 $V_1(x)$ 和 $V_2(x)$ 的方程 (3.1.11a) 和

(3.1.11b) 得到

$$V_{1n}(x) = -\frac{1}{2}H_n^2(x)\mathrm{e}^{-x^2}, \tag{3.4.3}$$

$$V_{2n}(x) = -2\sigma H_n^2(x)\mathrm{e}^{-(\alpha+1)x^2}. \tag{3.4.4}$$

给定的自然数 n 确定一个具体的 $\mathcal{PT}$ 对称外势虚部 $W_n(x)$, 由 n 生成势能族中的每一个外势 $U_\epsilon(x)$ 都由两个参数确定.

不同于单阱外势中 $\sigma < 0$, 多阱外势中 σ 可以取任意实数. 对于后者, 参数 σ 出现在实外势 $V_2(x)$ 式 (3.4.4) 和非线性效应 $G(x)$ 式 (3.2.6) 中, 所以非线性效应既可以是吸引的 $(\sigma < 0)$, 也可以是排斥的 $(\sigma > 0)$.

本节主要研究 $\mathcal{PT}$ 对称双阱外势. 当 $n = 0$ 时, $\mathcal{PT}$ 对称外势为

$$U_\epsilon(x) = \frac{x^2}{2} + \epsilon^2 V_{10}(x) + \epsilon^4 V_{20}(x) + \mathrm{i}\,\epsilon W_0(x), \tag{3.4.5}$$

其中

$$V_{10}(x) = -\frac{1}{2}\mathrm{e}^{-x^2}, \tag{3.4.6a}$$

$$V_{20}(x) = -2\sigma\mathrm{e}^{-(\alpha+1)x^2}, \tag{3.4.6b}$$

$$W_0(x) = -\frac{3}{2}x\mathrm{e}^{-x^2/2}, \tag{3.4.6c}$$

这对应于 $\mu = \tilde{\mu}_0 = 1/2$. 为了使得 $\mathcal{PT}$ 对称外势 (3.4.5) 具有双阱形状, 要求式 (3.4.5) 和式 (3.4.6b) 中的参数 σ, ϵ 满足以下关系

$$\sigma < -\frac{1}{4\epsilon^2}. \tag{3.4.7}$$

当 $\alpha = 0$ 时, 非线性效应 (3.2.6) 是均匀的, 而 $\mathcal{PT}$ 对称外势 $U_\epsilon(x)$ 的实部仍然具有双阱形状, 文献 [323] 报道了这种情形下的非线性模态. 另外, 文献 [324] 也研究了外势虚部与式 (3.4.6c) 相同, 而外势实部稍有区别的 $\mathcal{PT}$ 对称外势. 注意: 式 (3.4.7) 决定了 $\sigma < 0$. 当 α 增加时, 由式 (3.4.6b) 可知 $V_2(x)$ 的宽度缩小, 因此双势阱间的势垒高度会降低.

为了发现 $\mathcal{PT}$ 对称双势阱 (3.4.5) 的未破缺区域, 研究如下 Hamilton 量特征值问题:

$$L_0^{(2)}\Psi = \lambda\Psi, \qquad L_0^{(2)} = \tilde{L} + \epsilon^2 V_{10}(x) + \epsilon^4 V_{20}(x) + \mathrm{i}\,\epsilon W_0(x), \tag{3.4.8}$$

其中 $\tilde{L}$ 由式 (3.1.2) 给出, λ 和 $\varPsi = \varPsi(x)$ 分别是特征值和特征函数. 在这种情况下, 调节非线性参数 σ 也会影响 $\mathcal{PT}$ 对称外势, 故在本节主要对变动参数 σ 进行讨论. 图 3.7(a) 展示了当 $\epsilon = 0.8$ 时, 参数空间 (α, ϵ) 中 $\mathcal{PT}$ 对称破缺和未破缺的参数区域, 与单阱外势情况不同, $\mathcal{PT}$ 对称相变曲线 (double-well $\mathcal{PT}$-symmetry) 上方为未破缺区域, 下方为破缺区域. 从图中可以看出, $\mathcal{PT}$ 对称相变点主要由 σ 决定, 随着参数 α 的增加, $\mathcal{PT}$ 对称相变点先增后减. 进一步取定 $\sigma = -0.73$, 如图 3.7(b)~(c) 所示, 当 α 从零开始增加, $\mathcal{PT}$ 对称自发破缺都发生在两个最低能态处, 最小的两个实特征值以共轭对的形式进入复平面; 当 α 继续增加时, 这对共轭复特征值从复平面重新回到实轴, Hamilton 量重新进入 $\mathcal{PT}$ 对称未破缺区域. 所有更高能态的特征值仍是实的, 图中展示的是通过数值计算所得的六个最低能态的特征值.

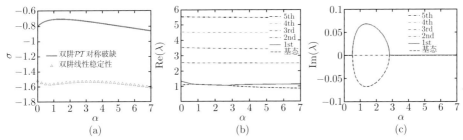

图 3.7 (a) Hamilton 量 (3.4.8) 的 $\mathcal{PT}$ 对称相变曲线和孤子解 (3.4.9) 的线性稳定性临界曲线. $\mathcal{PT}$ 对称曲线上方 (下方) 为 $\mathcal{PT}$ 对称破缺 (未破缺) 参数区域, 线性稳定性相变曲线上方 (下方) 为线性不稳定 (稳定) 参数区域. (b), (c) 当 $\sigma = -0.73$ 时, Hamilton 量特征值 λ 的实部和虚部与参数 α 的函数关系. 其他参数取为 $\epsilon = 0.8$

3.4.2 $\mathcal{PT}$ 对称调和–高斯双势阱中的孤子: 稳定性和绝热激发

现在讨论 $\mathcal{PT}$ 对称外势 (3.4.5) 中的孤子解. 这属于 3.1.2 节中提及的第二类约束关系 (3.1.11). 由式 (3.1.7) 和式 (3.4.1) 可得孤子解

$$\phi_n(x) = \epsilon H_n(x) \mathrm{e}^{-x^2/2} \exp\left(\mathrm{i}\epsilon \int_{-\infty}^{x} H_n(\xi) \mathrm{e}^{-\xi^2/2} \mathrm{d}\xi \right). \tag{3.4.9}$$

考虑 $n = 0$ 的双势阱情况, 该孤子解的线性稳定性分析见图 3.7(a). 图中实线和三角之间有一片参数区域, 这说明孤子解线性稳定的参数区域 (三角图形的上方) 包含 $\mathcal{PT}$ 对称未破缺的参数区域 (实线的上方). 也就是说当 $n = 0$ 时, 位于这些参数区域中的孤子解 (3.4.9) 是线性稳定的, 而相应 $\mathcal{PT}$ 对称 Hamilton 量位于 $\mathcal{PT}$ 对称破缺的参数区域内, 这与单阱外势相应部分的分析类似. 应指出, 虽然参数 α, σ 不影响孤子解, 但是会影响方程中的势能项和非线性项, 因此仍可能影响孤子解的稳定性.

图 3.8 展示了初始微扰下孤子演化的数值模拟, 其中以 $t = 0$ 时孤子解 (3.4.9) 的取值, 即图 3.8(a) 作为演化初值, 并加入 1% 复值随机扰动. 由于孤子解表达式 (3.4.9) 与参数 σ 无关, 因而图 3.8(b) 和 (c) 两组不同 σ 参数下的演化模拟具有相同的演化初值. 这里重点研究孤子解线性稳定的参数区域. 图 3.8(b) 中, 所选参数位于外势 (3.3.4)Hamilton 量 $L_0^{(2)}$ [见式 (3.4.8)] 的 $\mathcal{PT}$ 对称未破缺区域, 孤子的传播是非常稳定的; 图 3.8(c) 所选参数位于 $\mathcal{PT}$ 对称破缺区域, 孤子的传播也非常稳定.

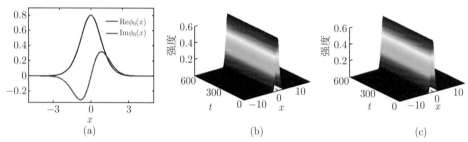

图 3.8　(a) 双势阱中单峰孤子 (不依赖于 σ); (b),(c) 孤子的演化. (b) $\sigma = -0.65$; (c) $\sigma = -0.65$. 其他参数取为: $\alpha = 4$, $\epsilon = 0.8$

外势 $V_{20}(x)$ 和非线性效应 $G(x)$ 都含有 σ, 考虑缓慢调节参数 $\sigma(t)$(此时 σ 是关于时间的函数), 研究孤子解 (3.4.9) 的模态激发过程. 以变系数 $\sigma(t)$ 取代 σ, 构造以下初值问题:

$$
\begin{cases}
\mathrm{i}\dfrac{\partial \psi}{\partial t} = -\dfrac{1}{2}\dfrac{\partial^2 \psi}{\partial x^2} + [V_0(x) + \epsilon^2 V_{10}(x) + \epsilon^4 V_{20}(x;\sigma(t)) + \mathrm{i}\,\epsilon W_0(x)]\psi \\
\qquad\qquad +\epsilon^2 G(x;\sigma(t))|\psi|^2\psi, \\
\psi(x,0) = \phi_n(x),
\end{cases}
\tag{3.4.10}
$$

其中外势 $V_{10}(x)$ 和增益–损耗 $W_0(x)$ 分别由式 (3.4.6a) 和式 (3.4.6c) 给出, 外势 $V_{20}(x;\sigma(t))$ 和非线性效应 $G(x;\sigma(t))$ 分别是将式 (3.4.6b) 和式 (3.2.6) 中的 σ 替换为 $\sigma(t)$ 的变系数项. 激发非线性模式的参数 σ 由 $\sigma(t)$ 曲线的最终取值确定. 仿照单阱外势中孤子绝热激发的思想, 选择 $\sigma(t)$ 从 $\mathcal{PT}$ 对称未破缺区域绝热地变到 $\mathcal{PT}$ 对称破缺区域. 取定参量随时间的变化规律为

$$
\sigma(t) = \begin{cases}
-0.6\sin\left(\dfrac{\pi t}{1200}\right) - 0.65, & 0 \leqslant t < 600, \\
-1.25, & 600 \leqslant t \leqslant 1200.
\end{cases}
\tag{3.4.11}
$$

其函数图像如图 3.9(a) 所示.

如图 3.9(a) 所示, 在整个模态激发过程中, 调控参数 $\sigma(t)$ 都位于非线性模态的线性稳定区域, 且从 $\mathcal{PT}$ 对称未破缺区域连续变化到 $\mathcal{PT}$ 对称破缺区域 (均保持在线性稳定区域). 图 3.9(b) 展示了双势阱 $n = 0$ 情况, 孤子的绝热激发过程及其稳定演化的数值模拟, 即求解方程 (3.4.10) 的初值问题, 其中外势 $V_0(x)$ 为式 (3.2.1), $V_{10}(x)$ 为式 (3.4.6a), $V_{20}(x; \sigma(t))$ 为式 (3.4.6b) 并替换参数 $\sigma(t)$, 增益–损耗分布 $W_0(x)$ 为式 (3.4.6c) 中 $n = 0$, 非线性效应 $G(x; \sigma(t))$ 为式 (3.2.6) 并替换参数 $\sigma(t)$, 慢变参数 $\sigma(t)$ 为式 (3.4.11). 模态激发的初态由 $n = 0$ 时式 (3.4.9) 确定, 即 $\psi(x, t = 0) = \phi_0(x)$. 其他参数取为: $\alpha = 4, \epsilon = 0.8$. 可以观察到非常稳定的激发和演化. 在模态激发阶段, 非线性模态的轮廓并无显著改变, 因而不能清晰地从图中看出变化; 调控参数达到最终值 $\sigma = -1.25$ 之后保持恒定, 激发得到的孤子在该参数对应的系统中也能够稳定传播, 因此该绝热激发是稳定的.

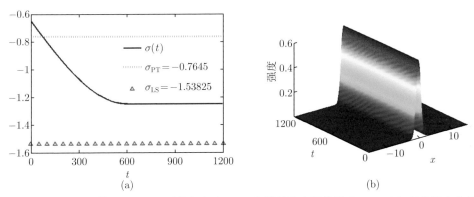

图 3.9 (a) 调控参数 $\sigma(t)$, $\mathcal{PT}$ 对称相变点 σ_{PT} 和线性稳定性临界点 σ_{LS}; (b) 双势阱中单峰孤子的绝热激发过程. 其他参数取为: $\alpha = 4, \epsilon = 0.8$

3.5 $\mathcal{PT}$ 对称非调和–高斯双势阱

在线性 Schrödinger 方程的研究中, 非调和势族 $\alpha x^2 + \beta x^{2m}$ 可以看成对调和势扰动得到的重要情况[325-327], 而六次双势阱是其中的一个重要例子[328,329]. 而在光学中, 由磁光阱产生的周期外势可以近似地看成非调和外势. 下面将研究一类特殊的 $\mathcal{PT}$ 对称光学势下的 NLS 方程. 这种 $\mathcal{PT}$ 对称外势的实部是六次非调和的双势阱[326], 表示光学介质的横截折射率; 虚部是厄米超高斯 (Hermite-super-Gaussian) 分布, 表示增益–损耗分布.

激光在非线性光学介质中的传播可以用 NLS 方程描述[68,295]. 当非线性光学介质具有满足 $\mathcal{PT}$ 对称的横截折射率和增益–损耗分布, 以及聚焦 Kerr 非线性效应时, 沿着介质 t 轴方向的激光传播由以下 $\mathcal{PT}$ 对称势的 NLS 方程描述[45,330]

$$\mathrm{i}\frac{\partial \psi}{\partial t} = -\frac{\partial^2 \psi}{\partial x^2} + [V(x) + \mathrm{i}\,W(x)]\psi - |\psi|^2\psi, \tag{3.5.1}$$

其中, x 和 t 分别是横向坐标和传播距离, 复函数 $\psi(x,t)$ 表示电场的复包络, 实函数 $V(x)$ 表示横截折射率分布, 实函数 $W(x)$ 表示增益–损耗分布. 复势 $V(x) + \mathrm{i}\,W(x)$ 的 $\mathcal{PT}$ 对称性要求 $V(x) = V(-x)$ 和 $W(x) = -W(-x)$. $\psi(x,t)$ 的功率为 $P(t) = \displaystyle\int_{-\infty}^{+\infty} |\psi(x,t)|^2\mathrm{d}x$.

考虑方程 (3.5.1) 的定态解 $\psi(x,t) = \phi(x)\mathrm{e}^{\mathrm{i}\mu t}$, 其中实数 μ 表示传播常数, 复函数 $\phi(x)$ 满足定态 NLS 方程

$$-\frac{\mathrm{d}^2\phi}{\mathrm{d}x^2} + [V(x) + \mathrm{i}\,W(x)]\phi - |\phi|^2\phi + \mu\phi = 0. \tag{3.5.2}$$

下面考虑 $\mathcal{PT}$ 对称非调和六次双势阱 $V(x) + \mathrm{i}\,W(x)$, 实部 $V(x)$ 是六次非调和双势阱[326], 虚部 $W(x)$ 是超高斯增益–损耗分布:

$$V(x) = \omega^2 x^6 - 3\omega x^2, \tag{3.5.3a}$$

$$W(x) = W_0 x^3 \exp\left(-\frac{\omega}{4}x^4\right), \tag{3.5.3b}$$

其中频率 $\omega > 0$ 主要控制势阱 $V(x)$ 的宽度, 并与参数 W_0 共同控制增益–损耗分布 $W(x)$ 的强度.

图 3.10 展示了给定参数 $W_0 = 0.3$ 时, 不同 ω 对应势阱 $V(x)$ 和增益–损耗分布 $W(x)$ 的函数图像. 从图 3.10(a) 可看出, 随着 ω 的增加, 势阱 $V(x)$ 逐渐变窄, 而双阱的最大深度逐渐变大; 从图 3.10(b) 可看出, 随着 ω 的增加, 增益–损耗分布 $W(x)$ 逐渐变窄, 最大幅度也减小, 而增益和损耗有效区域的中心逐渐靠近空间坐标原点 $x = 0$.

文献 [331,332] 运用基于单束激光的光学镊子技术, 构造得到某些特殊的非调和光学势. 运用类似的技术, 可以构造满足式 (3.5.3a) 的光学势阱 $V(x)$. 另外, 通过电子的光激发[170,333], 也可以构造满足式 (3.5.3b) 的增益–损耗分布 $W(x)$. 综合以上方法, 可以使得激光束在具有 $\mathcal{PT}$ 对称折射率和聚焦 Kerr 非线性效应的介质中沿 t 轴传播[45,330].

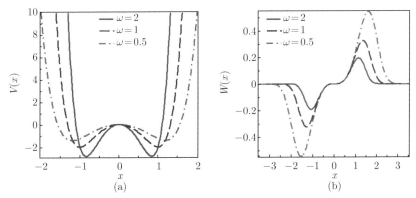

图 3.10　六次 $\mathcal{PT}$ 对称双势阱 (3.5.3): (a) 势阱 $V(x)$; (b) 增益–损耗分布 $W(x)$. 参数取为: $W_0 = 0.3$ 和 $\omega = 0.5, 1, 2$

3.5.1　$\mathcal{PT}$ 对称六次双势阱的 (未) 破缺参数区域

考虑含 $\mathcal{PT}$ 对称势 (3.5.3) 的 Hamilton 算子特征值问题:

$$H\,\Phi_n(x) = \lambda_n\,\Phi_n(x), \qquad n = 0, 1, 2, \cdots, \qquad (3.5.4)$$

其中, $H = -\partial_x^2 + V(x) + \mathrm{i}W(x)$ 是由 $\mathcal{PT}$ 对称势 (3.5.3) 决定的 Hamilton 量; λ_n 和 $\Phi_n(x)$ 分别表示特征值和对应的特征函数; 下标 $n = 0, 1, 2, \cdots$ 表示从基态开始可数个离散的能态, 即 $n = 0$ 表示系统的基态, $n = j$ 表示系统的第 j 激发态. 图 3.11(a) 刻画了参数空间 (ω, W_0) 中 $\mathcal{PT}$ 对称 Hamilton 量 H 的 $\mathcal{PT}$ 对称相变曲线 (图中实线), $\mathcal{PT}$ 对称相变曲线的下方为 $\mathcal{PT}$ 对称未破缺参数区域, 上方为 $\mathcal{PT}$ 对称破缺参数区域. 在所研究的参数范围内, $\mathcal{PT}$ 对称 Hamilton 量 H 的对称破缺发生在两个最低能态, 而其他较高能态仍保持 $\mathcal{PT}$ 对称. 通过 Hermite 谱方法对特征值问题 (3.5.4) 进行数值求解[334], 给定 $W_0 = 0.3$, 前六个能态特征值随参数 ω 的变化关系如图 3.11(b) 和 (c), $\mathcal{PT}$ 对称相变点大约在 $\omega = 0.167$.

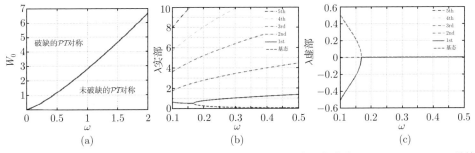

图 3.11　(a) $\mathcal{PT}$ 对称六次双势阱 Hamilton 量的 $\mathcal{PT}$ 对称相变曲线; (b),(c) Hamilton 量特征值与参数 ω 的关系. (b) 特征值实部, (c) 特征值虚部, 参数取为: $W_0 = 0.3$

3.5.2 保守厄米非线性系统中的对称破缺解

当 $W_0 = 0$ 时, $\mathcal{PT}$ 对称势的虚部为零, 对应的 Hamilton 量退化为厄米的. 在非线性作用很强的情况下, 对称破缺的非线性基态解也能够存在于对称的双势阱中[335], 但一般不能存在于非平凡的 $\mathcal{PT}$ 对称势中 (具有奇对称的增益-损耗分布). 利用归一化的梯度流算法[336], 以功率为 P 的非对称波

$$\phi_{\mathrm{ini}}(x) = S_P \mathrm{e}^{[-4(x-1)^4]} \tag{3.5.5}$$

为初值, 其中

$$S_P = \sqrt{P \Big/ \left\{ \int_{-\infty}^{\infty} \exp\left[-8(x-1)^4\right]\mathrm{d}x \right\}}, \tag{3.5.6}$$

是用来保证 $\phi_{\mathrm{ini}}(x)$ 具有功率 P, 而且是非对称的. 当 $W_0 = 0$ 时, $\mathcal{PT}$ 对称势 (3.5.3) 下满足定态方程 (3.5.2) 基态解的对称破缺由功率 P 决定. 参数取为 $\omega = 2$ 的基态数值求解表明 (参见图 3.12), 当 $P < 4.48$ 时, 基态解保持对称性; 当 $P > 4.5$ 时, 基态解为对称破缺解. 基态解对称破缺的相变点大约在 $P \in (4.48, 4.5)$. 经验证, 这些对称破缺的数值孤子解能够稳定传播, 且具有守恒的功率 $P(t)$.

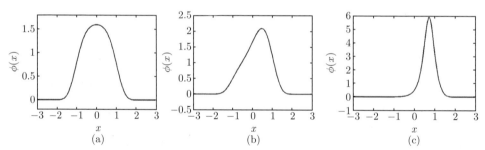

图 3.12　无增益-损耗分布系统中的非线性模态. (a) 功率 $P = 4$ 时, 定态解具有对称性; (b) 功率 $P = 5$ 时, 定态解的对称性刚被打破; (c) 功率 $P = 16$ 时, 定态解完全失去了对称性. 其他参数取为: $\omega = 2$

3.5.3 $\mathcal{PT}$ 对称孤子解及其稳定性

一般来说, 含 $\mathcal{PT}$ 对称势的定态方程 (3.5.2) 不是可积的, 且很难获得其精确解. 而对于这里所构造的 $\mathcal{PT}$ 对称六次双势阱 (3.5.3), 当取定传播常数 $\mu = 0$ 时, 发现方程 (3.5.2) 的单峰孤子解

$$\phi(x) = \frac{W_0}{3\omega} \exp\left(-\frac{\omega}{4}x^4\right) \mathrm{e}^{\mathrm{i}\varphi(x)}, \tag{3.5.7}$$

其中相位为

$$\varphi(x) = -\frac{W_0}{3\omega}\int_0^x \exp\left(-\frac{\omega}{4}s^4\right)\mathrm{d}s. \tag{3.5.8}$$

对于由式 (3.5.3b) 确定的增益–损耗分布 $W(x)$, 考虑对外势 (3.5.3a) 作平移 $V_\zeta(x) = V(x) - \zeta$, 其中 ζ 是一个实常数. 易知孤子解 (3.5.7) 仍然满足传播常数为 $\mu = \zeta$ 时的定态方程 (3.5.2). 而复函数 $V_\zeta(x) + \mathrm{i}W(x)$ 仍然对应于系统中的 $\mathcal{PT}$ 对称外势, 相应 Hamilton 量 $H_\zeta = H + \zeta$ 的特征值问题为

$$H_\zeta \Phi_n(x) = (H + \zeta)\Phi_n(x) = (\lambda_n + \zeta)\Phi_n(x), \qquad n = 0, 1, 2, \cdots, \tag{3.5.9}$$

其中 $\lambda_n + \zeta$ 和 $\Phi_n(x)$ 分别是特征值和对应的特征函数. 由于 ζ 是实数, H_ζ 和 H 的特征值只有实部平移 ζ, 且对应的特征函数完全相同, 因此 Hamilton 量 H_ζ 和 H 具有完全相同的 $\mathcal{PT}$ 对称未破缺/破缺参数区域.

孤子解 (3.5.7) 的横截能流 (Poynting 向量) 为

$$S(x) = \frac{\mathrm{i}}{2}\left[\phi(x)\frac{\mathrm{d}}{\mathrm{d}x}\phi^*(x) - \phi^*(x)\frac{\mathrm{d}}{\mathrm{d}x}\phi(x)\right] = -\frac{W_0^3}{27\omega^3}\exp\left(-\frac{3}{4}\omega x^4\right), \tag{3.5.10}$$

这意味着 $\mathrm{sgn}[S(x)] \equiv -\mathrm{sgn}(W_0)$, 横截能流方向总是从增益区域指向损耗区域.

对于定态方程 (3.5.2) 的任意解 $\phi(x)$, 发现横截能流 (不妨取积分常数为零)

$$S(x) = \int^x W(x)|\phi(x)|^2\mathrm{d}x, \tag{3.5.11}$$

由 $|\phi(x)|^2$ 和 $W(x)$ 决定. 当增益–损耗分布 $W(x) \equiv 0$ 时, 方程 (3.5.2) 任意解的横截能流在任意空间位置 x 皆恒为零 $(S(x) \equiv 0)$, 其功率沿 t 方向的变化率

$$\frac{\mathrm{d}}{\mathrm{d}t}P(t) = 2\int_{-\infty}^{+\infty} W(x)|\psi(x,t)|^2\mathrm{d}x \equiv 0, \tag{3.5.12}$$

这对应于保守系统中的守恒律. 一般而言, 非保守系统, 例如增益–损耗分布 $W(x) \not\equiv 0$ 时, 功率 $P(t)$ 未必是守恒的. 然而, 由于 $\mathcal{PT}$ 对称势中的 $W(x)$ 是奇函数, 对方程 (3.5.1) 中能够演化稳定的对称解 $(|\psi(x,t)|^2 = |\psi(-x,t)|^2)$ 而言, 功率 $P(t)$ 仍是守恒量.

下面讨论孤子解 (3.5.7) 的线性稳定性. 根据方程 (2.2.15) 和 (2.2.16), 容易得到关于微扰函数 $(f, g)^\mathrm{T}$ 的算子特征值问题为

$$\mathcal{M}\begin{pmatrix} f \\ g \end{pmatrix} = \begin{pmatrix} L & \phi^2(x) \\ -\phi^{*2}(x) & -L^* \end{pmatrix}\begin{pmatrix} f \\ g \end{pmatrix} = \delta\begin{pmatrix} f \\ g \end{pmatrix}, \tag{3.5.13}$$

其中 $L = \partial_x^2 - V(x) - \mathrm{i}W(x) + 2|\phi(x)|^2 - \mu$. 为了方便叙述, 基于特征值问题 (3.5.13) 的谱 $\sigma(\mathcal{M})$, 定义定态解的线性不稳定性指数 χ 为

$$\chi = \log\left(\max\left\{\,|\mathrm{Im}(\delta)|\ \big|\ \delta \in \sigma(M)\,\right\}\right), \tag{3.5.14}$$

即对 $\sigma(\mathcal{M})$ 中特征值虚部绝对值的最大值取常用对数. 通过 Hermite 谱方法求解特征值问题 (3.5.13), 认为满足 $\chi(\omega, W_0) \lesssim -5$ 的参数区域为线性稳定区域. 根据孤子演化的数值模拟经验表明, $\chi(\omega, W_0) \lesssim -4$ 时孤子解在 $t \in [0, 1000]$ 范围内仍能稳定传播. 图 3.13(a) 展示了参数空间 (ω, W_0) 中孤子解线性不稳定性指数 $\chi(\omega, W_0)$. 从图像的总体趋势看出, 参数 ω 越大或者 W_0 越小, 孤子越容易具有线性稳定性, 这说明越小的增益–损耗强度越利于孤子的稳定传播.

然后, 对孤子的演化进行数值模拟, 即数值求解方程 (3.5.1) 的初值问题. 本节采用分步 Fourier 方法, 以 $t = 0$ 时孤子解 (3.5.7) 作为演化初值, 并加入幅度为 2% 的复值随机扰动. 图 3.13(b) 和 (c) 分别展示了当参数取为 $\omega = 0.5, W_0 = 0.3$ 和 $\omega = 2, W_0 = 0.3$ 时, 孤子演化数值模拟的孤子强度分布 $(|\psi(x, t)|^2)$, 图像显示了孤子在这两组参数选取下都具有稳定的演化. 这两组参数都位于 $\mathcal{PT}$ 对称未破缺区域.

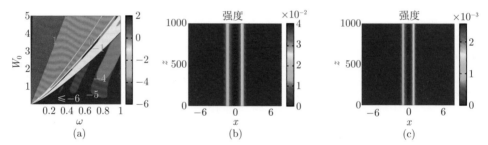

图 3.13   (a) 参数空间 (ω, W_0) 中孤子解的线性不稳定性指数 $\chi(\omega, W_0)$. (b),(c) 孤子演化的强度分布. 参数取为: (b) $\omega = 0.5, W_0 = 0.3$; (c) $\omega = 2, W_0 = 0.3$

从线性稳定性分析图 3.13(a), 还发现线性稳定区域和线性不稳定区域之间存在多次相变. 例如, 对于给定 $W_0 = 0.3$, ω 从零开始连续增加, 相应的孤子解将由线性不稳定开始, 变为线性稳定, 反复若干, 最后变为线性稳定一直到 $\omega = 1$. 图 3.14(a) 更详细地展示了参数 $\omega = 0.1$, $W_0 = 0.3$ 附近孤子解 (3.5.7) 的线性稳定性. 选取非常接近, 而分别属于线性稳定和不稳定区域的两组参数 $\omega = 0.1, W_0 = 0.3$ 和 $\omega = 0.105, W_0 = 0.3$ (参见图 3.14(a)), 对孤子的演化进行数值模拟. 图 3.14(b) 显示, $\omega = 0.1, W_0 = 0.3$ 时孤子具有稳定的演化, 但是图 3.14(c) 则显示 $\omega = 0.105, W_0 = 0.3$ 时孤子的传播是不稳定的, 大约在 $t = 25$ 时解已经发散. 这两组参数也都位于 $\mathcal{PT}$ 对称未破缺区域.

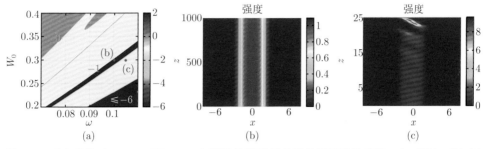

图 3.14 (a) 参数 ($\omega = 0.1, W_0 = 0.3$) 附近的孤子解的线性不稳定性指数 $\chi(\omega, W_0)$. (b),(c) 孤子演化的强度分布. 参数取为: (b) $\omega = 0.1, W_0 = 0.3$; (c) $\omega = 0.105, W_0 = 0.3$

3.5.4 𝒫𝒯 对称数值孤子族与稳定性

对于给定的 𝒫𝒯 对称势, 即给定的 ω 和 W_0, 方程 (3.5.2) 中的传播常数 μ 是一个与系统无关的自由参数. 因此, 方程 (3.5.2) 的解一般以 μ 为自由参数构成解族, 但很难直接得到显式解族. 本节采用打靶法[172,337] 来数值求解定态方程 (3.5.2), 并分析所得孤子解族的稳定性.

1. 𝒫𝒯 对称数值孤子族

打靶法数值求解方程 (3.5.2) 的大致过程如下: 给定 $x = x_\infty > 0$ 的数据作为初始条件, 从 $x = x_\infty$ 开始直到 $x = 0$, 沿 x 轴负方向得到解的积分曲线, 再利用解的 𝒫𝒯 对称性延拓到 x 负半轴. 现在来讨论算法的细节.

首先, 构造数值求解方程 (3.5.2) 的模型. 引入变量

$$\phi^{(1)}(x) = \phi(x), \tag{3.5.15}$$

$$\phi^{(2)}(x) = \phi'(x), \tag{3.5.16}$$

将二阶方程 (3.5.2) 降为一阶非线性常微分方程

$$\frac{\mathrm{d}}{\mathrm{d}x} \begin{pmatrix} \phi^{(1)}(x) \\ \phi^{(2)}(x) \end{pmatrix} = \begin{pmatrix} \phi^{(2)}(x) \\ \left[V(x) + \mathrm{i}\, W(x) - |\phi^{(1)}(x)|^2 + \mu \right] \phi^{(1)}(x) \end{pmatrix}. \tag{3.5.17}$$

在数值计算中, 将给定某起点 $x = x_\infty > 0$ 处的 $\phi^{(1)}(x_\infty)$ 和 $\phi^{(2)}(x_\infty)$ 作为初始条件, 通过四阶 Runge-Kutta 方法求解方程 (3.5.17), 得到从 $x = x_\infty$ 沿 x 轴负方向直到 $x = 0$ 的积分曲线 $\{\phi^{(1)}(x) \,|\, x \in [0, x_\infty]\}$, 以及积分曲线终点 $x = 0$ 的数据 $\phi^{(1)}(0)$ 和 $\phi^{(2)}(0)$. 对某个给定初值进行求解的过程, 称为打靶法中的一次试射.

然后, 确定初始条件 $\phi^{(1)}(x_\infty)$ 和 $\phi^{(2)}(x_\infty)$ 的取值. 考虑到孤子解具有零边界条件, 当 x 充分大时有 $|\phi(x)|^3 \ll |\phi(x)|$, 即方程中的非线性项可忽略 (相对于线

性部分而言), 于是得到定态方程 (3.5.2) 的渐近方程

$$-\frac{\mathrm{d}^2\phi}{\mathrm{d}x^2} + [V(x) + \mathrm{i}\,W(x)]\,\phi \sim -\mu\,\phi, \quad x \to \pm\infty, \tag{3.5.18}$$

且由 WKB 方法可知

$$\phi_\mu(x) \sim \frac{c}{p_\mu(x)} \exp\left[\pm\mathrm{i} \int p_\mu(x)\mathrm{d}x\right], \tag{3.5.19}$$

其中 $p_\mu(x) = \sqrt{\mu - V(x) - \mathrm{i}\,W(x)}$, c 是任意的复常数. 结合本节外势 $V(x)$ 的形式且考虑零边界条件, 式中 "±" 需取 "+". 当 $\mu = -\lambda_n$ 时, 方程 (3.5.18) 和 Hamilton 量 H 的特征值问题 (3.5.4) 在 $x \to \pm\infty$ 处渐近等价, 因此它们的渐近解具有相同的形式 $\phi_{-\lambda_n}(x) \sim \Phi_{\lambda_n}(x)$. 另外, 由于线性方程的渐近解 (3.5.19) 含有任意复常数 c, 因此只需要确定 $\phi_\infty^{(2)}$ 和 $\phi_\infty^{(1)}$ 的比值即可. 利用 WKB 方法所得的式 (3.5.19) 对数据进行近似处理[338], 则有

$$\frac{\phi_\infty^{(2)}}{\phi_\infty^{(1)}} = \frac{\phi'(x_\infty)}{\phi(x_\infty)} = \left[\frac{\mathrm{d}}{\mathrm{d}x} \ln\phi(x)\right]\Bigg|_{x=x_\infty}$$

$$\approx \left\{-\frac{1}{2}\frac{\mathrm{d}}{\mathrm{d}x}\ln[V(x)+\mathrm{i}\,W(x)-\mu] - \sqrt{V(x)+\mathrm{i}\,W(x)-\mu}\right\}\Bigg|_{x=x_\infty}. \tag{3.5.20}$$

事实上, 式 (3.5.3b) 说明了 $W(x) \ll 1(x \to \pm\infty)$, 在方程 (3.5.18) 和 (3.5.19) 中保留 $W(x)$ 是为了与哈密顿量 H 的特征值方程 (3.5.4) 建立联系. 此外, 式 (3.5.3a) 说明了 $V(x) \gg 1(x \to \pm\infty)$. 所以, 可以进一步对式 (3.5.20) 作近似处理

$$\frac{\phi_\infty^{(2)}}{\phi_\infty^{(1)}} \approx \left\{-\frac{1}{2}\frac{\mathrm{d}}{\mathrm{d}x}\ln[V(x)] - \sqrt{V(x)}\right\}\Bigg|_{x=x_\infty}, \tag{3.5.21}$$

注意: 上式与传播常数 μ 无关. 若取定 $\mu = 5$, 参数 (ω, x_∞) 分别取为 $(0.5, 3.6)$, $(1, 3.1)$ 和 $(2, 2.6)$ 时, 式 (3.5.21) 和式 (3.5.20) 之间的最大相对误差不到 0.43%. 因此不妨确定

$$\phi_\mu(x_\infty) := \phi_{-\lambda_0}(x_\infty) = \Phi_0(x_\infty),$$

即可以直接使用特征值问题 (3.5.4) 的基态解, 作为方程 (3.5.18) 的渐近解, 进而用以作为定态方程 (3.5.2) 的初始条件.

　　另外在导出初始条件过程中, 引入了复值自由常数 c. 对于渐近方程 (3.5.18) 而言, c 的选取无关紧要; 对于非线性方程 (3.5.17) 而言, 在给定 $x = x_\infty$ 处的初

始条件时, 不同的 c 对应着不同的积分曲线. 求解带初始条件 (3.5.20) 的非线性方程 (3.5.17), 将得到一族连续依赖于 c 的积分曲线 $\{\phi_c(x) \,|\, x \in [0, x_\infty], c \in \mathbb{C}\}$, 但并非其中的每个成员都能延拓成为方程 (3.5.17) 的解. 这是因为如果求解过程继续进行到 $x \to -\infty$, 未必能满足零边界条件 $\phi_c(x) \to 0$. 所以, 我们需要检测这些积分曲线 $\phi_c(x)$ 在 $x=0$ 处的数据, 判断是否能够按照 $\mathcal{PT}$ 对称性延拓到 x 负半轴. 因此, 常数 c 的选取就是初值的确定, 此处的 c 是打靶法的试射参数. 确定合适的试射参数 c 是问题求解的关键. 目前为止, 试射参数 c 需要在复平面中搜索.

要使非线性方程 (3.5.17) 的解 $\phi(x)$ 具有 $\mathcal{PT}$ 对称性, 即 $\phi(x) = \mathcal{PT}[\phi(x)] = \phi^*(-x)$, $\phi(x)$ 的实部为偶函数, 虚部为奇函数; $\phi'(x)$ 的实部为奇函数, 虚部为偶函数. 于是, 给定试射参数 c 得到的积分曲线 $\phi_c^{(1)}(x)$ 和 $\phi_c^{(2)}(x)$ 在 $x=0$ 处需要满足[337]

$$\mathrm{Im}[\phi_c^{(1)}(0)] = 0, \tag{3.5.22a}$$

$$\mathrm{Re}[\phi_c^{(2)}(0)] = 0. \tag{3.5.22b}$$

另外, 在复平面内寻找合适的试射参数 c 满足方程 (3.5.22) 相当于二维空间中的求根问题, 这仍是比较难处理的. 希望进一步简化问题, 使得试射参数 c 的搜索范围限制在实数中, 就可以使用区间二分法高效地确定 c. 注意到非线性方程 (3.5.17) 的解乘以一个纯相位, 即 $\phi(x)\mathrm{e}^{\mathrm{i}\varphi_0}$, 仍然满足原方程, 其中 φ_0 是任意实数. 假设 c_0 是任意一个合适的复值试射参数, 让方程 (3.5.17) 两边同时除以 c_0 的相位, 即

$$\phi(x) \; := \; \phi(x)\frac{|c_0|}{c_0}, \tag{3.5.23}$$

这样就能把初始位置 $x=x_\infty$ 处试射参数 c_0 变为正数 $|c_0|$. 但是, 这一操作使得 $x=0$ 处的终止条件 (3.5.22) 也发生改变, 即存在实数 φ_0(相当于原来复数 c_0 中辐角的相反数), 使得[337]

$$\sin(\varphi_0)\mathrm{Re}[\phi_c^{(1)}(0)] + \cos(\varphi_0)\mathrm{Im}[\phi_c^{(1)}(0)] = 0, \tag{3.5.24a}$$

$$\cos(\varphi_0)\mathrm{Re}[\phi_c^{(2)}(0)] - \sin(\varphi_0)\mathrm{Im}[\phi_c^{(2)}(0)] = 0, \tag{3.5.24b}$$

联立两式并消去 φ_0, 得到新的终止条件

$$\mathrm{Re}[\phi_c^{(1)}(0)]\mathrm{Re}[\phi_c^{(2)}(0)] + \mathrm{Im}[\phi_c^{(1)}(0)]\mathrm{Im}[\phi_c^{(2)}(0)] = 0. \tag{3.5.25}$$

所以, 将问题转化为在实数轴正半轴搜索合适的试射参数 c, 使得方程 (3.5.25) 成立. 由于求解关于 c 的方程 (3.5.25) 相当于求根问题, 定义

$$F(c) = \mathrm{Re}[\phi_c^{(1)}(0)]\mathrm{Re}[\phi_c^{(2)}(0)] + \mathrm{Im}[\phi_c^{(1)}(0)]\mathrm{Im}[\phi_c^{(2)}(0)], \tag{3.5.26}$$

可以利用二分法求得函数 $F(c)$ 的零点, 且每一个零点对应一个孤子解.

最后, 将所得积分曲线延拓至 x 负半轴. 因为终止条件 (3.5.22) 和条件 (3.5.25) 之间相差一个相位, 所以只需对条件 (3.5.22) 确定的积分曲线 $\{\phi_c^{(1)}(x)\,|\,x \in [0, x_\infty]\}$ 进行相位调整, 即可得到在 $x=0$ 处具有 $\mathcal{PT}$ 对称性的积分曲线. 事实上, 只需将 $\phi_c^{(1)}(0)$ 变为实数即可

$$\phi_c^{(1)}(x) \;:=\; \phi_c^{(1)}(x)\,\frac{|\phi_c^{(1)}(0)|}{\phi_c^{(1)}(0)}. \tag{3.5.27}$$

利用 $\mathcal{PT}$ 对称性 $\phi_c(x) = \phi_c^*(-x)$, 就可以得到 x 在整个实轴上的孤子解 $\phi_c(x)$

$$\phi_c(x) \;:=\; \begin{cases} \phi_c^{(1)}(x), & x \geqslant 0, \\[2mm] \left[\phi_c^{(1)}(-x)\right]^*, & x < 0. \end{cases} \tag{3.5.28}$$

综上, 求解算法步骤如下.

步骤 1　确定外势参数 ω, W_0 以及传播常数 μ, 以明确待求的定态方程 (3.5.2). 确定初始位置 x_∞, 取线性方程 (3.5.4) 的基态解 $\Phi_0(x)$, 得到渐近方程 (3.5.18) 在 x_∞ 处满足近似比值 (3.5.20) 的一个解

$$\begin{pmatrix} \phi_\infty^{(1)} \\[2mm] \phi_\infty^{(2)} \end{pmatrix} := \begin{pmatrix} \Phi_0(x_\infty) \\[2mm] \Phi_0'(x_\infty) \end{pmatrix}. \tag{3.5.29}$$

步骤 2　在正半实轴给定区间中, 建立循环搜索试射参数 c. 以 $c\,(\phi_\infty, \phi_\infty')^{\mathrm{T}}$ 作为初值, 采用四阶 Runge-Kutta 方法从 $x = x_\infty$ 到 $x=0$ 求解一阶非线性方程 (3.5.17), 并得到在 $x=0$ 处的函数值

$$\begin{pmatrix} \phi_0^{(1)} \\[2mm] \phi_0^{(2)} \end{pmatrix} := \begin{pmatrix} \phi^{(1)}(0) \\[2mm] \phi^{(2)}(0) \end{pmatrix}. \tag{3.5.30}$$

步骤 3　记录函数值 $F(c)$. 若 $F(c)$ 与上一次试射 (c') 得到的函数值 $F(c')$ 同号, 则返回步骤 2 的循环, 继续进行试射参数的搜索; 若 $F(c)$ 与上一次试射 (c') 得到的函数值 $F(c')$ 异号, 则在区间 $[c', c]$ 内重复步骤 2, 进行二分法求根, 使得 $F(\xi) = 0, \xi \in [c', c]$, 并记录 ξ 和积分曲线 $\{\phi_\xi^{(1)}(x)\,|\,x \in [0, x_\infty]\}$.

步骤 4　步骤 2 的循环结束后, 对步骤 3 中记录的每条积分曲线 $\phi_\xi^{(1)}(x)$ 都除以 $\phi_\xi^{(1)}(0)$ 的相位, 将积分曲线调整为严格满足终止条件 (3.5.22) 的形式

$$\phi_\xi^{(1)}(x) \;:=\; \phi_\xi^{(1)}(x)\,\frac{|\phi_\xi^{(1)}(0)|}{\phi_\xi^{(1)}(0)}. \tag{3.5.31}$$

步骤 5 将步骤 4 中经过相位调整后的所有积分曲线 $\{\phi_\xi^{(1)}(x)\,|\,x \in [0, x_\infty]\}$, 利用 $\mathcal{PT}$ 对称性延拓至 x 负半轴, 得到解 $\phi_n(x)$

$$\phi_n(x) \ := \ \begin{cases} \phi_{\xi_n}^{(1)}(x), & x \geqslant 0, \\[2mm] \left[\phi_{\xi_n}^{(1)}(-x)\right]^*, & x < 0, \end{cases} \qquad n = 0, 1, 2, \cdots, \qquad (3.5.32)$$

其中 $n = 0$ 对应基态孤子解, $n = j$ 对应第 j 激发态孤子解.

2. 孤子解族及其稳定性分析

本小节将展示具有 $\mathcal{PT}$ 对称性的孤子解族, 并分析它们的稳定性. 对于方程 (3.5.1), 首先确定其中的参数 ω, W_0 和传播常数 μ, 按照 3.5.4 节第 1 部分的算法流程实现数值求解, 得到孤子基态解和较低能态的激发态解, 计算得到孤子的功率 $P = \displaystyle\int_{-\infty}^{+\infty} |\phi(x)|^2 \mathrm{d}x$, 这一过程建立了一个 (μ, P) 图像. 图 3.15 展示了 $\omega = 0.5, 1, 2$ 三种参数选取下的 (μ, P) 图像 (其中 $W_0 = 0.3$), 同时也研究了这些数值解的线性稳定性. 图中实线对应线性稳定的孤子解, 虚线则对应线性不稳定的孤子解.

发现以 μ 为自由参数的第 n 激发态孤子解具有 $(n+1)$ 峰的形状, 这与相应特征值问题 (3.5.4) 中特征函数的峰形相似. 3.5.3 节中讨论的单峰孤子解 (3.5.7) 位于基态孤子解族 $(n = 0)$ 的最左端, 即 $\mu = 0$ 处 (见图 3.15). 图 3.16(a), (b) 和图 3.17 给出了一些激发态孤子解的图像, 也对第一激发态 $(n = 1)$ 孤子解的演化进行了数值模拟, 参见图 3.16(c) 和 (d). 当 $\mu = 0$ 时, 孤子在演化过程中双峰此起彼伏, 能够长时间保持周期性振荡; 当 $\mu = 1$ 时, 孤子在 $t \in [0, 20]$ 范围内有周期性振荡, 但在 $t = 25$ 左右已发散. 以上孤子演化的数值模拟都对初值加入了 2% 的复值随机扰动.

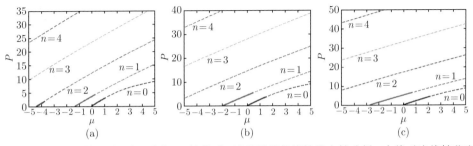

图 3.15 传播常数 μ 与孤子功率 P 的关系, 以及孤子的线性稳定性分析. 实线对应线性稳定的孤子, 虚线对应线性不稳定的孤子. 参数取为: (a) $\omega = 0.5$, (b) $\omega = 1$, (c) $\omega = 2$. 其他参数为: $W_0 = 0.3$

线性稳定性分析和演化的数值模拟表明, 在同一孤子族中 (n 相同), 传播常数 μ 越大, 对应孤子振幅和功率越大, 越容易不稳定.

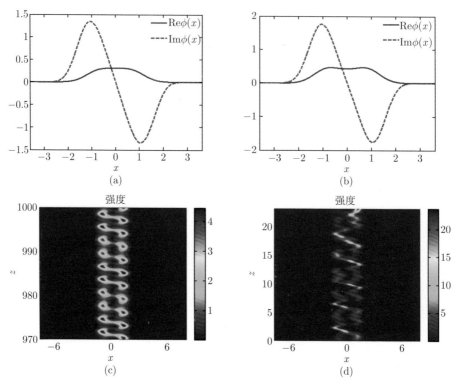

图 3.16 (a), (b) 第一激发态 ($n = 1$) 孤子解的实部 (实线) 和虚部 (虚线); (c), (d) 孤子的演化. 参数取为: (a), (c) $\mu = 0$; (b), (d) $\mu = 1$. 其他参数取为: $W_0 = 0.3, \omega = 0.5$

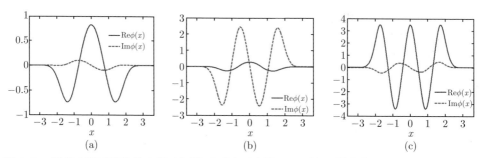

图 3.17 激发态孤子解族的实部 (实线) 和虚部 (虚线): (a) 第 2 激发态 ($n = 2$); (b) 第 3 激发态 ($n = 3$); (c) 第 4 激发态 ($n = 4$). 参数取为: $W_0 = 0.3, \omega = 0.5, \mu = -4$

第 4 章　含动量调控和 (非)$\mathcal{PT}$ 对称势的 Gross-Pitaevskii 方程

本章首先基于空间变系数的动量调控, 在广义 Gross-Pitaevskii(GP) 方程中引入不同种类的与物理上密切相关的 $\mathcal{PT}$ 对称势, 分析稳定单峰或多峰亮孤子 (非周期势能情形)、一维或多维隙孤子 (周期势情形). 对于非周期势情形, 发现常系数的动量调控不仅能改变非线性模态的稳定性而且也能调节相应的横向功率流, 但是它并不能更改原来线性能量谱的实值特性.

然而, 变系数的动量调控不仅可以改变非线性模态的稳定性, 也可以更改线性能量谱的实值性, 从而导致线性的 $\mathcal{PT}$ 对称相位破缺. 特别地, 非线性项可以将不稳定的线性模态转化为稳定的非线性模态. 此外, 发现稳定的亮孤子也可以存在于非 $\mathcal{PT}$ 对称的调和–高斯势里.

最后, 考虑了三维情形下的带有广义 $\mathcal{PT}$ 对称的 Scarf-II 势中的非线性模态情况以及相应的横向功率流. 对于周期势情形, 证明了动量调制不仅能更改晶格的第一、第二 $\mathcal{PT}$ 临界值, 周期地或有规律地改变能带结构的形状, 而且也可以使光束的衍射模式发生旋转或者分裂, 导致多重折射和发射现象. 在一维 Kerr 非线性情形下, 发现在半无穷带隙里存在稳定的一大族基态孤子, 甚至相应的传播常数可以超越第二 $\mathcal{PT}$ 临界值, 也证明了增长的动量调制可以缩小基态孤子的存在范围, 然而并不改变它们的稳定性. 在二维情形下, 大多数的高能量的孤立子在它们的存在区域是相对不稳定的, 并且它们的存在区域一般要比一维情形窄. 但是通过线性稳定性分析和直接波传播的方法也找到了多维的稳定的基态孤子. 周期情形下的动量调控也可以彻底改变横向功率流的流向, 从而用来控制增益–损耗区域内的能量交换 (见文献 [339, 340]).

4.1　$\mathcal{PT}$ 对称的 Gross-Pitaevskii 方程

4.1.1　广义 Gross-Pitaevskii 方程

考虑带有 $\mathcal{PT}$ 对称外势和动量调控的 Gross-Pitaevskii 方程

$$\mathrm{i}\partial_t\psi=\left[-\frac{1}{2}\partial_x^2+\mathrm{i}\Gamma(x)\partial_x+V(x)+\mathrm{i}W(x)-g|\psi|^2\right]\psi, \tag{4.1.1}$$

其中 $\partial_t = \partial/\partial t$, $\psi \equiv \psi(x,t)$ 是关于 x,t 的复值凝聚态波函数, 该项 $\mathrm{i}\Gamma(x)\partial_x$ 被称为动量算子, 外势的 $\mathcal{PT}$ 对称性要求: $V(x) = V(-x)$ 和 $W(x) = -W(-x)$, 前者表示实值外势或者势的实部, 后者通常用来描述增益-损耗分布. $g > 0$ 和 $g < 0$ 分别表示吸引和排斥的非线性相互作用. 事实上, 方程 (4.1.1) 可以视为具有 $\mathcal{PT}$ 对称外势的耦合 GP 方程的一种特殊情形, 这种耦合 GP 方程通常用来描述似一维自旋轨道玻色-爱因斯坦凝聚态 (用旋量 $\Psi = (\psi_1, \psi_2)^{\mathrm{T}}$ 来表示), 具体形式如下:

$$\mathrm{i}\partial_t \Psi = \frac{1}{2}\left[\frac{1}{\mathrm{i}}\partial_x^2 - \kappa(x)\sigma_1\right]^2 \Psi + \frac{\Omega}{2}\sigma_3 \Psi - (\Psi^\dagger \Psi)\Psi, \tag{4.1.2}$$

这里 $\sigma_{1,3}$ 是 Pauli 矩阵. 若令 $\psi = \psi_1 = \psi_2$, 塞曼分裂为零 $\Omega = 0$, $2\Gamma(x) = \kappa(x)$, 添加 $\mathcal{PT}$ 对称势 $V(x) + \mathrm{i}W(x) - \frac{1}{2}[\mathrm{i}\kappa_x + \kappa^2(x)]$, 并且在系统 (4.1.2) 中改变非线性系数 1 为一个常数 g, 那么系统 (4.1.2) 约化为要考虑的简单模型 (4.1.1). 因此, 对于要研究模型 (4.1.1) 可能的实验实施, 人们可通过参考文献 [341–343] 中相似的结果来设计相应的实验.

　　易知若复势 $V(x) + \mathrm{i}W(x)$ 是 $\mathcal{PT}$ 对称的且 $\Gamma(x)$ 为偶函数, 则方程 (4.1.1) 在 $\mathcal{PT}$ 对称变换下是不变的. 方程 (4.1.1) 可改为如下变分形式:

$$\mathrm{i}\psi_t = \frac{\delta \mathcal{H}(\psi)}{\delta \psi^*},$$

$$\mathcal{H}(\psi) = \int_{-\infty}^{+\infty} \left\{ \frac{1}{2}|\psi_x|^2 + \mathrm{i}\frac{\Gamma(x)}{2}(\psi^*\psi_x - \psi\psi_x^*) + [V(x) + \mathrm{i}W(x)]|\psi|^2 - \frac{g}{2}|\psi|^4 \right\}\mathrm{d}x,$$

方程 (4.1.1) 的总功率和拟功率分别为

$$P(t) = \int_{-\infty}^{+\infty} |\psi(x,t)|^2 \mathrm{d}x, \quad Q(t) = \int_{-\infty}^{+\infty} \psi(x,t)\psi^*(-x,t)\mathrm{d}x,$$

由此易导出它们随时间的演化情况

$$P_t = 2\int_{-\infty}^{+\infty} W(x)|\psi(x,t)|^2 \mathrm{d}x,$$

$$Q_t = \mathrm{i}\int_{-\infty}^{+\infty} g\psi(x,t)\psi^*(-x,t)[|\psi(x,t)|^2 - |\psi(-x,t)|^2]\mathrm{d}x. \tag{4.1.3}$$

一般而言, 局域化的波函数 $\psi(x,t)$ 是空间位置 x 的偶函数, 而 $\mathcal{PT}$ 对称性又要求 $W(x)$ 为奇函数, 因此可得功率守恒和拟功率守恒 $P_t = 0$, $Q_t = 0$.

4.1.2 定态解的一般理论

现在研究方程 (4.1.1) 的局域化定态解 $\psi(x,t)=\phi(x)\mathrm{e}^{\mathrm{i}\mu t}$, 其中 μ 表示实值的化学势, 那么复值波函数 $\phi(x)$ ($\lim_{|x|\to\infty}\phi(x)=0$) 满足如下带有变参数调制的广义定态 GP 方程

$$\left[-\frac{1}{2}\frac{\mathrm{d}^2}{\mathrm{d}x^2}+\mathrm{i}\Gamma(x)\frac{\mathrm{d}}{\mathrm{d}x}+V(x)+\mathrm{i}W(x)-g|\phi|^2+\mu\right]\phi=0. \tag{4.1.4}$$

当没有非线性相互作用时 (即 $g=0$), 方程 (4.1.4) 变为线性特征值问题. 若存在非线性项, 方程 (4.1.4) 的解存在两种情况.

(1) 若 $\phi(x)\in\mathbb{R}[x]$, 则方程 (4.1.4) 的解如下

$$\phi(x)=c\exp\left[-\int_0^x\frac{W(s)}{\Gamma(s)}\mathrm{d}s\right], \tag{4.1.5}$$

其中 $c\neq 0$, 并且链接势与增益–损耗分布的条件为

$$V(x)=\frac{W^2(x)-\Gamma(x)W_x(x)+W(x)\Gamma_x(x)}{2\Gamma^2(x)}+gc^2\exp\left[-2\int_0^x\frac{W(s)}{\Gamma(s)}\mathrm{d}s\right]-\mu, \tag{4.1.6}$$

(2) 若 $\phi(x)\in\mathbb{C}[x]$, 则它可改写为

$$\phi(x)=\hat{\phi}(x)\exp\left[\mathrm{i}\int_0^x v(s)\mathrm{d}s\right], \tag{4.1.7}$$

其中实函数 $\hat{\phi}(x)$ 表示振幅, 实函数 $v(x)$ 表示流体动力学速度, 然后将方程 (4.1.7) 代入方程 (4.1.4) 可以得到链接流体动力学速度的关系式

$$v(x)=2\hat{\phi}^{-2}(x)\int_0^x\{W(s)\hat{\phi}^2(s)+\Gamma(s)[\hat{\phi}^2(s)]_s\}\mathrm{d}s, \tag{4.1.8}$$

并且振幅函数满足

$$\frac{\hat{\phi}_{xx}(x)}{\hat{\phi}(x)}+2g\hat{\phi}^2(x)-[v(x)-\Gamma(x)]^2-2V(x)=2\mu-\Gamma^2(x). \tag{4.1.9}$$

对于给定的 $\mathcal{PT}$ 对称势, 可通过解析的或数值的方法求解方程 (4.1.4) (或等价地, 方程 (4.1.8) 和 (4.1.9)). 进而可获得定态形式的孤立子解 $\psi(x,t)=\phi(x)\mathrm{e}^{\mathrm{i}\mu t}$, 其中 $\phi(x)$ 由方程 (4.1.7) 给定. 为了进一步研究上述获得的非线性定态解的线性稳定性, 考虑它的扰动形式的解[71]

$$\psi(x,t)=\left\{\phi(x)+\epsilon\left[F(x)\mathrm{e}^{\mathrm{i}\delta t}+G^*(x)\mathrm{e}^{-\mathrm{i}\delta^* t}\right]\right\}\mathrm{e}^{\mathrm{i}\mu t}, \tag{4.1.10}$$

其中 $\phi(x)\mathrm{e}^{\mathrm{i}\mu t}$ 是方程 (4.1.1) 的一个定态解, $|\epsilon| \ll 1$, $F(x)$ 和 $G(x)$ 是线性化特征值问题的特征函数. 将方程 (4.1.10) 代入方程 (4.1.1) 并且关于 ϵ 线性化, 可获得下面的线性化特征值问题

$$
\begin{pmatrix} L & g\phi^2(x) \\ -g\phi^{*2}(x) & -L^* \end{pmatrix} \begin{pmatrix} F(x) \\ G(x) \end{pmatrix} = \delta \begin{pmatrix} F(x) \\ G(x) \end{pmatrix}, \tag{4.1.11}
$$

其中

$$
L = \frac{1}{2}\partial_x^2 - \mathrm{i}\Gamma(x)\partial_x - [V(x) + \mathrm{i}W(x)] + 2g|\phi(x)|^2 - \mu.
$$

易知, $\mathcal{PT}$ 对称非线性模态是线性稳定的, 等价于 δ 没有虚部.

4.2　空间不变动量调控下 $\mathcal{PT}$ 对称的线性和非线性模态

首先考虑简单的情形 $\Gamma(x) = \Gamma =$ 常数.

4.2.1　$\mathcal{PT}$ 对称 Scarf-II 势

考虑具有物理意义的 $\mathcal{PT}$ 对称 Scarf-II 势[41,45]

$$
V(x) = V_0\,\mathrm{sech}^2 x, \quad W(x) = W_0\,\mathrm{sech}\,x\tanh x, \tag{4.2.1}
$$

其中实值常数 $V_0 < 0$ 和 W_0 分别调控无反射势 $V(x)$[344] 和增益–损耗分布 $W(x)$ 的幅度. 这两个函数是有界的, 并且当 $|x| \to \infty$ 时, $V(x), W(x) \to 0$. 对于 $W_0 > 0$, $W(x)$ 表示在 $x > 0(< 0)$ 的区域为增益 (损耗) 作用, 然而对于 $W_0 < 0$, $W(x)$ 表示在 $x < 0(> 0)$ 的区域为增益 (损耗) 作用. 此外, 由于 $\displaystyle\int_{-\infty}^{+\infty} W(x)\mathrm{d}x = 0$, 增益–损耗分布在方程 (4.1.1) 中总是相互平衡的.

1. $\mathcal{PT}$ 对称相位破缺

考虑具有 $\mathcal{PT}$ 对称 Scarf-II 势 (4.2.1) 的线性特征值问题

$$
L_\mathrm{s}\Phi(x) = \lambda\Phi(x), \quad L_\mathrm{s} = -\frac{1}{2}\partial_x^2 + \mathrm{i}\Gamma\partial_x + V(x) + \mathrm{i}W(x), \tag{4.2.2}
$$

其中 λ 和 $\Phi(x)$ 分别是特征值和特征函数, 并且 $\lim_{|x|\to\infty}\Phi(x) = 0$. 在不含动量项时 ($\Gamma = 0$), 线性问题 (4.2.2) 可约化为通常的含 $\mathcal{PT}$ 对称 Scarf-II 势 (4.2.1) 的 Hamilton 算子: $L_0\Phi_0(x) = \lambda_0\Phi_0(x)$, $L_0 = -\frac{1}{2}\partial_x^2 + V(x) + \mathrm{i}W(x)$, 其中 λ_0 和

$\Phi_0(x)$ 分别是相应的特征值和特征函数, 可以证明 Hamilton 算子 L_0 拥有全实的离散能量谱的条件是参数 $V_0 < 0$ 和 W_0 满足[41]

$$|W_0| \leqslant \frac{1}{8} - V_0. \tag{4.2.3}$$

当动量项 $\Gamma \neq 0$ 时, 发现如果 λ_0 和 $\Phi_0(x)$ 满足 $L_0\Phi_0(x) = \lambda_0\Phi_0(x)$, 那么通过可逆变换 $\Phi(x) = \Phi_0(x)\mathrm{e}^{\mathrm{i}\Gamma x}$, 函数 $\Phi(x)$ 满足方程 (4.2.2), 并且 $\lambda = \lambda_0 + \Gamma^2/2$. 反过来, 相应的结果也成立. 也就是说, 对于非零的动量系数 Γ, 只要参数 $V_0 < 0$ 和 W_0 满足同样的条件 (4.2.3), 算子 L_s 也拥有全实的离散谱.

对于不同的动量调控系数, 可以从数值计算上研究算子 L_s 的 $\mathcal{PT}$ 对称相位未破缺和破缺的参数 (V_0, W_0) 区域, 发现数值结果与方程 (4.2.3) 给出的精确结果保持一致. 也就是说, 常值的动量系数 Γ 不能改变破缺或未破缺的 $\mathcal{PT}$ 对称相位区域, 但是它会对给定 $\mathcal{PT}$ 对称势的特征值产生一定的影响 (参见图 4.1).

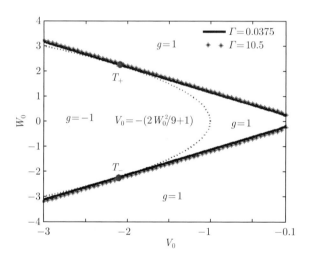

图 4.1 带有 $\mathcal{PT}$ 对称 Scarf-II 势 (4.2.1) 的线性算子 L_s (4.2.2) 的相变图. 对于每一个频率 $\Gamma = 0.0375, 10.5$, 未破缺 (破缺) 的 $\mathcal{PT}$ 对称相位位于两条对称破缺直线之间的区域 (之外的区域). 对于吸引 $g = 1$ 的情形 (排斥 $g = -1$ 的情形), 亮孤子 (4.2.4) 的存在性区域位于抛物线 $V_0 = -(2W_0^2/9 + 1)$ 之外的区域 (之内的区域). 切点分别是 $T_\pm = (-2.125, \pm 2.25)$

选择不同的动量调控系数 $\Gamma = 0.0375^{[345]}$ 和 $\Gamma = 10.5$ 并且固定 $W_0 = 2$ 在数值上, 用图例解释对应于离散谱的最低的两个能态. 势的幅度 $|V_0|$ 减小时, 由于最低两个能态的碰撞, 自发对称破缺出现. 而且, 当动量系数增加时, 特征值实部的绝对值会变大 (见图 4.2). 不光滑的点是由于能级的排序造成的 (也就是特征值的实部)(见图 4.2(a), (c)).

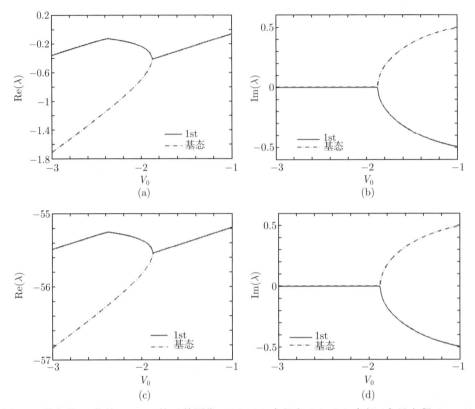

图 4.2　特征值 λ 依赖 $V_0 < 0$ 的函数图像: (a), (c) 实部和 (b), (d) 虚部 (参见方程 (4.2.2)), 其中各图中参数取值为 (a), (b) $\Gamma = 0.0375$, (c), (d) $\Gamma = 10.5$, 固定 $W_0 = 2$

2. 非线性局域模态和稳定性

现在研究方程 (4.1.4) 在 $\mathcal{PT}$ 对称 Scarf-II 势 (4.2.1) 下的非线性局域模态. 可构造出方程 (4.1.4) 拥有精确的亮孤子解

$$\phi(x) = \sqrt{\frac{1}{g}\left(\frac{2W_0^2}{9} + V_0 + 1\right)}\,\mathrm{sech}\,x\,\mathrm{e}^{\mathrm{i}\varphi(x)}, \qquad (4.2.4)$$

其中

$$g\left(\frac{2}{9}W_0^2 + V_0 + 1\right) > 0. \qquad (4.2.5)$$

对于吸引 ($g = 1$) 和排斥 ($g = -1$) 的非线性都成立, 其中化学势 μ 被动量系数调节为 $\mu = (1 + \Gamma^2)/2$, 并且非平凡的相位与增益–损耗分布的幅度 W_0 以及动量系

数 Γ 相关, 即

$$\varphi(x) = \Gamma x - \frac{2W_0}{3} \arctan(\sinh x). \tag{4.2.6}$$

对于吸引 ($g = 1$) 和排斥 ($g = -1$) 两种情形, 由方程 (4.2.5) 可得亮孤子解 (4.2.4) 的存在性条件分别为

$$V_0 > -(2W_0^2/9 + 1), \quad g = 1, \tag{4.2.7}$$

$$V_0 < -(2W_0^2/9 + 1), \quad g = -1, \tag{4.2.8}$$

在图 4.1 中分别对应于抛物线 $V_0 = -(2W_0^2/9 + 1)$ 里面的区域 ($g = -1$) 和外面的区域 ($g = 1$). 注意到对于 $\Gamma = 0$, 此时化学势是一个常数 $\mu = 0.5$. 当 Γ 增加时, μ 也随着变大. 此外, 动量系数 Γ 没有控制非线性模态 (4.2.4) 的振幅, 但是能够改变化学势 μ 和相位 $\varphi(x)$. 容易看出非线性模态 (4.2.4) 也是 $\mathcal{PT}$ 对称的.

因此, 能够发现抛物线 $V_0 = -(2W_0^2/9 + 1)$ 与 $\mathcal{PT}$ 对称的破缺线 $W_0 = \pm(0.125 - V_0)$ 相切, 两个切点分别为 $(V_0, W_0) = (-2.125, \pm 2.25)$, 也就是说, 对于排斥情形 $g = -1$, 亮孤子解 (4.2.4) 的存在性区域完全位于未破缺的 $\mathcal{PT}$ 对称相位的参数区域之内; 然而对于吸引情形 $g = 1$, 亮孤子解 (4.2.4) 的存在性区域既包含未破缺的 $\mathcal{PT}$ 对称相位的部分参数区域又包含破缺的 $\mathcal{PT}$ 对称相位的全部参数区域 (参见图 4.1). 幅度参数 V_0 和 W_0 既可以控制非线性模态 (4.2.4) 的振幅也可以调节相应的功率, 因为对于非线性模态 (4.2.4) 有

$$P = \int_{-\infty}^{\infty} |\psi(x, t)|^2 \mathrm{d}x = \frac{2}{g}\left(\frac{2W_0^2}{9} + V_0 + 1\right). \tag{4.2.9}$$

对于已选择的动量系数 $\Gamma = 0.0375, 10.5$, 图 4.3(a), (b) 对应于 $g = 1$ 和图 4.4(a), (b) 对应于 $g = -1$, 分别呈现了与孤子解 (4.2.4) 相关的线性化特征值 δ 的虚部绝对值的最大值作为 V_0 和 W_0 的函数图像 (参考方程 (4.1.11)), 它们刻画了线性稳定 (黑蓝色) 的区域和线性不稳定 (其他颜色) 的区域.

在下面, 对于吸引和排斥两种情形, 从数值上检验非线性模态 (4.2.4) 的鲁棒性, 通过对初始定态解 (4.2.4) 加上大约 1% 的噪声扰动来直接传播模拟. 对于吸引的情形 $g = 1$, 图 4.3 对于不同的参数 V_0, W_0 和 Γ 说明了稳定和不稳定的情形. 对于 $\Gamma = 0.0375$ 和 $V_0 = -0.8, W_0 = 0.6$, 属于算子 L_s 的未破缺的线性 $\mathcal{PT}$ 对称相位对应的参数区域 (参见方程 (4.2.2)), 相应的非线性模态是稳定的 (参见图 4.3(c), (d)), 它可以在相关的实验中观察到. 如果固定 $\Gamma = 0.0375, V_0 = -0.8$ 并且改变 $W_0 = 0.8$, 这时即使对应于未破缺的线性 $\mathcal{PT}$ 对称相位的参数区域, 但

是相应的非线性模态已经变得不稳定. 相似地, 如果固定 $V_0 = -0.8$, $W_0 = 0.6$ 并改变 $\Gamma = 10.5$, 这时也对应于未破缺的线性 $\mathcal{PT}$ 对称相位的参数区域, 然后会发现相应的非线性模态也是不稳定的. 如果选择 $V_0 = -1.5$, $W_0 = 1.65$, 即使属于未破缺的线性 $\mathcal{PT}$ 对称相位的参数区域 (参见式 (4.2.2)), 对于 $\Gamma = 0.0375$ 和 $\Gamma = 10.5$ 也能找到稳定的非线性局域模态 (参见图 4.3(f), (h)).

注意: 对于吸引的情形 $g = 1$, 方程 (4.1.4) 的精确非线性模态 (4.2.4) 存在于

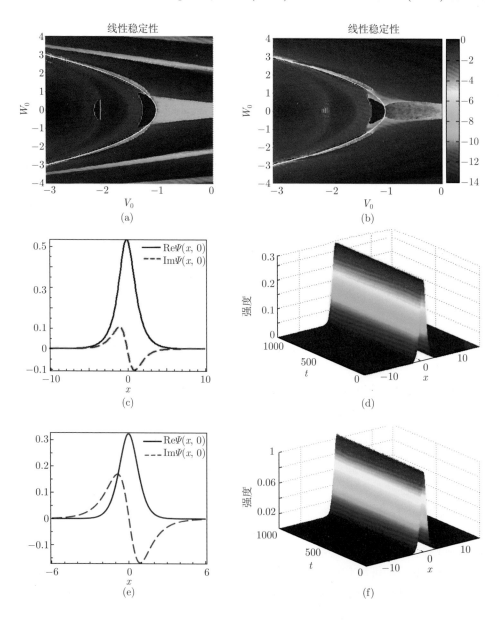

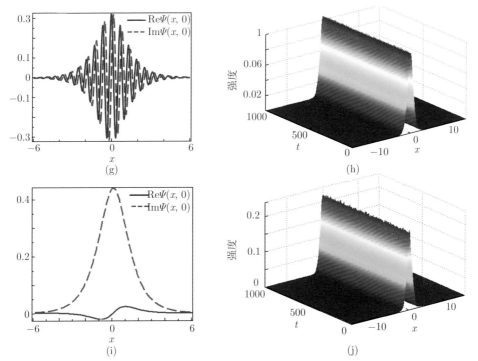

图 4.3 非线性模态 (4.2.4) 的线性稳定性 (参考方程 (4.1.11), $g = 1$): (a) $\Gamma = 0.0375$, (b) $\Gamma = 10.5$ [线性稳定性的值由线性化特征值 δ 的虚部绝对值的最大值决定 (在这里取常用对数尺度), 下同], 其中抛物线表达式为 $V_0 = -(2W_0^2/9 + 1)$. 单峰的非线性模态 (4.2.4): (c) $\Gamma = 0.0375$, $V_0 = -0.8$, $W_0 = 0.6$ (未破缺的线性 $\mathcal{PT}$ 对称), (e) $\Gamma = 0.0375$, $V_0 = -1.5$, $W_0 = 1.65$ (破缺的线性 $\mathcal{PT}$ 对称), (g) $\Gamma = 10.5$, $V_0 = -1.5$, $W_0 = 1.65$ (破缺的线性 $\mathcal{PT}$ 对称), (i) $\Gamma = 0.0375$, $V_0 = -1.2$, $W_0 = 0.2$ (未破缺的线性 $\mathcal{PT}$ 对称). 非线性模态 (4.2.4): (d), (f), (h) 稳定的和 (j) 周期变化的传播, 分别对应于 (c), (e), (g) 和 (i) 中微扰的初值条件

抛物线 $V_0 = -(2W_0^2/9 + 1)$ 之外 (也就是在图 4.3(a), (b) 中白色的抛物线). 如果选择 $V_0 = -1.5$, $W_0 = 0.2$(位于抛物线之内), 相应的非线性模态 (4.2.4) 变为

$$\phi_+(x) = \frac{\sqrt{41}}{15}\, \mathrm{i}\, \mathrm{sech}\, x \exp\left\{\mathrm{i}\left[\Gamma x - \frac{2}{15}\arctan(\sinh x)\right]\right\}, \tag{4.2.10}$$

可参见图 4.3(i), 不同于其他的情形 (参见图 4.3(c), (e), (g)), 这时的实部是一个奇函数而虚部是一个偶函数, 不再满足带有 $\mathcal{PT}$ 对称 Scarf-II 外势 (4.2.1) 的方程 (4.1.4). 但是我们仍然使用它作为一个初值解并附加一个大约 1% 的白噪声做传播模拟, 结果我们惊奇地发现初始模态 $\phi_+(x)$ 可以被激发到一个稳定的非线性模态, 中间展现出微弱的振荡 (像呼吸子一样)(参见图 4.3(j)). 这可能是

增强的增益–损耗分布、非精确初值条件以及增大了实验中参数的调控范围所导致的.

对于排斥的情形 $g = -1$, 以及不同的参数 V_0, W_0 和 Γ, 图 4.4 刻画了稳定和不稳定的情形. 对于 $\Gamma = 0.0375$ 和 $V_0 = -2, W_0 = 1.5495$, 属于算子 L_s 的未破缺的线性 $\mathcal{PT}$ 对称相位对应的参数区域, 相应的非线性模态是稳定的 (参见图 4.4(c), (d)). 如果我们固定 $\Gamma = 0.0375, V_0 = -2$ 并且改变 W_0 一点点为 $W_0 = 1.5498$, 这时仍然属于算子 L_s 的未破缺的线性 $\mathcal{PT}$ 对称相位对应的参数

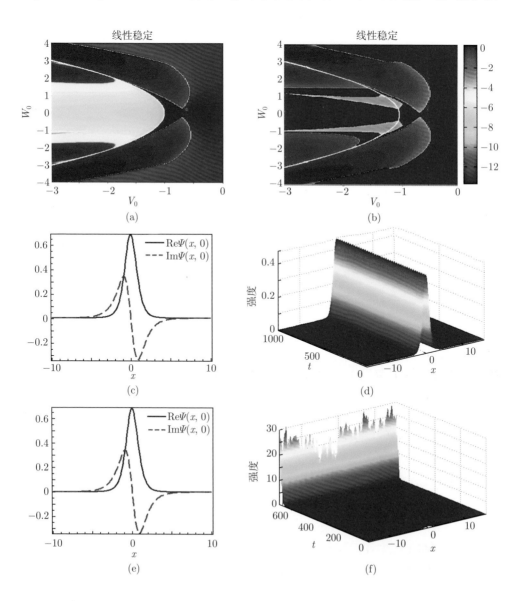

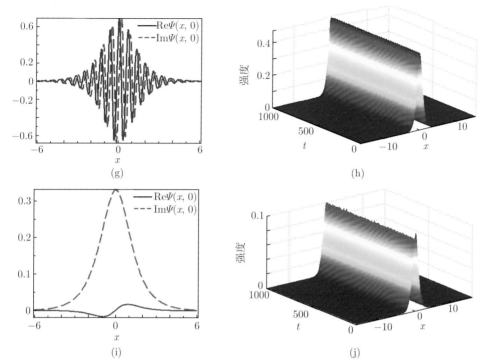

图 4.4 非线性模态 (4.2.4) 的线性稳定性 ($g = -1$): (a) $\Gamma = 0.0375$, (b) $\Gamma = 10.5$, 其中抛物线表达式为 $V_0 = -(2W_0^2/9 + 1)$. 单峰非线性模态 (4.2.4): (c) $\Gamma = 0.0375$, $V_0 = -2$, $W_0 = 1.5495$, (e) $\Gamma = 0.0375$, $V_0 = -2$, $W_0 = 1.5498$, (g) $\Gamma = 10.5$, $V_0 = -2$, $W_0 = 1.5498$, (i) $\Gamma = 0.0375$, $V_0 = -0.9$, $W_0 = 0.2$ (均对应着未破缺的线性 $\mathcal{PT}$ 对称). 非线性模态 (4.2.4): (d), (h) 稳定的, (f) 不稳定的和 (j) 周期变化的传播, 分别对应于 (c), (e), (g) 和 (i) 中微扰的初值条件

区域, 那么相应的非线性局域模态变得不稳定 (参见图 4.4(e), (f)); 然而, 当固定 $W_0 = 1.5498$, $V_0 = -2$ 并且改变 $\Gamma = 10.5$ 时, 仍然属于算子 L_{s} 的未破缺的线性 $\mathcal{PT}$ 对称相位对应的参数区域, 这时相应的非线性模态又变得稳定了 (参见图 4.4(g), (h)).

注意: 对于排斥的情形 $g = -1$, 精确的非线性模态 (4.2.4) 存在于抛物线 $V_0 = -(2W_0^2/9 + 1)$ 之内 (参见图 4.4(a), (b) 中白色的抛物线). 如果选择 $V_0 = -0.9$, $W_0 = 0.2$(位于白色的抛物线之外), 这时非线性模态 (4.2.4) 变成

$$\phi_-(x) = \sqrt{\frac{53}{450}}\, \mathrm{i}\, \mathrm{sech}\, x \exp\left\{ \mathrm{i}\left[\Gamma x - \frac{2}{15} \arctan(\sinh x) \right] \right\}, \tag{4.2.11}$$

可参见图 4.4(i), 它不再满足带有 $\mathcal{PT}$ 对称 Scarf-II 外势 (4.2.1) 的方程 (4.1.4). 但是也仍然用它作为一个初值解并附加一个大约 1% 的白噪声做传播模拟, 结果

发现 $\phi_-(x)$ 也可以被激发到一个稳定的非线性模态, 并且观察到起初有一个小凸起, 然后衰减为弱振荡的情形 (参见图 4.4(j)).

此外, 在 $\mathcal{PT}$ 对称 Scarf-II 外势 (4.2.1) 下, 也研究了两个亮孤子的相互作用. 对于吸引的情形 $g = 1$, 并且 $V_0 = -0.8$, $W_0 = 0.1$, $\Gamma = 0.0375$, 我们考虑初始条件

$$\psi(x,0) = \phi(x) + 1.2 \operatorname{sech}[1.2(x+20)]\mathrm{e}^{4ix}, \tag{4.2.12}$$

其中 $\phi(x)$ 由方程 (4.2.4) 决定 (下同), 结果产生弹性的相互作用 (参见图 4.5(a)). 当 Γ 增大时, 例如取 $\Gamma = 10.5$, 考虑初始条件

$$\psi(x,0) = \phi(x) + 1.2 \operatorname{sech}[1.2(x-20)]\mathrm{e}^{4ix}, \tag{4.2.13}$$

也可以产生弹性的相互作用 (参见图 4.5(b)). 类似地, 对于排斥的情形 $g = -1$, 并且 $V_0 = -2$, $W_0 = 0.1$, $\Gamma = 0.0375$, 考虑初值条件

$$\psi(x,0) = \phi(x) + 1.2 \operatorname{sech}[1.2(x+20)]\mathrm{e}^{6ix}, \tag{4.2.14}$$

结果产生了半弹性的相互作用, 这时精确非线性模态在相互作用前后几乎保持一样, 然而另外一个模态明显发生了衰减的变化 (参见图 4.5(c)). 同样当 Γ 增大时, 例如取 $\Gamma = 10.5$, 考虑初值条件

$$\psi(x,0) = \phi(x) + 1.2 \operatorname{sech}[1.2(x-20)]\mathrm{e}^{4ix}, \tag{4.2.15}$$

同样可以观察到类似的半弹性的相互作用 (参见图 4.5(d)).

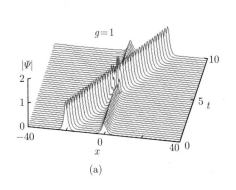

(a)

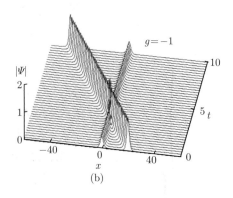

(b)

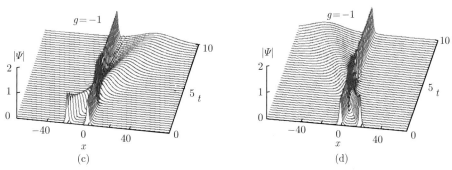

图 4.5 方程 (4.1.1) 中两个孤子的相互作用: (a) 孤子解 (4.2.4) 与外来孤波 $1.2\,\mathrm{sech}[1.2(x+20)]\mathrm{e}^{4\mathrm{i}x}$, 且 $\Gamma = 0.0375, V_0 = -0.8, W_0 = 0.1, g = 1$, (b) 孤子解 (4.2.4) 与外来孤波 $1.2\,\mathrm{sech}[1.2(x-20)]\mathrm{e}^{4\mathrm{i}x}$, 且 $\Gamma = 10.5, V_0 = -0.8, W_0 = 0.1, g = 1$, (c) 孤子解 (4.2.4) 与外来孤波 $1.2\,\mathrm{sech}[1.2(x+20)]\mathrm{e}^{6\mathrm{i}x}$, 且 $\Gamma = 0.0375, V_0 = -2, W_0 = 0.1, g = -1$, (d) 孤子解 (4.2.4) 与外来孤波 $1.2\,\mathrm{sech}[1.2(x-20)]\mathrm{e}^{4\mathrm{i}x}$, 且 $\Gamma = 10.5, V_0 = -2, W_0 = 0.1, g = -1$

3. 变化的横向功率流

为了更好地理解定态的非线性局域模态 (4.2.4) 的性质, 考虑它对应的横向功率流 (Poynting 向量), 它源于非线性模态的非平凡的相位结构:

$$
\begin{aligned}
S(x) \;&= \frac{\mathrm{i}}{2}(\phi\phi_x^* - \phi_x\phi^*) \\
&= \left[\frac{1}{g}\left(\frac{2W_0^2}{9} + V_0 + 1\right)\mathrm{sech}^2 x\right]\left(\Gamma - \frac{2W_0}{3}\mathrm{sech}\,x\right),
\end{aligned}
\tag{4.2.16}
$$

在没有动量项 $\Gamma = 0$ 时, $\mathrm{sgn}(S) = -\mathrm{sgn}(W_0)$, 也就是说能量总是从增益区域流向损耗区域, 但是在存在动量项 $\Gamma \neq 0$ 时, S 的符号不总是正定的或者负定的, 它依赖于参数 W_0, Γ 和空间位置 x. 结果有四种情况 (见表 4.1):

(i) 对于情况 1, 功率总是从损耗区域流向增益区域;

(ii) 对于情况 2, 功率流向比较复杂, 因为依赖于空间位置. 对任意的 $0 < \Gamma < 2W_0/3$ 和 $W_0 > 0$, 当 $|x| \geqslant \mathrm{arcsech}[3\Gamma/(2W_0)]$ 时, 功率总是从损耗区域流向增益区域; 当 $|x| < \mathrm{arcsech}[3\Gamma/(2W_0)]$ 时, 功率总是从增益区域流向损耗区域 (见图 4.6);

(iii) 对于情况 3, 我们发现功率总是从增益区域流向损耗区域, 说明了动量算子 $\mathrm{i}\Gamma\partial_x$ 有与增益-损耗项 $W(x)$ 相同或者更弱的作用 ($\Gamma \neq 0$), 或者对增益-损耗项 $W(x)$ 没有影响 (也就是说 $\Gamma = 0$);

(iv) 对于情况 4, 也就是没有增益-损耗项 $W(x) \equiv 0$ 时, 动量算子 $\mathrm{i}\Gamma\partial_x$ 对功率流向有相似的作用, 以至于功率总是流向一个方向.

表 4.1　横向功率流 $S(x)$ 的符号与 W_0, Γ 和 x 相关 (参见方程 (4.2.16))

情况	W_0	Γ	$S(x)$
1	$W_0 > 0$	$\Gamma \geqslant \dfrac{2W_0}{3}$	$S \geqslant 0,\ \forall x \in \mathbb{R}$
2	$W_0 > 0$	$0 < \Gamma < \dfrac{2W_0}{3}$	$\begin{cases} S \geqslant 0, & \|x\| \geqslant \operatorname{arcsech}\left(\dfrac{3\Gamma}{2W_0}\right) \\ S < 0, & \text{其他} \end{cases}$
3	$W_0 < 0$	$\Gamma > 0$	$S > 0,\ \forall x \in \mathbb{R}$
4	$W_0 = 0$	$\Gamma > 0$	$S > 0,\ \forall x \in \mathbb{R}$

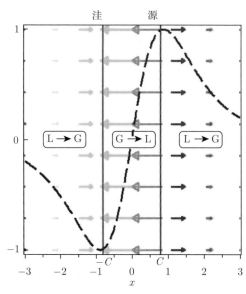

图 4.6　非线性模态 (4.2.4) 的横向功率流 (4.2.16) 和由方程 (4.2.1) 决定的增益-损耗曲线 $W(x)$(虚线). 其中 $W_0 = 2$, $\Gamma = 1$, $g = 1$, $V_0 = -1$, $c = \operatorname{arcsech}(3/4)$, L= 损耗, G= 增益

4.2.2　$\mathcal{PT}$ 对称 α-幂律 Scarf-II 势

考虑如下 $\mathcal{PT}$ 对称的 α-幂律 Scarf-II 势

$$V_\alpha(x) = v_1 \operatorname{sech}^2 x + v_2 \operatorname{sech}^{2\alpha} x, \quad W_\alpha(x) = W_0 \operatorname{sech}^\alpha x \tanh x, \qquad (4.2.17)$$

其中, $\alpha > 0$, $v_1 = -\alpha(\alpha + 1)/2$, v_2 和 W_0 都是实值常数. 当 $\alpha = 1$ 时, $V_\alpha(x)$ 和 $W_\alpha(x)$ 约化为著名的 Scarf-II 势 (1.9.8)：$V_1(x) = (v_1 + v_2) \operatorname{sech}^2 x$ 和 $W_1(x) = W_0 \operatorname{sech} x \tanh x$.

对于不同的参数 $\alpha > 0$ 和 v_2, $V_\alpha(x)$ 展现了丰富的势阱结构 (图 4.7和图 4.8).

对于势 (4.2.17), 可以获得方程 (4.1.4) 的亮孤子解

$$\phi_\alpha(x) = \sqrt{\frac{1}{g}\left(\frac{2W_0^2}{9\alpha^2}+v_2\right)}\,\mathrm{sech}^\alpha x\,\mathrm{e}^{\mathrm{i}\varphi_\alpha(x)}, \tag{4.2.18}$$

其中 $g[v_2 + 2W_0^2/(9\alpha^2)] > 0$, 化学势为 $\mu = (\alpha^2 + \Gamma^2)/2$, 相位为

$$\varphi_\alpha(x) = \Gamma x - \frac{2W_0}{3\alpha}\int_0^x \mathrm{sech}^\alpha s\,\mathrm{d}s. \tag{4.2.19}$$

注意: 当 $v_2 = 0$ 时, 解 (4.2.18) 仅适用于 $g = 1$ 的情形. 对于 $0 < \alpha < 1$, 非线性模态 (4.2.18) 的波宽大于 $\alpha = 1$ 时的波宽, 然而对于 $\alpha > 1$, 它们小于 $\alpha = 1$ 时的波宽. 接下来将对两种情形 $0 < \alpha < 1$(如取 $\alpha = 0.5$) 和 $\alpha > 1$(如取 $\alpha = 2$) 数值上研究非线性模态 (4.2.18) 的线性稳定性.

1. 非线性模态的稳定性

下面分吸引和排斥两种情形来检验非线性模态 (4.2.18) 的稳定性, 通过数值方法直接模拟方程 (4.2.18) 的初始定态解的波传播, 也在初始解上附加了大约 1% 的白噪声扰动.

首先固定 $\alpha = 0.5$ 和 $\Gamma = 1$. 对于吸引的情形 $g = 1$, 令 $v_2 = W_0 = 0.1$ 可以获得稳定的非线性模态 (图 4.7(b)), 在这种情况下相应的势是类单阱的 (图 4.7(a)). 如果增加 v_2, 如取 $v_2 = 0.5$, 在这种情形下相应的势变成 M 型的带有双峰的单势阱 (参见图 4.7(c)), 以至于相应的非线性模态是不稳定的 (图 4.7(d)). 对于排斥的情形 $g = -1$, 固定 $v_2 = -2$ 并且改变 W_0 为 $W_0 = 0.1$ 和 $W_0 = 0.8$, 也能够分别得到稳定的 (图 4.7(f)) 和不稳定的 (图 4.7(h)) 孤立子. 这两种情况均对应着单势阱 (图 4.7(e), (g)).

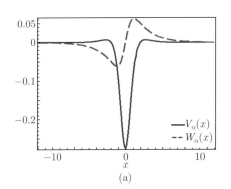

(a)

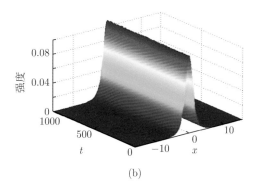

(b)

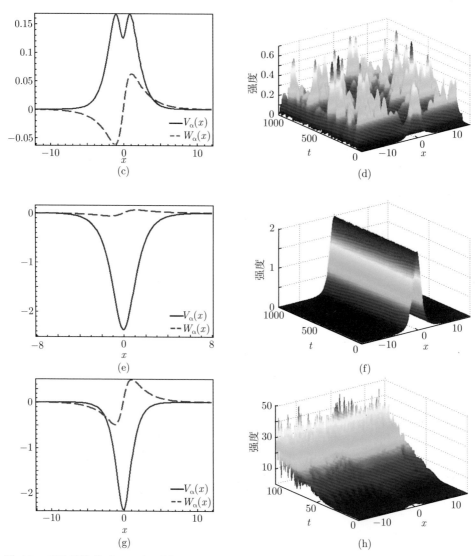

图 4.7　$\mathcal{PT}$ 对称势 (4.2.17)：(a) $v_2 = W_0 = 0.1$, $g = 1$, (c) $v_2 = 0.5, W_0 = 0.1$, $g = 1$, (e) $v_2 = -2$, $W_0 = 0.1, g = -1$, 以及 (g) $v_2 = -2, W_0 = 0.8, g = -1$. 非线性模态 (4.2.18)：(b), (f) 稳定的, (d), (h) 不稳定的传播, 分别在 $\mathcal{PT}$ 对称势 (a), (e) 和 (c), (g) 下. 其他的参数是 $\Gamma = 1, \alpha = 0.5$

　　其次, 固定 $\alpha = 2, \Gamma = 1$. 对于吸引的情形 $g = 1$, 令 $v_2 = 2, W_0 = 0.1$, 也能够获得稳定的非线性局域模态 (图 4.8(b)), 在这种情况下相应的势是双阱的 (图 4.8(a)). 如果增加 v_2 为 $v_2 = 5$, 这时相应的势变为带有较高中心峰的类双势阱 (图 4.8(c)), 使得相应的非线性局域模态变得不稳定 (图 4.8(d)). 对于排斥的

情形 $g = -1$, 固定 $v_2 = -2$ 并且改变 W_0 为 $W_0 = 0.1$ 和 $W_0 = 5.99$, 也能分别获得稳定的孤子解 (图 4.8(f), (h)). 实际上, 如果固定 $v_2 = -2$, 并且 $|W_0| < 6$ 和 $g = -1$, 那么非线性模态 (4.2.18) 仍然是稳定的. 这两种情形仅导致单势阱 (图 4.8(e), (g)).

2. 多变的横向功率流

为了更深入地理解定态的非线性局域模态 (4.2.18) 的性质, 也考虑它所对应的横向功率流

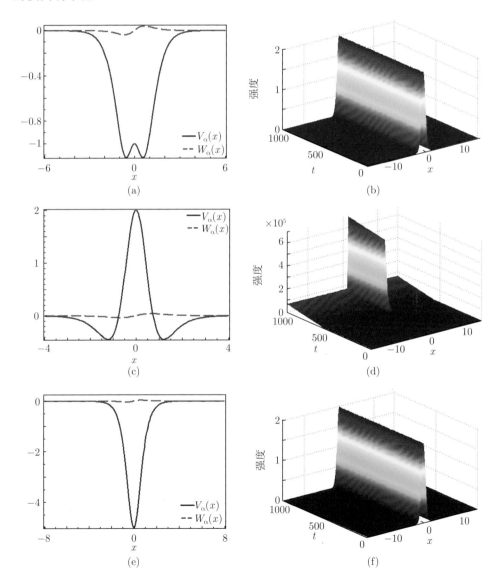

(a)   (b)

(c)   (d)

(e)   (f)

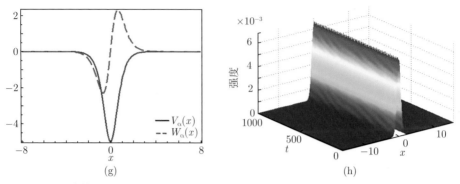

图 4.8　$\mathcal{PT}$ 对称势 (4.2.17)：(a) $v_2 = 2, W_0 = 0.1, g = 1$, (c) $v_2 = 5, W_0 = 0.1, g = 1$, (e) $v_2 = -2, W_0 = 0.1, g = -1$, 以及 (g) $v_2 = -2, W_0 = 5.99, g = -1$. 非线性模态 (4.2.18)：(b), (f), (h) 稳定的, (d) 不稳定的传播, 分别在 $\mathcal{PT}$ 对称势 (a), (e), (g) 和 (c) 作用下. 其他的参数是 $\Gamma = 1, \alpha = 2$

$$S(x) = \left[\frac{1}{g}\left(v_2 + \frac{2W_0^2}{9\alpha^2}\right)\text{sech}^{2\alpha}x\right]\left(\Gamma - \frac{2W_0}{3\alpha}\text{sech}^{\alpha}x\right), \tag{4.2.20}$$

容易看出 S 的符号是不定的, 依赖于参数 W_0, α, Γ, g 和空间位置 x. 总共分四种情况 (见表 4.2).

(1) 对于情况 1, 功率总是从损耗区域流向增益区域.

(2) 对于情况 2, 由于依赖于空间位置, 功率流向比较复杂. 对任意的 $0 < \Gamma < 2W_0/(3\alpha)$ 和 $W_0 > 0$, 当 $|x| \geqslant \text{arcsech}[\sqrt[\alpha]{3\alpha\Gamma/(2W_0)}]$ 时功率总是从损耗区域流向增益区域; 当 $|x| < \text{arcsech}[\sqrt[\alpha]{3\alpha\Gamma/(2W_0)}]$ 时, 功率总是从增益区域流向损耗区域.

(3) 对于情况 3, 我们发现功率总是从增益区域流向损耗区域, 说明动量算子 $i\Gamma\partial_x$ 有与增益–损耗项 $W(x)$ 相同或者更弱的作用 ($\Gamma \neq 0$), 或者对增益–损耗项 $W(x)$ 没有影响 (也就是说 $\Gamma = 0$).

表 4.2　横向功率流 $S(x)$ 的符号与 W_0, Γ 和空间位置相关

情况	W_0	Γ	$S(x)$
1	$W_0 > 0$	$\Gamma \geqslant \dfrac{2W_0}{3\alpha}$	$S \geqslant 0, \ \forall x \in \mathbb{R}$
2	$W_0 > 0$	$0 < \Gamma < \dfrac{2W_0}{3\alpha}$	$\begin{cases} S \geqslant 0, & \|x\| \geqslant \text{arcsech}\left(\sqrt[\alpha]{\dfrac{3\alpha\Gamma}{2W_0}}\right) \\ S < 0, & \text{其他} \end{cases}$
3	$W_0 < 0$	$\Gamma > 0$	$S > 0, \ \forall x \in \mathbb{R}$
4	$W_0 = 0$	$\Gamma > 0$	$S > 0, \ \forall x \in \mathbb{R}$

(4) 对于情况 4, 也就是没有增益–损耗项 $W(x) \equiv 0$ 时, 动量算子 $i\Gamma\partial_x$ 对功率流向有相似的作用, 使得功率总是流向一个方向.

4.2.3 $\mathcal{PT}$ 对称调和–高斯势

接下来讨论另外一种具有物理意义的 $\mathcal{PT}$ 对称调和势

$$V(x) = \frac{\omega^2}{2}x^2 \tag{4.2.21}$$

和厄米–高斯型的增益–损耗分布[48,198]

$$W_n(x) = \sigma\left[\omega x H_n(\sqrt{\omega}x) - 2n\sqrt{\omega}H_{n-1}(\sqrt{\omega}x)\right]e^{-\omega x^2/2}, \tag{4.2.22}$$

其中, 频率 $\omega > 0$, 实值 σ 控制幅度, $H_n(x) = (-1)^n e^{x^2}(d^n e^{-x^2})/(dx^n)$ 表示厄米多项式, n 是非负整数, 如果 $n < 0$, 那么 $H_n(x) \equiv 0$. 对于非负偶数 $n = 0, 2, 4, \cdots$, 复势 $V(x) + iW_n(x)$ 都是 $\mathcal{PT}$ 对称的. 对于非负奇数 $n = 1, 3, 5, \cdots$, 复势 $V(x) + iW_n(x)$ 都变成非 $\mathcal{PT}$ 对称的, 因为此时 $W_n(x)$ 都是偶函数.

下面主要研究两个有代表性的 $\mathcal{PT}$ 对称势 $(n = 0, 2)$ 和一个非 $\mathcal{PT}$ 对称势 $(n = 1)$.

1. 线性谱问题

讨论具有 $\mathcal{PT}$ 对称势 (4.2.21) 和 (4.2.22) 的旋转算子 L_s, 其中 $W_{0,2}(x)$ 分别为

$$W_0(x) = \sigma\omega x e^{-\omega x^2/2}, \tag{4.2.23}$$
$$W_2(x) = 2\sigma\omega(2\omega x^3 - 5x)e^{-\omega x^2/2}. \tag{4.2.24}$$

对于不同的频率 Γ, 图 4.9(a) 和 (b) 数值上分别展示了 $W_0(x)$ (4.2.23) 和 $W_2(x)$ (4.2.24) 两种情形下未破缺和破缺的 $\mathcal{PT}$ 对称相位对应的 (ω, σ) 参数区域. 当 n 增大时, 未破缺的 $\mathcal{PT}$ 对称参数区域会逐渐变小, 主要是因为增益–损耗分布的影响, 即当 n 增大时, $W_n(x)$ 抖动得越来越剧烈, 结果不利于实谱的产生.

对于 $n = 1$ 的情形, 可以获得偶函数形式的增益–损耗分布

$$W_1(x) = 2\sigma\sqrt{\omega}(\omega x^2 - 1)e^{-\omega x^2/2}, \tag{4.2.25}$$

以至于复值势 $V(x) + iW_1(x)$ 是非 $\mathcal{PT}$ 对称的. 对于固定的 $\Gamma = 0.0375, 10.5$, 在同样的参数区域 $\{(\omega, \sigma)|0 < |\sigma| < 4, 0 < \omega < 3\}$ 范围内, 通过数值计算, 几乎不能找到旋转算子 L_s 的未破缺 $\mathcal{PT}$ 对称相位对应的参数区域. 这很可能暗含着复值势的 $\mathcal{PT}$ 对称性的确在保证特征值问题的实谱中扮演着非常重要的角色. 但是这个结果并不意味着非 $\mathcal{PT}$ 对称势没有用, 仍然可以在这种势下找到稳定的非线性局域模态 (参见下文的情形 3).

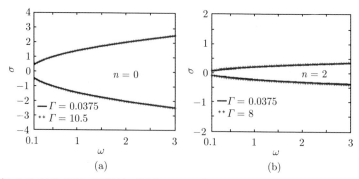

图 4.9　带有 $\mathcal{PT}$ 对称调和–高斯势 (固定 $V(x)$ 为 (4.2.21), 取 W_0 为 (4.2.23) 和 W_2 为 (4.2.24) 两种情形) 的线性算子 L_s(4.2.2) 的相变图. 未破缺的 (破缺的)$\mathcal{PT}$ 对称相位位于两条对称破缺线之间 (之外) 的参数区域: (a) $n = 0$, 　$\Gamma = 0.0375, 10.5$, (b) $n = 2$, $\Gamma = 0.0375, 8$

2. 非线性模态及其稳定性

对于上述的 $\mathcal{PT}$ 对称势 (4.2.21) 和 (4.2.22), 在吸引的情况 $g = 1$ 下, 可以发现方程 (4.1.4) 的精确的多峰亮孤子解

$$\phi_n(x) = \frac{\sigma}{3}\sqrt{\frac{2}{g}}H_n(\sqrt{\omega}x)\mathrm{e}^{-\omega x^2/2}\mathrm{e}^{\mathrm{i}\varphi_n(x)}, \tag{4.2.26}$$

其中化学势为 $\mu = \frac{1}{2}[\Gamma^2 - (2n+1)\omega]$, 相位为

$$\varphi_n(x) = \Gamma x - \frac{2\sigma}{3}\int_0^x H_n(\sqrt{\omega}s)\mathrm{e}^{-\omega s^2/2}\mathrm{d}s. \tag{4.2.27}$$

下面利用数值方法对 $n = 0, 1, 2$ 情况依次讨论非线性模态 (4.2.26) 的线性稳定性.

情形 1　$\mathcal{PT}$ 对称外势下的非线性模态 ($n = 0$). 首先固定动量系数 $\Gamma = 0.0375$, 然后在 (ω, σ) 参数空间给出非线性模态 (4.2.26) 的线性稳定性区域 (参见图 4.10(a)). 此外, 对于特定的参数 ω 和 σ, 在图 4.10(c), (e) 中模拟了相应的非线性局域模态的波传播情况. 在图 4.10(c) 中证明了即使线性 $\mathcal{PT}$ 对称相位是破缺的, 但它所对应的非线性模态却可以是稳定的. 即对于一些参数, 非线性作用可以使得破缺的 $\mathcal{PT}$ 对称相位激发到未破缺的 $\mathcal{PT}$ 对称相位. 如果再增加一点增益–损耗分布的强度 σ, 那么相应的非线性模态立即变得不稳定 (参见图 4.10(d)).

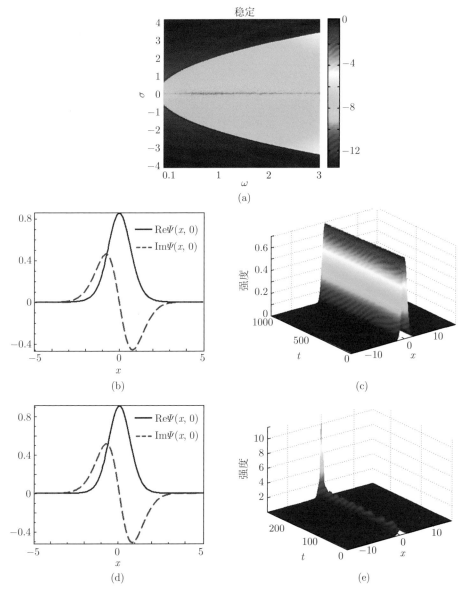

图 4.10　(a) 非线性模态 (4.2.26) 的线性稳定性. 单峰的非线性模态 (4.2.26)：(b) $\sigma = 1.8$ (破缺的线性 $\mathcal{PT}$ 对称), (d) $\sigma = 1.92$ (破缺的线性 $\mathcal{PT}$ 对称). 非线性模态 (4.2.26)：(c) 稳定的, (e) 不稳定的传播, 分别对应于 (b) 和 (d) 中微扰的初值条件. 其他参数取 $g = \omega = 1$, $\Gamma = 0.0375$, $n = 0$

现在调节动量系数为 $\Gamma = 10.5$, 我们也给出了非线性模态 (4.2.26) 的线性稳定性区域 (参见图 4.11(a)). 同时, 为了相互验证, 在图 4.11 中也呈现了相应的非线性模态 (4.2.26) 的数值传播结果. 图 4.11(c) 证明了当线性 $\mathcal{PT}$ 对称相位未破缺时, 相应的非线性模态可以是稳定的. 即使加大幅度 σ 使得线性 $\mathcal{PT}$ 对称相位是破缺的, 也能够获得稳定的非线性模态 (参见图 4.11(e)), 但是观察到波峰有明显的振荡, 如同呼吸子一样.

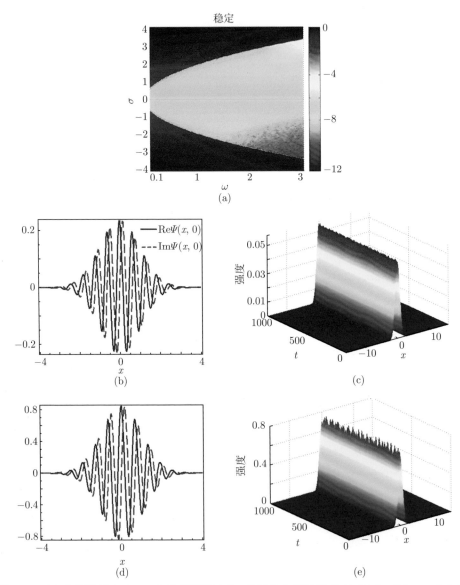

图 4.11 (a) 非线性模态 (4.2.26) 的线性稳定性. 单峰的非线性模态 (4.2.26): (b) $\sigma = 0.5$ (未破缺的线性 $\mathcal{PT}$ 对称), (d) $\sigma = 1.8$ (破缺的线性 $\mathcal{PT}$ 对称). 非线性模态 (4.2.26): (c) 稳定的, (e) 周期变化的传播, 分别对应于 (b) 和 (d) 中微扰的初值条件. 其他参数取 $g = \omega = 1$, $\Gamma = 10.5$, $n = 0$

情形 2 $\mathcal{PT}$ 对称外势下的非线性模态 ($n = 2$). 固定动量系数 $\Gamma = 0.0375$, 然后给出非线性模态 (4.2.26) 的线性稳定性区域 (参见图 4.12(a)). 此外, 通过

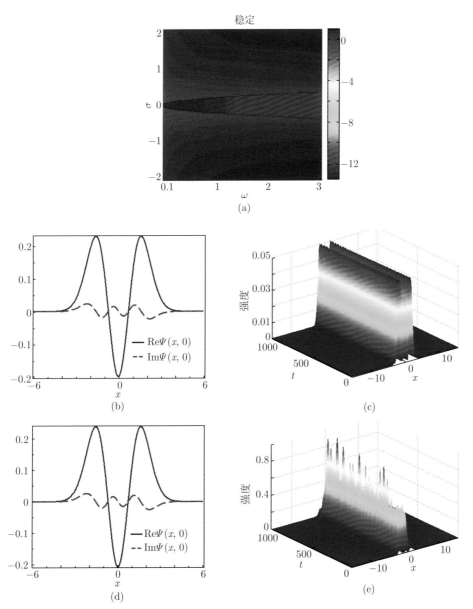

图 4.12　(a) 非线性模态 (4.2.26) 的线性稳定性. 三峰的非线性模态 (4.2.26)：(b) $\sigma = 0.2113$ (未破缺的线性 $\mathcal{PT}$ 对称), (d) $\sigma = 0.22$(未破缺的线性 $\mathcal{PT}$ 对称). 非线性模态 (4.2.26)：(c) 稳定的, (e) 不稳定的传播, 分别对应于 (b) 和 (d) 中微扰的初值条件. 其他参数取 $g = \omega = 1$, $\Gamma = 0.0375$, $n = 2$

对初始定态解 (4.2.26) 模拟波传播的方法, 在图 4.12 中也呈现了非线性模态的数值传播情况. 在 $\mathcal{PT}$ 对称相位未破缺的情况下, 也可以找到稳定的非线性局域模态 (参见图 4.12(c)). 与 $n = 1$ 的情形不同的是, 如果也增大一点 σ 的幅度 (例如取 $\sigma = 0.22$), 那么相应的非线性局域模态立即变得不稳定 (见图 4.12(d)). 当改变动量系数为 $\Gamma = 8$ 时, 也给出了非线性模态 (4.2.26) 的线性稳定性区域 (见图 4.13(a)). 另外, 图 4.13 也呈现了非线性模态 (4.2.26) 的波传播情况. 在 $\mathcal{PT}$ 对称相位未破缺的情况下, 同样有稳定的非线性局域模态 (参见图 4.13(c)). 如果进一步增加 σ 的幅度 (例如取 $\sigma = 0.2113$), 虽然线性的 $\mathcal{PT}$ 对称相位仍是未破缺的, 但是这时的非线性模态已经变得不稳定 (参见图 4.13(e)). 特别地, 从图 4.12(c) 和图 4.13(e) 中可以看出, 对于固定的参数 $n = 2, \omega = g = 1, \sigma = 0.2113$, 非线性模态 (4.2.26) 对于 $\Gamma = 0.0375$ 时是稳定的, 但如果增加 Γ, 那么非线性局域模态 (4.2.26) 很可能被激发为一个不稳定的模态 (例如 $\Gamma = 8$, 见图 4.13(e)).

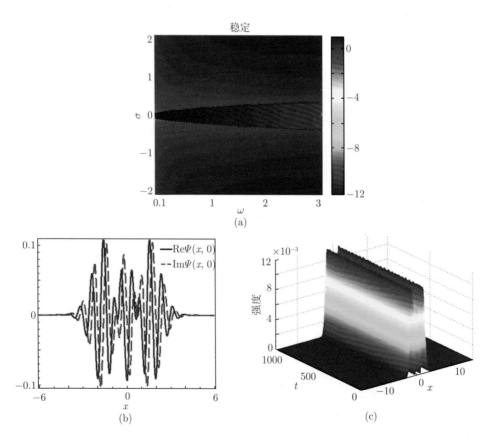

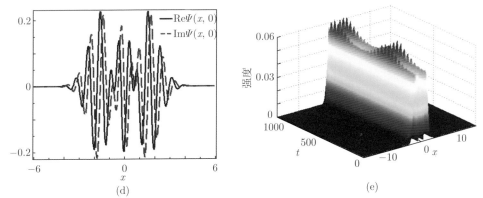

图 4.13 (a) 非线性模态 (4.2.26) 的线性稳定性. 三峰的非线性模态 (4.2.26): (b) $\sigma = 0.1$ (未破缺的线性 $\mathcal{PT}$ 对称), (d) $\sigma = 0.2113$ (未破缺的线性 $\mathcal{PT}$ 对称). 非线性模态 (4.2.26): (c) 稳定的, (e) 不稳定的传播, 分别对应于 (b) 和 (d) 中微扰的初值条件. 其他参数取 $g = \omega = 1, \Gamma = 8, n = 2$

情形 3 非 $\mathcal{PT}$ 对称外势下的非线性模态 $(n = 1)$. 相应的复值 (4.2.25) 势变为非 $\mathcal{PT}$ 对称的, 图 4.14直接给出了孤子解 (4.2.26) 及波传输情况. 图 4.14(b)

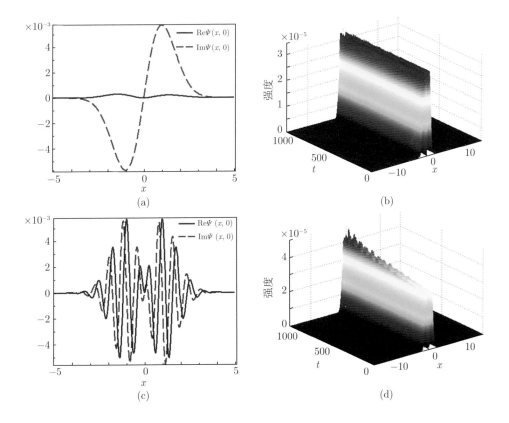

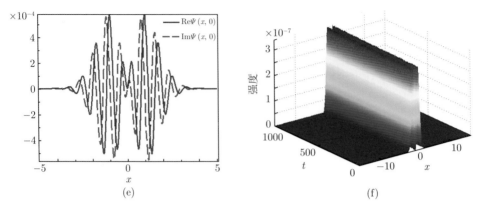

图 4.14　双峰的非线性模态 (4.2.26)：(a) $\sigma = 0.01$, $\Gamma = 0.0375$, (c) $\sigma = 0.01$, $\Gamma = 8$, (e) $\sigma = 0.001$, $\Gamma = 8$. 非线性模态 (4.2.26)：(b), (f) 稳定的, (d) 不稳定的传播, 分别对应于 (a), (e) 和 (c) 中微扰的初值条件. 其他参数取 $g = \omega = n = 1$

证明了即使在非 $\mathcal{PT}$ 对称的外势下也存在稳定的非线性局域模态. 如果固定增益–损耗分布的幅度 $\sigma = 0.01$, 增加动量系数到 $\Gamma = 8$, 那么这个非线模态会立即变得不稳定 (参见图 4.14(d)). 如果固定动量系数 $\Gamma = 8$, 并且减少 σ 的幅度 $\sigma = 0.001$, 这个非线性模态又能变得稳定了 (参见图 4.14(f)).

3. 孤子的相互作用

下面在 $\mathcal{PT}$ 对称势下, 研究当 $n = 0, 2$ 时亮孤子 (4.2.26) 与其他的非线性波的相互作用.

当 $n = 0$ 时, 相应的非线性模态是单峰孤立子, 考虑如下的初值条件:

$$\psi(x,0) = \phi_0(x) + \frac{\sqrt{2}}{3}\sigma[4\omega(x + 20)^2 - 2]\exp\left[-\frac{\omega}{2}(x + 20)^2 + 4\mathrm{i}x\right], \quad (4.2.28)$$

其中 $\phi_0(x)$ 由方程 (4.2.26) 决定, 结果可以观察到弹性的相互作用现象：外来的非线性波弯曲向前传播, 不断地与精确孤立子交互碰撞, 然而中心的解析孤立子却仍然能够不受影响地保持形状和速度向前传播 (参见图 4.15(a), (b)).

对于 $n = 2$ 的情形, 也就是说这时的非线性模态是三峰孤立子解, 如果考虑如下的初值条件:

$$\psi(x,0) = \phi_2(x) + \frac{\sqrt{2}}{3}\sigma\exp\left[-\frac{\omega}{2}(x + 20)^2 + 4\mathrm{i}x\right], \quad (4.2.29)$$

那么也可以发生类似的弹性的相互作用 (参见图 4.15(c), (d)).

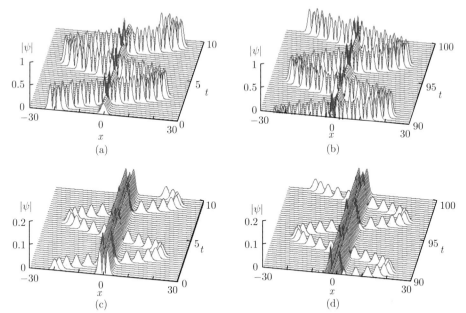

图 4.15 (a), (b) 当 $n=0$ 时的精确单峰孤子解 (4.2.26) 与外来孤波 $\sqrt{2}\sigma/3[4\omega(x+20)^2 - 2]\exp[-\omega(x+20)^2/2 + 4ix]$, 其中 $\sigma=0.5$; (c), (d) 当 $n=2$ 时的精确三峰孤子解 (4.2.26) 与外来孤波 $\sqrt{2}\sigma/3\exp[-\omega(x+20)^2/2 + 4ix]$, 其中 $\sigma=0.1$. 其他参数取 $g=\omega=1$, $\varGamma=0.0375$

4. 变化的横向功率流

非线性模态 (4.2.26) 的横向功率流为

$$S_n(x) = \frac{2\sigma^2}{9g} H_n^2(\sqrt{\omega}x) e^{-\omega x^2}\left[\varGamma - \frac{2\sigma}{3} H_n(\sqrt{\omega}x) e^{-\omega x^2/2}\right]. \qquad (4.2.30)$$

容易看出 S_n 的符号是不定的, 并且依赖于参数 σ, $\varGamma$, n, 和空间位置 x. 对于 $n=0$, 功率的流向总共有三种情况已经列在表 4.3 中. 可以按照前面表 4.1 讨论的那样进行类似的讨论, 这里不再赘述.

表 4.3 横向功率流 $S_0(x)$ 的符号与 σ, $\varGamma$ 以及空间位置有关

情况	σ	$\varGamma$	$S_0(x)$
1	$\sigma > 0$	$\varGamma \geqslant \dfrac{2\sigma}{3}$	$S_0 \geqslant 0$, $\forall x \in \mathbb{R}$
2	$\sigma > 0$	$0 < \varGamma < \dfrac{2\sigma}{3}$	$\begin{cases} S_0 \geqslant 0, & \|x\| \geqslant \sqrt{-\dfrac{2}{\omega}\ln\left(\dfrac{3\varGamma}{2\sigma}\right)} \\ S_0 < 0, & \text{其他} \end{cases}$
3	$\sigma < 0$	$\varGamma > 0$	$S_0 > 0$, $\forall x \in \mathbb{R}$

对于 $n=1$, 横向功率流 $S_1(x)$ 拥有与 $S_0(x)$ 相似的结构. 但是当 $n>1$ 时, $S_n(x)$ 的结构变得更为复杂. 例如, 当选择 $n=2$, $\Gamma=0.2$, $\sigma=0.3$ 时, 很难找到方程 $f_2(x)=0.2-0.4(2x^2-1)\mathrm{e}^{-x^2/2}=0$ 的精确根, 但可以计算出它的四个数值解 $x_{1\pm}\approx\pm0.9434788009$, $x_{2\pm}\approx\pm2.506418670$. 结果我们发现当 $|x|\geqslant2.506418670$ 或 $|x|\leqslant0.9434788009$ 时, $S_2(x)\geqslant0$; 当 $0.9434788009\leqslant|x|\leqslant2.506418670$ 时, $S_2(x)\leqslant0$. 于是容易在图 4.16 中展现横向功率流与增益–损耗分布之间的关系.

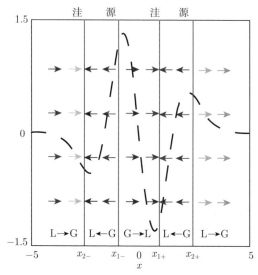

图 4.16　非线性模态 (4.2.26) 的横向功率流 $S_2(x)$ (4.2.30) 和由方程 (4.2.24) 决定的增益–损耗曲线 $W_2(x)$ (虚线), 其中 $n=2$, $\sigma=0.3$, $\Gamma=0.2$, $\omega=1$. $x_{1\pm}\approx\pm0.9434788009$, $x_{2\pm}\approx\pm2.506418670$. L= 损耗, G= 增益

4.3　非周期空间变化的动量调控与 $\mathcal{PT}$ 对称 Scarf-II 势中的孤子

现在研究 (4.1.1) 带有变系数的动量调控

$$\Gamma(x)=\gamma\,\mathrm{sech}x,\qquad(4.3.1)$$

其中 γ 是实参数, $\mathcal{PT}$ 对称势 $V(x)+\mathrm{i}W(x)$ 仍然选择 Scarf-II 势 (4.2.1).

4.3.1　$\mathcal{PT}$ 对称的相位 (未) 破缺

具有 $\mathcal{PT}$ 对称 Scarf-II 势 (4.2.1) 的线性谱问题为

$$L_v\Phi=\lambda\Phi,\qquad L_v=-\frac{1}{2}\partial_x^2+\mathrm{i}\Gamma(x)\partial_x+V(x)+\mathrm{i}W(x),\qquad(4.3.2)$$

其中, λ 和 $\Phi(x)$ 分别表示特征值和特征函数. 当没有动量项 $\gamma = 0$ 时, 知道 L_v 约化为通常的 $\mathcal{PT}$ 对称的 Hamilton 算子 L_0, 它拥有全实谱的条件是 $V_0 < 0$ 和 W_0 满足条件 (4.2.3)[41,305].

当动量项 $\gamma \neq 0$ 时, 在方程 (4.3.2) 中作如下的可逆变换

$$\Phi(x) = \hat{\Phi}(x) \exp\left[\mathrm{i}\gamma \arctan(\sinh x)\right]. \tag{4.3.3}$$

于是得到 $\hat{\Phi}(x)$ 满足

$$L_{vc}\hat{\Phi}(x) = \lambda \hat{\Phi}(x), \quad L_{vc} = -\frac{1}{2}\partial_x^2 + U(x), \tag{4.3.4}$$

其中复值势 $U(x)$ 定义为

$$U(x) = \left(V_0 - \frac{\gamma^2}{2}\right)\mathrm{sech}^2 x + \mathrm{i}\left(W_0 + \frac{\gamma}{2}\right)\mathrm{sech}\, x\tanh x, \tag{4.3.5}$$

它仅仅是 $\mathcal{PT}$ 对称的 Scarf-II 势. 从方程 (4.3.2) 和 (4.3.4) 可以得到: 基于变换 (4.3.3), 两个线性算子 L_v 和 L_{vc} 拥有同样的谱. 因此, 容易知道线性问题 (4.3.2) 和 (4.3.4) 拥有全实的线性谱的充分条件是 $V_0 < \gamma^2/2$, 并且 W_0 满足

$$\left|W_0 + \frac{\gamma}{2}\right| \leqslant \frac{\gamma^2}{2} + \frac{1}{8} - V_0, \tag{4.3.6}$$

也就是说, 对于每一个 γ, 总有两条直线

$$l_{\gamma,\pm} : W_0 = \pm\left(\frac{\gamma^2}{2} + \frac{1}{8} - V_0\right) - \frac{\gamma}{2} \tag{4.3.7}$$

是 $\mathcal{PT}$ 对称破缺线. 对任意的 γ, 我们发现在上半平面除了 $l_{0,+} = l_{1,+}$ 所有的直线 $l_{\gamma,+}$ 都是平行的, 在下半平面除了 $l_{0,-} = l_{-1,-}$ 所有的直线 $l_{\gamma,-}$ 也都是平行的. 临界线 $l_{0.5,+}$ 在所有的直线 $l_{\gamma,+}$ 中是最低的, 然而直线 $l_{-0.5,-}$ 在所有的直线 $l_{\gamma,-}$ 中是最高的. 当 $V_0 = 0$ 时, 由于 $l_{\gamma,\pm}$ 的两个跨越点之间的距离是 $d_\gamma = \gamma^2 + 0.25 \geqslant 0.25$, 那么未破缺的 $\mathcal{PT}$ 对称区域将会随着 $|\gamma|$ 的增长变得越来越大. 也就是说, 当 $\gamma = 0$ 时, 未破缺的 $\mathcal{PT}$ 对称区域最小. 对于不同的调节幅度 γ, 在 (W_0, V_0) 参数空间, 也从数值上给出旋转算子 L_v 的破缺和未破缺 $\mathcal{PT}$ 对称相位的区域 (参见图 4.17). 当给定 $\gamma = 1$ 和不同的调节幅度 $W_0 = -3, 1$ 时, 从数值上用图例说明: 当 $|V_0|$ 减小时, 相应于离散谱的两个最低的能态发生碰撞, 使得自发对称破缺现象出现 (参见图 4.18).

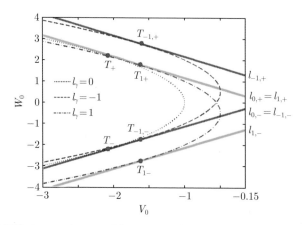

图 4.17　带有变频率 (4.3.1) 和 $\mathcal{PT}$ 对称 Scarf-II 势 (4.2.1) 的线性算子 L_v (4.3.2) 的相变图. 对于每一个频率 $\gamma = 0, \pm 1$, 未破缺 (破缺) 的 $\mathcal{PT}$ 对称相位位于两条对称破缺直线之间的区域 (之外的区域). 对于吸引 $g = 1$ 的情形 (排斥 $g = -1$ 的情形), 亮孤子解 (4.3.8) 的存在性区域位于抛物线 $V_0 = -[2(W_0^2 + \gamma W_0 - 2\gamma^2)/9 + 1]$ 之外的区域 (之内的区域), 这里 $\gamma = 0, \pm 1$. 切点分别是 $T_\pm = (-2.125, \pm 2.25)$, $T_{1\pm} = (-1.625, \pm 2.25 - 0.5)$, $T_{-1\pm} = (-1.625, \pm 2.25 + 0.5)$

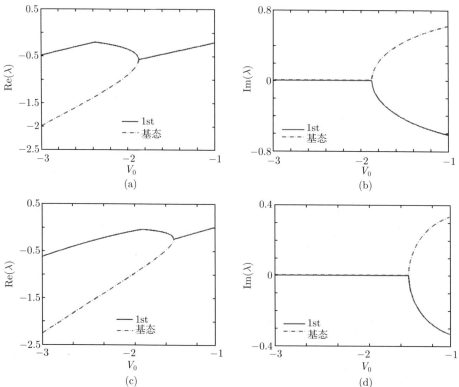

图 4.18　特征值 λ 依赖于 $V_0 < 0$ 的函数图像: (a), (c) 实部和 (b), (d) 虚部 (参见方程 (4.3.2)). 图中参数取值为 (a), (b) $W_0 = -3$, (c), (d) $W_0 = 1$. 固定 $\gamma = 1$

4.3.2 非线性局域模态及其稳定性

在 $\mathcal{PT}$ 对称 Scarf-II 势 (4.2.1)($V_0 < 0$, $W_0 \in \mathbb{R}$) 作用下, 下面来研究方程 (4.1.1) 的定态亮孤子解, $\psi(x,t) = \phi(x)\mathrm{e}^{\mathrm{i}\mu t}$, 且

$$\phi(x) = \sqrt{\frac{1}{g}\left[\frac{2}{9}(W_0^2 + \gamma W_0 - 2\gamma^2) + V_0 + 1\right]}\,\mathrm{sech}\,x\,\mathrm{e}^{\mathrm{i}\varphi(x)}, \tag{4.3.8}$$

该解对吸引 ($g = 1$) 和排斥 ($g = -1$) 的非线性作用情况都存在, 化学势为 $\mu = 0.5$, 并且相位满足

$$\varphi(x) = \frac{2(\gamma - W_0)}{3}\arctan(\sinh x). \tag{4.3.9}$$

亮孤子解 (4.3.8) 的存在条件是

$$V_0 > -[2(W_0^2 + \gamma W_0 - 2\gamma^2)/9 + 1], \qquad g = 1, \tag{4.3.10}$$

$$V_0 < -[2(W_0^2 + \gamma W_0 - 2\gamma^2)/9 + 1], \qquad g = -1. \tag{4.3.11}$$

因此这族具有顶点 $(V_0, W_0) = (0.5\gamma^2 - 1, -0.5\gamma)$ 的抛物线

$$l_\gamma: V_0 = -[2(W_0^2 + \gamma W_0 - 2\gamma^2)/9 + 1] \tag{4.3.12}$$

可以被视为亮孤子解 (4.3.8) 对于 $g = \pm 1$ 存在的临界曲线. 此外, 对任意的 γ, 一个有趣的结果是 l_γ 与两条临界线 $l_{\gamma,\pm}$ 相切, 切点为 $(-2.125 + 0.5\gamma^2, \pm 2.25 - 0.5\gamma)$. 也就是说, 当 $g = -1$ 时亮孤子解 (4.3.8) 的存在性区域完全位于未破缺的 $\mathcal{PT}$ 对称区域之内; 当 $g = 1$ 时亮孤子解 (4.3.8) 的存在性区域包含了全部的破缺的 $\mathcal{PT}$ 对称区域和部分的未破缺的 $\mathcal{PT}$ 对称区域. 特别地, 两条抛物线 $l_{\gamma=1}$ 和 $l_{\gamma=0}$ 都与同一条直线 $l_{1,+} = l_{0,+}$ 相切, 但切点不同; 两条抛物线 $l_{\gamma=-1}$ 和 $l_{\gamma=0}$ 都与同一条直线 $l_{-1,-} = l_{0,-}$ 相切, 也具有不同的切点 (参见图 4.17).

对于固定的 $\gamma = 1$, 图 4.19(a)(对于 $g = 1$) 和图 4.20(a)(对于 $g = -1$) 分别给出了线性稳定的区域 (暗蓝色) 和不稳定 (其他颜色) 的区域. 接下来分吸引和排斥两种情况进一步研究非线性模态 (4.3.8) 的稳定性. 对于吸引的情况 $g = 1$ 以及固定 $\gamma = 1$, 当参数 W_0 和 V_0 变动时, 图 4.19显示了稳定和不稳定的传播情形. 当 $V_0 = -0.5$ 和 $W_0 = -0.8$ 时, 属于未破缺的线性 $\mathcal{PT}$ 对称相位区域, 相应的非线性模态是稳定的 (参见图 4.19(b)). 如果固定 $V_0 = -1$ 并且改变 $W_0 = 1.15, -2.15$ 时, 即使属于破缺的 $\mathcal{PT}$ 对称相位区域, 相应的非线性模态仍然保持稳定 (参见图 4.19(c), (d)). 对于排斥的情形 $g = -1$ 以及 $\gamma = 1$, 在未破缺的 $\mathcal{PT}$ 对称相位区域 (例如取 $V_0 = -2$ 和 $W_0 = -1.8$), 也获得稳定的非线性局域模态 (参见图 4.20(b)).

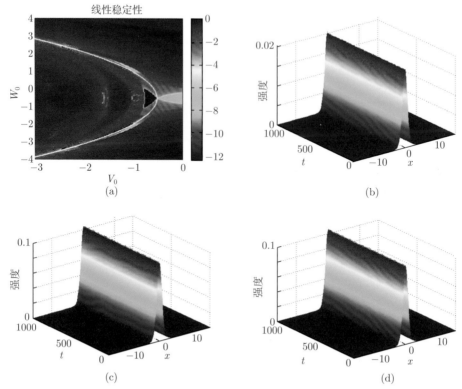

图 4.19　(a) 非线性模态 (4.3.8) 的线性稳定性, 其中 $g = 1, \gamma = 1$. 非线性模态 (4.3.8) 稳定的传播: (b) $V_0 = -0.5, W_0 = -0.8$ (未破缺的线性 $\mathcal{PT}$ 对称), (c) $V_0 = -1, W_0 = 1.15$ (破缺的线性 $\mathcal{PT}$ 对称), (d) $V_0 = -1, W_0 = -2.15$ (破缺的线性 $\mathcal{PT}$ 对称)

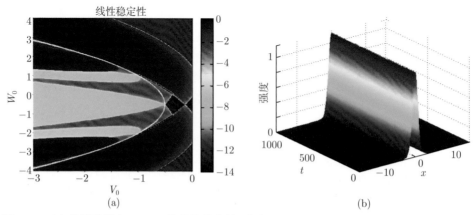

图 4.20　(a) 非线性模态 (4.3.8) 的线性稳定性, 其中 $g = -1, \gamma = 1$. 非线性模态 (4.3.8) 稳定的传播: (b) $V_0 = -2, W_0 = -1.8$ (未破缺的线性 $\mathcal{PT}$ 对称)

最后讨论非线性模态 (4.3.8) 所对应的横向功率流

$$S(x) = \frac{2(\gamma - W_0)}{3} \phi_0^2 \operatorname{sech}^3 x, \tag{4.3.13}$$

其中 $\phi_0 = \sqrt{\dfrac{1}{g}\left[V_0 + 1 + \dfrac{2}{9}(W_0^2 + \gamma W_0 - 2\gamma^2)\right]}$. 当 $\gamma > 0 > W_0$ 或者 $W_0 > \gamma > 0$ 时, 功率从增益流向损耗区域; 然而当 $\gamma > W_0 > 0$ 时, 功率从损耗流向增益区域.

4.4 空间周期变化的动量调控与 $\mathcal{PT}$ 晶格势中的隙孤子

考虑周期空间变化的动量调控与 $\mathcal{PT}$ 晶格势中的非线性波模型

$$\mathrm{i}\frac{\partial \psi}{\partial z} + \left[\frac{\partial^2}{\partial x^2} + \mathrm{i}\Gamma(x)\frac{\partial}{\partial x} + V(x) + g|\psi|^2\right]\psi = 0, \tag{4.4.1}$$

其中非厄米 $\mathcal{PT}$ 对称的 T-周期势能同时满足

$$V^*(-x) = V(x), \quad V(x+T) = V(x), \tag{4.4.2}$$

其中 $*$ 表示复共轭.

假设方程 (4.4.1) 定态解为 $\psi(x,z) = \phi(x)\mathrm{e}^{\mathrm{i}\mu z}$, 复值局域波函数 $\phi(x)$ 满足定态二阶常微分方程

$$\left[\frac{\mathrm{d}^2}{\mathrm{d}x^2} + \mathrm{i}\Gamma(x)\frac{\mathrm{d}}{\mathrm{d}x} + V(x) + g|\phi|^2\right]\phi = \mu\phi, \tag{4.4.3}$$

其中 μ 代表空间光孤子的传播常数, 且

$$\lim_{|x|\to\infty} \phi(x) = 0, \quad \phi(x) \in C[x]. \tag{4.4.4}$$

对于给定的周期函数 $\Gamma(x)$ 和 $V(x)$, 一般情况下很难求出方程 (4.4.3) 的精确解. 这里利用 Fourie 变换和谱正则化方法研究它的数值解[71,346].

4.4.1 广义 Hamilton 算子谱问题

1. $\mathcal{PT}$ 对称晶格的带-隙结构

为了更好地掌握带动量调制的 $\mathcal{PT}$ 对称晶格的性质, 需要分析它相应的能带结构. 为了这个目的, 在方程 (4.4.3) 中令 $g = 0$ 和 $\mu \to \lambda$, 则有如下线性特征值问题

$$\left[\partial_x^2 + \mathrm{i}\Gamma(x)\partial_x + V(x)\right]\phi = \lambda\phi, \tag{4.4.5}$$

根据 Floquet-Bloch 理论[168,347,348], 方程 (4.4.5) 有两个线性无关解

$$\phi_1(x, k) = u_1(x, k)\mathrm{e}^{\mathrm{i}kx},$$
$$\phi_2(x, k) = u_2(x, k)\mathrm{e}^{-\mathrm{i}kx},$$
(4.4.6)

其中, $u_{1,2}(x, k)$ 是 T-周期函数即 $u_{1,2}(x + T, k) = u_{1,2}(x, k)$, 且是有界复函数; λ 是特征值或传播常数, $k = k(\lambda)$ 是 Bloch 动能, 且满足 $k \in [-\pi/T, \pi/T]$. 将方程 (4.4.6) 代入方程 (4.4.5) 得到关于 $u_{1,2}(x, k)$ 的方程

$$\left[(\partial_x \pm \mathrm{i}k)^2 + \mathrm{i}\Gamma(x)(\partial_x \pm \mathrm{i}k) + V(x)\right] u_{1,2}(x, k) = \lambda(k)u_{1,2}(x, k).$$
(4.4.7)

事实上, 只考虑方程 (4.4.5) 解的第一种情况, 重列如下

$$\phi(x, k) = u(x, k)\mathrm{e}^{\mathrm{i}kx},$$
$$u(x + T, k) = u(x, k),$$
(4.4.8)

其中 $u(x, k)$ 可通过求解下列方程得到

$$\left\{\partial_x^2 + \mathrm{i}[\Gamma(x) + 2k]\partial_x + V(x) - k\Gamma(x) - k^2\right\} u(x, k) = \lambda(k)u(x, k).$$
(4.4.9)

另外一种情况可以通过方程 (4.4.9) 的复共轭, 并经过变量变换: $x \to -x$, $k \to -k$ 以后得到.

方程 (4.4.1) 中的势能, 这里取 $\mathcal{PT}$ 对称 π- 周期势能[45,167–169]

$$V(x) = A\left[\cos^2 x + \mathrm{i}V_0 \sin(2x)\right],$$
(4.4.10)

其中 $A > 0$ 和 V_0 都是实调制参数. 同时, 动量调制系数取

$$\Gamma(x) = \gamma\left(1 + \epsilon\cos^2 x\right),$$
(4.4.11)

这里 γ 和 ϵ 是实动量调制参数.

首先, 利用上述数值计算方法[168,347,348], 给出特征值问题 (4.4.9) 的第一临界值, 第一布里渊区的在此临界值以下的所有能量带中的全部特征值都是实的, 而在第二临界值[349]之上没有能带结构是实的 (这时固定 $\gamma = 1$, ϵ 为变量), 见图 4.21(a)~(d).

表 4.4 展示了当 $A = 1, 4$ 时临界值的详细数据, 这与已知的结论是一致的[349]. 常数调制 $\Gamma(x) = \gamma$ (也即 $\epsilon = 0$) 并不改变第一和第二临界值, 这是因为在方程 (4.4.5) 里常数 γ 只是改变相应的特征值, 但通过函数变换 $\phi(x) = \varphi(x)\mathrm{e}^{-\frac{\mathrm{i}\gamma}{2}x}$ 并不改变特征值的实值性质[340]. 随着 ϵ 的增长, 第一和第二临界值越来越小, 且

对较小的 A 速度更快, 如表 4.4 所示, 也就是说越大的 ϵ 和越小的 A 反而不利于实谱的产生. 一般情况下, 前两个能量带在第一 $\mathcal{PT}$ 临界点下面是分离的且纯实的, 在第一 $\mathcal{PT}$ 临界点和第二 $\mathcal{PT}$ 临界点之间部分重合且有虚部, 而在第二 $\mathcal{PT}$ 临界点之上全部合并且变成完全复的 (有非零虚部), 这些可由图 4.21(a1)~(a6) 中相应的能带结构证实. 特别地, 图 4.21(a3) 显示前两个能带不是在第一布里渊区的边界处, 而是在内部区域就重合了, 这有异于一般的情况.

表 4.4 当 $A = 1, 4$ 时, $\mathcal{PT}$ 对称周期势能 (4.4.10) 及动量调制的第一临界点和第二临界点 (见图 4.21(a)~(d))

$\mathcal{PT}$ 临界点 (V_0)	$\gamma = 0$	$\gamma = 1$ $\epsilon = 0$	$\gamma = 1$ $\epsilon = 0.1$	$\gamma = 1$ $\epsilon = 0.5$	$\gamma = 1$ $\epsilon = 1$
第一 $(A = 1)$	0.5	0.5	0.477	0.188	0
第二 $(A = 1)$	2.980	2.980	2.935	2.765	2.583
第一 $(A = 4)$	0.5	0.5	0.495	0.415	0.344
第二 $(A = 4)$	0.889	0.889	0.880	0.851	0.827

其次, 发现另一个非常有意思的现象, 对应于不同的特征值, 常数调制 $\Gamma(x) = \gamma$ 可以周期地 (周期大约为 4) 和对称地改变能带结构的形状, 具体见图 4.21(b1)~(b5).

最后, 考虑变系数调制对能带结构的影响. 通过比较图 4.21(c1), (c2) 和图 4.21(b2), 可知 ϵ 的符号可以改变能带结构的移动方向: 当 ϵ 符号为正时, 能带结构向左移动; 当 ϵ 符号为负时, 能带结构则朝右移动. 如果进一步让 ϵ 增加到 2, 发现虽然前两个能量带由于分离而产生了第一个能带隙, 但能带结构却变得部分为复 (由于第二个和第三个能带在第一布里渊区的边缘 $(k = \pm 1)$ 处重合), 这是一个不寻常的现象, 详见图 4.21(c3), (c4).

2. $\mathcal{PT}$ 对称晶格势能的衍射动力学分析

$\mathcal{PT}$ 对称光学晶格的许多有趣的现象可以在光束传播动力学行为中体现, 如非常著名的双折射、二次发射、功率振荡以及相位奇异性[167-169]. 相关实验通过从 $\mathcal{PT}$ 对称晶格的任意入射角注入一个宽的高斯光束 (覆盖一些通道) 得以实现. 非对称的衍射行为可能发生在 $\mathcal{PT}$ 对称晶格里, 这往往导致对应 Floquet-Bloch 波的非正交性 (或斜交性), 以及 $\mathcal{PT}$ 晶格的非互易性. 当系统中加入动量调制 (如方程 (4.4.11)) 时, 会有很多新的现象产生.

一方面, 研究在 $\mathcal{PT}$ 对称晶格势能 (4.4.10) 下, 常数动量调制 $\Gamma(x) = \gamma$ 对光束演化的影响, 结果显示常数 γ 不仅能扭转宽光束的主要传播方向 (因此动量

调制项 $i\Gamma(x)\partial_x\phi$ 也被称为旋转项), 也能分离宽光束, 具体如图 4.22(a)～(e) 所示, 即随着 γ 从 -5 增加到 4, 主光束的传播方向从左向右偏转.

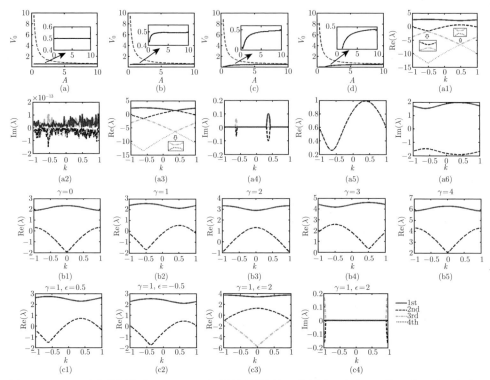

图 4.21　$\mathcal{PT}$ 对称周期势能 (4.4.10) 及动量调制的第一临界点 (实线) 和第二临界点 (虚线): (a) $\gamma = 1, \epsilon = 0$ (常数调制情况, 这与 $\gamma = 0$ 经典情况的结果一样); (b) $\gamma = 1, \epsilon = 0.1$; (c) $\gamma = 1, \epsilon = 0.5$; (d) $\gamma = 1, \epsilon = 1$. 相应的能带结构: (a1), (a2) $A = 4, V_0 = 0.3, \gamma = 1, \epsilon = 0.1$ (纯实的在 $\mathcal{PT}$ 第一临界点 $V_0 \approx 0.495$ 下面); (a3), (a4) $A = 4, V_0 = 0.48, \gamma = 1, \epsilon = 0.5$ (介于 $\mathcal{PT}$ 第一临界点和第二临界点之间, 两个临界点分别为 $V_0 \approx 0.42$ 和 $V_0 \approx 0.86$); (a5), (a6) $A = 4, V_0 = 1, \gamma = 1, \epsilon = 0.5$ (在 $\mathcal{PT}$ 第二临界点 $V_0 \approx 0.86$ 上面, 全部为复数). 带常系数动量调制 ($\epsilon = 0$) 的能量带: (b1) $\gamma = 0$; (b2) $\gamma = 1$; (b3) $\gamma = 2$; (b4) $\gamma = 3$; (b5) $\gamma = 4$, 参数 $A = 4, V_0 = 0.3$. 带变系数动量调制的能带结构: (c1) $\gamma = 1, \epsilon = 0.5$; (c2) $\gamma = 1, \epsilon = -0.5$; (c3), (c4) $\gamma = 1, \epsilon = 2$, 参数 $A = 4, V_0 = 0.3$

　　最初 ($\gamma = -5$) 光束分离成三个不同的部分 (三折射), 而且传播是非常不对称的, 主要分布在左半部分, 如图 4.22(a) 所示. 接着当 $\gamma = -4$ 时, 光束出现对称衍射图样如月牙一般, 如图 4.22(b) 所示. 紧接着, 当 $\gamma = -3$ 时, 光束分离成两个不同的部分, 呈现出旋转双折射现象, 如图 4.22(c) 所示. 更重要的是, 当 $\gamma = -2$ 时, 由于动量调制 (或旋转项) 与增益–损耗分布之间内在的平衡关系, 即动量调制使得光束向左偏转而增益–损耗项使得光束向右偏转, 结果导致光束汇聚成一部分且可以对称地传播相当长的一段距离, 如图 4.22(d) 所示. 当 γ 变为正时 (如 $\gamma = 1$ 时), 主光束开始向右偏转且三折射现象重新出现 (如图 4.22(e) 所示), 但它的主光束位于中间位置, 这与图 4.22(a) 出现的情况是不同的. 如果我们接着增大 γ 的取值 (让 $\gamma = 4$), 很明显可以观测到多重发射现象, 如图 4.22(f) 所示.

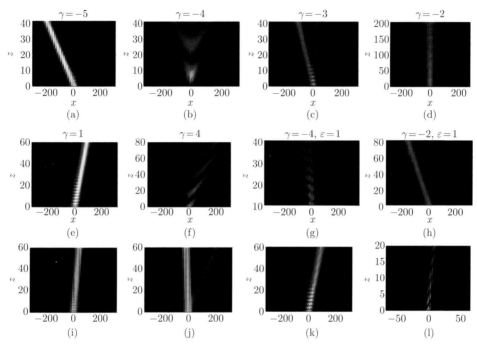

图 4.22 在不同动量调制的宽光束激发下 $\mathcal{PT}$ 周期晶格中的各种线性衍射图样. 常系数情形 ($\epsilon = 0$): (a) $\gamma = -5$, (b) $\gamma = -4$, (c) $\gamma = -3$, (d) $\gamma = -2$, (e) $\gamma = 1$, (f) $\gamma = 4$, 暗示了双折射、三重折射和多次发射多种现象. 变系数情形: (g) $\gamma = -4$, $\epsilon = 1$, (h) $\gamma = -2$, $\epsilon = 1$. 当 $\gamma = 1$, $\epsilon = 0.1$ 时宽光束衍射: (i) 一般情形, (j) 入射角 $\theta = 4°$, (k) 入射角 $\theta = -4°$, 证明了非互易性. (l) 参数 $\gamma = 1$, $\epsilon = 0.1$ 时单通道激发, 显示了伴随二次发射的功率振荡, 参数 $A = 4$, $V_0 = 0.3$

另外, 通过设置调制参数 ϵ 可以产生新的动力学行为. 例如, 分别固定 $\gamma = -4, -2$ 和 $\epsilon = 1$, 产生与对应常系数情形不同的新的著名的光束衍射图案, 如图 4.22(g) 和 (h) 所示.

此外还讨论了不同入射角对光演化的影响. 图 4.22(i), (j), (k) 表明相同的初始输入和不同的入射角所产生的不同的光束动力学行为, 这充分说明了带动量调制的 $\mathcal{PT}$ 对称晶格的非互易性.

最后, 研究在同一晶格中的单通道激发 (见图 4.22(l)), 这里光束呈现的是离散的衍射模式, 同时也观测到由于 Floquet-Bloch 波的斜交性引起的二次发射和功率振荡现象.

4.4.2　非线性波的存在区域与稳定性

本节研究方程 (4.4.3) 在 $\mathcal{PT}$ 对称势能 (4.4.10) 和动量调制 (4.4.11) 下的定态非线性局域波. 为了计算方程 (4.4.3) 的非线性局域波, 首先需要找到一个收敛迭代, 以保证振幅既不无界增长也不趋向于零, 可以通过引入一个简单的场变换 $\phi(x) = \lambda w(x)$ 来实现, 其中 λ 是待定的非零常数.

借助于 Fourie 变换和谱正则化方法[71,346], 得到如下迭代格式

$$\hat{w} = \frac{F_1}{k_x^2 + p} + \frac{\lambda^2 F_2}{k_x^2 + p}, \tag{4.4.12}$$

其中

$$
\begin{aligned}
F_1 &= \mathcal{F}[\mathrm{i}\Gamma(x)\mathcal{F}^{-1}(\mathrm{i}k_x\hat{w}) + V(x)w - \mu w + pw], \\
F_2 &= \mathcal{F}(g|w|^2 w), \\
\lambda^2 &= \frac{\displaystyle\int_{-\infty}^{+\infty}[(k_x^2 + p)|\hat{w}|^2 - F_1\hat{w}^*]\mathrm{d}k_x}{\displaystyle\int_{-\infty}^{+\infty} F_2\hat{w}^*\mathrm{d}k_x},
\end{aligned}
\tag{4.4.13}
$$

这里, $\mathcal{F}$ 表示 Fourie 变换, p 是某一个正常数 (这里取 $p = 10$).

若高斯或类双曲正割型函数可以用来做迭代初值, 则收敛准则及满足方程 (4.4.3) 的数值解的绝对误差不超过 10^{-9}. 在一般情况下, 收敛迭代小于 100 步时可以快速找到数值解, 但是为了更精确起见, 设置最大的迭代步骤为 2000. 一旦两个绝对误差同时满足, 就得到相应的数值孤子解 $\phi(x) = \lambda\mathcal{F}^{-1}[\hat{w}(x)]$.

当 $A = 4, V_0 = 0.3$ 时对应的典型的 $\mathcal{PT}$ 对称势能 (4.4.10) 如图 4.23(A) 所示. 固定 $\gamma = 1$, 改变 ϵ 的取值, 让 ϵ 分别等于 0, 0.1, 0.5, 1, 2, 利用上述数值迭代方法, 相继描绘出传播常数 μ 与相应功率图, 如图 4.23(B) 所示. 孤子存在区域的相应上下端点如表 4.5 所示.

表 4.5　参数 ϵ 对应的孤子解存在范围, 参数 $A = 4$, $V_0 = 0.3$, $\gamma = 1$ (见图 4.23(B))

端点 (μ)	$\epsilon = 0$	$\epsilon = 0.1$	$\epsilon = 0.5$	$\epsilon = 1$
下端点 (1D)	2.97	3	3.18	3.49
上端点 (1D)	14.65	14.12	12.55	11.41

需要指出的是所有的基态孤子只驻留在相应的半无穷带隙, 而且随着 ϵ 增长功率下降, 孤子解存在的范围也逐渐缩小. 然而更重要的是, 这些基态孤子在其存

在区域相对于干扰要稳定得多. 当 $\epsilon = 0.1, 0.5, 1$ 时非线性波的线性稳定性 (由线性特征值 δ 虚部的最大绝对值所决定) 见图 4.23(C), (D), (E).

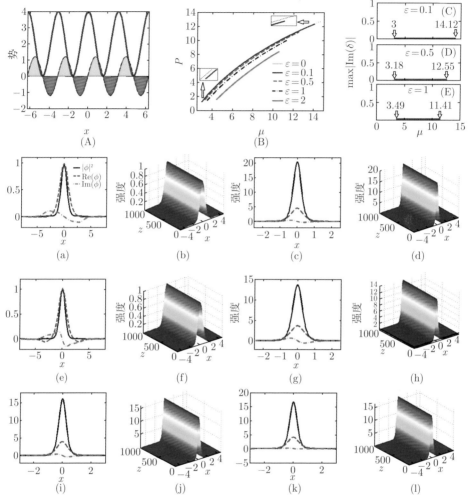

图 4.23 (A) $\mathcal{PT}$ 周期势能 (4.4.10) 图像, 参数 $A = 4, V_0 = 0.3$, 其中实线代表实部, 虚线代表虚部 (红色填充区域表示增益而青色填充区域表示损耗); (B) 功率 P 关于传播常数 μ 的图像, 在势能 (A) 以及不同动量调制参数下非线性波的存在区域, 此时分别取 $\epsilon = 0, 0.1, 0.5, 1, 2$; (C), (D), (E) 显示, 当 $\epsilon = 0.1, 0.5, 1$ 时, 非线性波的线性稳定性 (见方程 (12.3.3), 由线性特征值 δ 虚部的最大绝对值所决定). 在 $\mathcal{PT}$ 对称未破缺的情况下, 数值模拟孤子以及它们的稳定传播动力学行为: (a), (b) $\mu = 3.1$ (较低的功率); (c), (d) $\mu = 14$ (较高的功率), 此时 $\epsilon = 0.1$; (e), (f) $\mu = 3.5$ (较低的功率); (g), (h) $\mu = 11$ (较高的功率), 此时 $\epsilon = 1$, 参数 $A = 4, \gamma = 1$. 在 $\mathcal{PT}$ 对称破缺的情况下, 数值模拟孤子以及它们的稳定传播动力学行为: (i), (j) $V_0 = 0.48$, $\epsilon = 0.5$, $\mu = 12$ (较高的功率且介于第一临界点和第二临界点之间); (k), (l) $V_0 = 1$, $\epsilon = 0.5$, $\mu = 12$ (较高的功率且位于第二临界点之上), 参数 $A = 4$, $\gamma = 1$

　　为了验证这些稳定性的结果, 用直接光束演化方法来测试具有较低和较高功率的代表性孤子. 在 $\mathcal{PT}$ 对称未破缺的情况下, $\epsilon = 0.1, 1$ 和 $A = 4$, $V_0 = 0.3$ 时, 这些孤子以及它们的稳定传播动力学行为如图 4.23(a)~(h) 所示. 此外, 在 $\mathcal{PT}$ 对称破缺的区域里, 仍能找到稳定的孤子 (如图 4.23(i), (j) 所示), 甚至即使超越第二 $\mathcal{PT}$ 临界点, 也可发现稳定孤子 (见图 4.23(k), (l)).

4.5　二维 $\mathcal{PT}$ 对称势的非线性 Schrödinger 方程

　　在带动量调制的二维 $\mathcal{PT}$ 对称晶格里, 光束演化一般由下列类 Schrödinger 方程来描述

$$i\psi_z + [\nabla^2 + i\Gamma(x,y)\nabla + V(x,y) + g|\psi|^2]\psi = 0, \tag{4.5.1}$$

其中 $\psi = \psi(x,y,z)$, $\nabla = (\partial_x, \partial_y)$, $\Gamma(x,y)$ 是一个二维动量调制向量函数, $V(x,y)$ 代表二维 $\mathcal{PT}$ 对称势能, 且满足

$$V^*(-x,-y) = V(x,y). \tag{4.5.2}$$

　　为了方便讨论, 选取

$$\begin{aligned}
V(x,y) &= V(x) + V(y) \\
&= A(\cos^2 x + \cos^2 y) + iAV_0\left[\sin(2x) + \sin(2y)\right]
\end{aligned} \tag{4.5.3}$$

和

$$\Gamma(x,y) = [\Gamma(x), \Gamma(y)] = \left[\gamma(1 + \epsilon\cos^2 x),\, \gamma(1 + \epsilon\cos^2 y)\right], \tag{4.5.4}$$

其中 $V(x)$ 和 $\Gamma(x)$ 分别由方程 (4.4.10) 和方程 (4.4.11) 所给定.

4.5.1　二维能带结构和光束衍射

　　通过反复的试验和数值验证, 发现二维晶格的第一 $\mathcal{PT}$ 临界点和第二 $\mathcal{PT}$ 临界点与一维的情形出奇的一致. 与一维的情形类似, 在第一 $\mathcal{PT}$ 临界点下面, 二维能带结构如图 4.24(a1) 所示. 当超过相应的第一 $\mathcal{PT}$ 临界点时, 能带结构开始重叠且一部分复特征值开始出现, 如图 4.24(a2) 所示.

　　值得注意的是, 重叠首先发生在内部区域而不是在第一布里渊区的边缘. 如果进一步增加晶格参数 V_0 使其超越第二 $\mathcal{PT}$ 临界点, 前两个能量带完全重合且相应的特征值没有实的, 见图 4.24(a3).

　　此外, 研究二维带动量调制 $\mathcal{PT}$ 晶格的二维单通道激发. 如图 4.24(b1) 所示, 可以明显观察到在 $y = 0$ 平面上具有二次发射和功率振荡的二维离散光束衍射图样.

当调整参数 V_0 和 ϵ 使其出现在 $\mathcal{PT}$ 破缺区域时, 通过比较图 4.24(b1) 和 (b2), 发现光束分散散射得要比未破缺区域内快. 如果仅调整 γ 的值, 使其从 1 变到 -5, 很明显光束以大角度且逆时针旋转方向演化. 因此, 发现调节 γ 可以改变光束的传播方向.

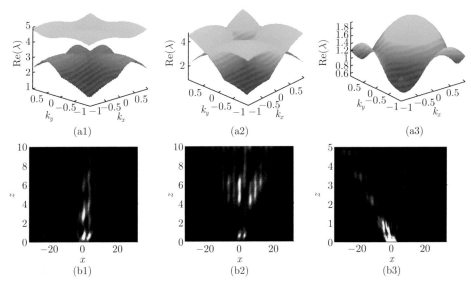

图 4.24 带动量调制的二维带隙结构: (a1) $A = 4, V_0 = 0.3, \gamma = 1, \epsilon = 0.1$ (第一 $\mathcal{PT}$ 临界点 $V_0 \approx 0.495$ 下为纯实数); (a2) $A = 4, V_0 = 0.48, \gamma = 1, \epsilon = 0.5$ (介于第一 $\mathcal{PT}$ 临界点 $V_0 \approx 0.42$ 和第二 $\mathcal{PT}$ 临界点 $V_0 \approx 0.86$ 之间, 部分为实数); (a3) $A = 4, V_0 = 1, \gamma = 1, \epsilon = 0.5$ (超过第二 $\mathcal{PT}$ 临界点 $V_0 \approx 0.86$, 全部为复数). $y = 0$ 平面上的二维单通道激发: (b1) $A = 4, V_0 = 0.3, \gamma = 1, \epsilon = 0.1$; (b2) $A = 4, V_0 = 0.48, \gamma = 1, \epsilon = 0.5$; (b3) $A = 4, V_0 = 0.3, \gamma = -5, \epsilon = 0.1$

4.5.2 二维非线性波及其动力学稳定性

下面研究方程 (4.5.1) 的二维定态非线性局域波

$$\psi(x, y, z) = \phi(x, y)e^{i\mu z}. \tag{4.5.5}$$

不失一般性, 接下来固定 $A = 4$, $\gamma = 1$. 当 $V_0 = 0.3$ 时典型的二维 $\mathcal{PT}$ 对称晶格如图 4.25(A), (B) 所示. 随不同的动量调制参数 $\epsilon = 0, 0.1, 0.5, 1$, 二维功率关于传播常数 μ 的图形如图 4.25(C) 所示, 并发现其与相应一维情形相似. 不同的地方就是二维情形时孤子存在的区域范围要比一维情形的孤子窄 (表 4.6和表 4.5).

表 **4.6**　参数 ϵ 对应的孤子解存在范围, 参数 $A = 4$, $V_0 = 0.3$, $\gamma = 1$ (见图 **4.25(C)**)

端点 (μ)	$\epsilon = 0$	$\epsilon = 0.1$	$\epsilon = 0.5$	$\epsilon = 1$
下端点 (2D)	5.78	5.89	6.23	6.73
上端点 (2D)	12.10	11.89	11.39	11.28

当 $\epsilon = 0.1$ 且半无穷间隙中传播常数为 $\mu = 6.2$ 时, 存在一个有代表性的二维 $\mathcal{PT}$ 对称的基态孤子, 如图 4.25(D), (E), (F) 和图 4.25(a1) 所示.

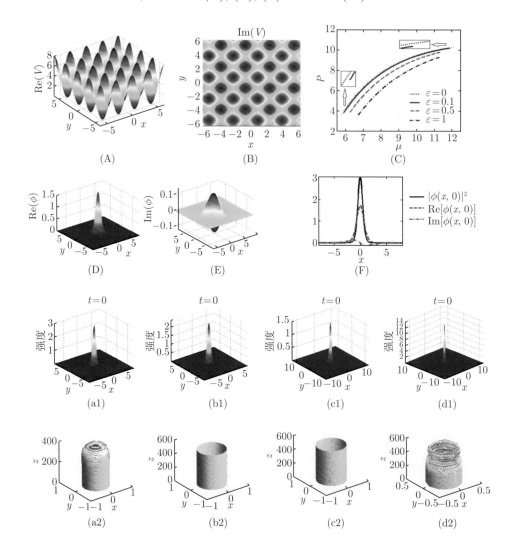

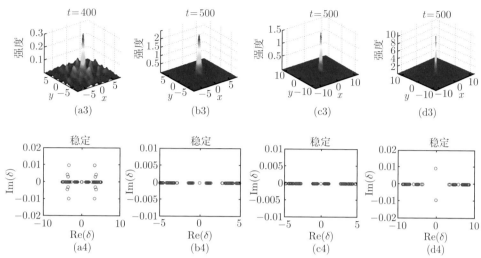

图 4.25 二维 $\mathcal{PT}$ 晶格势的实虚部 (A), (B), 参数 $A = 4$, $V_0 = 0.3$: (B) 蓝域代表增益而红域代表损耗; (C) 二维功率 P 的图像: 势由 (A), (B) 构成, 动量参数 $\epsilon = 0, 0.1, 0.5, 1$. 典型的二孤子 ($V_0 = 0.3, \epsilon = 0.1, \mu = 6.2$): (D) 实部, (E) 虚部, (F) $y = 0$ 平面上的图像, 其密度见图 4.23(a1). $\mathcal{PT}$ 对称未破缺区域中, 二维数值孤子的初始密度、演化 (多条等势线描绘) 和中间态: (a1), (a2), (a3) $V_0 = 0.3, \epsilon = 0.1, \mu = 6.2$; (b1), (b2), (b3) $V_0 = 0.1, \epsilon = 0.1, \mu = 6.2$, 参数 $A = 4, \gamma = 1$. $\mathcal{PT}$ 对称未破缺区域中, 二维数值孤子的初始密度、演化 (多条等势线) 和中间态: (c1), (c2), (c3) $V_0 = 0.1, \epsilon = 0.5, \mu = 6.2$; (d1), (d2), (d3) $V_0 = \epsilon = 0.1, \mu = 10$, $A = 4, \gamma = 1$. $\mathcal{PT}$ 对称未破缺区域中, 二维数值孤子的线性稳定性: (a4) $V_0 = 0.3, \epsilon = 0.1, \mu = 6.2$; (b4) $V_0 = \epsilon = 0.1, \mu = 6.2$; (c4) $V_0 = 0.1, \epsilon = 0.5, \mu = 6.2$; (d4) $V_0 = \epsilon = 0.1, \mu = 10$, $A = 4, \gamma = 1$

但是, 所找到的二维基态孤子是不稳定的 (图 4.25(a1), (a2), (a3)), 稳定性分析表明大部分二维基态孤子都是不稳定的, 且随着 V_0, ϵ 或 μ 的增加, 不稳定增长率趋于上升.

可以用直接光束传播方法来确认这些稳定性结果. 例如保持它们参数不变, 而减少 ϵ 的值, 让它从 0.3 到 0.1, 可得到一个稳定的二维基态孤子, 如图 4.25(b1), (b2), (b3) 所示.

同时, 即使增加 ϵ 从 0.1 到 0.5 (或者 μ 从 6.2 到 8), 原来稳定的二维孤子相对于动能调制还是稳定的, 如图 4.25(c1), (c2), (c3) 所示; 而如果只提高 μ 到 10, 让其具有更高的强度, 原本稳定的二维孤子立即变得不稳定, 如图 4.25(d1), (d2), (d3) 所示.

更重要的是, 上述传输动力学稳定性结果与相应的线性稳定性分析结果非常吻合, 如图 4.25(a4), (b4), (c4), (d4) 所示.

4.5.3　解的横向功率流强度

为了更好地理解一维和二维非线性波的内部结构和性能, 下面研究相应的横向功率流强度:

$$S(x) = \frac{\mathrm{i}}{2}(\phi\nabla\phi^* - \phi^*\nabla\phi). \tag{4.5.6}$$

与一般情况不同, 在 $\mathcal{PT}$ 对称未破缺区域里, 功率流的方向完全可以从损耗到增益区域, 如图 4.26(a), (b) 所示. 当将相关参数调整到破缺 $\mathcal{PT}$ 对称的区域时, 流向开始变得有点复杂. 图 4.26(c), (d) 显示功率在一个单胞内主要从损耗区域到增益区域, 而剩余部分流向另一个单元.

如果进一步增加 V_0 从 0.48 到 0.6, 则出现明显不同的情况, 功率彻底改变原来的流动方向, 主要是从一个小区内的增益流向损耗区域, 而只有一小部分流向另一个单胞, 见图 4.26(e), (f). 当 V_0 增长到 1 超过相应的第二临界点时, 功率的方向又变得相当简单, 几乎所有的功率从增益流到损耗区域, 如图 4.26(g), (h) 所示. 上述结果表明, 加入动量调制和调整增益--损耗分布的相对强度, 都可以完全改变功率流的方向, 这可用于控制增益或损耗区域之间的能量交换.

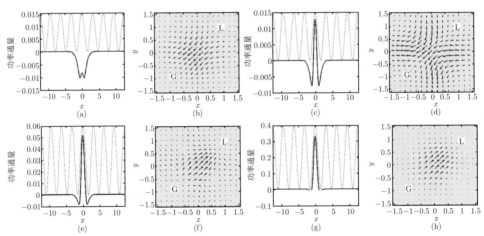

图 4.26　跨越晶格的一维横向功率流和一个单胞内的二维横向功率流: (a) $\mu = 3.1$, (b) $\mu = 6.2$, 当 $V_0 = 0.3$, $\epsilon = 0.1$ (第一临界点之下); (c) $\mu = 3.1$, (d) $\mu = 6.2$, 当 $V_0 = 0.48$, $\epsilon = 0.5$ (介于第一和第二临界点之间), 参数 $A = 4$, $\gamma = 1$. 跨越晶格的一维横向功率流和一个单胞内的二维横向功率流: (e) $\mu = 3.1$, (f) $\mu = 6.2$, 当 $V_0 = 0.6$, $\epsilon = 0.5$ (介于第一和第二临界点之间); (g) $\mu = 3.1$, (h) $\mu = 6.2$, 当 $V_0 = 1$, $\epsilon = 0.5$ (第二临界点之上), 参数 $A = 4$, $\gamma = 1$

在 $\mathcal{PT}$ 对称晶格势作用下, 展示了动量调制可以降低普通晶格的第一和第二 $\mathcal{PT}$ 临界点, 有规律地改变能带结构的形状, 尽管相应的特征值发生了变化 (如偏转和分裂光束) 以产生许多新的现象, 如多重折射和发射. 在半无穷间隙, 我们还发现了一大类一维和二维的基态孤子, 且一维孤子比二维孤子享有更广泛的存在范围和更稳定的性能. 值得指出的是, 一维孤子在超过第二 $\mathcal{PT}$ 临界点时仍然可以保持稳定. 此外, 动量调制不仅可以缩小现有的基态孤子的范围, 也能彻底改变横向功率流的方向, 以控制增益或损耗区域内的能量交换.

4.6 三维 $\mathcal{PT}$ 对称 GP 方程的孤子

研究带有动量调控和 $\mathcal{PT}$ 对称势的三维广义 GP 方程

$$\mathrm{i}\psi_t = \left(-\frac{1}{2}\nabla^2 + \mathrm{i}\boldsymbol{\Gamma}\cdot\partial_{\boldsymbol{r}} + V(r) + \mathrm{i}W(\boldsymbol{r}) - g|\psi|^2\right)\psi, \tag{4.6.1}$$

其中, $\boldsymbol{r} = (x,y,z)$, $\nabla^2 = \partial_x^2 + \partial_y^2 + \partial_z^2$, $\boldsymbol{\Gamma} = (\Gamma_x, \Gamma_y, \Gamma_z)$, $\Gamma_{x,y,z}$ 是实值常数, $\partial = (\partial_x, \partial_y, \partial_z)$. 方程 (4.6.1) 的定态解可以写为 $\psi(\boldsymbol{r}, t) = \phi(\boldsymbol{r})\mathrm{e}^{\mathrm{i}\mu t}$, 因此波函数 $\phi(\boldsymbol{r})$ 满足如下的定态模型

$$\left(-\frac{1}{2}\nabla^2 + \mathrm{i}\boldsymbol{\Gamma}\cdot\partial + V(\boldsymbol{r}) + \mathrm{i}W(\boldsymbol{r}) - g\phi^2 + \mu\right)\phi = 0. \tag{4.6.2}$$

现在考虑广义的三维 $\mathcal{PT}$ 对称 Scarf-II 势

$$V(\boldsymbol{r}) = \sum_\eta \left(v_{1\eta}\mathrm{sech}^2\eta + v_{2\eta}\mathrm{sech}^{2\alpha_\eta}\eta\right) + v_0\prod_\eta \mathrm{sech}^{2\alpha_\eta}\eta,$$
$$W(\boldsymbol{r}) = W_0\sum_\eta \mathrm{sech}^{\alpha_\eta}\eta\tanh\eta, \tag{4.6.3}$$

其中, $\eta = x, y, z$, $v_{1\eta} = -\alpha_\eta(\alpha_\eta + 1)/2$, $v_{2\eta} = -2W_0^2/(9\alpha_\eta^2)$, $\alpha_\eta > 0$, $v_0 \neq 0$, W_0 都是实值常数. 图 4.27(a)$\sim$(d) 展示 $\mathcal{PT}$ 对称势 $V(x,y,0)$ 和 $W(x,y,0)$ 的剖面.

在上述势下, 可以获得方程 (4.6.2) 的亮孤子解

$$\phi(\boldsymbol{r}) = \sqrt{v_0/g}\prod_\eta \mathrm{sech}^{\alpha_\eta}\eta\,\mathrm{e}^{\mathrm{i}\varphi(\boldsymbol{r})}, \tag{4.6.4}$$

其中 $gv_0 > 0$, 化学势为 $\mu = \sum_\eta(\alpha_\eta^2 + \Gamma_\eta^2)/2$, 相位满足

$$\varphi(\boldsymbol{r}) = \sum_\eta\left(\boldsymbol{\Gamma}\cdot\boldsymbol{r} - \frac{2W_0}{3\alpha_\eta}\int_0^\eta \mathrm{sech}^{\alpha_\eta}s\,\mathrm{d}s\right).$$

解 (4.6.4) 的实部和虚部见图 4.28(a)$\sim$(d).

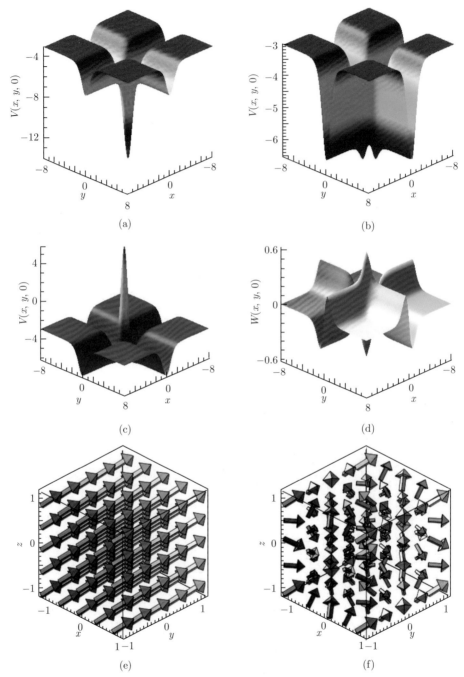

图 4.27　由方程 (4.6.3) 给定的势 $V(x, y, 0)$: (a) $v_0 = -5$, (b) $v_0 = 5$, (c) $v_0 = 15$; (d) 增益–损耗分布 $W(x, y, 0)$. 速度场: (e) $\Gamma_\eta = 3$, (f) $\Gamma_\eta = 0.2$. 其他的参数取 $\alpha_\eta = 2$, $W_0 = 0.8$

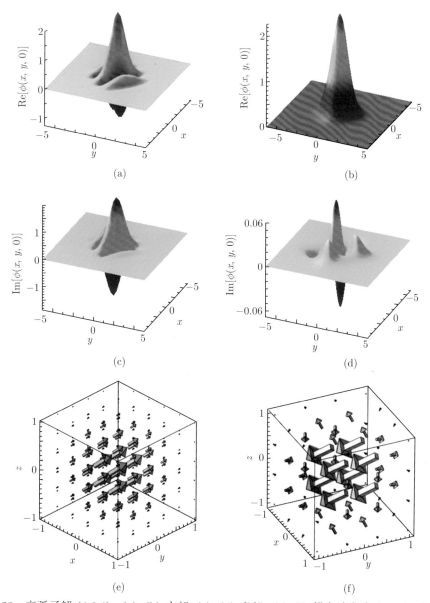

图 4.28 亮孤子解 (4.6.4)：(a), (b) 实部, (c), (d) 虚部. (e), (f) 横向功率流 (4.6.7). 左列的参数取 $\Gamma_\eta = 3$, 右列取 $\Gamma_\eta = 0.2$. 其他的参数为 $g = 1, v_0 = 5, W_0 = 0.8, \alpha_\eta = 2$

解 (4.6.4) 的速度场 $\boldsymbol{v}(x, y, z)$ 具有如下形式

$$\boldsymbol{v} = \nabla \varphi(x, y, z) = (f_x, f_y, f_z), \tag{4.6.5}$$

见图 4.27(e) 和 (f), 其中 $f_\eta = \Gamma_\eta - \dfrac{2W_0}{3\alpha_\eta}\mathrm{sech}^{\alpha_\eta}\eta$. 因此, 可以计算出速度场 $\boldsymbol{v}(x,y,z)$ 的散度 (流密度)

$$\mathrm{div}\,\boldsymbol{v}(x,y,z) = \nabla^2\varphi(x,y,z) = \frac{2}{3}W(\boldsymbol{r}), \tag{4.6.6}$$

它测量了平均每单位面积流过的流量, 并且依赖于 W_0 和空间位置. 此外, 我们也可以得到速度场的散度是与增益–损耗分布 $W(\boldsymbol{r})$ 成比例的 (见图 4.27(d)).

从方程 (4.6.6), 可以得到如下的结论:

(1) 如果在某点处满足 $W(\boldsymbol{r}) > 0$ (增益), 那么流量的方向总是远离这个点;

(2) 如果在某点处满足 $W(\boldsymbol{r}) < 0$ (损耗), 那么流量的方向总是朝向这个点;

(3) 如果在某点处满足 $W(\boldsymbol{r}) = 0$ (不存在增益或损耗), 那么流量在这个点处不移动.

与解 (4.6.4) 密切相关的横向功率流为

$$\boldsymbol{S}(\boldsymbol{r}) = \frac{v_0}{g}\left(\prod_\eta \mathrm{sech}^{2\alpha_\eta}\eta\right)(f_x, f_y, f_z), \tag{4.6.7}$$

在一些特定的参数下它解释了图 4.28(e) 和 (f) 中复杂的功率流向结构.

实际上, 对于变系数 $\boldsymbol{\Gamma} \to \boldsymbol{\Gamma}(\boldsymbol{r})$ 的情形也可以类似地研究.

第 5 章　含有效质量与 $\mathcal{PT}$ 对称势的非线性 Schrödinger 方程

　　本章基于一维和二维的具有 $\mathcal{PT}$ 对称周期势的广义非线性 Schrödinger 方程, 探讨有效质量调控对光束传播动力学行为的影响. 在线性情况下, 给出不同有效质量调控下光晶格的第一和第二 $\mathcal{PT}$ 临界值曲线, 并分析了相关的能带结构与光束衍射动力学. 在 Kerr 非线性介质中, 一族新型光孤子可以存在于半无穷带隙中. 随着有效质量参数的增大, 这些孤子的存在范围逐渐增大, 而稳定的区域则逐渐减小. 二维的稳定性分析表明, 较大的有效质量参数、增益–损耗强度以及传播常数可能更容易导致不稳定的孤子. 此外还分析了一维和二维的横向功率流, 因为它们能够显示出增益–损耗区域内的能量交换 (见文献 [350,351]).

5.1　有效质量调控的 Hamilton 算子

　　之前, 几乎所有与 $\mathcal{PT}$ 对称线性和非线性波系统有关的研究工作都是围绕如下无量纲的非厄米 Hamilton 算符来进行的, 即 $\mathcal{H} = -\partial_x^2 + U(x) + \mathrm{i}W(x)$, 其中的实值函数满足 $U(-x) = U(x)$ 和 $W(-x) = -W(x)$. 然而, 半导体理论中产生了一种新型的哈密顿量, 其中集体激发的有效质量 $M(x)$[352] 是可以依赖空间位置的[353-359], 即

$$\mathcal{H}_M = -\frac{\hbar^2}{2}\partial_x\left[\frac{1}{M(x)}\partial_x\right] + U(x), \tag{5.1.1}$$

其中 $U(x)$ 是实值函数. 事实上, 该 Hamilton 算子对应的特征值问题 $\mathcal{H}_M\Phi = \lambda\Phi$ 是特殊的 Sturm-Liouville 方程.

　　现在, 研究将依赖空间位置的有效质量和复值 $\mathcal{PT}$ 对称势结合起来的 Hamilton 算子:

$$\mathcal{H}_M^{(\mathcal{PT})} = -\frac{\hbar^2}{2}\partial_x\left[\frac{1}{M(x)}\partial_x\right] + U(x) + \mathrm{i}W(x). \tag{5.1.2}$$

事实上, 这个模型比上述半导体中出现的模型表现得更加普遍. 在晶格介质中传播的集体激发的有效质量取决于基本晶格的局部性质[360,361], 而且在许多场景中

可能是不均匀的, 从而又使得有效质量取决于位置. 在光学的背景下, 本质上相同的 Hamilton 量控制光束在空间区域中的传播, 其中有效衍射系数 $m = 1/M$, 在非均匀光子晶格中也是可以依赖空间位置 x 的 (即 $m(x) = 1/M(x)$)[362,363].

因此, 本章致力于研究经典周期光晶格势中具有依赖空间位置有效质量的广义 $\mathcal{PT}$ 对称非线性 Schrödinger 方程, 包括数值求解第一和第二 $\mathcal{PT}$ 临界值, 分析相应的能带结构, 模拟光束的线性衍射模式, 并寻找一维和二维情况下稳定的基态孤子.

5.2 $\mathcal{PT}$ 对称的有效质量模型的理论与数值方法

5.2.1 一般理论

在具有复值 $\mathcal{PT}$ 对称周期势以及依赖位置的有效衍射系数 ($m(x) \equiv 1/M(x)$, 它在光学中表示空间变化的衍射系数) 的三次非线性介质中, 一维光束的传播可以用下面的广义非线性 Schrödinger 方程来描述[350]

$$\mathrm{i}\frac{\partial\psi}{\partial z} + \left[\frac{\partial}{\partial x}m(x)\frac{\partial}{\partial x} + V(x) + g|\psi|^2\right]\psi = 0, \tag{5.2.1}$$

其中, $\psi \equiv \psi(x,z)$ 是复值的无量纲光场强度函数, z 表示传播距离, x 表示尺度化的横坐标, g 表示 Kerr 非线性强度. 为了方便地研究方程 (5.2.1), 总假定 $m(x)$ 是有效质量调控且是偶函数, 同时非厄米 $\mathcal{PT}$ 对称周期势满足 $V^*(-x) = V(x)$ 且 $V(x+X) = V(x)$. 从这些条件很容易知道方程 (5.2.1) 在 $\mathcal{PT}$ 对称作用下是不变的. 方程 (5.2.1) 可以改写成变分形式

$$\mathrm{i}\psi_z = \frac{\delta\mathcal{H}(\psi)}{\delta\psi^*}, \quad \mathcal{H}(\psi) = \int_{-\infty}^{+\infty}[m(x)|\psi_x|^2 - V(x)|\psi|^2 - \frac{g}{2}|\psi|^4]\mathrm{d}x. \tag{5.2.2}$$

光束的总能量和拟能量 (5.2.1) 分别定义为

$$P(z) = \int_{-\infty}^{+\infty}|\psi(x,z)|^2\mathrm{d}x, \quad Q(z) = \int_{-\infty}^{+\infty}\psi(x,z)\psi^*(-x,z)\mathrm{d}x. \tag{5.2.3}$$

于是可推导出它们随着传播距离的演化为

$$P_z = -2\int_{-\infty}^{+\infty}\mathrm{Im}[V(x)]|\psi|^2\mathrm{d}x, \quad Q_z = \mathrm{i}g\int_{-\infty}^{+\infty}\{\psi\psi^*(-x,z)[|\psi|^2 - |\psi(-x,z)|^2]\}\mathrm{d}x.$$

然而值得注意的是, 在线性体系下 ($g = 0$), 拟能量 Q 是一个守恒量而实际的总能量 P 却不是, 于是通常引起 $\mathcal{PT}$ 对称周期晶格中光束的非幺正线性衍射[180,364].

考虑方程 (5.2.1) 的定态解 $\psi(x,z) = \phi(x)\mathrm{e}^{\mathrm{i}\mu z}$, 其中 μ 为实值传播常数, 那么局域化的复值波函数 $\phi(x)(\lim_{|x|\to\infty}\phi(x)=0)$ 满足

$$\left[\frac{\mathrm{d}}{\mathrm{d}x}m(x)\frac{\mathrm{d}}{\mathrm{d}x} + V(x) + g|\phi|^2\right]\phi = \mu\phi. \tag{5.2.4}$$

如果我们进一步将 $\phi(x)$ 改写为

$$\phi(x) = u(x)\exp\left[\mathrm{i}\int_0^x v(s)\mathrm{d}s\right], \tag{5.2.5}$$

其中, $u(x)$ 为振幅, $v(x)$ 为相位速度, 那么有

$$v(x) = -\frac{1}{m(x)u^2(x)}\int_0^x \mathrm{Im}[V(s)]u^2(s)\mathrm{d}s, \tag{5.2.6}$$

并且振幅 $u(x)$ 满足

$$\frac{\mathrm{d}}{\mathrm{d}x}\left[m(x)\frac{\mathrm{d}u(x)}{\mathrm{d}x}\right] = \left\{-\mathrm{Re}[V(x)] + m(x)v^2(x) - gu^2(x) + \mu\right\}u(x). \tag{5.2.7}$$

通过令 $\tilde{u}(x) \equiv m(x)u_x$, 可以得到一个耦合的一阶常微分方程系统:

$$\frac{\mathrm{d}u(x)}{\mathrm{d}x} = \frac{\tilde{u}(x)}{m(x)}, \tag{5.2.8}$$

$$\frac{\mathrm{d}\tilde{u}(x)}{\mathrm{d}x} = \left\{-\mathrm{Re}[V(x)] + m(x)v^2(x) - gu^2(x) + \mu\right\}u(x), \tag{5.2.9}$$

它可以作为一个边值问题在数值上用标准的打靶法来求解[354]. 为了达到更高的精度和计算速度, 我们实际上利用谱正则化方法[346], 并做一些必要的改进. 该方法具有谱精度, 且不管是在一维的情况下还是在更高维的情况下都相对容易实施.

事实上, 对于给定的周期函数 $m(x)$ 和 $V(x)$, 通常很难找到方程 (5.2.7) 的解析解. 因此, 接下来使用 Fourie 变换和谱正则化方法寻找其数值解. 一旦找到数值解 $\phi(x)$, 则可以以定态形式 $\psi(x,z) = \phi(x)\mathrm{e}^{\mathrm{i}\mu z}$ 获得方程 (5.2.1) 的非线性局域模态. 至于研究上述数值孤子的线性稳定性, 可以参考第 2 章的线性稳定性分析, 这里只需要改变

$$\hat{L}_1 = \partial_x\left[m(x)\partial_x\right] + V(x) + 2g|\phi(x)|^2 - \mu, \qquad \hat{L}_2 = g\phi^2(x). \tag{5.2.10}$$

5.2.2 一维和二维隙孤子的数值方法

在一维情况下, 为了计算方程 (5.2.4) 的非线性局域模态, 首先需要找到一个收敛的迭代方法以保证它的幅度既不无界地增长也不趋于零, 这可以通过引入一个简单的场变换 $\phi(x) = \lambda w(x)$ 来实现, 其中 λ 是待定的非零常量. 依据 Fourie 变换和谱正则化方法, 并适当做一些必要的修改, 可以得到下面的迭代格式

$$\hat{w} = \frac{F_1}{k_x^2 + p} + \frac{\lambda^2 F_2}{k_x^2 + p}, \tag{5.2.11}$$

其中

$$F_1 = \mathcal{F}\left[\frac{m_x \mathcal{F}^{-1}(\mathrm{i}k_x \hat{w}) - V(x)w - \mu w + pmw}{m}\right],$$
$$F_2 = \mathcal{F}\left(\frac{g|w|^2 w}{m}\right),$$
$$\lambda^2 = \frac{\displaystyle\int_{-\infty}^{+\infty}[(k_x^2 + p)|\hat{w}|^2 - F_1 \hat{w}^*]\mathrm{d}k_x}{\displaystyle\int_{-\infty}^{+\infty} F_2 \hat{w}^* \mathrm{d}k_x}, \tag{5.2.12}$$

这里, $\mathcal{F}$ 表示一维 Fourie 变换, p 是一个适当的正常数 (这里取 $p = 10$). 可以采用高斯或双曲正割型的函数作为初始的迭代输入, 数值解满足方程 (5.2.4) 的收敛准则是绝对误差小于 10^{-9}. 一般来说, 可以发现它的收敛速度非常快, 且迭代次数通常小于 100. 这里采用的最大迭代次数是 2000. 一旦上述的绝对误差得到满足, 所求的数值孤子可以通过 $\phi(x) = \lambda \mathcal{F}^{-1}[\hat{w}(x)]$ 来获得.

在二维情况下, 迭代格式与一维情形相似, 只需相应地改变方程 (5.2.11) 中的 F_1:

$$\hat{w} = \frac{1}{k_x^2 + k_y^2 + p}F_1 + \frac{\lambda^2}{k_x^2 + k_y^2 + p}F_2, \tag{5.2.13}$$

其中

$$F_1 = \mathcal{F}\{[m(x) - 1]\mathcal{F}^{-1}(-k_x^2 \hat{w}) + [m(y) - 1]\mathcal{F}^{-1}(-k_y^2 \hat{w}) + m_x(x)\mathcal{F}^{-1}(\mathrm{i}k_x \hat{w})$$
$$+ m_y(y)\mathcal{F}^{-1}(\mathrm{i}k_y \hat{w}) - V(x)w - \mu w + pw\},$$
$$F_2 = \mathcal{F}(g|w|^2 w),$$

$$\lambda^2 = \frac{\displaystyle\int_{-\infty}^{+\infty}\int_{-\infty}^{+\infty}[(k_x^2 + k_y^2 + p)|\hat{w}|^2 - F_1\hat{w}^*]\mathrm{d}\boldsymbol{k}}{\displaystyle\int_{-\infty}^{+\infty}\int_{-\infty}^{+\infty}F_2\hat{w}^*\mathrm{d}\boldsymbol{k}}, \tag{5.2.14}$$

$$\mathrm{d}\boldsymbol{k} = \mathrm{d}k_x\mathrm{d}k_y,$$

这里, $\mathcal{F}$ 代表二维 Fourie 变换, p 是一个合适的正常数 (这里取 $p = 100$). 采用的最大迭代步骤是 4000, 其他的设置和步骤与一维情形一样.

5.3 $\mathcal{PT}$ 对称光晶格势下的能带结构

5.3.1 Floquet-Bloch 理论

为了更好地理解线性谱问题中 $\mathcal{PT}$ 对称光学晶格和有效质量调控的性质, 需弄清楚其相应的能带结构. 为此目的, 在方程 (5.2.4) 中令 $g = 0$ 以及 $\mu \to \lambda$, 可得相应的线性特征值问题

$$\left[\frac{\partial}{\partial x}m(x)\frac{\partial}{\partial x} + V(x)\right]\phi(x) = \lambda\phi(x). \tag{5.3.1}$$

根据 Floquet-Bloch 理论[168,347,348], 它拥有两个线性无关的解

$$\phi_1(x, k) = u_1(x, k)\mathrm{e}^{\mathrm{i}kx},$$
$$\phi_2(x, k) = u_2(x, k)\mathrm{e}^{-\mathrm{i}kx}, \tag{5.3.2}$$

其中, $u_{1,2}(x, k)$ 是 X-周期 $[u_{1,2}(x + X, k) = u_{1,2}(x, k)]$ 的有界复值函数, λ 为特征值或者传播常数, $k = k(\lambda)$ 是 Bloch 动量, 并且满足 $k \in [-\pi/X, \pi/X]$. 将方程 (5.3.2) 代入方程 (5.3.1) 可知 $u_{1,2}(x, k)$ 满足如下方程

$$\left[m(x)(\partial_x \pm \mathrm{i}k)^2 + m_x(x)(\partial_x \pm \mathrm{i}k) + V(x)\right]u(x, k) = \lambda(k)u(x, k), \tag{5.3.3}$$

其中 $m_x(x) = \mathrm{d}m(x)/(\mathrm{d}x)$. 事实上, 只需考虑方程 (5.3.1) 的两种解的第一种情况, 将其重写为

$$\phi(x, k) = u(x, k)\mathrm{e}^{\mathrm{i}kx}, \quad u(x + X, k) = u(x, k), \tag{5.3.4}$$

其中 $u \equiv u(x, k)$ 满足

$$\left[\frac{\partial}{\partial x}m(x)\frac{\partial}{\partial x} + 2\mathrm{i}km(x)\frac{\partial}{\partial x} + V(x) - k^2m(x) + \mathrm{i}km_x(x)\right]u = \lambda(k)u. \tag{5.3.5}$$

而另一种情况可以通过在方程 (5.3.5) 中进行以下变换来获得：i $\to$ $-$i, x $\to$ $-x$, $k \to -k$.

5.3.2 $\mathcal{PT}$ 对称晶格势下的能带与带隙

对于方程 (5.2.1), 这里考虑 $\mathcal{PT}$ 对称 π-周期势[45,167–169]

$$V(x) = A\left[\cos^2 x + iV_0 \sin(2x)\right], \tag{5.3.6}$$

其中 $A > 0$ 和 V_0 都是复晶格势的实值调控参数. 易知 $V(x)$ 的实部和虚部拥有同一周期. 同时, 有效质量调控函数取为

$$m(x) = 1 + \epsilon \sin^2 x, \tag{5.3.7}$$

这里 $\epsilon > -1$ 是实值的有效质量调控参数, 因而 $m(x)$ 是正定的偶函数.

一般而言, 解析地研究变系数 (这里的变系数参见方程 (5.3.6) 和 (5.3.7)) 的线性问题 (5.3.1) 的本征值和本征函数是比较困难的. 这里采用上述提到的 Floquet-Bloch 理论来数值地探讨方程 (5.3.5)[168,347,348], 并利用方程 (5.3.6) 和 (5.3.7) 中不同的调控参数 A, V_0 以及 ϵ, 进一步讨论它的特征值和特征函数.

首先, 借助于数值计算上的谱方法, 对于特征值问题 (5.3.5), 随着 ϵ 的增加, 给出了第一 $\mathcal{PT}$ 临界值 (当低于该阈值时, 在第一布里渊区里每个能带的所有特征值都是实的), 以及第二 $\mathcal{PT}$ 临界值 (超出这个范围, 带结构的任何部分都变为复的)[349], 正如图 5.1(a1), (a2), (a3), (a4) 所示. 表 15.1 展示了 $A = 0.5, 1, 4$ 时的阈值数据, 这与文献 [45,167,349] 中的结果保持一致. 可以观察到, 第二 $\mathcal{PT}$ 临界值曲线是晶格参数 A 的单调递减函数, 而随着 ϵ 的增长在逐渐增加. 对于 $\epsilon > 0$ 的第一 $\mathcal{PT}$ 临界值曲线, 有趣的是存在唯一的最小值点, 恰好与相应的 ϵ 相同, 并且相应的最小值几乎接近零 (见图 5.1(a3), (a4)). 对于 $\epsilon > 0$ 时的第一 $\mathcal{PT}$ 临界值曲线, 在 $0 < A < \epsilon$ 时单调递减, 而在 $A > \epsilon$ 时单调递增. 注意在四个临界值图形中, A 的区域选择为 $[0.3, 10]$, 因此从图 5.1(a2) 中只看到第一 $\mathcal{PT}$ 临界值曲线是单调递增的, 因为整个区间 $[0.3, 10]$ 位于 $A > \epsilon = 0.1$ 的区域内.

表 5.1 具有不同有效质量调控 (5.3.7) 的 $\mathcal{PT}$ 对称周期势 (5.3.6) 的第一和第二 $\mathcal{PT}$ 临界值数据, 不同的参数取值为 $A= 0.5, 1, 4$ 以及 $\epsilon= 0, 0.1, 0.5, 1$ (参见图 5.1(a1), (a2), (a3), (a4))

$\mathcal{PT}$ 临界值 (V_0)	$\epsilon = 0$	$\epsilon = 0.1$	$\epsilon = 0.5$	$\epsilon = 1$
第一 $(A = 0.5)$	0.5	0.4	< 0.001	0.5
第二 $(A = 0.5)$	5.9	6.18	7.26	8.5
第一 $(A = 1)$	0.5	0.45	0.250	< 0.001
第二 $(A = 1)$	2.98	3.12	3.65	4.26
第一 $(A = 4)$	0.5	0.488	0.438	0.375
第二 $(A = 4)$	0.89	0.92	1.02	1.15

其次, 为了验证数值上获得的 $\mathcal{PT}$ 临界值, 对前两个重要的能带结构进行了详细阐述. 不失一般性, 选择 $\epsilon = 1$, $A = 4$, 这时的第一和第二 $\mathcal{PT}$ 临界值分别为 0.375 和 1.143. 当低于第一 $\mathcal{PT}$ 临界值时, 前两个能带完全分开, 所有的特征值谱都是全实的 (见图 5.1(b1), (b2)); 而在第一 $\mathcal{PT}$ 临界值之上时, 前两个能带开始从第一布里渊区域的边缘部分合并, 并拥有一小部分的复特征值 (见图 5.1(b3), (b4)). 当 V_0 接近第二 $\mathcal{PT}$ 临界值时, 前两个能带大部分重叠, 并且只有一小部分

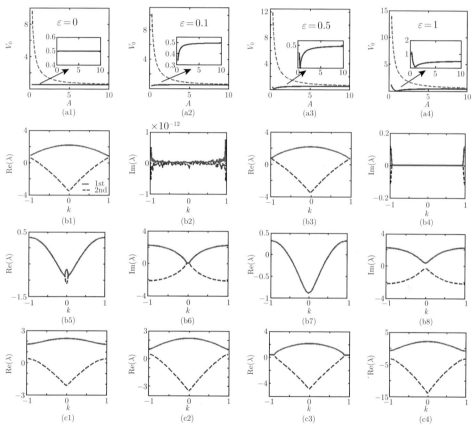

图 5.1 具有不同有效质量调控 (5.3.7) 的 $\mathcal{PT}$ 对称周期势 (5.3.6) 的第一 (实线) 和第二 (虚线)$\mathcal{PT}$ 临界值曲线: (a1) $\epsilon = 0$, (a2) $\epsilon = 0.1$, (a3) $\epsilon = 0.5$, (a4) $\epsilon = 1$. 能带结构: (b1), (b2) $V_0 = 0.37$ (在第一 $\mathcal{PT}$ 临界值 $V_0 \approx 0.375$ 之下是纯实的), (b3), (b4) $V_0 = 0.38$ (超出第一 $\mathcal{PT}$ 临界值是部分复的), (b5), (b6) $V_0 = 1.14$ (在第二 $\mathcal{PT}$ 临界值 $V_0 \approx 1.143$ 之下是部分实的), (b7), (b8) $V_0 = 1.15$ (在第二 $\mathcal{PT}$ 临界值之上是全复的), 其中 $\epsilon = 1, A = 4$. 有效质量调控下的前两个能带: (c1) $\epsilon = 0.1$, (c2) $\epsilon = 1$, (c3) $\epsilon = 2$, (c4) $\epsilon = 10$, 其中晶格参数为 $A = 4, V_0 = 0.35$.(a1)$\sim$(a4) 中的插图更清楚地显示了相应的第一 $\mathcal{PT}$ 临界值曲线

特征值保持为实数, 它们位于第一个布里渊区的中心 (见图 5.1(b5), (b6)). 如果进一步增加 V_0 超过第二 $\mathcal{PT}$ 临界值, 那么前两个能带完全合并, 并且整个能带结构的任何部分都不再是实的 (见图 5.1(b7), (b8)).

最后, 研究了不同的有效质量调控参数 ϵ 对能带结构的影响. 结果我们发现轻微增长 ϵ 可以使第一带隙缩小 (见图 5.1(c1) 和 (c2)), 并促使前两个带的合并 (见图 5.1(c3)). 但是, 如果我们继续增加 ϵ, 就会出现一个不寻常的现象, 即前两个能带又变成完全分离的 (见图 5.1(c4)). 也就是说, 有效质量调控参数 ϵ 对前两个能带具有所谓的非线性效应.

5.3.3 $\mathcal{PT}$ 对称晶格势中的衍射动力学

许多与 $\mathcal{PT}$ 对称光晶格势相关的有趣现象可以体现在光束传输动力学中, 例如双折射、二次发射、功率振荡和相位奇异性[167-169], 其中相关的光学实验已经通过以任意入射角激发宽的高斯光束 (覆盖多个通道) 到 $\mathcal{PT}$ 晶格表面来设计. 一般来说, 非对称衍射图可能通常出现在 $\mathcal{PT}$ 对称晶格 (5.3.6) 中, 这是 Floquet-Bloch 模的非正交性 (或斜交性) 以及 $\mathcal{PT}$ 晶格的非互易性导致的.

当有效质量调控 (如方程 (5.3.7)) 被添加到系统中时, 一些不同的现象会再次出现. 一方面, 增长的 ϵ 可以扩大光束分裂的角度, 并使得双折射现象可以更明显地被观察到 (见图 5.2(a), (b), (c)). 另一方面, 对于固定值 $\epsilon = 1$, 即

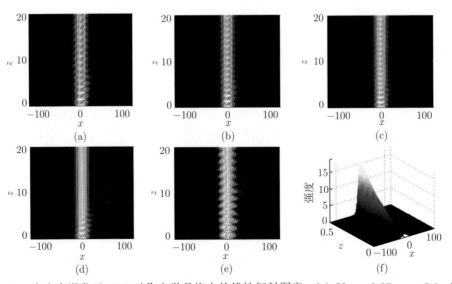

图 5.2   宽光束激发下 $\mathcal{PT}$ 对称光学晶格中的线性衍射图案: (a) $V_0 = 0.35, \epsilon = 0.1$, (b) $V_0 = 0.35, \epsilon = 0.5$, (c) $V_0 = 0.35, \epsilon = 1$, (d) $V_0 = 0.5, \epsilon = 1$, (e) $V_0 = 0.8, \epsilon = 1$, (f) $V_0 = 1.2, \epsilon = 1$. 其他的参数为 $A = 4$

使 V_0 增长到超过其第一 $\mathcal{PT}$ 临界值 (例如取 $V_0 = 0.5$), 光束仍然可以正常传播, 并略微增强了分裂光束的强度 (见图 5.2(d)), 因为此时大多数相应的能带结构仍然为纯实的. 如果进一步增加 V_0 到 0.8, 二次发射现象就会发生, 并且可以很明显地观察到功率振荡现象 (见图 5.2(e)), 这源于 Floquet-Bloch 模式的非正交性. 当 V_0 超过它的第二 $\mathcal{PT}$ 临界值时, 光束就会指数型地增长 (见图 5.2(f)). 这是合理的, 因为相应的能带结构完全变为复的, 因此传播特征值含有虚数部分.

5.4 隙孤子的存在区域和稳定性

在 $\mathcal{PT}$ 对称晶格势 (5.3.6) 以及有效质量调控 (5.3.7) 下, 现在研究方程 (5.2.4) 的非线性局域模态. 对于参数为 $A = 4$, $V_0 = 0.35$ 时的 $\mathcal{PT}$ 对称晶格势 (5.3.6), 这时的参数属于未破缺的 $\mathcal{PT}$ 对称区域, 改变有效质量调控参数 $\epsilon = 0, 0.1, 0.5, 1$, 通过上述的数值迭代技术, 依次展示了相对于传播常数 μ 的功率图 (参见图 5.3(a)). 值得注意的是, 所有的基态孤立子只存在于相应的半无穷带隙内, 并且随着 ϵ 的增长, 它们存在的范围越来越宽, 功率越来越大. 但这些基态孤子的相应的稳定区域逐渐缩小 (见图 5.3(b)~(e)).

下面使用直接的波传播方法来证实这些稳定性结论. 在上述晶格势中, 取 $\epsilon = 0.1$, $\mu = 3.5$, 能产生一个稳定的基态孤子 (见图 5.3(a1), (a2)). 然而, 当固定 μ 并将 ϵ 从 0.1 调整到 0.5 时, 相应的孤子变得不稳定 (见图 5.3(b1), (b2)). 此时, 如果固定 $\epsilon = 0.5$, 并将 μ 从 3.5 增加到 5, 则相应的孤子再次保持稳定 (见图 5.3(c1), (c2)). 但如果在此期间 ϵ 增长到 1, 那么又会出现一个不稳定的孤子 (见图 5.3(d1), (d2)). 很明显, 这些动力学稳定性结果与图 5.3(c), (d), (e) 中的结果完全一致. 最重要的是, 可以得出一个明显的结论, 即增长的 ϵ 对于稳定孤子的产生是相当不利的. 此外, 在破缺的 $\mathcal{PT}$ 对称区域, 即使具有较大的 ϵ 值, 也可以分析稳定的孤立子 (见图 5.3(e1), (e2), (f1), (f2)).

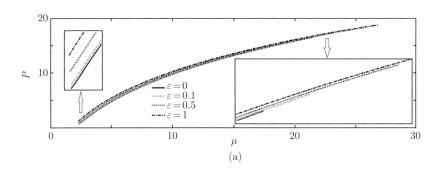

(a)

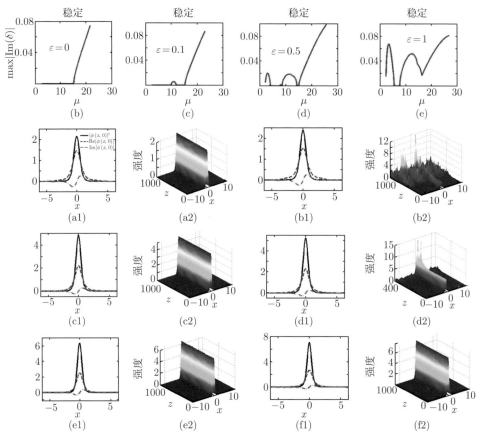

图 5.3 (a) 一维的功率图, 其中有效质量调控参数分别为 $\epsilon = 0, 0.1, 0.5, 1$, 势参数为 $A = 4, V_0 = 0.35$. 非线性模态相应的线性稳定性: (b)~(e) 分别对应 $\epsilon = 0, 0.1, 0.5, 1$. 在未破缺的 $\mathcal{PT}$ 对称区域, 相应的数值孤立子与演化: (a1), (a2) $\epsilon = 0.1$, (b1), (b2) $\epsilon = 0.5$, 其中 $\mu = 3.5$; (c1), (c2) $\epsilon = 0.5$, (d1), (d2) $\epsilon = 1$, 其中 $\mu = 5$. 在破缺的 $\mathcal{PT}$ 对称区域, 数值孤立子与稳定的演化: (e1), (e2) $V_0 = 0.5, \epsilon = 0.1$, (f1, f2) $V_0 = 0.4, \epsilon = 1$, 其中 $A = 4, \mu = 6$

5.5　二维 $\mathcal{PT}$ 对称有效质量模型

在二维的 $\mathcal{PT}$ 对称晶格势和有效质量调控中, 波束的传播由无量纲的二维广义非线性 Schrödinger 方程控制, 即

$$\mathrm{i}\psi_z + \left[\nabla \tilde{\boldsymbol{m}}(x,y)\nabla^{\mathrm{T}} + \tilde{V}(x,y) + g|\psi|^2\right]\psi = 0, \tag{5.5.1}$$

其中 $\psi = \psi(x,y,z), \nabla = (\partial_x, \partial_y)$, $\tilde{\boldsymbol{m}}(x,y)$ 是 2×2 矩阵函数, $\tilde{V}(x,y)$ 表示二维 $\mathcal{PT}$ 对称晶格势 (满足 $\tilde{V}^*(-x,-y) = \tilde{V}(x,y)$).

为了方便地讨论, 下面取特殊的情形

$$\tilde{V}(x, y) = V(x) + V(y), \quad \tilde{\boldsymbol{m}}(x, y) = \operatorname{diag}[m(x), m(y)], \tag{5.5.2}$$

其中, $V(x)$ 由方程 (5.3.6) 给出, $m(x)$ 由方程 (5.3.7) 给出.

5.5.1 二维能带结构和光束衍射

通过反复的数值验证, 发现二维晶格情形的第一和第二 $\mathcal{PT}$ 临界值与一维情形的相同. 与一维情况类似, 在第一 $\mathcal{PT}$ 临界值之下, 图 5.4(a1) 描述了一个完全分离的二维能带结构. 当超过相应的第一 $\mathcal{PT}$ 临界值时, 前两个能带部分合并, 并出现一部分复特征值 (见图 5.4(a2)). 如果进一步增加晶格参数 V_0 超过第二 $\mathcal{PT}$ 临界值, 那么前两个能带完全合并, 并且能带结构的任何部分都不再是纯实的 (见图 5.4(a3)). 对于图 5.4(a1), 当保持 $V_0 = 0.35$ 且只将 ϵ 从 1 变为 2 时, 第一带隙也可以被关闭, 并且出现一部分复的能带结构 (见图 5.4(a4)). 如果将 ϵ 从 2 显著增加到 10, 那么前两个能带会再次完全分离 (见图 5.4(a5)).

此外, 在具有有效质量调控的二维 $\mathcal{PT}$ 对称晶格中, 也实施了二维的单通道激发. 与一维情况类似, 增长的 ϵ 也可以扩大光束分裂的角度, 并且二维离散的光束衍射如图 5.4(b1), (b2), (b3) 所示. 当将晶格参数 V_0 调控到破缺的 $\mathcal{PT}$ 对称区域时, 光束仍然可以正常演化, 因为大多数相应的能带结构仍然是纯实的 (见图 5.4(b4)).

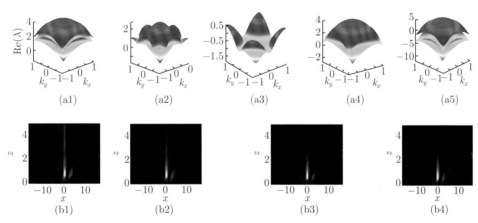

图 5.4 具有有效质量调控的能带结构: (a1) $V_0 = 0.35, \epsilon = 1$ (在第一 $\mathcal{PT}$ 临界值之下是纯实的), (a2) $V_0 = 0.8, \epsilon = 1$ (在第一与第二 $\mathcal{PT}$ 临界值之间是部分复的), (a3) $V_0 = 1.2, \epsilon = 1$ (在第二 $\mathcal{PT}$ 临界值之上是全复的), (a4) $V_0 = 0.35, \epsilon = 2$, (a5) $V_0 = 0.35, \epsilon = 10$. 二维的单通道激发 (在 $y = 0$ 平面上展示): (b1) $V_0 = 0.35, \epsilon = 0.1$, (b2) $V_0 = 0.35, \epsilon = 0.5$, (b3) $V_0 = 0.35, \epsilon = 1$, (b4) $V_0 = 0.4, \epsilon = 1$. 其他的参数为 $A = 4$

5.5.2 二维非线性局域模态与动力学稳定性

为了方便地研究方程 (5.5.1) 的二维非线性局域模态, $\psi(x, y, z) = \phi(x, y)\mathrm{e}^{\mathrm{i}\mu z}$, 不失一般性, 在下面固定 $A = 4$. 首先, 在 $V_0 = 0.1, \epsilon = 0.1$ 时, 数值上描绘了功率对传播常数 μ 的变化图像, 然后分别改变参数 $V_0 = 0.35$ 或 $\epsilon = 0.5$, 结果很容易看出功率图在很大范围内没有太大的差别 (见图 5.5(a)). 对于 $V_0 = \epsilon = 0.1$, 在半无穷间隙内, 存在具有传播常数 $\mu = 5.25$ 的典型的二维基态孤立子 (见图 5.5(b), (c), (a2), (d)), 发现这个二维基态孤子是非常稳定的, 可通过线性稳定性谱和直接波束传播方法来验证 (见图 5.5(a1), (a2), (a3), (a4)). 然而, 线性稳定性分析表明大多数二维的基态孤子是相对不稳定的, 并且不稳定性增长率随着 μ, V_0 或 ϵ 的增加而趋于上升 (见图 5.5(b1), (c1), (d1)). 同时, 可以使用直接的光束传播方法来确认这些稳定性结果. 例如, 一方面, 当 μ 从 5.25 增长到 6, 并且其他参数 $V_0 = 0.1, \epsilon = 0.1$ 保持不变时, 立即会出现不稳定的二维基态孤子 (见图 5.5(b2), (b3), (b4)); 另一方面, 如果分别增加 V_0 从 0.1 至 0.35 或 ϵ 从 0.1 至 0.5, 这个二维的基态孤子也变得不稳定 (见图 5.5(c2), (c3), (c4) 和 (d2), (d3), (d4)). 因此, μ, V_0 或 ϵ 的值越大, 二维的基态孤子, 会越不稳定.

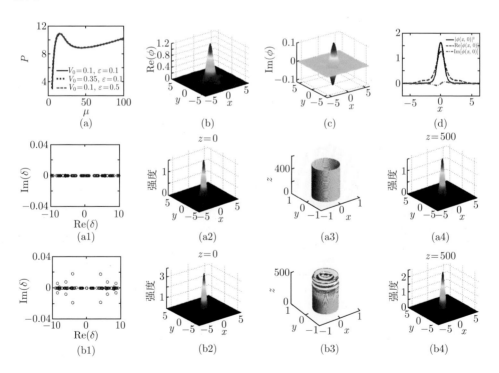

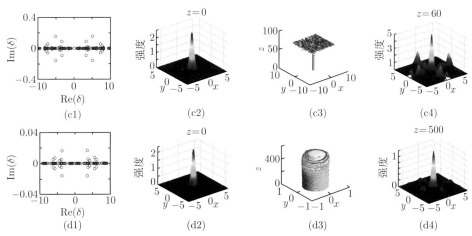

图 5.5 (a) 二维的功率图, 调控参数分别为 $(V_0, \epsilon) = (0.1, 0.1), (0.35, 0.1), (0.1, 0.5)$. 一个有代表性的二维孤立子 $(V_0 = 0.1, \epsilon = 0.1, \mu = 5.25)$: (b) 实部, (c) 虚部, (a2) 密度, 以及 (d) 它们在 $y = 0$ 平面上剖面. 线性稳定性谱、二维数值孤子的初始密度、演化 (由许多等值线表示, 其值被视为最大初始强度的一半)、最终密度: (a1), (a2), (a3), (a4) $V_0 = 0.1, \epsilon = 0.1, \mu = 5.25$, (b1), (b2), (b3), (b4) $V_0 = 0.1, \epsilon = 0.1, \mu = 6$, (c1), (c2), (c3), (c4) $V_0 = 0.35, \epsilon = 0.1, \mu = 5.25$, (d1), (d2), (d3), (d4) $V_0 = 0.1, \epsilon = 0.5, \mu = 5.25$, 均属于未破缺的 $\mathcal{PT}$ 对称区域. 其他的参数为 $A = 4$

此外, 我们也分析了一维和二维非线性局域模态的横向功率流

$$S(\boldsymbol{r}) = \frac{\mathrm{i}}{2}[\phi(\boldsymbol{r})\nabla\phi^*(\boldsymbol{r}) - \phi^*(\boldsymbol{r})\nabla\phi(\boldsymbol{r})], \qquad (5.5.3)$$

其中 $\boldsymbol{r} = x$ 为一维情形, $\boldsymbol{r} = (x, y)$ 为二维情形. 与通常的情况类似, 在未破缺的 $\mathcal{PT}$ 对称区域中, 增长的有效质量调控参数 ϵ 基本上不会改变功率流的方向, 主要是从增益到损耗区域, 如图 5.6(a1), (a2) 和 (b1), (b2) 所示. 当我们将相关参数调整到破缺的 $\mathcal{PT}$ 对称区域时, 即使超过第二 $\mathcal{PT}$ 临界值, 功率流的方向仍然保持不变, 仅仅功率流的强度增长 (见图 5.6(c1), (c2) 和 (d1), (d2)). 总体而言, 有效质量调控参数只能改变功率流的强度而不改变方向.

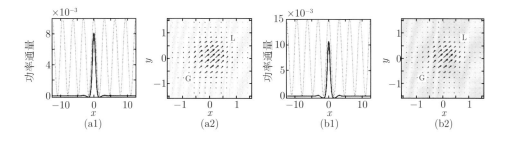

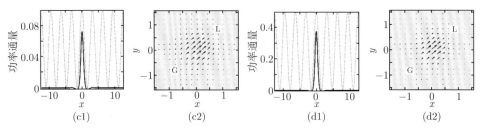

图 5.6　在单胞内一维和二维的横向功率流. 孤子参数分别为: (a1) $\mu = 3$, (a2) $\mu = 6$, 其中 $V_0 = 0.1, \epsilon = 0.1$ (在第一 $\mathcal{PT}$ 临界值之下); (b1) $\mu = 3$, (b2) $\mu = 6$, 其中 $V_0 = 0.1, \epsilon = 1$ (在第一和第二临界值之间); (c1) $\mu = 3$, (c2) $\mu = 6$, 其中 $V_0 = 0.5, \epsilon = 1$ (在第一和第二临界值之间); (d1) $\mu = 3$, (d2) $\mu = 6$, 其中 $V_0 = 1.2, \epsilon = 1$ (在第二临界值之上). 其他的参数为 $A = 4$

5.6　非周期有效质量调控的孤子

如果我们引进空间局域的有效质量调控

$$m(x) = m_\alpha(x) = m_0 \mathrm{sech}^\alpha x + 1, \tag{5.6.1}$$

以及广义的 $\mathcal{PT}$ 对称 Scarf-II 势

$$V(x) = -[V_\alpha(x) + \mathrm{i}W_\alpha(x)], \tag{5.6.2}$$

其中

$$V_\alpha(x) = \mathcal{V}_1 \mathrm{sech}^2 x + \mathcal{V}_2 \mathrm{sech}^\alpha x, \tag{5.6.3}$$

$$W_\alpha(x) = \tanh x \, \mathrm{sech}\, x \, [\mathcal{W}_1 + \mathcal{W}_2 \mathrm{sech}^\alpha x], \tag{5.6.4}$$

其中 $m_0 > -1$ 和 $\alpha > 0$ 都是实值常数, 且

$$\mathcal{V}_1 = -\frac{1}{4}(4\theta_0^2 + \alpha^2 + 6\alpha + 8), \tag{5.6.5}$$

$$\mathcal{V}_2 = \frac{m_0}{4}(3\alpha^2 + 8\alpha + 4), \tag{5.6.6}$$

$$\mathcal{W}_1 = -\theta_0(\alpha + 3), \tag{5.6.7}$$

$$\mathcal{W}_2 = -m_0\theta_0(2\alpha + 3). \tag{5.6.8}$$

m_0 和 θ_0 用于调控局域的衍射系数 m_α, 偶函数的实值外势 V_α, 以及奇函数的增益–损耗分布 W_α. 当 $m_0 = 0$ 时, 有效质量 (5.6.1) 变为常值的衍射系数, 即 $m(x) \equiv 1$, 因此方程 (5.2.1) 约化为经典的非线性 Schrödinger 方程. 相应的复值势 (5.6.3) 和 (5.6.4) 变为 $\mathcal{PT}$ 对称 Scarf-II 势:

$$U(x) = \mathcal{V}_1 \mathrm{sech}^2 x + \mathrm{i}\mathcal{W}_1 \mathrm{sech} x \tanh x, \tag{5.6.9}$$

其中相应的 Hamilton 算子 $H(x) = -\partial_x^2 + U(x)$ 可能有两个能量特征值分支并被解释为所谓的拟宇称[365,366].

假定 $m_0 > 0$ 以及 $\alpha > 0$, 在上述广义 $\mathcal{PT}$ 对称 Scarf-II 势下, 考察它的线性谱问题 (5.3.1), 发现在一定的参数范围内存在全实的能量谱, 并且数值上给出了 $\mathcal{PT}$ 对称破缺线, 划分出了未破缺与破缺的相位区域. 值得注意的是, 这里的 $\mathcal{PT}$ 对称破缺线不再是单调的, 很可能就是因为有效质量调控引起的. 当引入自聚焦的立方非线性 ($g > 0$) 时, 可以解析地获得方程 (5.2.1) 的亮孤子解

$$\psi(x, z) = \rho \operatorname{sech}^{\frac{\alpha+2}{2}} x \exp\left[\mathrm{i}\theta_0 \arctan(\sinh x) + \mathrm{i}\mu z\right], \tag{5.6.10}$$

其中振幅与传播常数分别为

$$\rho = \sqrt{m_0(4\theta_0^2 + 3\alpha^2 + 10\alpha + 8)/(4g)}, \quad \mu = \left(\frac{\alpha}{2} + 1\right)^2. \tag{5.6.11}$$

容易计算出它的总功率为

$$P = \int_{-\infty}^{+\infty} |\psi(x, z)|^2 \mathrm{d}x = \rho^2 \int_{-\infty}^{+\infty} \operatorname{sech}^{\alpha+2} x \mathrm{d}x. \tag{5.6.12}$$

它的横截能流为

$$S(x) = \frac{\mathrm{i}}{2}(\phi\phi_x^* - \phi^*\phi_x) = \rho^2 \theta_0 \operatorname{sech}^{\alpha+3}(x), \tag{5.6.13}$$

其符号由 θ_0 唯一决定 (对于任意的 $\alpha > 0$). 从方程 (5.6.4) 可以清楚地看到增益–损耗分布 W_α 的符号也是由 θ_0 唯一决定 (对于 $m_0 \geqslant 0$ 及 $\alpha > 0$). 因此可以得出, 不论 θ_0 的符号如何, 能量总是从增益区域流向损耗区域.

对于不同的幂次 $\alpha = 1, 2, 3$, 不论是否在 $\mathcal{PT}$ 对称相位未破缺区域, 都能发现精确且稳定的非线性模态 (5.6.10). 更重要的是, 在 $\mathcal{PT}$ 对称相位破缺区域, 发现在 M 型、倒 V 型和 W 型的 $\mathcal{PT}$ 对称势下, 稳定的基态孤立子 (5.6.10) 仍然可以存在, 并且在精确孤子解的传播常数周围也存在大量一维与二维的稳定的数值基态孤子解.

此外, 也推广了一类目前研究得比较广泛的 Wadati 任意势 $V(x) = -v^2(x) + \mathrm{i}\dfrac{\mathrm{d}v(x)}{\mathrm{d}x}$, 其中 $v(x)$ 为任意实值函数, 已经证明它们支持成族的稳定非线性局域模态[189-191]. 构造含有空间变化的衍射系数 $m(x)$ 的任意势, 即

$$V(x) = -m(x)v^2(x) + \mathrm{i}\frac{\mathrm{d}[m(x)v(x)]}{\mathrm{d}x}, \tag{5.6.14}$$

其中 $v(x)$ 是一个实函数. 若 $m(x)$ 和 $v(x)$ 都是偶函数, 那么复势 (5.6.14) 是 $\mathcal{PT}$ 对称的. 对于一般形式的势 (5.6.14) 以及任意的 g, 可获得方程 (5.2.1) 的常数密度波解[367]

$$\psi(x,z) = C \exp\left[\mathrm{i}\int_0^x v(x)\mathrm{d}x + \mathrm{i}gC^2 z\right], \qquad (5.6.15)$$

其中 C 是实值常数振幅, 其横截能流为 $S(x) = C^2 v(x)$. 事实证明, 它们可以在自聚焦或自散焦 Kerr 介质中稳定地传播一段距离, 但最终会发散. 本小节更详细的结果请见文献 [350].

实际上, 也可以讨论变系数的非线性变化对孤子稳定性的影响 (例如取 $g \to g(x) = 1 + g_0 \sin^2 x$). 这里所用的思想也可以扩展到具有 $\mathcal{PT}$ 对称周期势的高维广义非线性 Schrödinger 方程, 如

$$\mathrm{i}\psi_z + \left[\nabla\tilde{\boldsymbol{m}}(\boldsymbol{r})\nabla^{\mathrm{T}} + \tilde{V}(\boldsymbol{r}) + g_1(\boldsymbol{r})|\psi|^p + g_2(\boldsymbol{r})|\psi|^q\right]\psi = 0, \quad p,q > 0 \quad (5.6.16)$$

其中 $\boldsymbol{r} = (x,y)$, $\nabla = (\partial_x, \partial_y)$, $\tilde{V}(\boldsymbol{r})$ 是一个复 $\mathcal{PT}$ 对称势, $g_{1,2}(\boldsymbol{r})$ 为空间变化的非线性系数, 以及更高维的含有 $\mathcal{PT}$ 对称势的耦合广义非线性 Schrödinger 方程组.

第 6 章　含 $\mathcal{PT}$ 对称势与无界增益–损耗项的非线性 Schrödinger 方程

本章基于非均匀 Kerr 非线性介质下的多维 Schrödinger 方程, 证明了具有无界增益–损耗分布的 $\mathcal{PT}$ 对称复值势可以支持全实的线性能量谱, 稳定的空间孤立子和时空光孤子. 可以在一维甚至高维系统中获得精确孤子解, 同时验证了它们在一定的参数区域内保持稳定. 特别地, 从数值上也找到了基态孤立子族 (如一维的双峰孤立子、二维的涡旋孤立子以及三维的同心双光子弹), 并且在精确解对应的传播常数周围也可以保持稳定 (见文献 [368]).

6.1　$\mathcal{PT}$ 对称的非线性波方程

在含有 $\mathcal{PT}$ 对称势的非均匀非线性介质中, 一维光束的传播可以通过如下无量纲的非线性 Schrödinger 方程来描述[48,330]

$$i\frac{\partial \psi}{\partial z} = \left[-\frac{1}{2}\frac{\partial^2}{\partial x^2} + V(x) + iW(x) + g(x)|\psi|^2\right]\psi, \tag{6.1.1}$$

其中, $\psi \equiv \psi(x,z)$ 为复值无量纲光场强度函数, z 表示传播距离, x 表示尺度化的横向坐标, $g(x)$ 表示依赖于空间位置的非均匀非线性强度. 复值势 $V(x) + iW(x)$ 是 $\mathcal{PT}$ 对称的, 要求 $V(x) = V(-x)$ 且 $W(-x) = -W(x)$. 在物理上, 实值外势 $V(x)$ 通常与折射率波导密切相关, 而 $W(x)$ 描述光学材料内部光束的放大 (增益) 或吸收 (损耗). 特别地, 如果 $g(x)$ 是一个完全独立于空间位置的常数, 人们已经在 Kerr 自聚焦或自散焦介质中大量研究了带有各种各样复值势的方程 (6.1.1)[45,47,141,165,172,198,339,369]. 当 $V(x) = 0$ 时, 增益–损耗分布 $W(x)$ 有界且非线性系数 $g(x)$ 无界, 方程 (6.1.1) 中存在稳定的亮孤子解[330]. 带有调和外势以及有界的增益–损耗分布和非线性系数的方程 (6.1.1) 在文献 [48] 中做了进一步的研究. 在上述假设下, 很容易验证方程 (6.1.1) 在 $\mathcal{PT}$ 对称算子作用下是不变的. 方程 (6.1.1) 也可以用 Hamilton 量重写为另一种变分形式:

$$i\psi_z = \frac{\delta\mathcal{H}(\psi)}{\delta\psi^*}, \quad \mathcal{H}(\psi) = \int_{-\infty}^{+\infty}\left\{\frac{1}{2}|\psi_x|^2 + [V(x) + iW(x)]|\psi|^2 + \frac{g(x)}{2}|\psi|^4\right\}dx, \tag{6.1.2}$$

光束的总功率被定义为 $P(z) = \displaystyle\int_{-\infty}^{+\infty} |\psi(x,z)|^2 \mathrm{d}x$, 那么可推导出功率随传播距离的演化率为 $P_z = 2 \displaystyle\int_{-\infty}^{+\infty} W(x)|\psi|^2 \mathrm{d}x$.

6.1.1　定态解的一般理论

对于特例 $V(x) = W(x) \equiv 0$ 且 $g(x) = g = $ 常数, 方程 (6.1.1) 是完全可积的, 并且对于 $g < 0$ 时拥有多亮孤子解、多呼吸子解及多怪波解, 对于 $g < 0$ 时拥有多暗孤子解. 但是对于给定的非零 $\mathcal{PT}$ 对称势 $V(x)$, $W(x)$ 以及变系数非线性 $g(x)$, 方程 (6.1.1) 一般不再是可积的并且很难精确求解. 在这里研究它的定态解

$$\psi(x,z) = \phi(x)\mathrm{e}^{-\mathrm{i}\mu z}, \tag{6.1.3}$$

其中, μ 是传播常数, 复值局域化的波函数 $\phi(x)$(对于 $\phi(x) \in C[x]$ 有 $\lim_{|x|\to\infty} \phi(x) = 0$) 满足以下变系数二阶常微分方程

$$\left[-\frac{1}{2}\frac{\mathrm{d}^2}{\mathrm{d}x^2} + V(x) + \mathrm{i}W(x) + g(x)|\phi|^2 \right]\phi = \mu\phi. \tag{6.1.4}$$

由于复值波函数 $\phi \equiv \phi(x)$ 可以表示为如下形式

$$\phi = u(x)\exp\left[\mathrm{i}\int_0^x v(s)\mathrm{d}s \right], \tag{6.1.5}$$

其中, $u(x)$ 是实值振幅函数, $v(x)$ 是与流体速度相关的实值函数, 将它代入方程 (6.1.4), 可得流体速度为

$$v(x) = \frac{2}{u^2(x)}\int_0^x W(s)u^2(s)\mathrm{d}s, \tag{6.1.6}$$

并且振幅函数满足

$$\frac{\mathrm{d}^2 u}{\mathrm{d}x^2} = [2V(x) + v^2(x) + 2g(x)u^2 - 2\mu]u, \tag{6.1.7}$$

引进 $\tilde{u}(x) = \dfrac{1}{2}\dfrac{\mathrm{d}u}{\mathrm{d}x}$, 则它也可转化为两个耦合一阶常微分方程组

$$\begin{aligned} \frac{\mathrm{d}u}{\mathrm{d}x} &= 2\tilde{u}, \\ \frac{\mathrm{d}\tilde{u}}{\mathrm{d}x} &= \left[V(x) + \frac{1}{2}v^2(x) + g(x)u^2 - \mu\right]u. \end{aligned} \tag{6.1.8}$$

耦合系统 (6.1.8) 可能难以用解析方法来求解, 但可以把它看成边值问题用打靶法来数值求解. 然而, 为了获得更高的精度和速度, 在下面我们将利用谱正则化方法 (见文献 [346]), 并进行一些必要的修改以寻找基态孤子解. 这种方法具有谱精度, 并且不论在一维情况下还是在更高维的情况下都相对容易实施.

当给定复值 $\mathcal{PT}$ 对称势 $V(x) + \mathrm{i}W(x)$ 时, 人们可以通过使用解析或数值方法求解方程 (6.1.4)(或等价地, 方程 (6.1.6) 和 (6.1.7)) 以获得定态的非线性局域模态 $\phi(x)$. 然后, 可以得到方程 (6.1.1) 的定态形式的孤子解 $\psi(x, z) = \phi(x)\mathrm{e}^{-\mathrm{i}\mu z}$. 为了进一步研究精确或数值孤子解的线性稳定性, 考虑如下摄动形式的解

$$\psi(x, z) = \{\phi(x) + \epsilon[F(x)\mathrm{e}^{\mathrm{i}\delta z} + G^*(x)\mathrm{e}^{-\mathrm{i}\delta^* z}]\}\mathrm{e}^{-\mathrm{i}\mu z}, \tag{6.1.9}$$

其中 $|\epsilon| \ll 1$, $F(x)$ 和 $G(x)$ 为扰动特征函数, δ 预测调制不稳定性的增长率. 将这个扰动解 (6.1.9) 代入方程 (6.1.1), 并关于 ϵ 线性化, 得到下面的线性特征值问题

$$\begin{bmatrix} \hat{L}_1 & \hat{L}_2 \\ -\hat{L}_2^* & -\hat{L}_1^* \end{bmatrix} \begin{bmatrix} F(x) \\ G(x) \end{bmatrix} = \delta \begin{bmatrix} F(x) \\ G(x) \end{bmatrix}, \tag{6.1.10}$$

其中

$$\hat{L}_1 = \frac{1}{2}\partial_x^2 - [V(x) + \mathrm{i}W(x)] - 2g(x)|\phi|^2 + \mu, \qquad \hat{L}_2 = -g(x)\phi^2. \tag{6.1.11}$$

显然, 如果 δ 具有负虚部, 则孤子解是线性不稳定的, 否则它们是线性稳定的. δ 的整个稳定性谱可以用 Fourie 配点法进行数值计算 (见文献 [71]).

6.1.2 $\mathcal{PT}$ 对称调和–高斯势与无界增益–损耗项的 Hamilton 算子

在本节中, 考察含有无界增益–损耗分布的 $\mathcal{PT}$ 对称调和–高斯势

$$V(x) = \frac{1}{2}x^2 - g_0\mathrm{e}^{-(\alpha+1)x^2}, \qquad W(x) = -wx, \tag{6.1.12}$$

其中 $\alpha > 0$, 实值常数 g_0 可以调节外势 $V(x)$ 的形状, 另一个实值常数 w 可以控制无界的增益–损耗分布 $W(x)$ 的强度, 它不同于许多零边界或者周期边界的 $\mathcal{PT}$ 对称势. 应该指出, 无界增益–损耗分布 $W(x)$ 总是对非线性波系统有影响. 显然, 当 $g_0 = 0$ 时, 实值外势 $V(x)$ 可约化为调和势, 当 $g_0 > 0$ 时它变成有缺陷的单阱, 而 $g_0 < 0$ 时变为双阱 (见图 6.2(a), (b)).

不失一般性, 在方程 (6.1.12) 中取 $\alpha = 1$, 然后通过考虑带有调和–高斯势 (6.1.12) 的线性谱问题, 研究未破缺和破缺的 $\mathcal{PT}$ 对称相位

$$L\Phi(x) = \lambda\Phi(x), \qquad L = -\frac{1}{2}\frac{\mathrm{d}^2}{\mathrm{d}x^2} + V(x) + \mathrm{i}W(x), \tag{6.1.13}$$

其中 λ 和 $\Phi(x)$ 分别表示特征值和特征函数. 事实上, 线性谱问题 (6.1.13) 可看成是没有非线性项的定态方程 (6.1.4), 即 $g(x) \equiv 0$.

通过 Fourie 谱方法 (见文献 [307, 370]), 在 (g_0, w) 参数空间从数值上找到了线性谱问题 (6.1.13) 的两条 $\mathcal{PT}$ 对称破缺线, 它们之间和之外的部分分别表示未破缺和破缺的 $\mathcal{PT}$ 对称区域 (见图 6.1(a)). 对于固定的 g_0, 总存在一个临界值 w, 在它之上具有复值谱的相变出现, 从数值上说明了自发 $\mathcal{PT}$ 对称破缺的过程, 它源于由离散谱决定的前几个最低能级的碰撞. 图 6.1(b), (c) 显示了 $g_0 = 1$ 时的前六个最低能级, 它与通常的情况完全不同 (见 $g_0 = -1$ 时的图 6.1(d), (e)), 因为整个线性谱的实值性主要取决于第一和第二激发态, 而不是基态和第一激发态.

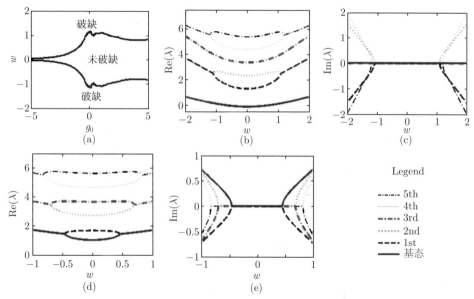

图 6.1　(a) 含有 $\mathcal{PT}$ 对称调和–高斯势 (6.1.12) 的线性算子 L (6.1.13) 的相变曲线. 线性 $\mathcal{PT}$ 对称相位未破缺 (破缺) 的区域位于两条对称破缺曲线之间的部分 (之外的部分). 当 $g_0 = 1, -1$ 时线性问题 (6.1.13) 的特征值 λ 分别依赖 w 的函数图像: (b), (d) 实部, (c), (e) 虚部. 相应的相变临界值为 $w \approx \pm 1.1$ (对于 $g_0 = 1$), $w \approx \pm 0.46$ (对于 $g_0 = -1$), 与 (a) 中的 $\mathcal{PT}$ 对称破缺曲线一致. 最后的一个小图标识了各个能级的图例

6.1.3　基态孤子、线性稳定性与动力学行为

接下来, 探讨方程 (6.1.4) 在 $\mathcal{PT}$ 对称调和–高斯势 (6.1.12) 下的定态的非线性局域模态. 空间调制的非线性系数选为高斯函数

$$g(x) = g_0 e^{-\alpha x^2}, \quad \alpha > 0. \tag{6.1.14}$$

借助于上述的一般理论, 当传播常数 $\mu = \dfrac{w^2+1}{2}$ 时, 方程 (6.1.4) 的精确亮孤子解为

$$\phi(x) = \mathrm{e}^{-\frac{1}{2}x^2}\mathrm{e}^{iwx}, \tag{6.1.15}$$

这里如果 $w \neq 0$, 那么精确解的相位函数也是无界的. 值得注意的是, 精确孤子解仅依赖于增益–损耗分布的强度 w, 与出现在外势 $V(x)$ 和非线性系数 $g(x)$ 中的外部参数 g_0 和 α 无关.

对于固定的 $w = 0.5$, 图 6.2(a), (b) 分别显示了 $g_0 = 1$ 和 $g_0 = -4$ 时单势阱和双势阱. 在势参数为 $g_0 = 1$, $w = 0.01$ 时, 用离散点刻画的精确亮孤子解 (6.1.15) 与由曲线描述的数值孤子解吻合得很好 (见图 6.2(c)), 这充分验证了数值方法在寻求基态孤子解时的有效性. 更重要的是, 线性稳定性分析证明了上面的孤子解 (无论是精确的还是数值的) 都非常稳定 (见图 6.2(d)), 带有 2% 白噪声的直接波传播方法也证实了这一点 (见图 6.2(e)). 图 6.2(d) 中的线性稳定性分析一方面表明, 即使势参数 g_0 为负值, 也可以得到稳定的孤子解 (见图 6.2(f)); 然而, 稳定的区域关于 g_0 是不对称的, 正的 g_0 具有比负的 g_0 更宽的稳定范围 (见图 6.2(g), (h)). 另一方面也表明, $|w|$ 越大, 孤子解越不稳定; 即使一个孤子解看起来是线性稳定的, 实际上它也可能是不稳定的 (见图 6.2(i)). 数值结果表明, 如果一个孤子不是线性稳定的, 那么它的实际传播一般也是不稳定的; 然而, 线性稳定的孤子不一定能够稳定地传播, 这可能与忽略高阶非线性的误差有关.

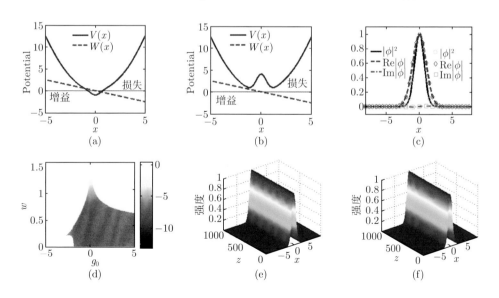

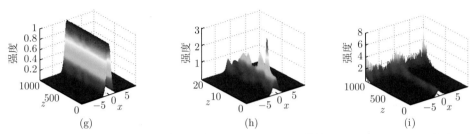

图 6.2　$\mathcal{PT}$ 对称调和–高斯势的实部和虚部: (a) $g_0 = 1$ (单势阱), (b) $g_0=-4$ (双势阱), 其中 $w = 0.5$. (c) 数值基态孤子解 (左图例) 与相应的精确孤子解 (右图例) 的实部、虚部和密度对照图. 其中势参数取 $g_0 = 1, w = 0.01$. (d) 精确的非线性模态 (6.1.15) 在 (g_0, w) 参数空间的线性稳定性区域. 精确孤子的稳定演化: (e) $g_0 = 1, w = 0.01$, (f) $g_0 = -1, w = 0.01$, (g) $g_0 = 4, w = 0.01$; 不稳定的传播: (h) $g_0 = -4, w = 0.01$, (i) $g_0 = 1, w = 0.04$

6.1.4　孤子的相互作用与稳定激发

为了进一步检验精确孤子解 (6.1.15) 的鲁棒性, 用移动的高斯型孤立脉冲模拟与它们碰撞. 选择势参数为 $g_0 = 1, w = 0.01$ 的稳定的精确孤子, 并考虑初始条件

$$\psi(x,0) = \phi(x) + \mathrm{e}^{-\frac{1}{2}(x-20)^2}, \tag{6.1.16}$$

其中 $\phi(x)$ 由方程 (6.1.15) 决定. 很容易检验函数 $\psi(x,0)$ 不满足方程 (6.1.4). 直接的传播模拟表明, 精确的非线性模态 $\phi(x)$ 可以稳定地传播, 在碰撞前后它的形状和速度没有任何变化; 然而, 更有趣的是, 当外来的入射波与精确孤立子相互作用时总会存在反射波 (见图 6.3(a)).

接下来, 详细地阐述精确非线性局域模态的激发, 通过改变势参数作为传播距离的函数: $g_0 \to g_0(z)$ 或 $w \to w(z)$. 即对 $\mathcal{PT}$ 对称调和–高斯势和 Kerr 非线性同时施加绝热开关[48]

$$\mathrm{i}\frac{\partial \psi}{\partial z} = \left[-\frac{1}{2}\frac{\partial^2}{\partial x^2} + V(x,z) + \mathrm{i}W(x,z) + g(x,z)|\psi|^2 \right]\psi, \tag{6.1.17}$$

其中 $V(x,z)$, $W(x,z)$, $g(x,z)$ 分别由方程 (6.1.12) 和 (6.1.14) 给出, 同时做变换: $g_0 \to g_0(z)$ 和 $w \to w(z)$, 即

$$V(x,z) = \frac{1}{2}x^2 - g_0(z)\mathrm{e}^{-(\alpha+1)x^2}, \qquad W(x,z) = -w(z)x, \tag{6.1.18}$$

$$g(x,z) = g_0(z)\mathrm{e}^{-\alpha x^2}, \quad \alpha > 0, \tag{6.1.19}$$

这里 $g_0(z)$ 和 $w(z)$ 均被取为如下形式

$$\epsilon(z) = \begin{cases} (\epsilon_2 - \epsilon_1)\sin\left(\dfrac{\pi z}{2000}\right) + \epsilon_1, & 0 \leqslant z < 1000, \\ \epsilon_2, & z \geqslant 1000, \end{cases} \quad (6.1.20)$$

其中 $\epsilon_{1,2}$ 分别代表初态和终态参数. 很容易验证, 当 $g_0 \to g_0(z)$ 或 $w \to w(z)$ 时, 非线性局域模态 (6.1.15) 不再满足方程 (6.1.17), 然而对初始态 $z = 0$ 以及激发态 $z \geqslant 1000$, 非线性模态 (6.1.15) 的确满足方程 (6.1.17).

图 6.3(b) 展现了非线性局域模态 $\psi(x, z)$ 在方程 (6.1.17) 中的稳定激发, 其中初值条件为方程 (6.1.15), $w(z)$ 是由方程 (6.1.20) 给出, 且保持 $g_0(z) \equiv g_0$ 恒定. 它将一个初始稳定的精确非线性局域模态 (6.1.15)(其中 $(g_0, w_1) = (1, 0.01)$) 激发到另一个稳定的非线性局域模态 (6.1.15)(这里 $(g_0, w_2) = (1, 0.02)$), 这里前后两个模态均具有未破缺的 $\mathcal{PT}$ 对称相位. 在整个激发过程中, 非线性模态的振幅几乎没有任何改变. 同样地, 如果固定 $w(z) \equiv w$, 并且令 $g_0(z)$ 由方程 (6.1.20) 确定, 那么可以实施类似的、稳定的精确非线性局域模态的激发 (见图 6.3(c)). 最后, 也研究了双参数的同时激发, 即在激发过程中两个参数 $g_0(z)$ 和 $w(z)$ 同时由

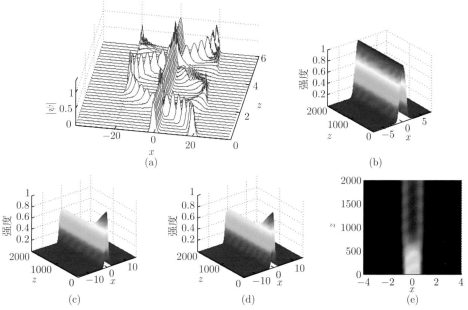

图 6.3 (a) 精确亮孤子解与外来高斯型孤立波的碰撞, 其中初始输入由在势参数 $g_0 = 1, w = 0.01$ 下的精确孤子解 (6.1.15) 和外来孤立脉冲 $\mathrm{e}^{-(x-20)^2/2}$ 叠加构成. 初始稳定的非线性局域模态的激发: (b) $g_0 = 1, w_1 = 0.01, w_2 = 0.02$, (c) $g_{01} = 1, g_{02} = -1, w = 0.01$, (d) $g_{01} = 1, g_{02} = -1, w_1 = 0.01, w_2 = 0.02$; (e) 图 (c) 和图 (d) 的二维平面视图

方程 (6.1.20) 给出 (见图 6.3(d)), 它可以视为前两种单参数激发的简单叠加, 那就是图 6.3(d) 与图 6.3(c) 相似的原因. 在这两个图中可观察到一个新颖的现象: 它们将一个初始稳定的具有较高密度的单峰孤子解激发到另一个稳定的具有较低密度的双峰孤子解, 这还可以在二维视图中清晰地观察到 (见图 6.3(e)).

此外, 也分析了精确孤子解 (6.1.15) 的横向功率流

$$S(x) = \frac{\mathrm{i}}{2}(\phi\phi_x^* - \phi^*\phi_x) = w\mathrm{e}^{-x^2}, \tag{6.1.21}$$

它的正负号仅依赖于增益-损耗分布 w 的符号. 因此, 易知功率总是从增益区域流向损耗区域. 另外, 可以算出非线性模态 (6.1.15) 的功率为 $P(z) = \int_{-\infty}^{+\infty} |\psi(x,z)|^2 \times \mathrm{d}x = \sqrt{\pi}$, 它是与传播距离 z 无关的, 因此它关于 z 是守恒的.

6.1.5　数值孤子解及其稳定性

当给定势参数 g_0 和 w 时, 对于除了 $\mu = \dfrac{w^2+1}{2}$ 的许多其他的传播常数值, 解析的孤子很难获得, 但是可利用上述提到的数值方法 (通过与精确孤子解的比较可以证实该数值方法的有效性, 见图 6.2(c)) 来产生基态孤立子. 对于 $g_0 = \pm 1$, 在相应的精确的传播常数周围, 稳定的基态孤子的连续族可分别利用数值方法来获得, 如图 6.4(a1), (a2), (b1), (b2) 所示.

当 $g_0 = 1$ 时, 功率是传播常数 λ 的单调递增函数, 而当 $g_0 = -1$ 时, 其是单调递减的, 并且几乎所有的数值孤子都是非常稳定的. 例如, 对于 $g_0 = 1$, 图 6.4(a1) 对应于 $\mu = 3$ 的典型孤子 (见图 6.4(a3)), 其稳定的传播动力学行为如图 6.4(a4) 所示. 可通过谱正则化方法找到双峰基态孤子, 这是一种新奇的现象. 谱正则化方法实际上是一种 Petviashvili 型方法, 只能收敛到非线性波动方程的基态[71]. 类似地, 对于 $g_0 = -1$, 图 6.4(b1) 展示了 $\mu = -2$ 时具有代表性的稳定孤子 (见图 6.4(b3), (b4)).

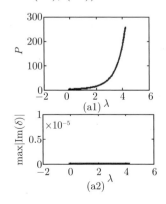
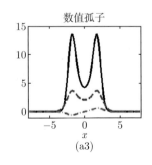
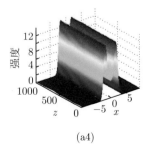

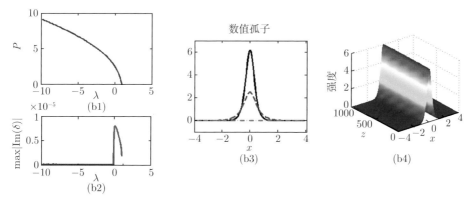

图 6.4 数值孤子解的功率 P 与线性稳定性依赖传播常数 λ 的变化曲线: (a1), (a2) $g_0 = 1, w = 0.01$, (b1), (b2) $g_0 = -1, w = 0.01$.(a3), (a4) 双峰的数值孤子解与传播动力学, 对应 (a1) 中的 $\lambda = 3$. (b3), (b4) 单峰的数值孤子解与传播动力学, 对应 (b1) 中的 $\lambda = -2$

6.2 高维 $\mathcal{PT}$ 对称调和–高斯势中的稳定孤子

空间 (二维) 或时空 (三维) 孤子一直是非线性光学中具有重要意义的课题[47,48,128,185,255,371], 因此在下文中, 阐述 2D 和 3D$\mathcal{PT}$ 对称背景下亮孤子的形成. 在这种情形下, 场强的演化由多维的 NLS 方程来控制

$$\mathrm{i}\frac{\partial \psi}{\partial z} = \left[-\frac{1}{2}\nabla_{\boldsymbol{r}}^2 + V(\boldsymbol{r}) + \mathrm{i}W(\boldsymbol{r}) + g(\boldsymbol{r})|\psi|^2\right]\psi, \tag{6.2.1}$$

其中 $\psi \equiv \psi(\boldsymbol{r}, z)$, $\nabla_{\boldsymbol{r}}$ 是梯度算子 (对于二维情形有 $\boldsymbol{r} = (x, y)$ 和 $\nabla_{\boldsymbol{r}} = (\partial_x, \partial_y)$; 对于三维情形有 $\boldsymbol{r} = (x, y, t)$ 和 $\nabla_{\boldsymbol{r}} = (\partial_x, \partial_y, \partial_t)$). 为了寻找多维的定态的非线性模式 $\psi = \phi(\boldsymbol{r})\mathrm{e}^{-\mathrm{i}\lambda z}$, 将它代入方程 (6.2.1) 可以得到

$$\left[-\frac{1}{2}\nabla_{\boldsymbol{r}}^2 + V(\boldsymbol{r}) + \mathrm{i}W(\boldsymbol{r}) + g(\boldsymbol{r})|\phi|^2\right]\phi = \lambda\phi, \tag{6.2.2}$$

令

$$\phi \equiv \phi(\boldsymbol{r}) = u(\boldsymbol{r})\mathrm{e}^{\mathrm{i}\theta(\boldsymbol{r})}, \tag{6.2.3}$$

其中 $u(\boldsymbol{r})$ 和 $\theta(\boldsymbol{r})$ 分别是实值的振幅和相位函数, 然后从方程 (6.2.2) 和 (6.2.3) 可以得到下面的耦合方程

$$\frac{1}{2}\nabla_{\boldsymbol{r}}^2 u - \frac{1}{2}|\nabla_{\boldsymbol{r}}\theta|^2 u - V(\boldsymbol{r})u + \lambda u - g(\boldsymbol{r})u^3 = 0, \tag{6.2.4}$$

$$\frac{1}{2}(u^2\nabla_{\boldsymbol{r}}^2\theta + \nabla_{\boldsymbol{r}}\theta \cdot \nabla_{\boldsymbol{r}}u^2) - W(\boldsymbol{r})u^2 = 0. \tag{6.2.5}$$

类似于一维情形, 多维 $\mathcal{PT}$ 对称势 $V(\boldsymbol{r}) + \mathrm{i}W(\boldsymbol{r})$ 要求 $V(\boldsymbol{r}) = V(-\boldsymbol{r})$ 和 $W(-\boldsymbol{r}) = -W(\boldsymbol{r})$, 其可以选为调和–高斯势

$$V(\boldsymbol{r}) = \frac{|\boldsymbol{r}|^2}{2} - g_0 \mathrm{e}^{-(\alpha+1)|\boldsymbol{r}|^2}, \qquad W(\boldsymbol{r}) = -\boldsymbol{w} \cdot \boldsymbol{r}, \tag{6.2.6}$$

其中, g_0, α 是实的势参数, 对于 n 维情形有 $\boldsymbol{w} = (w_1, w_2, \cdots, w_n)$(这里主要研究 $n = 2, 3$). 同时, 如果选择空间变化的非线性系数为

$$g(\boldsymbol{r}) = g_0 \mathrm{e}^{-\alpha|\boldsymbol{r}|^2}, \tag{6.2.7}$$

其中, $g_0, \alpha > 0$ 都是实值常数, 那么方程 (6.2.2) 拥有精确孤子解

$$\phi(\boldsymbol{r}) = \mathrm{e}^{-\frac{1}{2}|\boldsymbol{r}|^2} \mathrm{e}^{\mathrm{i}\boldsymbol{w} \cdot \boldsymbol{r}}, \tag{6.2.8}$$

其中对应的传播常数是

$$\lambda = \frac{|\boldsymbol{w}|^2 + \dim(\boldsymbol{w})}{2}, \tag{6.2.9}$$

这里 $\dim(\boldsymbol{w})$ 表示向量 $\boldsymbol{w}$ 的维数. 不失一般性, 取 $\alpha = 1$.

6.2.1 二维孤子与稳定性

这里重点讨论方程 (6.2.2) 在 $\mathcal{PT}$ 对称的调和–高斯势下 (6.2.6) 的二维空间孤子解. 首先, 描绘了带有正缺陷 ($g_0 > 0$) 的二维单阱的形状 (见图 6.5(a)), 以及带有负缺陷 ($g_0 < 0$) 的二维双阱的结构 (见图 6.5(b)), 它们由方程 (6.2.6) 中的实值外势 $V(x)$, 以及无界的增益–损耗分布 $W(x)$(这里 $\boldsymbol{w} = (0.01, 0.01)$) 所决定 (见图 6.5(c)). 在 $\mathcal{PT}$ 对称势 (图 6.5(a), (c)) 作用下, 当 $\lambda = [|\boldsymbol{w}|^2 + \dim(\boldsymbol{w})]/2$ 时, 通过谱正则化方法获得了一个二维的数值基态孤子解, 它与相应的精确孤子解 (6.2.8) 保持一致, 正如图 6.5(d) 所示. 图 6.5(e), (f) 展示了精确孤子的振幅和相位函数, 而图 6.5(g), (h) 展示了数值孤子的实部和虚部.

线性稳定性分析表明上述的孤子解是稳定的 (见图 6.6(a1)), 这也能被二维的波演化所证实 (图 6.6(a2), (a3), (a4)). 当保持固定 $\boldsymbol{w}$, 并改变 g_0 为 -1 时, 精确孤子解 (6.2.8) 仍然可以保持稳定 (见图 6.6(b1), (b2), (b3), (b4)). 然而, 如果 g_0 进一步减少到 -4, 那么相应的精确孤子解立即会变得不稳定 (见图 6.6(c2), (c3), (c4)), 因为在相应的线性谱问题中出现了部分纯虚的特征值 (见图 6.6(c1)). 上述二维的这些稳定性结果与一维情况下的结果保持一致. 此外, 即使 x 方向和 y 方向上的增益和损耗分布强度不对称, 即 $w_1 \neq w_2$, 精确孤子解也可以稳定地传播 (见图 6.6(d1), (d2), (d3), (d4)). 通过反复的数值试验, 可以得出一个结论: 当

$g_0 > 0$ 且 $|\boldsymbol{w}|$ 较小时, 这些二维的精确非线性模态 (6.2.8) 在传播的过程中具有较强的鲁棒性.

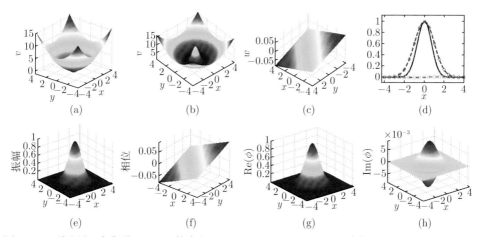

图 6.5 二维调和–高斯势 (6.2.6) 的实部: (a) $g_0 = 1$, (b) $g_0 = -4$; 虚部: (c) $w_1 = w_2 = 0.01$. (d) 二维数值基态孤子解与相应的精确孤子解的实部、虚部和密度对照图. 其中势由 (a), (c) 构成. 上述的精确孤子解: (e) 振幅, (f) 相位函数. 上述的数值孤子解: (g) 实部, (h) 虚部

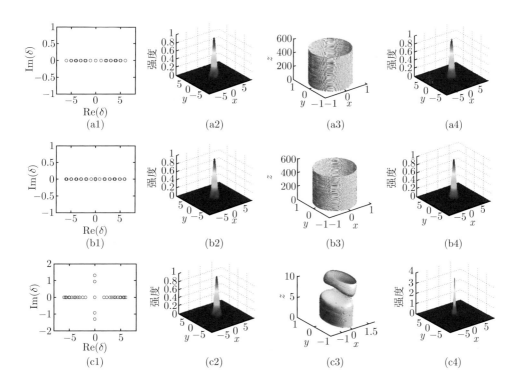

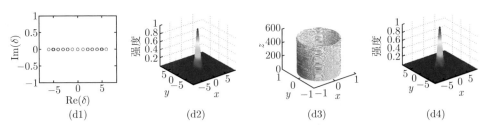

图 6.6 二维精确孤子解的线性稳定性谱、初始密度、传播动力学 (由许多条等势线描述) 以及终态密度: (a1), (a2), (a3), (a4) $g_0 = 1, w_1 = w_2 = 0.01$ (稳定的), (b1), (b2), (b3), (b4) $g_0 = -1, w_1 = w_2 = 0.01$ (稳定的), (c1), (c2), (c3), (c4) $g_0 = -4, w_1 = w_2 = 0.01$ (不稳定的), (d1), (d2), (d3), (d4) $g_0 = 1, w_1 = 0.02, w_2 = 0.01$ (稳定的)

另外, 在精确传播常数附近, 通过数值计算发现了二维稳态孤子解族, 如图 6.7(a1), (a2) 所示, 其中势参数取为 $g_0 = 1$ 和 $\boldsymbol{w} = (0.01, 0.01)$. 可以很容易地与一维情况进行比较, 二维孤子具有类似的功率单调性和关于 λ 的类似的稳定性, 但具有相对较高的功率值. 在这种情况下, 当 $\lambda = 3$ 时, 可获得具有代表性的二维涡旋孤子, 它的实部、虚部、密度及其剖面如图 6.7(a3), (a4), (a6), (a5) 所示. 正如图 6.7(a2) 中线性稳定性预测的那样, 直接的波演化也证明了该涡旋孤子是稳定的 (见图 6.7(a6), (a7), (a8)). 对于 $g_0 < 0$ 情况, 如取 $g_0 = -1$, 也讨论了类似的情况. 不像一维情况那样, 二维的功率不再单调递减, 而且二维数值孤子的稳定参数范围也变窄, 仅位于精确的传播常数 $\lambda = 1.0001$ 附近 (见图 6.7(b1), (b2)). 这充分表明了稳定的精确孤子可以为寻找稳定的数值孤子解族提供重要的依据. 事实上, 在精确的传播常数周围, 如取 $\lambda = -0.5$, 可以通过数值方式生成稳定的单峰孤子解 (见图 6.7(b3), (b4), (b5)).

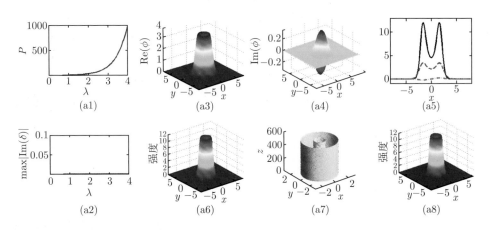

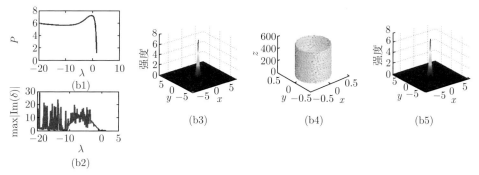

图 6.7 二维数值孤子解的功率 P 与线性稳定性: (a1), (a2) $g_0 = 1, w_1 = w_2 = 0.01$, (b1), (b2) $g_0 = -1, w_1 = w_2 = 0.01$. 一个典型的数值涡旋孤子解 (对应 (a1) 中的 $\lambda = 3$): (a3) 实部, (a4) 虚部, (a6) 密度, (a5) 它们在 $y = 0$ 平面上的剖面. 上述提到的涡旋孤立子: (a7) 稳定的传播动力学, (a8) 终态密度. 数值基态孤立子 (对应 (b1) 中的 $\lambda = -0.5$): (b3) 初始密度, (b4) 稳定的演化, (b5) 终态密度

此外, 还考察了精确解 (6.2.8) 的横向功率流

$$S(\boldsymbol{r}) = \frac{\mathrm{i}}{2}(\phi\nabla\phi^* - \phi^*\nabla\phi) = \mathrm{e}^{-\boldsymbol{r}^2}\boldsymbol{w} = \mathrm{e}^{-\boldsymbol{r}^2}(w_1, w_2), \qquad (6.2.10)$$

它的正负号只取决于增益–损耗强度 w_j, $j = 1, 2$. 因此, 很容易总结出: 在每个分量方向上功率总是从增益区域流向损耗区域, 而且非线性局域模态 (6.2.8) 的功率为 $P(z) = \int_{-\infty}^{+\infty}\int_{-\infty}^{+\infty}|\psi(\boldsymbol{r}, z)|^2\mathrm{d}\boldsymbol{r} = \pi$.

6.2.2 三维时空光孤子与动力学行为

下面, 讨论三维 $\mathcal{PT}$ 对称调和–高斯势 (6.2.6) 中带有非均匀非线性 (6.2.7) 的光子弹的形成和传播. 正如一维和二维情况, 可获得相似的结果, 对于固定的向量值 $\boldsymbol{w} = (0.01, 0.01, 0.01)$, 无论 $g_0 = 1$ 还是 $g_0 = -1$, 精确光子弹 (6.2.8) 总可以保持稳定, 因为它演化的最终状态与初始状态完全一样 (见图 6.8(a1), (a2), (b1), (b2)); 当 $g_0 = -4$ 时, 精确光子弹仍异常不稳定 (见图 6.8(c1), (c2)); 即使增益–损耗强度 $\boldsymbol{w}$ 的三个分量不是对称的, 如 $\boldsymbol{w} = (0.02, 0.02, 0.01)$, 精确光子弹也可以保持非常稳定传播 (见图 6.8(d1), (d2)). 更重要的是, 当 $\boldsymbol{w} = (0.01, 0.01, 0.01)$ 固定时, 对于 $g_0 = 1$ 以及 $\lambda = 3$(不是精确解的传播常数), 我们可以数值上找到新型的稳定的光子弹 (同心双子弹)(见图 6.8(e1), (e2)). 然而对于 $g_0 = -1$ 在 $\lambda = -0.5$ 时的光子弹变得不稳定 (见图 6.8(f1), (f2)), 但它对应的二维空间孤子是稳定的.

类似地, 当 $\boldsymbol{r} = (x, y, t)$ 时精确孤子解 (6.2.8) 的三维横向功率流为

$$S(\boldsymbol{r}) = \frac{\mathrm{i}}{2}(\phi\nabla\phi^* - \phi^*\nabla\phi) = \mathrm{e}^{-\boldsymbol{r}^2}\boldsymbol{w} = \mathrm{e}^{-(x^2+y^2+t^2)}(w_1, w_2, w_3), \quad (6.2.11)$$

它的正负号只取决于增益–损耗分布的强度 w_j, $j = 1, 2, 3$. 容易看出, 在每个分量方向上功率总是从增益区域流向损耗区域. 非线性局域模态 (6.2.8) 的功率为

$$P(z) = \int_{-\infty}^{+\infty} \int_{-\infty}^{+\infty} \int_{-\infty}^{+\infty} |\psi(\boldsymbol{r}, z)|^2 \mathrm{d}\boldsymbol{r} = \pi^{3/2}.$$

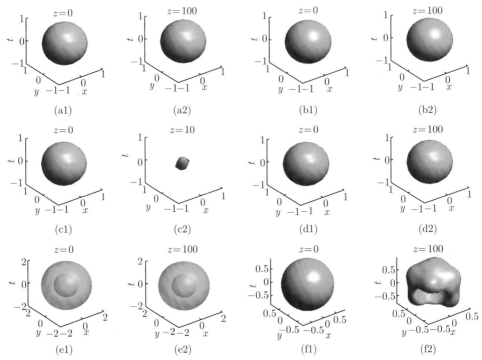

图 6.8　三维精确孤子解的等势面演化: (a1), (a2) $g_0 = 1, w_{1,2,3} = 0.01$, (b1), (b2) $g_0 = -1, w_{1,2,3} = 0.01$, (c1), (c2) $g_0 = -4, w_{1,2,3} = 0.01$, (d1), (d2) $g_0 = 1, w_{1,2} = 0.02, w_3 = 0.01$. 三维数值孤子解的等势面演化: (e1), (e2) $g_0 = 1, w_{1,2,3} = 0.01, \lambda = 3$, (f1), (f2) $g_0 = -1, w_{1,2,3} = 0.01, \lambda = -0.5$

第 7 章　含 $\mathcal{PT}$ 对称有理函数势的非线性 Schrödinger 方程

本章主要在散焦 Kerr 非线性介质中构造一类新的 $\mathcal{PT}$ 对称有理函数势, 它能够支持稳定的孤子, 然而它相应的线性 $\mathcal{PT}$ 对称相位可能是破缺的. 在一些特殊的传播常数点上, 也构造出了精确非线性局域模态. 至于其他的传播常数点, 可以利用数值方法 (如打靶法或谱正则化方法) 来搜寻基态孤子解, 并且在稳定的精确解对应的传播常数周围往往会存在一族稳定的数值基态孤子解. 此外, 还研究了精确孤子解与外来孤立波的相互作用, 并得到了一些新现象. 同时, 还证明了可通过增加势阱深度或降低增益–损耗强度来显著提高孤子的稳定性, 而且精确孤子解也可以在 $\mathcal{PT}$ 对称破缺区域内产生稳定激发 (见文献 [372]).

7.1　$\mathcal{PT}$ 对称有理函数势中的相位破缺

在含 $\mathcal{PT}$ 对称势的自散焦 Kerr 非线性介质中, 光束的传播可以由 NLS 方程 (6.1.1) 来描述, 其中 $g(x) \equiv 1$. 这里引入如下新型 $\mathcal{PT}$ 对称有理函数势

$$V(x) = -\frac{3V_0}{2(1+V_0x^2)^2}, \quad W(x) = -\frac{W_0V_0x}{1+V_0x^2}, \tag{7.1.1}$$

其中实参数 $V_0 > 0$ 用来调节 $\mathcal{PT}$ 势的实部和虚部的强度, 而实常数 W_0 只能调节增益–损耗分布 $W(x)$ 的强度 (见图 7.1(a)). 当 $x \to \infty$ 时, 外势 $V(x)$ 和增益–损耗分布 $W(x)$ 比通常的 Scarf-II 势更慢地趋于零[49].

考虑含有理函数势 (7.1.1) 的线性谱问题 (6.1.13), 数值结果证明：在参数 (V_0, W_0) 空间中几乎不存在 $\mathcal{PT}$ 对称相位未破缺的区域. 不失一般性, 在方程 (7.1.1) 中选择 $V_0 = 1$ 来说明自发的 $\mathcal{PT}$ 对称破缺的过程, 它源于前几个最低能级的碰撞. 从图 7.1(a), (b) 中很容易观察到在线性谱中总是存在至少一对复共轭特征值, 并且这种共轭特征值的虚部的绝对值是趋于单调增加的, 因此导致破缺的 $\mathcal{PT}$ 对称性. 为了进一步说明由线性方程产生的不稳定增长率, 还展示了一个典型的基态本征模, 它是局域的但是不稳定的 (见图 7.1(c), (d)).

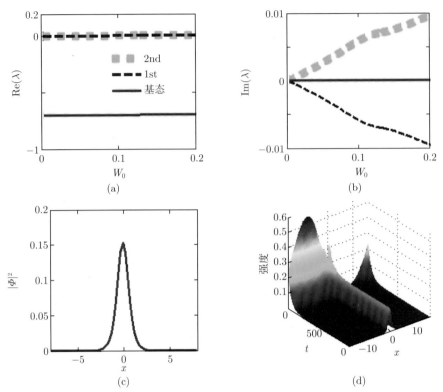

图 7.1　(a) 在 $\mathcal{PT}$ 对称有理函数势 (7.1.1) 下, 当 $V_0 = 1$ 时线性问题 (6.1.13) 的前三个能量特征值 λ 依赖 W_0 的函数图像: (a) 实部, (b) 虚部. 基态本征模: (c) 密度, (d) 不稳定的传播, 其中 $(V_0, W_0) = (1, 0.1)$

7.2　精确有理孤子解与稳定性

本节研究方程 (6.1.4) 在 $\mathcal{PT}$ 对称有理函数势 (7.1.1) 作用下的定态孤子解. 根据上述的解析理论, 可以获得方程 (6.1.4) 对应于传播常数 $\mu = W_0^2/2$ 的亮孤子解

$$\phi(x) = \sqrt{\frac{V_0}{1 + V_0 x^2}}\, \mathrm{e}^{\mathrm{i} W_0 x}. \tag{7.2.1}$$

值得注意的是, 上述精确孤子解的振幅仅取决于唯一的势参数 V_0, 而相位仅取决于增益–损耗强度 W_0.

固定 $V_0 = 1$ 和 $W_0 = 0.1$, 图 7.2(a) 展现了具有代表性的单势阱. 在这样的势下, 用离散点描述的精确亮孤子 (7.2.1) 与用曲线绘制的数值上求解的基态孤子吻合得很好 (见图 7.2(b)), 这充分表明数值方法对寻找数值的基态孤子是非常有效

的. 此外, 发现上述的孤子几乎是稳定的, 除了传播过程中密度峰有一些小振幅的周期振荡, 如图 7.2(d) 所示. 线性稳定性分析主要表明, 当 $|W_0|$ 较大时, 这些精确孤子更易产生不稳定的结果 (见图 7.2(c)), 这可以通过直接的波演化进行验证, 其中在解中加入约 2% 的噪声. 例如, 如果固定 $V_0 = 1$ 并且减少 W_0 从 0.1 到 0.01, 则可以生成更稳定的亮孤子 (见图 7.2(e)); 相反, 当 W_0 从 0.1 增长到 0.2 时, 这个精确孤子立即变得不稳定 (见图 7.2(f)). 最后同样重要的是, 较大的 V_0 值也可以改善精确孤子解的稳定性, 如图 7.2(g) 所示, 其中几乎观察不到周期性振荡现象. 值得注意的是, 在没有实值外势 $V(x)$ 时, $\mathcal{PT}$ 对称局域化的势 (7.1.1) 变得与 $\mathcal{PT}$ 对称偶极子相似, 它已经被证明拥有精确解[373].

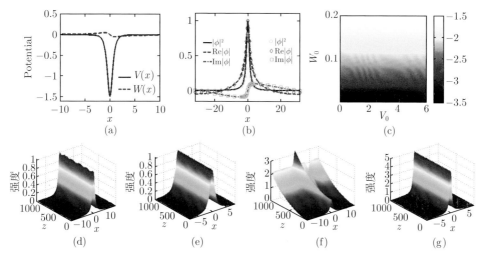

图 7.2　(a) $\mathcal{PT}$ 对称有理函数势 (7.1.1) 的实部与虚部, 其中 $V_0 = 1, W_0 = 0.1$. (b) 在 (a) 中的势下数值基态孤立子 (左图例) 与相应的精确孤立子 (右图例) 的比较. (c) 精确孤子解 (7.2.1) 在 (V_0, W_0) 参数空间的线性稳定性图. 精确孤子解 (7.2.1) 的演化: (d) $V_0 = 1, W_0 = 0.1$ (周期振荡的), (e) $V_0 = 1, W_0 = 0.01$ (稳定的), (f) $V_0 = 1, W_0 = 0.2$ (不稳定的), (g) $V_0 = 5, W_0 = 0.1$ (稳定的)

此外, 精确孤子解可以与外来的孤立波产生拟弹性的相互作用, 还可以稳定地激发到其他的非线性模态, 并且存在于精确孤子解的传播常数周围, 也在数值上找到了稳定的基态孤立子族. 精确非线性模态 (7.2.1) 的横截能流为

$$S(x) = \frac{\mathrm{i}}{2}(\phi\phi_x^* - \phi^*\phi_x) = \frac{V_0 W_0}{1 + V_0 x^2}, \tag{7.2.2}$$

由于 $V_0 > 0$, 它的符号仅依赖于增益–损耗分布强度 W_0 的符号. 因此, 很容易得出结论: 能量总是从增益区域流向损耗区域, 而且精确孤子解的能量为 $P(z) = \sqrt{V_0}\pi$. 因为它不依赖于传播距离 z, 所以其是守恒的.

最后, 需要指出的是, 这些结果只是理论上的工作, 这可能会启发相关的物理研究人员或实验科学家设计一些新的光学实验、合成 $\mathcal{PT}$ 对称材料或为其他潜在的领域 (如玻色–爱因斯坦凝聚态) 提供一些理论指导. 另外, 可以将该模型推广到其他高维/耦合/高次非线性波动方程, 例如广义 NLS 方程

$$\mathrm{i}\frac{\partial \psi}{\partial z} = \left[-\frac{1}{2}\nabla_{\boldsymbol{r}}^2 + V(\boldsymbol{r}) + \mathrm{i}W(\boldsymbol{r}) + g_1(\boldsymbol{r})|\psi|^p + g_2(\boldsymbol{r})|\psi|^q \right]\psi, \quad p,q > 0, \quad (7.2.3)$$

以及耦合 NLS 方程组

$$\mathrm{i}\frac{\partial \psi_1}{\partial z} = \left[-\frac{1}{2}\nabla_{\boldsymbol{r}}^2 + V_1(\boldsymbol{r}) + \mathrm{i}W_1(\boldsymbol{r}) + g_{11}(\boldsymbol{r})|\psi_1|^2 + g_{12}(\boldsymbol{r})|\psi_2|^2 \right]\psi_1, \quad (7.2.4)$$

$$\mathrm{i}\frac{\partial \psi_2}{\partial z} = \left[-\frac{1}{2}\nabla_{\boldsymbol{r}}^2 + V_2(\boldsymbol{r}) + \mathrm{i}W_2(\boldsymbol{r}) + g_{12}(\boldsymbol{r})|\psi_1|^2 + g_{22}(\boldsymbol{r})|\psi_2|^2 \right]\psi_2. \quad (7.2.5)$$

第 8 章 含任意 $\mathcal{PT}$ 对称势的广义非线性 Schrödinger 方程

本章将研究具有复值非厄米势的广义非线性 Schrödinger 方程, 并证明在幂律非线性作用下一大类新型的 $\mathcal{PT}$ 对称势都存在成族的稳定亮孤子解. 对于不同类型的 $\mathcal{PT}$ 对称势, 包括 Scarf-II 势、厄米–高斯势和渐近周期势, 分别探讨相应的线性 Hamilton 算子的相变情况, 并解析构造二次和三次非线性 Schrödinger 方程的稳定亮孤子解, 其稳定性可以由线性稳定谱和直接波演化来证实. 更重要的是, 通过非线性调控可以将不稳定的线性模态 (即 $\mathcal{PT}$ 对称相位破缺) 激发到稳定的非线性模态 (见文献 [197]).

8.1 $\mathcal{PT}$ 对称广义非线性 Schrödinger 方程

本节讨论如下无量纲广义非线性 Schrödinger 方程

$$\mathrm{i}\psi_z + \psi_{xx} + [V(x) + \mathrm{i}W(x)]\psi + f(|\psi|^2)\psi = 0, \tag{8.1.1}$$

其中, $\psi = \psi(x,z)$ 用于描述光场强度, x 表示空间坐标, z 表示传播距离, $V(x)$ 是外势, $W(x)$ 是增益–损耗分布, $f(\cdot)$ 是强度 $|\psi|^2$ 的函数. 当 $W(x) \equiv 0$ 时, 方程 (8.1.1) 约化为经典的广义非线性 Schrödinger 方程. 对于不同的函数 $f(|\psi|^2)$, 方程 (8.1.1) 包含许多特殊类型的具有复数势的非线性 Schrödinger 方程, 例如二次、三次以及三次–五次的非线性 Schrödinger 模型. 特别地, 如果 $W(x)$ 是奇函数, 增益和损耗项总是可平衡的, 因为 $\int_{-\infty}^{\infty} W(s)\mathrm{d}s = 0$. 容易推导出总功率以及拟功率随传播距离的变化率分别为

$$P_z = -2\int_{-\infty}^{+\infty} W(x)|\psi(x,z)|^2\mathrm{d}x,$$
$$Q_z = \mathrm{i}\int_{-\infty}^{+\infty} \psi(x,z)\psi^*(-x,z)[f(|\psi(x,z)|^2) - f(|\psi(-x,z)|^2)]\mathrm{d}x. \tag{8.1.2}$$

考察方程 (8.1.1) 的定态解 $\psi(x,z) = \phi(x)\mathrm{e}^{\mathrm{i}\mu z}$, 其中 $\phi(x) \in \mathbb{C}[x]$ 且 $\lim_{|x|\to\infty} |\phi(x)| = 0$, μ 为传播常数. 将上述定态解代入方程 (8.1.1), 可以得到如下的非线

性方程

$$\mu\phi = \frac{\mathrm{d}^2\phi}{\mathrm{d}x^2} + [V(x) + \mathrm{i}W(x)]\phi + f(|\phi|^2)\phi, \tag{8.1.3}$$

由于在本书中要求 $W(x) \not\equiv 0$, 因此 $\mathrm{Im}(\phi(x)) \not\equiv 0$. 于是可以假设 $\phi(x)$ 具有如下形式

$$\phi(x) = \Phi(x)\exp\left[\mathrm{i}\int^x U(s)\mathrm{d}s\right], \tag{8.1.4}$$

其中实函数 $\Phi(x)$ 代表振幅, 实函数 $U(x)$ 表示流体速度, 然后将方程 (8.1.4) 代入方程 (8.1.3), 可以得到流体速度为

$$U(x) = -\frac{1}{\Phi^2(x)}\int^x W(s)\Phi^2(s)\mathrm{d}s, \tag{8.1.5}$$

并且振幅函数满足如下的二阶变系数非线性常微分方程

$$\frac{\mathrm{d}^2\Phi(x)}{\mathrm{d}x^2} = [V(x) - \mu - U^2(x)]\Phi(x) + f(\Phi^2(x))\Phi(x). \tag{8.1.6}$$

一般而言, 方程 (8.1.5) 和 (8.1.6) 很难从解析上求解.

为了研究方程 (8.1.6) 的解的性质, 考虑了一大类复的非厄米势, 即选择外势和增益–损耗分布分别作为流体速度 $U(x)$ 和振幅 $\Phi(x)$ 的函数

$$V(x) = U^2(x), \quad W(x) = -U_x(x) - 2U(x)(\ln|\Phi|)_x, \tag{8.1.7}$$

它满足方程 (8.1.5), 其中 $U_x(x) = \mathrm{d}U(x)/\mathrm{d}x$. 一般来说, 假设 $\Phi(x)$ 是局域的或者有界的函数并且不含零点, 因此上述的复势是物理上可行的[309]. 将方程 (8.1.7) 代入方程 (8.1.6), 可以得到带有常系数的二阶非线性常微分方程

$$\frac{\mathrm{d}^2\Phi}{\mathrm{d}x^2} - \mu\Phi + f(\Phi^2)\Phi = 0. \tag{8.1.8}$$

注意到对于给定的函数 $f(\cdot)$, 如

$$f(\Phi^2) = g\Phi^{2p}, \; g_1\Phi^2 + g_2\Phi^4, \; g_p\Phi^p + g_q\Phi^q, \tag{8.1.9}$$

方程 (8.1.8) 的一些解可以通过使用变换的方法获得[48,298,299,319]. 因此, 对于所选函数 $f(\cdot)$ 以及 $U(x)$, 如果可以找到方程 (8.1.8) 的解, 就可以通过条件 (8.1.7) 获得复值势的实部和虚部, 同时方程 (8.1.3) 的解也由方程 (8.1.4) 给出.

8.2 两种任意形式的 $\mathcal{PT}$ 对称势与解析解

情形 1 方程 (8.1.8) 拥有一个平凡的常数解 $\Phi(x) = A$, 其中 $\mu = f(A^2)$, 这时实值外势与增益–损耗分布 (8.1.7) 约化为 Wadati 势 (事实上是复 Miura 变换)[42,187,188]

$$V(x) = U^2(x), \quad W(x) = -U_x(x), \tag{8.2.1}$$

因而解 (8.1.4) 变为常数密度波

$$\phi(x) = A \exp\left\{ \mathrm{i} \int U(x)\mathrm{d}x \right\}. \tag{8.2.2}$$

对于 $f(|\phi|^2) = g|\phi|^2$ 的情形, 常数密度波解的动力学行为已经被研究[367].

情形 2 当 $f(\Phi^2) = g\Phi^{2p}$ ($p > 0$, $g =$ 常数) 时, 方程 (8.1.8) 拥有非平凡孤子解

$$\Phi(x) = \left[\frac{\mu(p+1)}{g} \right]^{1/(2p)} \mathrm{sech}^{1/p}(p\sqrt{\mu}x), \quad \mu > 0, \tag{8.2.3}$$

这时实值外势与增益–损耗分布 (8.1.7) 变为新的更一般的情形

$$V(x) = U^2(x), \quad W(x) = -U_x(x) + 2U(x)\sqrt{\mu}\tanh(p\sqrt{\mu}x), \tag{8.2.4}$$

也就是说, 如果给定 $U(x)$, 那么相应的复值势 $V(x) + \mathrm{i}W(x)$ 可由方程 (8.2.4) 确定. 在这个复势 $V(x) + \mathrm{i}W(x)$ 以及幂律非线性作用 $f(|\phi|^2) = g|\phi|^{2p}$ 下, 可以找到方程 (8.1.1) 的解 (8.2.3). 将选择不同的函数 $U(x)$ 和参数 $p = 1, 1/2$ 来讨论 $\mathcal{PT}$ 对称势的线性谱和孤子的动力学行为 (8.2.3).

注意, 对于 $p = 1$, 方程 (8.1.1) 为三次 NLS 方程; 对于 $p = 2$, 方程 (8.1.1) 为五次 NLS 方程; 对于 $p > 0$ 且 $p \neq 1, 2$, 方程 (8.1.1) 为广义的 NLS 方程. 从方程 (8.2.3) 中可以得出, 幂律指数 p 可控制孤子解的幅度、波长和波数. 对于其他的函数 f, 也可得到方程 (8.1.8) 的解. 在下文中, 基于所选择的流体速度 $U(x)$ 以及不同种类的 $\mathcal{PT}$ 对称势 (8.2.4), 重点考虑方程 (8.1.8) 在幂律非线性 $f(\Phi^2) = g\Phi^{2p}$ 下的非平凡孤子解 (8.2.3).

在 $\mathcal{PT}$ 对称势及幂律非线性 $f(|\psi|^2) = g|\psi|^{2p}$ 作用下, 方程孤子解的线性稳定性理论可参见第 2 章相应部分的理论, 只需要改变

$$\hat{L}_1 = \frac{\mathrm{d}^2}{\mathrm{d}x^2} + [V(x) + \mathrm{i}W(x)] + g(p+1)|\phi(x)|^{2p} - \mu, \quad \hat{L}_2 = gp|\phi|^{2(p-1)}\phi^2. \tag{8.2.5}$$

对于所选的偶函数 $U(x)$, 由方程 (8.2.4) 给出的 $V(x)$ 和 $W(x)$ 分别是偶函数和奇函数, 这意味着获得了无穷多的 $\mathcal{PT}$ 对称势 $V(x) + \mathrm{i}W(x)$. 在下文中, 主要考虑一些物理上感兴趣的 $\mathcal{PT}$ 对称势, 然后研究方程 (8.2.3) 的定态解 (8.1.4) 及稳定性等问题.

8.3　广义 $\mathcal{PT}$ 对称 Scarf-II 势中的孤子及其稳定性

如果选择流体速度 $U(x)$ 为双曲正割函数

$$U(x) = V_0 \operatorname{sech}(x), \tag{8.3.1}$$

其中 V_0 为实常数, 那么势 (8.2.4) 立即变为广义 $\mathcal{PT}$ 对称 Scarf-II 势

$$
\begin{aligned}
&V(x) = V_0^2 \operatorname{sech}^2(x), \\
&W(x) = V_0 \operatorname{sech}(x)[\tanh(x) + 2\sqrt{\mu}\tanh(p\sqrt{\mu}x)].
\end{aligned}
\tag{8.3.2}
$$

很容易看出 $W(x)$ 是奇函数, 它可以在整个实轴 $(x \in \mathbb{R})$ 上进行平衡. 对于 $\mu = 0$ 或 $\mu = p^{-2}$, 广义的 $\mathcal{PT}$ 对称 Scarf-II 势 (8.3.2) 都可以约化为 $\mathcal{PT}$ 对称 Scarf-II 势.

1. 线性问题的能量谱

首先, 考虑它的线性谱问题 (即方程 (8.1.1) 且 $g = 0$, $\psi(x, z) = \Psi(x)\mathrm{e}^{\mathrm{i}\lambda z}$)

$$L\Psi(x) = \lambda\Psi(x), \qquad L = \frac{\mathrm{d}^2}{\mathrm{d}x^2} + V(x) + \mathrm{i}W(x). \tag{8.3.3}$$

下面将试图找到一些合适的参数 V_0, μ, p, 使得复值的 $\mathcal{PT}$ 对称势 (8.3.2) 是未破缺的, 即拥有全实的特征值谱. 假定 $\mu \geqslant 0$, 我们分如下四种情形来讨论.

(i) 对于 $\mu = 0$, 势 (8.3.2) 变为特殊的 Scarf-II 势

$$V(x) = V_0^2 \operatorname{sech}^2(x), \quad W(x) = V_0 \operatorname{sech}(x)\tanh(x), \tag{8.3.4}$$

这时 Hamilton 算符 (12.4.2) 拥有全实谱的条件是

$$|V_0| \leqslant V_0^2 + \frac{1}{4}, \tag{8.3.5}$$

由于这个不等式恒成立, 因此 V_0 可以为任意的实参数, 都能保证谱问题 (8.3.3) 拥有全实谱.

(ii) 对于 $\mu = p^{-2}$, 势 (8.3.2) 也变为 Scarf-II 势

$$V(x) = V_0^2 \operatorname{sech}^2(x), \quad W(x) = (2/p+1)V_0 \operatorname{sech}(x)\tanh(x), \qquad (8.3.6)$$

这时 Hamilton 算符 (8.3.3) 拥有全实谱的条件是

$$(2/p+1)|V_0| \leqslant V_0^2 + \frac{1}{4}, \qquad (8.3.7)$$

即

$$|V_0| \leqslant \frac{p+2-2\sqrt{p+1}}{2p}, \qquad |V_0| \geqslant \frac{p+2+2\sqrt{p+1}}{2p}. \qquad (8.3.8)$$

(iii) 对于一般的情形 $\mu \geqslant 0$ 及 $p = 1$, 可以用数值方法算出 $\mathcal{PT}$ 对称破缺与未破缺的参数区域 (见图 8.1(a)). 对于给定的参数 $\mu = 0.2, p = 1$, 以及不同的 V_0^2, 由于最低的两个能级大约从 $V_0^2 = 1.68$ 开始合并, 因而导致自发对称破缺现象的出现 (见图 8.1(b), (c)).

(iv) 对于一般的情形 $\mu \geqslant 0$ 及 $p = 0.5$, 也能在数值上算出相应的 $\mathcal{PT}$ 对称破缺与未破缺的参数区域 (见图 8.1(d)). 对于给定的参数 $\mu = 0.3, p = 0.5$ 和变化的 V_0^2, 也会出现自发对称破缺现象, 破缺点大概在 $V_0^2 = 1.43$(见图 8.1(e), (f)).

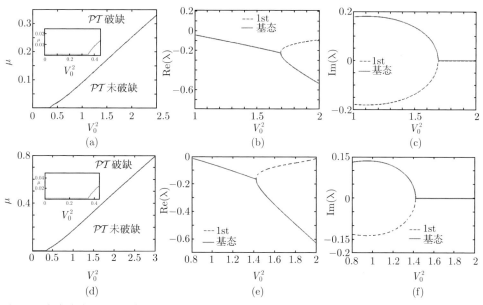

图 8.1 含有广义 $\mathcal{PT}$ 对称 Scarf-II 势 (8.3.2) 的线性算子 L (参考方程 (2.4.3) 的相变曲线): (a) $p = 1$, (d) $p = 0.5$, 其中未破缺 (破缺) 的 $\mathcal{PT}$ 对称相位在 (V_0^2, μ) 参数空间位于对称破缺线之下的部分 (之上的部分). 线性问题 (2.4.3) 的前两个特征值 λ 依赖 V_0^2 的函数图像: (b), (c) $p = 1, \mu = 0.2$, (e), (f) $p = 0.5, \mu = 0.3$

2. 孤子解的稳定性

下面运用数值方法来检验如下孤子解的稳定性.

情形 1　$p = 1$. 相应方程的孤子解为

$$
\begin{aligned}
\psi(x, z) &= \Phi(x)\mathrm{e}^{\mathrm{i}\int_0^x U(x)\mathrm{d}x + \mathrm{i}\mu z} \\
&= \sqrt{\frac{2\mu}{g}}\,\mathrm{sech}(\sqrt{\mu}x)\mathrm{e}^{\mathrm{i}\int_0^x V_0 \mathrm{sech}(x)\mathrm{d}x + \mathrm{i}\mu z}, \quad g, \mu > 0,
\end{aligned}
\tag{8.3.9}
$$

将初始解 $\psi(x, 0)$ 添加约 2% 的噪声作为方程 (8.1.1) 的初始条件, 其中 $f(|\psi|^2) = g|\psi|^2$, 此时方程 (8.1.1) 为具有 $\mathcal{PT}$ 对称势的三次非线性 Schrödinger 方程

$$
\mathrm{i}\partial_z\psi + \partial_x^2\psi + [V(x) + \mathrm{i}W(x)]\psi + g|\psi|^2\psi = 0.
\tag{8.3.10}
$$

图 8.2(a) 在 (V_0, μ) 参数空间中显示了孤子解 (8.3.9) 的稳定和不稳定的区域. 从图 8.1(a) 和图 8.2(a) 比较可以看出, 线性问题的 $\mathcal{PT}$ 对称相位未破缺区域几乎成为非线性问题解的不稳定区域. 当 μ 非常小时, 例如取 $\mu = 0.0005$ 以及 $V_0 = 0.1$, 属于未破缺的线性 $\mathcal{PT}$ 对称相位的区域 (见图 8.1(a)), 找到了稳定的孤子解 (见图 8.2(h)). 但是孤子解 (8.3.9) 仅在 $\mathcal{PT}$ 对称相位破缺的部分区域内稳定. 对于 $p = g = 1$, 固定 $V_0 = 0.1$, 然后对 $\mu = 1, 2$ 分别可以找到稳定的非线性模态, 虽然具有小幅的振荡 (类似呼吸子)(见图 8.2(c), (e)) 以及不稳定的非线性模态 (见图 8.2(d)), 其原因主要是当 μ 减小时孤子解 (8.1.4) 和增益–损耗分布 $W(x)$ 更缓慢地趋近于零, 结果使得非线性和增益–损耗分布对孤子解的稳定性影响更大. 当 $\mu = 1$ 时, $V_0 = 0.2$ 的情况可生成另一个稳定的非线性模态 (见图 8.2(f)). 并且当 $V_0 = 0.27$ 时, 这个稳定的非线性模态具有小幅振荡 (见图 8.2(g)). 这些结果主要是由于方程 (8.3.2) 给出的增益–损耗分布 $W(x)$ 的强度随着 V_0 的增加而变得越来越大, 所以增益–损耗分布对孤子解稳定性有较强的影响.

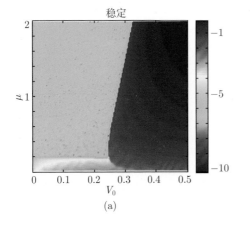

(a)

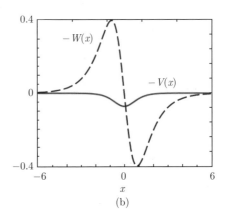

(b)

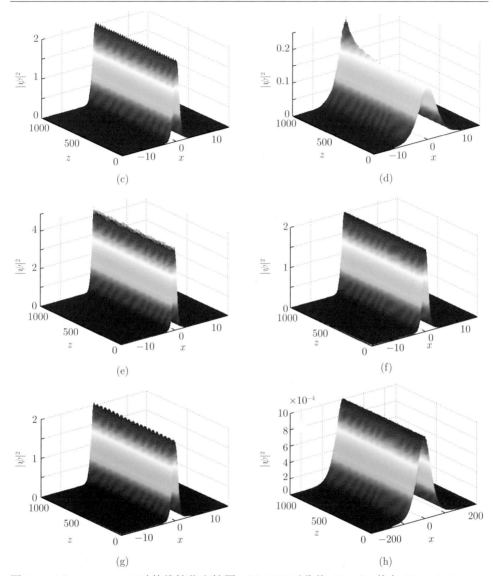

图 8.2 (a) $g = p = 1$ 时的线性稳定性图; (b) $\mathcal{PT}$ 对称势 (8.3.2), 其中 $V_0 = 0.27$, $\mu = p = 1$; (c) 稳定的非线性模态, 其中 $V_0 = 0.1$, $\mu = 1$; (d) 不稳定的非线性模态, 其中 $V_0 = 0.1$, $\mu = 0.08$; (e) 稳定的非线性模态, 其中 $V_0 = 0.1$, $\mu = 2$; (f) 稳定的非线性模态, 其中 $V_0 = 0.2$, $\mu = 1$; (g) 稳定的非线性模态, 其中 $V_0 = 0.27$, $\mu = 1$; (h) 稳定的非线性模态, 其中 $V_0 = 0.1$, $\mu = 0.0005$. 线性的 $\mathcal{PT}$ 对称相位: (c)∼(g) 破缺, (h) 未破缺

图 8.2(c)∼(g) 中的参数 (V_0, μ) 都对应于线性破缺的 $\mathcal{PT}$ 对称相位. 因而从图 8.2(c), (e), (g) 可以得出结论: 尽管线性模态是不稳定的 (即破缺的 $\mathcal{PT}$ 对称相位), 然而非线性模态却可以保持稳定地传播. 这充分表明了非线性效应对系统模态的稳定性具有重要的影响.

情形 2　$p = 1/2$. 这时的控制模型为具有 $\mathcal{PT}$ 对称势的二次非线性 Schrödinger 方程

$$\mathrm{i}\partial_z\psi + \partial_x^2\psi + [V(x) + \mathrm{i}W(x)]\psi + g|\psi|\psi = 0, \tag{8.3.11}$$

其孤子解为

$$
\begin{aligned}
\psi(x, z) &= \Phi(x)\mathrm{e}^{\mathrm{i}\int_0^x U(x)\mathrm{d}x + \mathrm{i}\mu z} \\
&= \frac{3\mu}{2g}\operatorname{sech}^2(\sqrt{\mu}/2x)\mathrm{e}^{\mathrm{i}\int_0^x V_0\operatorname{sech}(x)\mathrm{d}x + \mathrm{i}\mu z}, \quad \mu > 0.
\end{aligned} \tag{8.3.12}
$$

图 8.3(a) 展示了孤子解 (8.3.9) 的线性稳定和不稳定的区域. 图 8.3(b), (c) 刻画了稳定的非线性局域模态, 其中 $V_0 = 0.4$, $\mu = 0.001$ 属于线性未破缺的 $\mathcal{PT}$ 对称相位情况 (见图 8.1(d)). 此外, 即使参数属于线性破缺的 $\mathcal{PT}$ 对称相位的区域, 也可以找到另一个稳定的非线性模态, 其中 $V_0 = 0.4$, $\mu = 1$(见图 8.3(d)).

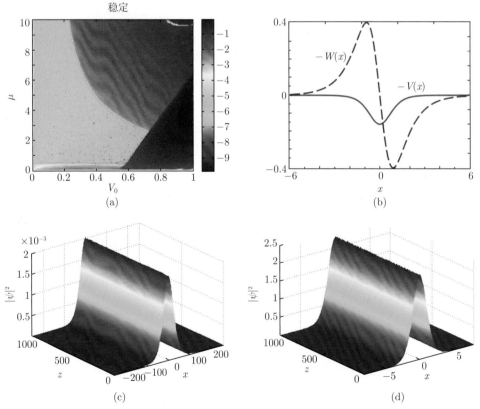

图 8.3　(a) $g = 1$, $p = 0.5$ 时的线性稳定性图; (b) $\mathcal{PT}$ 对称势 (8.3.2), 其中 $V_0 = 0.4$, $\mu = 1$, $p = 0.5$; (c) 稳定的非线性模态, 其中 $V_0 = 0.1$, $\mu = 0.001$, 属于线性未破缺的 $\mathcal{PT}$ 对称相位; (d) 不稳定的非线性模态, 其中 $V_0 = 0.4$, $\mu = 1$, 属于线性破缺的 $\mathcal{PT}$ 对称相位

现在来比较方程 (8.3.10) 和方程 (8.3.11) 解的稳定性. 根据图 8.2(a) 和图 8.3(a) 可知, 在参数空间 $\{(V_0,\mu)|V_0 \in (0,0.5], \mu \in [0,2]\}$ 内, 当 $p = 0.5$ 时, 方程 (8.3.11) 孤子解 (8.2.3) 的稳定区域要比 $p = 1$ 时的区域大. 此外, 它们的横截能流为

$$S(x) = \frac{\mathrm{i}}{2}(\psi\psi_x^* - \psi_x\psi^*) = V_0 \left[\frac{\mu(p+1)}{g}\right]^{1/p} \mathrm{sech}^{2/p}(p\sqrt{\mu}x)\mathrm{sech}(x), \quad (8.3.13)$$

这暗含着对于不同的参数 $p = 1,1/2$, 能量总是从增益区域流向损耗区域. 最后, 也可以在方程 (8.1.1) 中通过缓慢改变势控制参数 $V_0 \to V_0(z)$ 或者 $\mu \to \mu(z)$, 将属于线性破缺 $\mathcal{PT}$ 对称相位的稳定的非线性局域模态激发到另外一个稳定的非线性模态, 其对应的参数仍属于 $\mathcal{PT}$ 对称相位破缺的区域, 具体方法可以参考前面的章节, 这里不再赘述.

8.4 广义 $\mathcal{PT}$ 对称厄米–高斯势中的孤子及其稳定性

如果选取流体速度 $U(x)$ 为厄米–高斯函数

$$U(x) = U_n(x) = V_0 H_n(x)\mathrm{e}^{-x^2/2}, \qquad n = 0, 2, 4, \cdots, \qquad (8.4.1)$$

其中, V_0 为实值常数, $H_n = H_n(x)$ 表示厄米多项式, 那么我们可以从方程 (8.2.4) 得到广义 $\mathcal{PT}$ 对称厄米–高斯势

$$
\begin{aligned}
V_n(x) &= V_0^2 H_n^2 \mathrm{e}^{-x^2}, \\
W_n(x) &= V_0 \left\{H_{n+1} + [2\sqrt{\mu}\tanh(p\sqrt{\mu}x) - x]H_n\right\}\mathrm{e}^{-x^2/2},
\end{aligned}
\qquad (8.4.2)
$$

不妨取 $n = 0,2$ 来进行研究. 研究结果表明, 该势在一定的参数 (V_0 和 μ) 范围内线性问题也可以拥有全实谱, 并且当 $n = 0$ 时它的未破缺与破缺的 $\mathcal{PT}$ 对称区域与前述广义类 Scarf-II 势有相似的结构, 当 $n = 2$ 时它的结构会变得更为复杂 (见图 8.4).

对于非线性情形, 不妨假设 $p = 1$, 那么方程 (8.1.1) 的精确孤子解 (8.2.3) 为

$$\psi(x,z) = \Phi(x)\mathrm{e}^{\mathrm{i}\int_0^x U(x)\mathrm{d}x + \mathrm{i}\mu z} = \sqrt{\frac{2\mu}{g}}\,\mathrm{sech}(\sqrt{\mu}x)\mathrm{e}^{\mathrm{i}\int_0^x V_0 H_n(x)\mathrm{e}^{-x^2/2}\mathrm{d}x + \mathrm{i}\mu z}, \quad (8.4.3)$$

其中 $g,\mu > 0$. 线性稳定性分析以及直接的波演化表明: 当 $n = 0$ 时, 势 (8.4.2) 为单势阱, 可以找到稳定的非线性局域模态, 并且增益–损耗分布的强度会对孤子解的稳定性产生不利的影响 (见图 8.5); 当 $n = 2$ 时, 势 (8.4.2) 为三势阱, 没有找

到稳定的非线性局域模态, 可能是因为增益–损耗分布扰动得太强所致 (见图 8.6). 此外, 也可以在方程 (8.1.1) 中通过缓慢改变势控制参数 $V_0 \to V_0(z)$ 或 $\mu \to \mu(z)$, 在整个线性破缺 $\mathcal{PT}$ 对称相位区域进行稳定的非线性局域模态的转换.

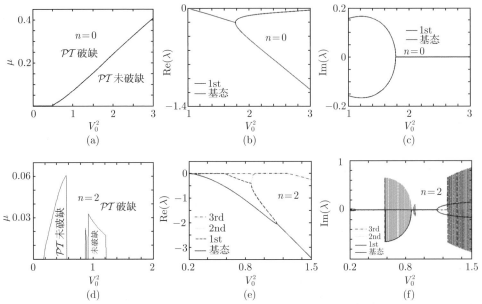

图 8.4 含有广义 $\mathcal{PT}$ 对称厄米–高斯势 (8.4.2) 的线性算子 L (参考方程 (12.4.2)) 的相变曲线: (a) $n = 0$, (d) $n = 2$, 其中未破缺 (破缺) 的 $\mathcal{PT}$ 对称相位在 (V_0^2, μ) 参数空间位于对称破缺线之下的部分 (之上的部分). 线性问题 (12.4.2) 的前两个特征值 λ 依赖 V_0^2 的函数图像: (b), (c) $n = 0, \mu = 0.2$, (e), (f) $n = 2, \mu = 0.02$. 其他的参数为 $p = 1$

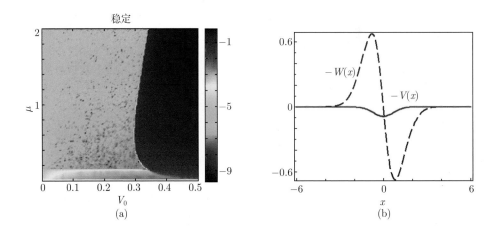

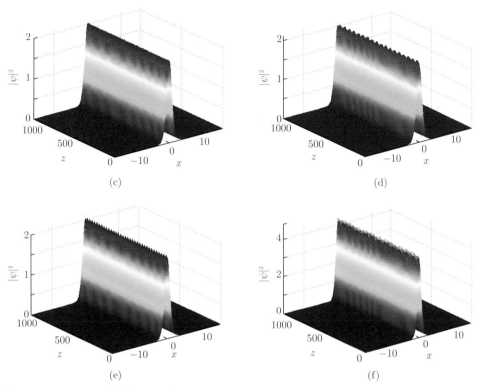

图 8.5 (a) $n = 0$ 时的线性稳定性图; (b) $\mathcal{PT}$ 对称单势阱 (8.4.2), 其中 $n = 0$, $V_0 = 0.3$, $\mu = 2$, $p = 1$. 稳定的非线性模态的传播: (c) $V_0 = 0.2$, $\mu = 1$, (d) $V_0 = 0.3$, $\mu = 1$, (e) $V_0 = 0.1$, $\mu = 1$, (f) $V_0 = 0.1$, $\mu = 2$. 其中 (c)~(f) 均属于线性破缺的 $\mathcal{PT}$ 对称相位

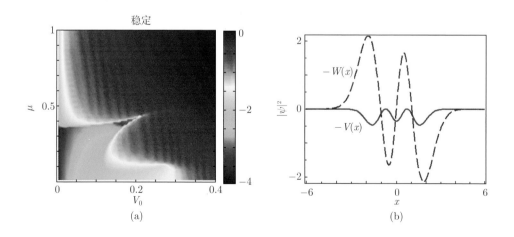

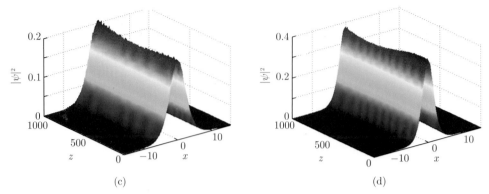

图 8.6　(a) $n = 2$ 时的线性稳定性图.(b) $\mathcal{PT}$ 对称多势阱 (8.4.2)，其中 $n = 2$, $V_0 = 0.2$, $p = 1$, $\mu = 2$. 非线性模态的传播：(c) $V_0 = 0.01$, $\mu = 0.1$, (d) $V_0 = 0.005$, $\mu = 0.2$

8.5　$\mathcal{PT}$ 对称渐近周期势下的孤子行为

如果选取流体速度 $U(x)$ 为 2π 周期的函数

$$U(x) = V_0 \cos x, \tag{8.5.1}$$

其中 V_0 为实值常数，那么可以从方程 (8.2.4) 得到 $\mathcal{PT}$ 对称的渐近周期势

$$
\begin{aligned}
& V(x) = V_0^2 \cos^2 x, \\
& W(x) = V_0[\sin x + 2\sqrt{\mu} \cos x \tanh(p\sqrt{\mu}x)],
\end{aligned}
\tag{8.5.2}
$$

该势为渐近周期的, 是因为当 $|x| \to +\infty$, $\tanh(p\sqrt{\mu}x) \to \pm 1$ 时, 上述势 (8.5.2) 是周期的 (参见图 8.7(a)).

首先, 从数值上考虑 $\mathcal{PT}$ 对称渐近周期势 (8.5.2) 下的线性谱问题 (8.3.3).

(i) 当 $\mu \neq 0$ 时, 势 $V(x)$ 是周期的, 但是增益–损耗分布不是周期的. 因此, 在参数空间 $\{(V_0, \mu) | V_0 \in [0, 5], \mu \in (0, 2]\}$ 中没有找到线性未破缺的 $\mathcal{PT}$ 对称相位区域.

(ii) 当 $\mu = 0$ 时, 势 (8.5.2) 是一个周期的 $\mathcal{PT}$ 对称势, 从数值上发现存在一个临界值 $V_0 = 0.006$, 即当 $V_0 \leqslant 0.006$ 时, 能带结构是全实的, 然而当 $0.006 < V_0 \leqslant 1.17$ 时, 能带结构变为部分复的; 当 $V_0 > 1.17$ 时, 能带结构变为完全复的 (参见图 8.7).

其次, 对于非线性问题, 不妨假设 $p = 1$, 则方程 (8.1.1) 的精确孤子解 (8.2.3) 为

$$
\begin{aligned}
\psi(x, z) &= \Phi(x) e^{i \int_0^x U(x)\mathrm{d}x + i\mu z} \\
&= \sqrt{\frac{2\mu}{g}} \operatorname{sech}(\sqrt{\mu}x) e^{i \int_0^x V_0^2 \cos^2(x)\mathrm{d}x + i\mu z}, \quad g, \mu > 0.
\end{aligned}
\tag{8.5.3}
$$

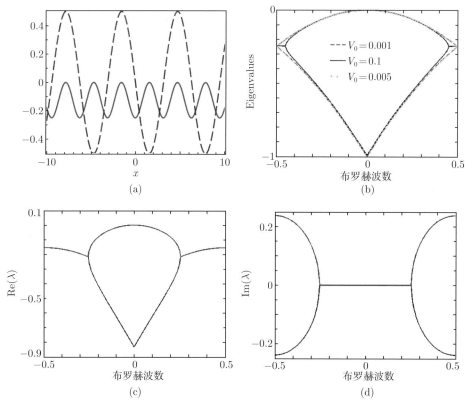

图 8.7 (a) $\mathcal{PT}$ 对称周期势 (8.5.2) 的实部 $-V(x)$ (实线) 与虚部 $-W(x)$ (虚线), 其中 $V_0 = 0.5$, $\mu = 0$. (b) 当 $\mu = 0$ 时, 对于不同的参数 V_0, $\mathcal{PT}$ 对称周期势 (8.5.2) 的前两个能带的结构. 当 $V_0 = 0.5$ 时的前两个能带: (c) 实部, (d) 虚部

图 8.8(a) 展示了孤子解 (8.5.3) 的稳定和不稳定区域, 其中稳定的范围非常小. 对于固定的 $V_0 = 0.01$, 当 μ 非常小时 (如 $\mu = 0.08, 0.1$), 其属于 $\mathcal{PT}$ 对称相位破缺区域, 找到了稳定的具有小幅振荡 (类呼吸子行为) 的孤子解 (见图 8.8(c) 和 (d)). 当 μ 稍微增加一点时 (如 $\mu = 0.2$), 非线性模态立即变得不稳定 (见图 8.8(e)). 反过来, 如果固定 $\mu = 0.1$, 且改变 V_0 为 $V_0 = 0.02$, 那么也可以得到亚稳定的非线性模态 (见图 8.8(f)). 这可能是由于 $\mathcal{PT}$ 对称渐近周期势 (8.5.2) 在整个实轴上始终对非线性模态产生影响. 这种势明显不同于上述广义的 Scarf-II 势 (8.3.2) 以及厄米–高斯势 (8.4.2), 这也表现在非线性模态的激发问题上.

最后, 也从数值上讨论了方程 (8.1.1) 的非线性局域模态的激发. 通过缓慢改变势控制参数 $V_0 \to V_0(z)$ 或者 $\mu \to \mu(z)$, 在整个线性破缺 $\mathcal{PT}$ 对称相位区域内, 可以将一个稳定的非线性局域模态激发到另外一个稳定的非线性模态. 然而不管是单参数激发还是双参数同时激发, 非线性局域模态在整个激发过程中都会呈现出类呼吸子一样的动力学行为 (见图 8.9).

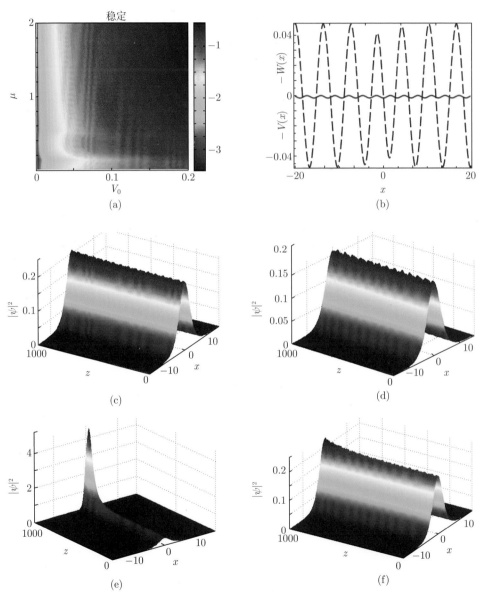

图 8.8　(a) 线性稳定性图.(b) $\mathcal{PT}$ 对称渐近周期势 (8.5.2), 其中 $V_0 = 0.04$, $p = 1$, $\mu = 0.1$. 非线性模态的传播: (c) $V_0 = 0.01$, $\mu = 0.1$, (d) $V_0 = 0.01$, $\mu = 0.08$, (e) $V_0 = 0.01$, $\mu = 0.2$, (f) $V_0 = 0.02$, $\mu = 0.1$

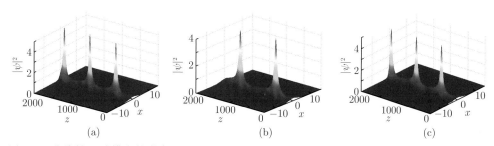

图 8.9 非线性局域模态的激发.(a) $\mu = 0.1, V_{01} = 0.01, V_{02} = 0.012$; (b) $V_0 = 0.01, \mu_{01} = 0.1, \mu_{02} = 0.08$; (c) $V_{01} = 0.01, V_{02} = 0.012, \mu_{01} = 0.1, \mu_{02} = 0.08$. 上述所有参数均属于破缺的线性 $\mathcal{PT}$ 对称相位

第 9 章 含 $\mathcal{PT}$ 对称 $\delta(x)$-sgn(x) 函数势的非线性 Schrödinger 方程

本章主要考虑含 $\mathcal{PT}$ 对称 $\delta(x)$-sgn(x) 函数势的非线性 Schrödinger 方程的一些性质, 包括含 $\mathcal{PT}$ 对称 $\delta(x)$-sgn(x) 函数势的 Hamilton 算子的实谱问题、非线性 Schrödinger 方程解的稳定性、相互作用和孤子绝热激发等 (见文献 [374]).

9.1 $\mathcal{PT}$ 对称 $\delta(x)$-sgn(x) 势

众所周知, Dirac $\delta(x)$ 函数势在量子物理、光学、数学等领域具有重要的意义. 例如定态线性 Schrödinger 方程 (也称 Hamilton 算子 $H = -\partial_x^2 + V(x)$ 的特征值方程)

$$-\rho_{xx} + V(x)\rho(x) = \nu\rho(x), \tag{9.1.1}$$

当 $V(x)$ 取具有物理意义的 Dirac δ 函数势

$$V(x) = -2\omega\delta(x), \quad \omega > 0 \tag{9.1.2}$$

时, 方程 (9.1.1) 拥有基态 (peakon 解)

$$\rho_0(x) = \mathrm{e}^{-\omega|x|}, \quad \nu = \omega. \tag{9.1.3}$$

该解有界且连续, 但在 $x = 0$ 点没有一阶导数. 其能量是有限的, 即 $\int_{\mathbb{R}} |\rho_0(x)|^2 \, \mathrm{d}x = \omega^{-1}$.

受其启发, 考虑更一般的 $\delta(x)$-sgn(x) 函数势

$$V_n(x) = \omega^2 x^{4n} - 2\omega\delta(x)x^{2n} - 2n\omega \, \mathrm{sgn}(x)x^{2n-1}, \quad n = 0, 1, 2, \cdots, \tag{9.1.4}$$

其中 sgn(x) 表示符号函数 (取 sgn$(0) = 0$, 且 sgn$'(x) = 2\delta(x)$), $\omega > 0$ 调控外势的深度. 对于给定的 $V_n(x)$, 方程 (9.1.1) 有精确解

$$\rho_n(x) \equiv \exp\left(-\frac{\omega}{2n+1}|x|^{2n+1}\right), \quad n = 0, 1, 2, \cdots, \nu = \nu_n = 0, \tag{9.1.5}$$

该解是绝对类高斯函数, 不同于光滑超高斯函数. 当 $n = 0$ 时, $\rho_0(x)$ 变为 peakon 结构, 但当 $n > 0$ 时, $\rho_n(x)$ 是绝对超高斯型函数, 其表示有意义的平顶结构且至少拥有一阶导数.

注 9.1   当 $n = 0$ 时, $V_0(x) = -2\omega\delta(x) + \omega^2$. 可以变换 V_0 和 ν_0 分别为

$$\hat{V}_0(x) = V(x) = -2\omega\delta(x), \quad \hat{\nu}_0 = \nu = \omega^2, \tag{9.1.6}$$

但 $\rho_0(x)$ 是不变的. 对于 $n > 0$, 势 $V_n(x)$ 简化为

$$V_n(x) = \omega^2 x^{4n} - 2n\omega\, \text{sgn}(x)x^{2n-1}, \qquad n = 1, 2, \cdots, \tag{9.1.7}$$

这是新颖的双势阱.

下面推广实 $\delta(x)$-sgn(x) 函数势 $V_n(x)$ 为复 $\mathcal{PT}$ 对称 $\delta(x)$-sgn(x) 函数势:

$$V_n(x) = \omega^2 x^{4n} - 2\omega x^{2n}\delta(x) - 2n\omega\, \text{sgn}(x)x^{2n-1},$$
$$W_n(x) = w_0\, \text{sgn}(x)x^{2n}\rho_n(x), \tag{9.1.8}$$

其中实数 w_0 代表增益–损耗的强度.

这里考虑含 $\mathcal{PT}$ 对称 $\delta(x)$-sgn(x) 函数势 (9.1.8) 的非线性 Schrödinger 方程

$$\mathrm{i}\frac{\partial\psi}{\partial z} = \left[-\frac{\partial^2}{\partial x^2} + V(x) + \mathrm{i}W(x) - |\psi|^2\right]\psi. \tag{9.1.9}$$

9.2 $\mathcal{PT}$ 对称 $\delta(x)$-sgn(x) 函数单势阱: 相变、peakon 解及稳定性

9.2.1 $\mathcal{PT}$ 对称相位破缺

考虑 $\mathcal{PT}$ 对称 $\delta(x)$-sgn(x) 函数势

$$V_0(x) = -2\omega\delta(x), \quad W_0(x) = W_0\, \text{sgn}(x)\mathrm{e}^{-\omega|x|}, \tag{9.2.1}$$

其中 $\omega > 0$. 因为高斯函数的参数极限可用于逼近 δ 函数, 所以取如下高斯函数

$$\delta(x) = \lim_{a\to 0^+} g(x; a), \quad g(x; a) = \frac{\exp(-x^2/a^2)}{a\sqrt{\pi}}, \tag{9.2.2}$$

其中选择 $a = 0.01$. 图 9.1(a), (b) 展示外势和增益–损耗分布.

下面通过广义 Hamilton 算子的特征值问题来研究 $\mathcal{PT}$ 对称的破缺现象

$$L\Phi(x) = \lambda\Phi(x), \quad L = -\frac{\mathrm{d}^2}{\mathrm{d}x^2} + V(x) + \mathrm{i}W(x), \tag{9.2.3}$$

其中 $V(x)$ 和 $W(x)$ 由 $\mathcal{PT}$ 对称 δ 势 (9.2.1) 确定. 数值求解线性谱问题发现 $\mathcal{PT}$ 对称破缺的临界线 (见图 9.1(c)), 其中绿色区域表示相位未破缺区域且随势阱深度 ω 的增大而变宽, 这表明含 $\mathcal{PT}$ 对称 δ 势的 Hamilton 算子在 (ω, W_0) 空间中

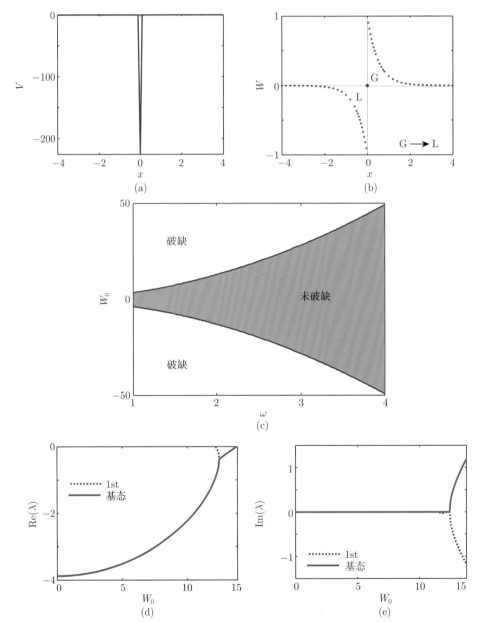

图 9.1　$\mathcal{PT}$ 对称 δ 势 (9.2.1) 的实部 (a) 和虚部 (b), $(\omega, W_0) = (2, 1)$, G 和 L 分别表示增益和损耗区域, 右箭头表示能量流方向 (下同). (c) 白 (绿) 色区域表示线性 $\mathcal{PT}$ 对称相位 (未) 破缺区域. 前两个能量特征值的实部 (d) 和虚部 (e), 其中 $\omega = 2$

的更大的参数范围内拥有全实谱. 特别地, 取 $\omega - 2$, 用方程 (9.2.1) 展示 $\mathcal{PT}$ 对称破缺过程: 从若干低能级开始, 前两个低能级当 $W_0 = 12.5$ 时开始出现复谱 (见图 9.1(d), (e)), 这与图 9.1(c) 展示的结果是一致的.

9.2.2 peakon 解及其稳定性

考虑方程 (9.1.9) 的定态解 $\psi(x,z) = \phi(x)\mathrm{e}^{\mathrm{i}\mu z}$, 则方程 (9.1.9) 变为

$$\left[\frac{\mathrm{d}^2}{\mathrm{d}x^2} - V(x) - \mathrm{i}W(x) + |\phi|^2 - \mu\right]\phi = 0. \tag{9.2.4}$$

当 $\mu = \omega^2$ 时, $\mathcal{PT}$ 对称 δ 函数势下方程 (9.2.4) 的 peakon 解为

$$\phi(x) = \frac{W_0}{3\omega}\rho_0(x)\exp\left\{\frac{\mathrm{i}W_0}{3\omega^2}\,\mathrm{sgn}(x)[\rho_0(x) - 1]\right\}, \tag{9.2.5}$$

且 $\rho_0(x) \equiv \mathrm{e}^{-\omega|x|}$. 注意 peakon 解 (9.2.5) 连续但在顶点 $x = 0$ 处无一阶导数 (见图 9.2(a)), 但其是在分布意义下定义的有限阶导数. 例如,

$$\begin{aligned}
\rho_0'(x) &= -\omega\,\mathrm{sgn}(x)\mathrm{e}^{-\omega|x|}, \\
\rho_0''(x) &= [\omega^2 - 2\omega\delta(x)]\mathrm{e}^{-\omega|x|}.
\end{aligned} \tag{9.2.6}$$

因此, 上面提到的 peakon 解是弱解.

对于 $\mathcal{PT}$ 对称 $\delta(x)$ 势 (图 9.1(a), (b)), 图 9.2(a) 展示了单 peakon 解. 由于 peakon 解在 $x = 0$ 处的不可微性, 利用 Fourier 配点法通常无法计算线性问题的谱. 通过直接的波演化来研究摄动 (2% 噪声)peakon 解的稳定性, 结果表明单 peakon 解 (图 9.2(a)) 可长时间稳定演化 (见图 9.2(b)), 发现只要增益–损耗强度小于临界线, 则 peakon 解 (9.2.5) 可在势参数的更大范围内稳定存在. 例如, 当 $\omega = 2$ 时, 相应的稳定临界值位于 $W_0 = 10$ 和 11 之间, peakon 解 (9.2.5) 对于较大的增益–损耗强度 (如 $W_0 = 10$) 还保持稳定 (见图 9.2(c)); 但是如果继续增大, W_0 则变得不稳定 (见图 9.2(d)). 总之, 通过数值计算表明单 peakon 解 (9.2.5) 能够稳定地存在于 $\mathcal{PT}$ 对称 $\delta(x)$ 函数势 (9.2.1) 中, 但该解在 $x = 0$ 处是不可微的.

进一步可展示 peakon 解 (9.2.5) 的横向功率流

$$S(x) = \frac{\mathrm{i}}{2}(\phi\phi_x^* - \phi^*\phi_x) = |\phi|^2\,[\arg(\phi)]_x, \tag{9.2.7}$$

其中 $\arg(\phi)$ 为 $\phi(x)$ 的相位. 将 peakon 解 (9.2.5) 代入 (9.2.7) 可得功率流

$$S(x) = -\frac{W_0^3}{27\omega^3}\mathrm{e}^{-3\omega|x|}, \quad \omega > 0, \tag{9.2.8}$$

其符号仅依赖于增益–损耗强度 W_0 的符号, 因此易知能量一致由增益向损耗方向流动. 图 9.1(b) 展示特殊的增益–损耗以及能量流的方向 $(W_0 > 0)$, 且 peakon 解 (9.2.5) 的能量为 $P(z) = \displaystyle\int_{-\infty}^{+\infty} |\psi(x,z)|^2 \mathrm{d}x = W_0^2/(9\omega^3)$.

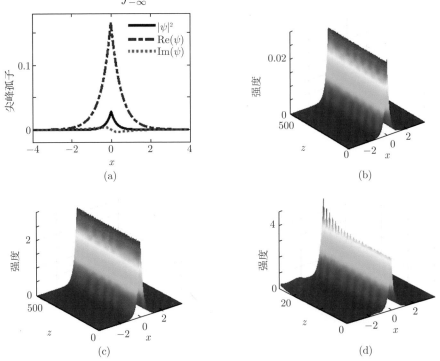

图 9.2　(a) 单 peakon 解 (9.2.5); (b) 演化: $w_0 = 1$; (c) 稳定演化: $W_0 = 10$; (d) 不稳定演化: $W_0 = 11$. 势参数 $\omega = 2$

9.3　$\mathcal{PT}$ 对称 sgn(x) 函数双势阱 $(n > 0)$: 孤子及稳定性分析

9.3.1　线性谱问题的 $\mathcal{PT}$ 对称相位破缺

对于 $n > 0$ 情况 (即 $n \in \mathbb{N}$), 从方程 (9.1.8) 可得新奇 $\mathcal{PT}$ 对称 sgn(x) 函数双势阱

$$
\begin{aligned}
V_n(x) &= \omega^2 x^{4n} - 2n\omega\, \mathrm{sgn}(x) x^{2n-1}, \\
W_n(x) &= W_0\, \mathrm{sgn}(x) x^{2n} \rho_n(x), \quad n > 0
\end{aligned}
\tag{9.3.1}
$$

虽然复势 (9.3.1) 包含 sgn(x) 函数, 但由于存在 x^{2n-1} 和 x^{2n} 项, 它们是连续且有限阶可微. 例如当 $n = 1$ 时, $V(x)$ 仅仅连续但在 $x = 0$ 处无一阶导数, $W(x)$ 在 $x = 0$ 处只有一阶导数 (见图 9.3(a1), (b1)); 当 $n > 1$ 时, $V(x)$ 在 $x = 0$ 处

有 $(2n-2)$ 阶导数, $W(x)$ 在 $x = 0$ 处有 $(2n-1)$ 阶导数 (对于 $n = 3, 5$ 情况见图 9.3(a2), (b2) 和 (a3), (b3)), 这里 sgn(x)x^n 的 k 阶导数为

$$[\text{sgn}(x)x^n]^{(k)} = \frac{n!}{(n-k)!} \, \text{sgn}(x) \, x^{n-k}, \quad k \in \{1, \cdots, n-1\}. \tag{9.3.2}$$

下面考虑含 $\mathcal{PT}$ 对称 sgn(x) 函数双势阱 (9.3.1) 的线性谱问题 (9.2.3). 图 9.3(c) 展示了 $n = 1, 3, 5$ 情况下 $\mathcal{PT}$ 对称破缺临界线, 其中临界线下面的区域表示 $\mathcal{PT}$ 对称未破缺区域. 对于固定的 n, 易知未破缺区域随外势参数 ω 的增大而变大. 选取 $n = 1, \omega = 2$ 用于揭示 $\mathcal{PT}$ 对称破缺现象. 图 9.3(d), (e) 展示前三个最低能级.

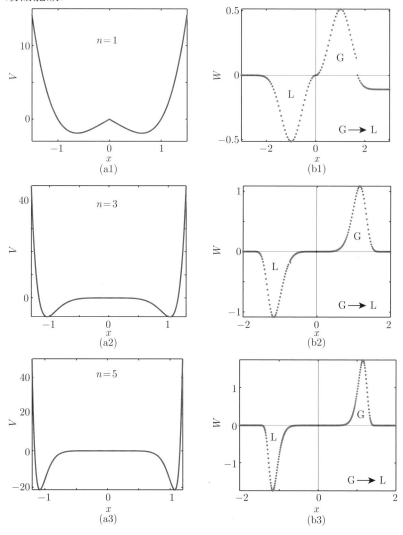

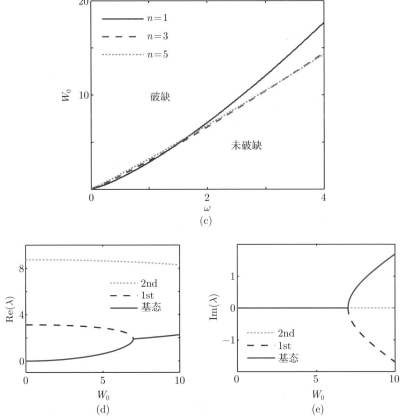

图 9.3　$\mathcal{PT}$ 对称双势阱 (9.3.1) 在 $(\omega, W_0) = (2,1)$ 处的实部和虚部: (a1), (b1) $n = 1$, (a2), (b2) $n = 3$, (a3), (b3) $n = 5$. (c) 线性 $\mathcal{PT}$ 对称相位 (未) 破缺的临界线. 前三个能级特征值 λ 的实部 (d) 和虚部 (e) 分布, 其中 $(\omega, n) = (2,1)$

9.3.2　平顶孤子族和稳定性

下面研究含 $\mathcal{PT}$ 对称 sgn(x) 双势阱 (9.3.1) 的方程 (9.2.4) 平顶孤子. 基于式 (9.3.2) 和上面的理论分析, 可知方程 (9.2.4) 在 $\mu = 0$ 情况下的定态解

$$\phi_n(x) = \frac{w_0}{3\omega} \rho_n(x) \exp\left[-\frac{\mathrm{i}w_0}{3\omega} \int_0^x \rho_n(s)\mathrm{d}s\right], \quad n > 0, \tag{9.3.3}$$

其中, $\rho_n(x)$ 由方程 (9.1.5) 确定, 两个正参数 ω 和 w_0 可用于调控孤子 (9.3.3) 的强度.

基于 $|x|^{2n+1} = \mathrm{sgn}(x) x^{2n+1}$ 和方程 (9.3.2), 可知孤子解 (9.3.3) 在 $x = 0$ 处有 $2n$ 阶导数 $(n \in \mathbb{N})$, 因此它们不属于弱解, 这不同于前面提到的 peakon 解 (9.2.5). 若考虑连续 peakon 解 (9.2.5) 为零阶可微函数, 则 $\mathcal{PT}$ 对称 NLS 方程

(9.1.9) 拥有一系列有限阶可微定态孤子, 即 $\{\rho_1(x),\rho_2(x),\cdots,\rho_n(x),\cdots\}$, 这不同于通常全局光滑函数 (见图 9.4(a2), (b2), (c2)). 从孤子剖面可知它们并不是钟型的而是近似 "梯形" 孤子, 且随着 n 的足够大孤子剖面逐步变为 "矩形" 孤子.

当 $n=1,3,5$ 时, 图 9.4(a1), (b1), (c1) 分别展示平顶孤子 (9.3.3) 在 (ω,W_0) 参数空间里的线性 (不) 稳定区域. 这表明稳定区域随 n 的增大而缩小, 其中主要原因是当 n 增大时增益–损耗分布变得越强, 因此平顶孤子变得越来越不稳定. 图 9.4(a2), (b2), (c2) 展示了平顶孤子的线性稳定性. 通过数值计算可直接展示平顶孤子在小摄动 (2%) 作用下的稳定传播 (见图 9.4(a3), (b3), (c3)).

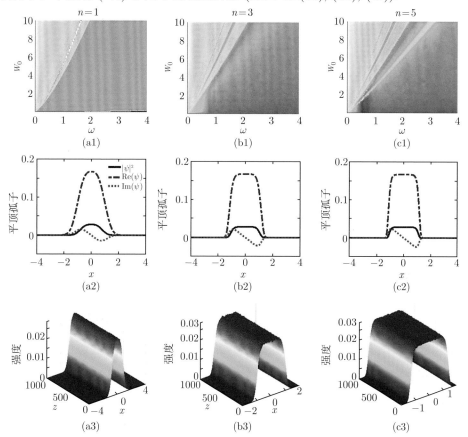

图 9.4 线性稳定性. 平顶孤子 (9.3.3) 在 (ω,W_0) 中的稳定区域: (a1) $n=1$, (a2) $n=3$, (a3) $n=5$. 当 $\omega=2,W_0=1$ 时, 平顶孤子 (9.3.3) 的稳定传播: (a2), (a3) $n=1$, (b2), (b3) $n=3$, (c2), (c3) $n=5$

平顶孤子 (9.3.3) 的功率流为

$$S(x)=-\frac{W_0^3}{27\omega^3}\exp\left(-\frac{3\omega}{2n+1}|x|^{2n+1}\right),\tag{9.3.4}$$

其符号仅依赖增益–损耗强度 W_0 $(\omega > 0)$, 这与前面提到的 peakon 解 (9.2.5) 是一样的. 因此能量流的方向一致是从增益到损耗区域 (见图 9.3(b)), 其中 $W_0 > 0$.

9.3.3　孤波对平顶孤子的影响

为了研究平顶孤子 (9.3.3) 的鲁棒性, 考虑不同孤波对其稳定性的影响. 例如当 $n = 1$ 和 $n = 3$ 时, 选择平顶孤子 (9.3.3) 且 $\omega = 2, w_0 = 1$, 考虑下面两种类型初始条件

$$\text{(a)}\quad \psi(x,0) = \phi(x) + 0.2\,\mathrm{sech}[2(x+8)^2]\,\mathrm{e}^{-8\mathrm{i}x}, \tag{9.3.5}$$

$$\text{(b)}\quad \psi(x,0) = \phi(x) + 0.2\,\exp[-10(x+3)^2 - 8\mathrm{i}x], \tag{9.3.6}$$

其中 $\phi(x)$ 满足 (9.3.3).

通过数值模拟演化波的发展表明：无论怎么调控增强波的相位, 它们都不与平顶孤子发生相互作用. 但是产生的新孤波出现在平顶孤子的右侧, 其与入射孤波关于 $x = 0$ 是对称的. 入射波的强度是逐步降低的, 然而产生孤波的强度则逐步增加 (见图 9.5(a), (b)). 位于中心 $x = 0$ 位置的平顶孤子仍然稳定传播, 且不受入射波的影响. 该现象是新奇的且不同于通常的孤子碰撞 (见文献 [339, 350, 369, 375, 376]).

9.3.4　平顶孤子的稳定激发

下面讨论平顶孤子的激发, 主要的方式是令势参数 (ω, w_0) 依赖传播距离 z, 即 $\omega \to \omega(z)$ 或 $W_0 \to W_0(z)^{[48]}$. 因此考虑如下的模型

$$\mathrm{i}\partial_z\psi = \left[-\frac{\partial^2}{\partial x^2} + V_n(x,z) + \mathrm{i}W_n(x,z) - |\psi|^2\right]\psi, \tag{9.3.7}$$

其中 $V_n(x,z)$, $W_n(x,z)$ 分别由方程 (9.3.1) 定义且 $\omega \to \omega(z)$, $W_0 \to W_0(z)$, 即

$$\begin{aligned}
V_n(x,z) &= \omega^2(z)x^{4n} - 2n\omega(z)\,\mathrm{sgn}(x)x^{2n-1}, \\
W_n(x,z) &= W_0(z)\,\mathrm{sgn}(x)\rho_n(x)x^{2n},
\end{aligned} \tag{9.3.8}$$

其中可变参数 $\omega(z)$ 和 $W_0(z)$ 都有如下统一形式

$$\Xi(z) = \begin{cases} \dfrac{\Xi_2 - \Xi_1}{2}\left[1 - \cos\left(\dfrac{\pi z}{10^3}\right)\right] + \Xi_1, & 0 \leqslant z < 10^3, \\ \Xi_2, & z \geqslant 10^3, \end{cases} \tag{9.3.9}$$

其中, $\Xi_{1,2}$ 表示初始和最终状态参数. 易知平顶孤子 (9.3.3) 且 $\omega \to \omega(z)$ 或 $W_0 \to W_0(z)$ 不再满足方程 (9.3.7), 然而它在初始状态 $z = 0$ 和激发态 $z \geqslant 1000$ 满足方程 (9.3.7).

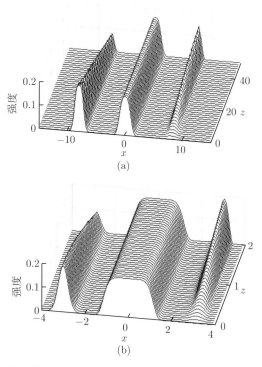

图 9.5 用如下初值来数值模拟方程 (9.1.9), 进而研究双曲正割型或高斯型孤波对精确平顶孤子 (9.3.3) 的影响: (a) $\psi(x,0) = \phi(x) + 0.2\,\mathrm{sech}[2(x+8)^2]\,\mathrm{e}^{-8\mathrm{i}x}$ ($n = 1$), (b) $\psi(x,0) = \phi(x) + 0.2\,\mathrm{e}^{-10(x+3)^2 - 8\mathrm{i}x}$ ($n = 3$), 其中 $\phi(x)$ 由式 (9.3.3) 确定且 $(\omega, w_0) = (2, 1)$

考虑 $\omega(z)$ 由方程 (9.3.9) 确定且 $W_0(z) \equiv W_0$, 则可从稳定平顶孤子 (9.3.3) 且 $(\omega_1, W_0) = (2, 1)$ 激发到另一稳定的由方程 (9.3.3) 且 $(\omega_2, W_0) = (3, 1)$ 确定的态, 其中两种状态对应于线性 $\mathcal{PT}$ 对称相位未破缺情况 (见图 9.6(a1), (b1), (c1)). 类似地, 若固定 $\omega(z) \equiv \omega$, 且令 $W_0(z)$ 由方程 (9.3.9) 确定, 同样也能激发出稳定的模态. 另一方面, 也可以用数值计算来模拟势参数 $\omega(z)$ 和 $W_0(z)$ 同时由方程 (9.3.9) 确定的情况 (见图 9.6(a2), (b2), (c2)).

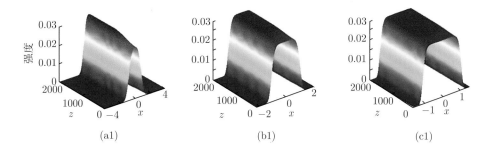

(a1)　　　　　　　　　　(b1)　　　　　　　　　　(c1)

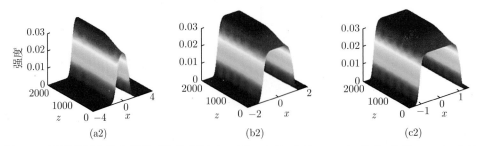

图 9.6　平顶孤子的稳定激发 (参见方程 (9.3.7)): (a1), (a2) $n = 1$, (b1), (b2) $n = 3$, (c1), (c2) $n = 5$, 其中第一行中参数为 $\omega_1 = 2, \omega_2 = 3, W_0 = 1$, 第二行中参数为 $\omega_1 = 2, \omega_2 = 3, w_{01} = 1, w_{02} = 4$

第 10 章　含 $\mathcal{PT}$ 对称势的导数非线性 Schrödinger 方程

本章主要基于导数非线性 Schrödinger 方程, 讨论导数非线性项和 $\mathcal{PT}$ 对称势对光束传播动力学行为的影响, 主要选择 Scarf-II 势和调和–厄米–高斯势来研究. 从数值上给出了线性的 $\mathcal{PT}$ 对称自发破缺曲线, 发现导数非线性项可能对未破缺的线性 $\mathcal{PT}$ 对称相位产生负面的影响, 进而导致全实谱的参数区域缩小; 发现一系列稳定的多峰亮孤子解, 即使相应的势参数属于线性 $\mathcal{PT}$ 对称破缺的区域; 也发现精确亮孤子解与外来的入射波之间存在着半弹性的相互作用, 当碰撞之后入射波可能存在着弱的反射波, 然而精确非线性模式却不改变它的形状和速度继续向前传播. 此外, 对势参数施加绝热开关可以将初始稳定的非线性局域模态 (具有未破缺的线性 $\mathcal{PT}$ 对称相位) 激发到另外一个稳定的非线性局域模态 (尽管具有破缺的线性 $\mathcal{PT}$ 对称相位), 并成功地将一个初始稳定但非精确的非线性局域模态激发到另一个稳定且精确的非线性模态 (见文献 [377]).

10.1　非线性物理模型及一般理论

10.1.1　导数非线性 Schrödinger 方程

导数非线性 Schrödinger(DNLS) 方程具有如下无量纲的形式[129]

$$\mathrm{i}\psi_t + \psi_{xx} + \mathrm{i}g(|\psi|^2\psi)_x = 0, \quad g > 0, \tag{10.1.1}$$

其中, g 表示导数非线性项的相对强度 (因为作空间反演变换 $x \to -x$ 可以使得非线性系数变为 $-g$, 所以可假设 $g > 0$), 导数非线性项有时也被称为非线性色散项[129]. 实际上, 方程 (10.1.1) 与如下修正的非线性 Schrödinger 方程有着密切的联系[378,379]

$$\mathrm{i}q_\xi + \alpha q_{\tau\tau} + \lambda|q|^2 q + \mathrm{i}\gamma(|q|^2 q)_\tau = 0, \tag{10.1.2}$$

其中, α 表示群速度色散系数, Kerr 非线性系数 λ 和导数非线性系数 γ 都依赖于非线性折射率 n_2. 通过相似变换[380]

$$q(\tau,\xi) = \psi(x,t)\mathrm{e}^{\mathrm{i}(kx+k^2t)}, \tag{10.1.3}$$

$$x = \frac{\gamma}{\alpha g}\tau - \frac{2\lambda}{g}\xi, \quad t = \frac{\gamma^2}{\alpha g^2}\xi, \quad k = \frac{\alpha g \lambda}{\gamma^2}, \tag{10.1.4}$$

方程 (10.1.2) 可以变换成方程 (10.1.1). 方程 (10.1.1)(或者方程 (10.1.2)) 可以在一些物理应用中用来描述许多非线性波现象, 例如小幅度非线性 Alfvén 波在低 β 等离子体中的传播[381,382], 大振幅磁流体波沿相对于磁场的任意方向在高 β 等离子体中的传播[383], 低混合波的丝状形成[384,385], 以及单模光纤中的亚皮秒或飞秒脉冲[378,379]. 方程 (10.1.1) 可以通过反散射方法求解[386]. 此外, 一些修正的模型 (例如方程 (10.1.2)) 已经被详细地研究, 例如 Chen-Lee-Liu 方程[387], 还有修正的 NLS 方程[380,387−390]. 在此基础上, 人们也从解析和数值上研究了拉曼扩展的 DNLS 方程的局域解和动力学[391,392].

　　然而, DNLS 方程 (10.1.1) 在 $\mathcal{PT}$ 对称势下的孤子动力学行为又是怎样的呢? 本章的主要目标是, 在两种物理上有意义的 $\mathcal{PT}$ 对称外势下 ($\mathcal{PT}$ 对称 Scarf-II 势以及调和–厄米–高斯势), 寻找 DNLS 方程 (10.1.1) 的稳定孤子解, 并研究它们的激发行为. 首先呈现线性谱问题的 $\mathcal{PT}$ 对称破缺和未破缺的参数区域, 然后详细分析 $\mathcal{PT}$ 对称势和导数非线性项对孤子稳定性、波传播、相互作用以及横截能流的影响. 最后, 基于参数的绝热改变技术, 在破缺的线性 $\mathcal{PT}$ 对称相位下实施了非线性局域模态的稳定激发.

10.1.2　$\mathcal{PT}$ 对称导数非线性 Schrödinger 方程

　　首先考虑光波在导数非线性作用和 $\mathcal{PT}$ 对称势下的传播. 光束的演化可以用含有 $\mathcal{PT}$ 对称外势的导数非线性 Schrödinger 来描述

$$\mathrm{i}\psi_t + \psi_{xx} - [V(x) + \mathrm{i}W(x)]\psi + \mathrm{i}g(|\psi|^2\psi)_x = 0, \tag{10.1.5}$$

其中, $\psi = \psi(x,t)$ 是关于 x,t 的复值波函数, 与电场包络线成正比, t 为尺度化的传播时间或距离, x 表示尺度化的横向坐标, g 是非线性系数 (不失一般性, 选择 $g=1$). $\mathcal{PT}$ 对称势 $V(x) + \mathrm{i}W(x)$ 的实部和虚部分别描述实值外势和增益–损耗分布. 类似于带有 $\mathcal{PT}$ 对称[45] 的 NLS 方程, 方程 (10.1.5) 中的 $\mathcal{PT}$ 对称势可以通过包含波导几何中的增益或损耗区域来实现[163,393]. 最近, 人们通过考虑与方程 (10.1.5) 相关的耦合的 DNLS 方程[394], 研究了激波诱导的 $\mathcal{PT}$ 对称势的影响. 作变换 $t \to z$(传播距离), $x \to t$ (传播时间), 方程 (10.1.5) 也可以用来描述脉冲在一个单模光纤中的传播[129,130].

　　容易证明方程 (10.1.5) 在 $\mathcal{PT}$ 对称作用下是不变的, 方程 (10.1.5) 可以改写成

$$\psi_t = -\frac{\partial}{\partial x}\frac{\delta \mathcal{H}}{\delta \psi^*}, \quad \mathcal{H} = \int_{-\infty}^{+\infty}\left\{-\mathrm{i}\psi^*\psi_x + \psi^*\int_0^x [\mathrm{i}V(x) - W(x)]\psi\mathrm{d}x + \frac{g}{2}|\psi|^4\right\}\mathrm{d}x,$$

其中, $*$ 代表复共轭. 方程 (10.1.5) 的总功率与拟功率的时间变化率为

$$P_t = 2 \int_{-\infty}^{+\infty} W(x) |\psi(x,t)|^2 \mathrm{d}x, \tag{10.1.6}$$

$$Q_t = - \int_{-\infty}^{+\infty} g\psi(x,t)\psi^*(-x,t)[(|\psi(x,t)|^2)_x - (|\psi(-x,t)|^2)_x$$
$$+ \psi^*(x,t)\psi_x(x,t) - \psi(-x,t)\psi_x^*(-x,t)]\mathrm{d}x. \tag{10.1.7}$$

10.1.3 一般的解析理论

假定方程 (10.1.5) 的定态解具有如下形式: $\psi(x,t) = \phi(x)\mathrm{e}^{\mathrm{i}\mu t}$, 其中 μ 是实传播常数, 那么非线性局域模 $\phi(x)$ $(\lim_{|x|\to\infty} \phi(x) = 0)$ 满足

$$\frac{\mathrm{d}^2\phi}{\mathrm{d}x^2} - [V(x) + \mathrm{i}W(x)]\phi + \mathrm{i}g\frac{\mathrm{d}(|\phi|^2\phi)}{\mathrm{d}x} = \mu\phi. \tag{10.1.8}$$

对于带有势 $V(x)$ 和 $W(x)$ 的方程 (10.1.8), 它的解存在如下两种情形.

(i) 如果 $\phi(x) \in \mathbb{R}[x]$, 那么可得方程 (10.1.8) 的一般解

$$\phi^2(x) = \frac{2}{3g}\partial_x^{-1}W(x), \tag{10.1.9}$$

其所关联的外势和增益–损耗分布满足

$$W^2(x) - 2W_x(x)\partial_x^{-1}W(x) + 4[V(x) + \mu][\partial_x^{-1}W(x)]^2 = 0, \tag{10.1.10}$$

其中, $\partial_x^{-1}W(x) = \int_0^x W(s)\mathrm{d}s$.

(ii) 如果 $\phi(x) \in \mathbb{C}[x]$, 并且可以写成

$$\phi(x) = \rho(x)\exp\left[\mathrm{i}\int_0^x v(s)\mathrm{d}s\right], \tag{10.1.11}$$

其中, $\rho(x)$ 是实振幅函数, $v(x)$ 是流体动力学速度 [395], 那么将方程 (10.1.11) 代入方程 (10.1.8) 中, 并且分离实部和虚部即可得到流体动力学速度的关系式

$$v(x) = \rho^{-2}(x)\int_0^x W(s)\rho^2(s)\mathrm{d}s - \frac{3g}{4}\rho^2(x), \tag{10.1.12}$$

而且振幅满足二阶变系数常微分方程

$$\frac{\mathrm{d}^2\rho(x)}{\mathrm{d}x^2} = [V(x) + v^2(x) + \mu]\rho(x) + gv(x)\rho^3(x). \tag{10.1.13}$$

为了研究非线性局域模态 $\psi(x,t) = \phi(x)\mathrm{e}^{\mathrm{i}\mu t}$ 的线性稳定性, 考虑方程 (10.1.5) 的摄动解

$$\psi(x,t) = \left\{ \phi(x) + \epsilon \left[F(x)\mathrm{e}^{\mathrm{i}\delta t} + G^*(x)\mathrm{e}^{-\mathrm{i}\delta^* t} \right] \right\} \mathrm{e}^{\mathrm{i}\mu t}, \tag{10.1.14}$$

其中, $\epsilon \ll 1$, $F(x)$ 和 $G(x)$ 是扰动函数, 参数 δ 用来测量扰动不稳定性. 将方程 (10.1.14) 代入方程 (10.1.5) 中, 且关于 ϵ 线性化, 可以得到如下线性特征值问题

$$\begin{pmatrix} \hat{L}_1 & \hat{L}_2 \\ -\hat{L}_2^* & -\hat{L}_1^* \end{pmatrix} \begin{pmatrix} F(x) \\ G(x) \end{pmatrix} = \delta \begin{pmatrix} F(x) \\ G(x) \end{pmatrix}, \tag{10.1.15}$$

其中,

$$\hat{L}_1 = \partial_x^2 + 2\mathrm{i}g[|\phi|^2\partial_x + (|\phi|^2)_x] - [V(x) + \mathrm{i}W(x)] - \mu, \quad \hat{L}_2 = \mathrm{i}g[\phi^2\partial_x + (\phi^2)_x].$$

如果 δ 没有虚部, 那么非线性模态是线性稳定的, 否则它们是线性不稳定的.

10.2 $\mathcal{PT}$ 对称 Scarf-II 势中的线性和非线性局域模态

10.2.1   线性谱问题

考虑 $\mathcal{PT}$ 对称 Scarf-II 势 (4.2.1), 当导数非线性项不存在时 ($g = 0$), 方程 (10.1.8) 约化为含有 $\mathcal{PT}$ 对称 Scarf-II 势 (4.2.1) 的线性谱问题

$$L\Phi(x) = \lambda\Phi(x), \quad L = -\partial_x^2 + V(x) + \mathrm{i}W(x), \tag{10.2.1}$$

其中, λ 和 $\Phi(x)$ 分别是特征值和局域化的特征函数. 借助于谱方法, 可以在 (V_0, W_0) 参数空间上算出它的对称破缺线 (见图 10.1(a)), 这正好与拥有全实谱的理论结果 $|W_0| \leqslant -V_0 + 1/4$[41] 相符. 因此, 对于固定的 W_0(满足 $|W_0| > 1/4$), 总存在 V_0 的阈值, 超过这个阈值相变出现, 同时相应的谱变为复值 (见图 10.1(b), (c)).

即使相变出现在线性谱问题中 (也就是说方程 (10.2.1) 含有复谱), 非线性模态仍然可能伴随着全实的特征值而存在, 因为光束本身可以通过导数非线性对势的振幅有很大的影响. 因此, 对于同一参数 W_0, 更强的导数非线性诱导出的新的有效的势可能改变原来线性 $\mathcal{PT}$ 对称破缺的临界值. 但在较弱的导数非线性作用下, 破缺的 $\mathcal{PT}$ 对称性也不容易被修复. 接下来将研究方程 (10.1.5) 在 $\mathcal{PT}$ 对称 Scarf-II 势 (4.2.1) 下的非线性局域模态.

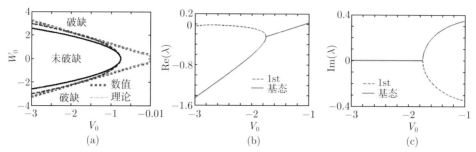

图 10.1 (a) 含有 $\mathcal{PT}$ 对称 Scarf-II 势 (4.2.1) 的线性算子 L (参考方程 (10.2.1)) 的相变曲线. 未破缺 (破缺) 的 $\mathcal{PT}$ 对称相位位于两条对称破缺直线之间的部分 (之外的部分), 其中绿色的点划线表示理论结果, 红色的圆点线代表数值结果. 这里蓝色的虚线抛物线表示 $W_0^2 + 4V_0 + 3 = 0$(下同), 它与两条相位破缺线相切于点 $(V_0, W_0) = (-1.75, \pm 2)$; 黑色的实线抛物线表示 $4W_0^2 + 12V_0 + 9 = 0$(下同), 它与上述虚线抛物线相切于点 $(V_0, W_0) = (-0.75, 0)$. 当 $W_0 = 2$ 时线性问题 (10.2.1) 的前两个特征值 λ 依赖 V_0 的函数图像: (b) 实部, (c) 虚部

10.2.2 非线性模态、稳定性及动力学行为

不失一般性, 在方程 (10.1.8) 中假设 $g = 1$, 可以发现方程 (10.1.8) 的亮孤子解

$$\phi(x) = \sqrt{\frac{2}{3}} \phi_0 \operatorname{sech} x \, \exp[\mathrm{i}\varphi(x)], \tag{10.2.2}$$

其中,

$$\phi_0 = W_0 \pm \sqrt{4W_0^2 + 12V_0 + 9} > 0, \quad 4W_0^2 + 12V_0 + 9 \geqslant 0. \tag{10.2.3}$$

记 "+" 表示 Scarf-II-Case-1, "−" 表示 Scarf-II-Case-2, 传播常数是 $\mu = 0.25$, 非平凡相位为

$$\varphi(x) = -\frac{W_0 + \phi_0}{2} \arctan(\sinh x). \tag{10.2.4}$$

容易知道, 由上面提到的条件 $\phi_0 > 0$ 和 $4W_0^2 + 12V_0 + 9 \geqslant 0$, 可以导出亮孤子解 (10.2.2) 存在的条件, 即对于 Scarf-II-Case-1 情形, 有

$$V_0 > -\frac{1}{4}(W_0^2 + 3), \quad W_0 < 0, \tag{10.2.5a}$$

$$V_0 > -\left(\frac{W_0^2}{3} + \frac{3}{4}\right), \quad W_0 > 0, \tag{10.2.5b}$$

对于 Scarf-II-Case-2 情形, 有

$$-\left(\frac{W_0^2}{3}+\frac{3}{4}\right)\leqslant V_0<-\frac{1}{4}(W_0^2+3),\quad W_0>0. \tag{10.2.6}$$

显然, 非线性局域模态 (10.2.2) 也是 $\mathcal{PT}$ 对称的. 并且, 对于相同的 $\mathcal{PT}$ 对称势,
DNLS 方程的解 (10.2.2) 和 NLS 方程的解 (参见文献 [45, 47–49]) 有着不同的
特性.

从图 10.1(a) 中看出, 除了唯一的切点 $(V_0,W_0)=(-0.75,0)$, 实线的抛物线
$V_0=-(W_0^2/3+0.75)$ 完全包含在虚线的抛物线 $V_0=-0.25(W_0^2+3)$ 中, 这
条虚线的抛物线还与两条线性的 $\mathcal{PT}$ 对称破缺线相切, 两个切点为 $(V_0,W_0)=$
$(-1.75,\pm2)$. 因此, 对于 Scarf-II-Case-1 情形, 亮孤子解 (10.2.2) 的存在区域既包
含整个破缺的 $\mathcal{PT}$ 对称相位区域也包含部分未破缺的 $\mathcal{PT}$ 对称相位区域 (参见
图 10.2(b)). 然而对于 Scarf-II-Case-2 情形, 亮孤子解 (10.2.2) 的存在区域仅位
于两个抛物线之间的上半平面部分, 它完全位于未破缺的线性 $\mathcal{PT}$ 对称相位区域
(参见图 10.3(b)). 此外, 发现势 (4.2.1) 的强度 V_0 和 W_0 不仅可以调节亮孤子
(10.2.2) 的振幅, 还可以控制相应的功率 $P=2\pi\phi_0/3$.

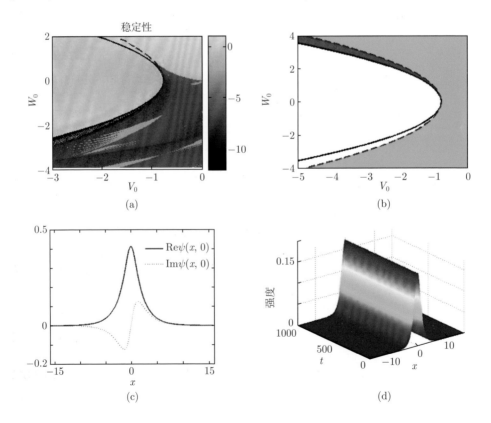

(a)　　　　　　　　　　　　　　　　(b)

(c)　　　　　　　　　　　　　　　　(d)

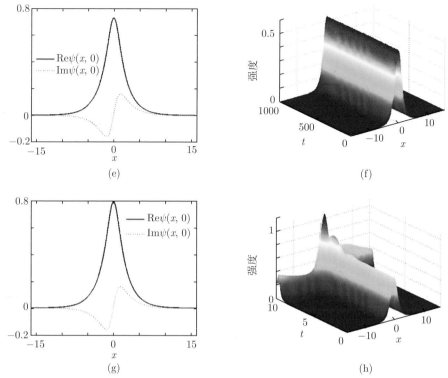

图 10.2   (a) 非线性模态 (10.2.2) 的线性稳定性区域: 较暗的具有较小的颜色值代表稳定的区域, 较亮的具有较大的颜色值代表不稳定的区域. (b) Scarf-II-Case-1 情形孤子解存在的区域, 用红色的和绿色的区域表示. 非线性模态的形貌与演化: (c), (d) $V_0 = -1, W_0 = -1.1$ (未破缺的线性 $\mathcal{PT}$ 对称), (e), (f) $V_0 = -1, W_0 = -1.4$ (破缺的线性 $\mathcal{PT}$ 对称), (g), (h) $V_0 = -1, W_0 = -1.5$ (破缺的线性 $\mathcal{PT}$ 对称)

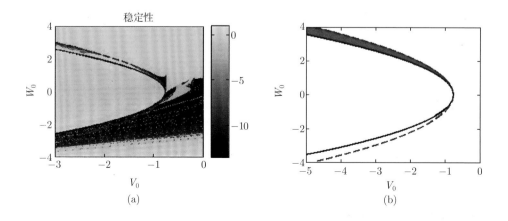

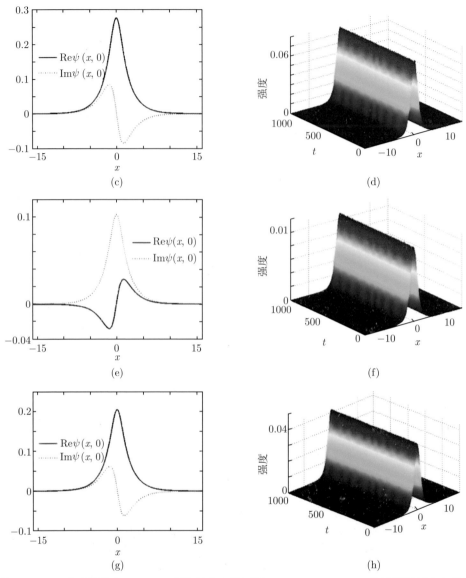

图 10.3　(a) 非线性模态 (10.2.2) 的线性稳定性区域.(b) Scarf-II-Case-2 情形孤子解存在的区域, 仅用红色的区域表示. 非线性模态的形貌与演化: (c), (d) $V_0 = -0.9, W_0 = 0.74$, (e), (f) $V_0 = -0.9, W_0 = 0.78$, (g), (h) $V_0 = -0.91, W_0 = 0.78$, 均属于未破缺的线性 $\mathcal{PT}$ 对称相位

　　稳定性. 下面分 Scarf-II-Case-1 和 Scarf-II-Case-2 两种情况来研究亮孤子解 (10.2.2) 的线性稳定性, 其中模拟光束的传播所用的初始输入为 $\psi(x, t = 0) = \phi(x)(1 + \epsilon)$, 这里 $\phi(x)$ 是一个精确的非线性模态, ϵ 是复值的宽带的随机扰动. 在 MATLAB 中, 2% 白噪声 ϵ 可以使用一个随机矩阵来实现, 例如

$$\epsilon = 0.04[\mathrm{rand}(N,1) - 0.5](1 + \mathrm{i})/\sqrt{2}, \tag{10.2.7}$$

其中, $\mathrm{rand}(N,1)$ 返回一个 $N \times 1$ 数组, 它的元素由开区间 $(0,1)$ 上的伪随机均匀值组成. 图 10.2(a)(对于 Scarf-II-Case-1) 和图 10.3(a)(对于 Scarf-II-Case-2) 分别展示了非线性局域模态 (10.2.2) 的稳定的 (较暗的) 和不稳定的 (明亮的) 区域.

对于 Scarf-II-Case-1, 固定 $V_0 = -1, W_0 = -1.1$, 其属于未破缺的线性 $\mathcal{PT}$ 对称相位的区域 (见图 10.1(a)), 相应的非线性局域模态是稳定的 (参见图 10.2(d)). 如果固定 $V_0 = -1$ 并且改变 $W_0 = -1.4$(实际上它仍然满足 $W_0 \in (-1.25, -1.4]$), 尽管拥有破缺的线性 $\mathcal{PT}$ 对称相位, 但相应的非线性局域模态仍然可以保持稳定 (见图 10.2(f)). 也就是说, 导数非线性可以将破缺的线性 $\mathcal{PT}$ 对称相位调控为未破缺的线性 $\mathcal{PT}$ 对称相位. 如果再减少一点 W_0 到 $W_0 = -1.5$ (属于破缺的线性 $\mathcal{PT}$ 对称相位), 那么相应的非线性模态开始增长变得不稳定 (参见图 10.2(h)).

对于 Scarf-II-Case-2, 亮孤子解 (10.2.2) 只存在于那两条抛物线之间的极窄区域中 (包含在未破缺的 $\mathcal{PT}$ 对称相位区域)(参见图 10.3(b)). 在这个区域里的一点 ($V_0 = -0.9$, $W_0 = 0.74$), 找到了稳定的非线性模态 (图 10.3(d)). 当固定 $V_0 = -0.9$ 并且增加 W_0 到 $W_0 = 0.78$ 时, 方程 (10.2.2) 变为

$$\phi_{\mathrm{in}}(x) = \mathrm{i}a\sqrt{\mathrm{sech}x} \exp[-\mathrm{i}b \arctan(\sinh x)], \tag{10.2.8}$$

其中, $a = 0.1032471136, b = 0.3820050252$. 很容易验证定态函数 $\phi_{\mathrm{in}}(x)$ 不再满足 (10.1.8), 并且它的实部 (虚部) 是奇 (偶) 函数, 这不同于前面的情况. 但通过使用 $\phi_{\mathrm{in}}(x)$ 作为初始条件并附加大约 2% 的噪声扰动来直接演化, 发现它竟然是可以稳定的 (见图 10.3(f)). 当我们固定 $W_0 = 0.78$, 并且逐步地减少到 $V_0 = -0.91$ 时, 这个定态函数又满足方程 (10.1.5), 而且相应的线性 $\mathcal{PT}$ 对称相位是未破缺的, 稳定的非线性局域模态再次出现 (见图 10.3(h)).

孤子间的相互作用. 现在研究在 $\mathcal{PT}$ 对称 Scarf-II 势作用下两个孤立波之间的相互作用. 对于 Scarf-II-Case-1, $V_0 = -1$, $W_0 = -1.1$, 考虑初始条件

$$\psi(x,0) = \phi(x) + \sqrt{\frac{2}{3}}\phi_0 \mathrm{sech}(x+20)\mathrm{e}^{4\mathrm{i}x}, \tag{10.2.9}$$

其中, $\phi(x)$ 由方程 (10.2.2) 决定 (下同). 结果产生了半弹性相互作用, 其中精确的非线性模态在碰撞前后不改变形状, 然而外来入射波变得衰减 (参见图 10.4(a)). 如果 W_0 减少一点到 $W_0 = -1.4$, 考虑初始条件

$$\psi(x,0) = \phi(x) + \sqrt{\frac{2}{3}}\phi_0 \mathrm{sech}(x+40)\mathrm{e}^{10\mathrm{i}x}, \tag{10.2.10}$$

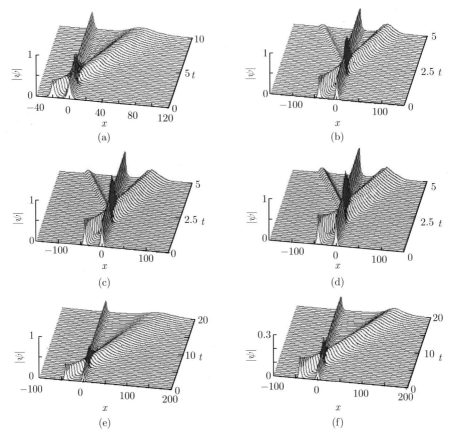

图 10.4　含有 Scarf-II 势 (4.2.1) 的方程 (10.1.5) 中两个孤立波的相互作用. (a) Scarf-II-Case-1 情形下的解 (10.2.2) 与孤立波 $\sqrt{\frac{2}{3}}\phi_0\,\mathrm{sech}(x+20)\mathrm{e}^{4\mathrm{i}x}$, 且 $V_0=-1, W_0=-1.1$. 当 $V_0=-1$ 时, Scarf-II-Case-1 情形下的解 (10.2.2) 与孤立波 $\sqrt{\frac{2}{3}}\phi_0\,\mathrm{sech}(x+40)\mathrm{e}^{10\mathrm{i}x}$: (b) $W_0=-1.2$, (c) $W_0=-1.3$, (d) $W_0=-1.4$. (e) Scarf-II-Case-2 情形下的解 (10.2.2) 与孤立波 $\sqrt{\frac{3}{2}}\phi_0\,\mathrm{sech}(x+40)\mathrm{e}^{4\mathrm{i}x}$, 且 $V_0=-0.9, W_0=0.74$. (f) Scarf-II-Case-2 情形下的解 (10.2.2) 与孤立波 $\sqrt{\frac{3}{2}}\phi_0\,\mathrm{sech}(x+40)\mathrm{e}^{4\mathrm{i}x}$, 且 $V_0=-0.9, W_0=0.78$

那么碰撞中会出现一种新现象, 即当外来入射波与精确孤子解 (10.2.2) 相互作用时存在反射波 (参见图 10.4(d)). 通过反复的数值实验, 我们发现反射波的出现可能与精确孤子和外来入射波同时增加的振幅有关. 当 W_0 从 -1.1 减小到 -1.4 时, 很容易验证精确孤子或外来入射波的振幅 (由 ϕ_0 决定) 增加, 同时反射波开始出现, 然后变得越来越明显 (参见图 10.4(a), (b), (c), (d)). 然而, 精确非线性模态在相互作用前后仍然不改变其形状. 同样, 对于 Scarf-II-Case-2, 先后考虑了参数取

值为 $V_0 = -0.9, W_0 = 0.74$ 和 $V_0 = -0.9, W_0 = 0.78$ 的初始条件

$$\psi(x,0) = \phi(x) + \sqrt{\frac{3}{2}\phi_0}\mathrm{sech}(x+40)\mathrm{e}^{4\mathrm{i}x}, \qquad (10.2.11)$$

类似地可以产生半弹性的相互作用 (参见图 10.4(e), (f)).

为了更深入地理解非线性局域模态 (10.2.2) 的性质, 也考察了它所对应的横截能流 (Poynting 向量)

$$S(x) = \frac{\mathrm{i}}{2}(\psi\psi_x^* - \psi^*\psi_x) = -\frac{1}{3}\phi_0(W_0+\phi_0)\mathrm{sech}^2 x, \qquad (10.2.12)$$

其中, $\phi_0 > 0$. 横向功率流 $S(x)$ 的符号和方向已经在图 10.5 中详细讨论.

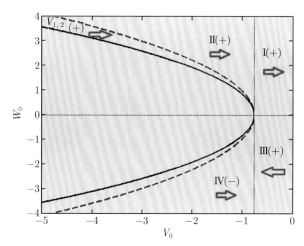

图 10.5 非线性模态 (10.2.2) 的横向功率流 $S(x)$ 的符号和方向. 虚线抛物线为 $W_0^2 + 4V_0 + 3 = 0$, 实线抛物线为 $4W_0^2 + 12V_0 + 9 = 0$, 水平线为 $W_0 = 0$, 垂直线为 $V_0 = -3/4$, 它们将精确的亮孤子解 (10.2.2) 存在的区域划分为六个子区域 (Scarf-II-Case-1 情形为 I, II, III, IV, $V_{1,2}$, Scarf-II-Case-2 情形仅仅为 $V_{1,2}$), 其中 + (−) 代表 $S(x)$ 的正 (负) 号, 红色向右 (蓝色向左) 的箭头表示功率流的方向是从损耗 (增益) 区域流向增益 (损耗) 区域

10.2.3 非线性局域模态的激发

最后, 通过绝热调控势幅度作为时间的函数 $V_0 \to V_0(t)$ 或者 $W_0 \to W_0(t)$, 讨论非线性局域模态的激发[47], 这意味着对 Scarf-II 势参数同时施加绝热开关, 也就是将原方程变为

$$\mathrm{i}\psi_t + \psi_{xx} - [V(x,t) + \mathrm{i}W(x,t)]\psi + \mathrm{i}g(|\psi|^2\psi)_x = 0, \qquad (10.2.13)$$

其中, $V(x,t), W(x,t)$ 由方程 (4.2.1) 给出, 但同时 $V_0 \to V_0(t)$, $W_0 \to W_0(t)$. 这里选择 $V_0(t)$ 和 $W_0(t)$ 为下面的形式

$$\epsilon(t) = \begin{cases} (\epsilon_2 - \epsilon_1)\sin\left(\dfrac{\pi t}{2000}\right) + \epsilon_1, & 0 \leqslant t < 10^3, \\ \epsilon_2, & t \geqslant 10^3 \end{cases} \tag{10.2.14}$$

其中, $\epsilon_{1,2}$ 是实值常数. 很容易验证在作变换 $V_0 \to V_0(t)$ 或者 $W_0 \to W_0(t)$ 之后非线性模态 (10.2.2) 不再满足方程 (10.2.13); 然而对于初始态 $t = 0$ 和激发态 $t \geqslant 10^3$, 非线性模态 (10.2.2) 确实满足 (10.2.13).

对于 Scarf-II-Case-1, 图 10.6(a) 展现了方程 (10.2.13) 的非线性模态 $\psi(x,t)$ 的波传播模式, 其中初值条件由方程 (10.2.2) 和 $W_0 \to W_0(t)$(由方程 (10.2.14) 决定) 给出. 它将一个初始稳定的非线性局域模态 (10.2.2)(其中 $(V_0, W_{01}) = (-1,$

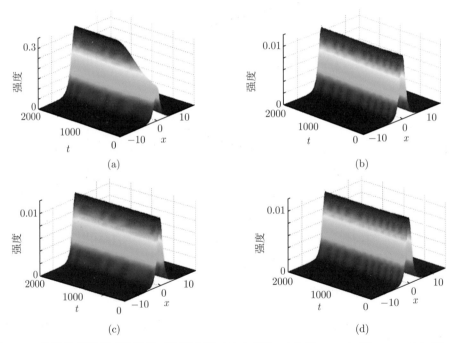

图 10.6　非线性局域模态的激发 (参照方程 (10.2.13)). (a) $V_0 = -1, W_{01} = -1.1, W_{02} = -1.4$, 对于 Scarf-II-Case-1 情形从稳定的非线性模态 (属于未破缺的线性 $\mathcal{PT}$ 对称相位) 激发到另一个稳定的非线性模态 (属于破缺的线性 $\mathcal{PT}$ 对称相位); (b) $V_0 = -0.9, W_{01} = 0.78, W_{02} = 0.74$, (c) $V_{01} = -0.9, V_{02} = -0.91, W_0 = 0.78$, (d) $V_{01} = -0.9, V_{02} = -0.91, W_{01} = 0.78, W_{02} = 0.74$, 对于 Scarf-II-Case-2 情形从稳定的非线性模态激发到另一个稳定的非线性模态, 均属于未破缺的线性 $\mathcal{PT}$ 对称相位

−1.1), 具有未破缺的线性 $\mathcal{PT}$ 对称相位) 激发到另一个稳定的非线性模态 (10.2.2) (其中 $(V_0, W_{02}) = (-1, -1.4)$, 具有破缺的线性 $\mathcal{PT}$ 对称相位). 这也充分表明了亮孤子解 (10.2.2) 具有极强的鲁棒性.

对于 Scarf-II-Case-2, 通过单独或同时调控势幅度 $V_0 \to V_0(t)$ 和 $W_0 \to W_0(t)$ 依次进行三种类型的激发. 类似地, 图 10.6(b) 展现了方程 (10.2.13) 的非线性模态 $\psi(x,t)$ 的波传播, 其中初值条件由方程 (10.2.2) 和 $W_0 \to W_0(t)$ (由方程 (10.2.14) 决定) 给出. 它将一个初始稳定的非线性局域模态 (10.2.2)(其中 $(V_0, W_{01}) = (-0.9, 0.78)$) 激发到另一个稳定的非线性模态 (10.2.2)(其中 $(V_0, W_{02}) = (-0.9, 0.74)$), 这两个态都具有未破缺的线性 $\mathcal{PT}$ 对称相位. 当然, 也可以仅仅通过适当调整 V_0 来达到同样的目的. 图 10.6(c) 显示了方程 (10.2.13) 的非线性模态 $\psi(x,t)$ 的波传播模式, 其中初值条件由方程 (10.2.2) 和 $V_0 \to V_0(t)$ (由方程 (10.2.14) 决定) 给出. 它将一个初始稳定的非线性局域模态 (10.2.2)(其中 $(V_0, W_{01}) = (-0.9, 0.78)$) 激发到另一个稳定的非线性模态 (10.2.2)(其中 $(V_{02}, W_0) = (-0.91, 0.78)$), 这两个态也都具有未破缺的线性 $\mathcal{PT}$ 对称相位.

图 10.6(d) 展示了方程 (10.2.13) 的非线性模态 $\psi(x,t)$ 的波演化, 其中初值条件由方程 (10.2.2) 和 $V_0 \to V_0(t), W_0 \to W_0(t)$ (由方程 (10.2.14) 决定) 给出. 它将一个初始稳定的非线性局域模态 (10.2.2) (其中 $(V_{01}, W_{01}) = (-0.9, 0.78)$) 激发到另一个稳定的模态 (其中 $(V_{02}, W_{02}) = (-0.91, 0.74)$), 这两个态也都具有未破缺的线性 $\mathcal{PT}$ 对称相位.

10.3 $\mathcal{PT}$ 对称调和–厄米–高斯势中的线性和非线性局域模态

接下来考虑 $\mathcal{PT}$ 对称调和–厄米–高斯势

$$V(x) = \omega^2 x^2, \tag{10.3.1}$$

$$W_n(x) = \sigma H_n(\sqrt{\omega}x)[\omega x H_n(\sqrt{\omega}x) - 2n\sqrt{\omega}H_{n-1}(\sqrt{\omega}x)]\mathrm{e}^{-\omega x^2}, \tag{10.3.2}$$

其中, $H_n(x) = (-1)^n \mathrm{e}^{x^2}(\mathrm{d}^n \mathrm{e}^{-x^2})/(\mathrm{d}x^n)$ 表示厄米多项式, n 为非负整数, 且当 $n < 0$ 时 $H_n(x) \equiv 0$; 频率 $\omega > 0$ 和实值常数 $\sigma > 0$ 可以调节 $V(x)$ 和 $W_n(x)$ 的幅度. 对任意非负整数 n, 容易验证这些复势 $V(x) + \mathrm{i}W_n(x)$ 都是 $\mathcal{PT}$ 对称的, 这不同于文献 [47] 中所讨论的. 不失一般性, 下面重点研究 $n = 0, 1, 2$ 时的 $\mathcal{PT}$ 对称势 (10.3.1) 与 (10.3.2).

10.3.1　线性 $\mathcal{PT}$ 对称破缺

在这里我们研究方程 (10.2.1) 中的线性 Schrödinger 算子 L, 其中的 $\mathcal{PT}$ 对称势由 $V(x)$ (10.3.1) 和 $W_{0,1,2}(x)$(10.3.2) 构成. $W_{0,1,2}(x)$ 可以显式地写出为

$$W_0(x) = \sigma\omega x e^{-\omega x^2/2}, \qquad (10.3.3a)$$

$$W_1(x) = 4\sigma\omega x(\omega x^2 - 1)e^{-\omega x^2}, \qquad (10.3.3b)$$

$$W_2(x) = 4\sigma\omega x(4\omega^2 x^4 - 12\omega x^2 + 5)e^{-\omega x^2}. \qquad (10.3.3c)$$

对于 $n = 0, 1, 2$, 图 10.7 在 (ω, σ)-参数空间上给出了未破缺和破缺的线性 $\mathcal{PT}$ 对称相位区域. 随着 n 的增加, 未破缺的线性 $\mathcal{PT}$ 对称相位区域逐渐收缩. 这主要是因为当 n 增大时, 增益–损耗分布 $W_n(x)$ 的幅度也随着增高, 可能容易导致破缺的线性 $\mathcal{PT}$ 对称相位. 对于某个固定的 σ, 也用数值的方式说明了当频率 ω 减小时前六个最低的离散能级的碰撞情况 (参见图 10.7(b)~(g)). 注意, 当 $n = 0$ 时只有前两个最低能级彼此相互作用; 然而随着 n 的增长, 能级的碰撞情况变得越来越复杂.

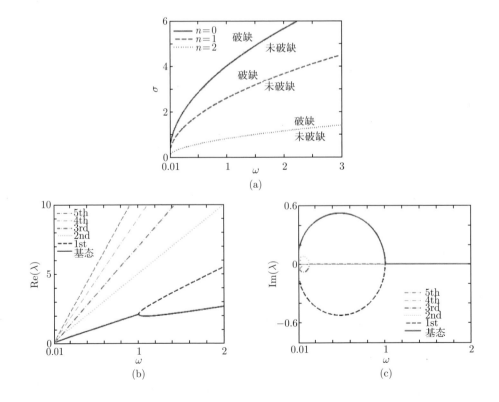

(a)

(b)

(c)

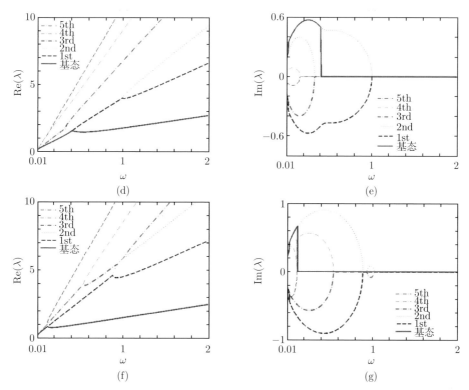

图 10.7　(a) 含有调和外势 (10.3.1) 和增益–损耗分布 (10.3.2) 的线性算子 L (10.2.1) 的相位破缺线. 未破缺 (破缺) 的 $\mathcal{PT}$ 对称相位位于对称破缺曲线之下的部分 (之上的部分), 其中实线表示 $n=0$, 虚线代表 $n=1$, 点线表示 $n=2$. 特征值 λ 随着 ω 的变化图像: (b), (d), (f) 实部, (c), (e), (g) 虚部, 所对应的参数分别为 $\sigma=4$, $n=0$, $\sigma=2.59$, $n=1$, 以及 $\sigma=0.81$, $n=2$. 这三个相变阈值近似都是 $\omega=1$, 与 (a) 中的相位破缺线一致

10.3.2　非线性模态及其稳定性

对于上述的 $\mathcal{PT}$ 对称势 $V(x) + \mathrm{i}W_n(x)$, 发现方程 (10.1.8) 的一族多峰孤子解

$$\phi_n(x) = \sqrt{\sigma} H_n(\sqrt{\omega}x) \mathrm{e}^{-\omega x^2/2} \mathrm{e}^{\mathrm{i}\varphi_n(x)}, \quad \sigma > 0, \tag{10.3.4}$$

其中, 化学势为 $\mu = -\omega(2n+1)$, 相位函数满足

$$\varphi_n(x) = -\sigma \int_0^x H_n^2(\sqrt{\omega}s) \mathrm{e}^{-\omega s^2} \mathrm{d}s. \tag{10.3.5}$$

对于 $n = 0, 1, 2$ 的情况, 首先在 (ω, σ) 参数空间给出了非线性模态 (10.3.4) 的线性稳定性区域 (参见图 10.8(a1), (b1), (c1)). 当 n 增加时, 增益–损耗分布 $W_n(x)$ 的强度也随之增加, 于是线性稳定的区域具有相似的变窄行为 (与上面相

应的未破缺 $\mathcal{PT}$ 对称相位区域类似). 此外, 线性稳定的区域完全包含在对应的未破缺 $\mathcal{PT}$ 对称相位的区域中, 这表明导数非线性项对相应的线性 $\mathcal{PT}$ 对称相位产生了负面影响.

　　现在对 $n = 0, 1, 2$ 的情形分别研究亮孤子解 (10.3.4) 的动力学稳定性, 通过选择一些特定的幅度参数 (ω, σ) 来模拟初始定态解 (10.3.4) 的波演化 (附加 2% 的噪声扰动). 对于 $n = 0$ 和固定的 $\omega = 1$, 将 σ 从非常小的正数 (例如 $\sigma = 0.001$) 调节到 $\sigma = 1.1$, 以执行单峰非线性模态 (10.3.4) 的波演化, 使得我们可以获得稳定的单峰孤子解 (见图 10.8(a2), (a3)). 然而当将 σ 进一步增加到 $\sigma = 1.2$ 时, 单峰非线性模态 (10.3.4) 开始变得极其不稳定 (见图 10.8(a4)). 主要原因是随着 σ 的增加, 增益–损耗分布 $W_n(x)$ 对非线性模态的稳定性有更强的影响. 对于固定的 $\sigma = 0.1$, 仅将 ω 从 1 连续改变到 2, 这样也可以找到一系列稳定的单峰孤子解, 尽管当 ω 接近 2 时演化存在一些小的周期振荡 (见图 10.8(a5)).

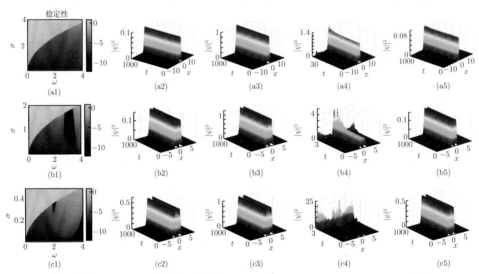

图 10.8　非线性模态 (10.3.4) 的线性稳定性: (a1) $n = 0$, (b1) $n = 1$, (c1) $n = 2$. 单峰 ($n = 0$) 非线性模态 (10.3.4) 的演化: (a2) $\omega = 1$, $\sigma = 0.1$ (稳定的), (a3) $\omega = 1$, $\sigma = 1.1$ (稳定的), (a4) $\omega = 1$, $\sigma = 1.2$ (不稳定的), (a5) $\omega = 2$, $\sigma = 0.1$ (周期振荡的); 双峰 ($n = 1$) 非线性模态 (10.3.4) 的演化: (b2) $\omega = 2$, $\sigma = 0.1$ (稳定的), (b3) $\omega = 2$, $\sigma = 0.8$ (稳定的), (b4) $\omega = 2$, $\sigma = 1$ (不稳定的), (b5) $\omega = 3$, $\sigma = 0.1$ (稳定的); 三峰 ($n = 2$) 非线性模态 (10.3.4) 的演化: (c2) $\omega = 2$, $\sigma = 0.1$ (稳定的), (c3) $\omega = 2$, $\sigma = 0.2$ (稳定的), (c4) $\omega = 2$, $\sigma = 0.3$ (不稳定的), (c5) $\omega = 3$, $\sigma = 0.1$ (稳定的). 注: 上述所有的参数取值均具有未破缺的线性 $\mathcal{PT}$ 对称相位

　　对于 $n = 1$, 固定 $\omega = 2$ 和 $\sigma = 0.1 \to 0.8$, 可以找到一族稳定的双峰孤子解 (10.3.4). 然而当进一步将 σ 从 0.8 增加到 1 时, 双峰非线性模态 (10.3.4) 开始变

得极不稳定 (见图 10.8(b4)). 对于固定的 $\sigma = 0.1$, 将 ω 从 2 连续改变为 3, 这样也可以找到一系列稳定的双峰孤子解 (见图 10.8(b5)). 对于 $n = 2$, 三峰孤子解也有类似的结果 (见图 10.8(c2)~(c5)).

接下来研究 $\mathcal{PT}$ 对称势 $V(x) + \mathrm{i}W_n(x)$ 中亮孤子解 (10.3.4) 的相互作用. 对于 $n = 0$ 和 $\omega = 1, \sigma = 0.1$, 考虑初始条件

$$\psi(x,0) = \phi(x) + 0.8\sqrt{\sigma}\mathrm{e}^{-\omega(x+10)^2/2}\mathrm{e}^{\mathrm{i}\varphi(x)}, \tag{10.3.6}$$

其中, $\phi(x)$ 满足方程 (10.3.4)(下同), 结果可以产生弹性相互作用, 其中精确的单峰非线性模态和外来的周期性入射波在相互作用前后都不会改变它们的形状 (见图 10.9(a)).

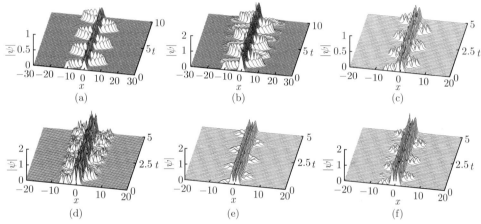

图 10.9 在含有复势 (10.3.1) 和 (10.3.2) 的方程 (10.1.5) 中两个孤立波的相互作用. (a) $n = 0$ 时的解 (10.3.4) 与孤立波 $0.8\sqrt{\sigma}\mathrm{e}^{-\omega(x+10)^2/2}\mathrm{e}^{\mathrm{i}\varphi(x)}$, 其中 $\omega = 1, \sigma = 0.1$; (b) $n = 0$ 时的解 (10.3.4) 与孤立波 $0.5\sqrt{\sigma}\mathrm{e}^{-\omega(x+10)^2/2}\mathrm{e}^{\mathrm{i}\varphi(x)}$, 其中 $\omega = 1, \sigma = 1.1$; (c) $n = 1$ 时的解 (10.3.4) 与孤立波 $\sqrt{\sigma\omega}(x + 5)\mathrm{e}^{-\omega(x+5)^2/2}\mathrm{e}^{\mathrm{i}\varphi(x)}$, 其中 $\omega = 2, \sigma = 0.1$; (d) $n = 1$ 时的解 (10.3.4) 与孤立波 $\sqrt{\sigma\omega}(x + 5)\mathrm{e}^{-\omega(x+5)^2/2}\mathrm{e}^{\mathrm{i}\varphi(x)}$, 其中 $\omega = 2, \sigma = 0.8$; (e) $n = 2$ 时的解 (10.3.4) 与孤立波 $0.5\sqrt{\sigma}\mathrm{e}^{-\omega(x+5)^2/2}\mathrm{e}^{\mathrm{i}\varphi(x)}$, 其中 $\omega = 2, \sigma = 0.1$; (f) $n = 2$ 时的解 (10.3.4) 与孤立波 $\sqrt{\sigma\omega}(x + 5)\mathrm{e}^{-\omega(x+5)^2/2}\mathrm{e}^{\mathrm{i}\varphi(x)}$, 其中 $\omega = 2, \sigma = 0.2$

当 σ 变大到 $\sigma = 1.1$ 时, 考虑初始条件

$$\psi(x,0) = \phi(x) + 0.5\sqrt{\sigma}\mathrm{e}^{-\omega(x+10)^2/2}\mathrm{e}^{\mathrm{i}\varphi(x)}, \tag{10.3.7}$$

则碰撞中会出现一种新现象, 即当外来入射波与精确单峰孤子解 (10.3.4) 相互作用时存在微弱的反射波 (见图 10.9(b)), 这可能与精确单峰孤子增加的振幅或强度有关. 然而, 精确单峰非线性模态在碰撞前后仍然不会改变其形状. 同样对于

$n = 1$, 先后取 $\omega = 2, \sigma = 0.1$ 和 $\omega = 2, \sigma = 0.8$, 并考虑初始条件

$$\psi(x,0) = \phi(x) + \sqrt{\sigma\omega}(x+5)\mathrm{e}^{-\omega(x+5)^2/2}\mathrm{e}^{\mathrm{i}\varphi(x)}, \tag{10.3.8}$$

则可以生成精确双峰非线性模态和外来周期入射波之间的弹性相互作用 (见图 10.9(c), (d)). 对于 $n = 2$, 也可以产生精确三峰非线性模态和外来周期入射波之间的类似的弹性相互作用 (见图 10.9(e), (f)).

此外, 也分析了非线性模态 (10.3.4) 的横截能流

$$S_n(x) = -\sigma^2 H_n^4(\sqrt{\omega}x)\mathrm{e}^{-2\omega x^2},$$

其中, $\omega > 0$ 且 $\sigma > 0$. 注意横向功率流 $S_n(x)$ 的符号对于任何 n 总是保持负定. 对于 $n = 0$, 功率总是沿一个方向流动, 即从增益区域流向损耗区域 (见图 10.10(a)). 然而, 当 $n = 1$ 时横向功率流的方向会变得更为复杂, 也就是说先从增益区域到损耗区域, 然后是从损耗区域到增益区域, 最后再从增益区域到损耗区域 (见图 10.10(b)), 但是总体的方向是从增益区域到损耗区域. 对于 $n = 2$, 有类似的更复杂的结果, 这里不再赘述.

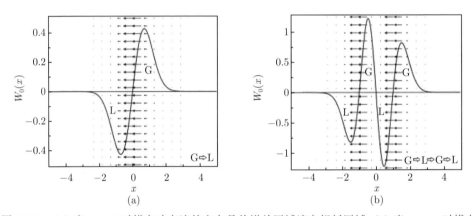

图 10.10　(a) 当 $n = 0$ 时横向功率流的方向是从增益区域流向损耗区域; (b) 当 $n = 1$ 时横向功率流的方向是先从增益区域流向损耗区域, 然后从损耗区域流向增益区域, 最后再从增益区域流向损耗区域. 这里 $W_0(x)$ 仅仅有一个根 $x = 0$, $W_1(x)$ 有三个根 $x = 0, \pm 1$. 向左的箭头以及长度分别表示与非线性模态 (10.3.4) 相关的横向功率流 $S_{0,1}(x)$ 的负方向和强度. G (L) 表示 $W_{0,1}(x)$ 的增益 (损耗) 分布. 其他的参数是 $\omega = \sigma = 1$

10.3.3　非线性模态的激发

最后, 为了研究稳定的非线性模态的激发, 改变势幅度为依赖时间 t 的函数: $\omega \to \omega(t)$ 或 $\sigma \to \sigma(t)$, 这意味着对调和外势 (10.3.1) 和增益–损耗分布 (10.3.2) 施加参数的绝热开关. 这时控制方程为 (10.2.13), 其中 $V(x,t), W(x,t)$ 分别由式

(10.3.1) 和式 (10.3.2) 给出, 并且伴随着 $\omega \to \omega(t)$ 和 $\sigma \to \sigma(t)$. 为了方便, 假设 $\omega(t), \sigma(t)$ 都选取与方程 (10.2.14) 相同的形式. 然后有类似的结果, 当 $\omega \to \omega(t)$ 或者 $\sigma \to \sigma(t)$ 时, 非线性局域模态 (10.3.4) 不再满足方程 (10.2.13), 而对于初始状态 $t = 0$ 和激发态 $t \geqslant 10^3$, 非线性模态 (10.3.4) 确实满足方程 (10.2.13).

对于 $n = 0, 1, 2$, 通过单独调控势幅度 $\omega \to \omega(t)$, $\sigma \to \sigma(t)$ 或两者同时改变来研究三种不同类型的激发. 对于 $n = 0$, 图 10.11(a1) 展示了方程 (10.2.13) 的非线性模态 $\psi(x, t)$ 的传播演化, 其中初值条件由方程 (10.3.4) 和 $\sigma \to \sigma(t)$ 决定. 它可以将一个初始稳定的单峰非线性局域模态 (10.3.4)(其中 $(\omega, \sigma_1) = (1, 0.1)$) 激发到另一个稳定的单峰非线性局域模态 (10.3.4)(其中 $(\omega, \sigma_2) = (1, 1.1)$), 并且这两个参数点都属于未破缺的线性 $\mathcal{PT}$ 对称相位 (下同). 图 10.11(a2) 显示了方程 (10.2.13) 的非线性模态 $\psi(x, t)$ 的传播演化, 其中初值条件由方程 (10.3.4) 和 $\omega \to \omega(t)$ 决定, 它将一个初始稳定的单峰非线性局域模态 (10.3.4)(其中 $(\omega, \sigma_1) =$

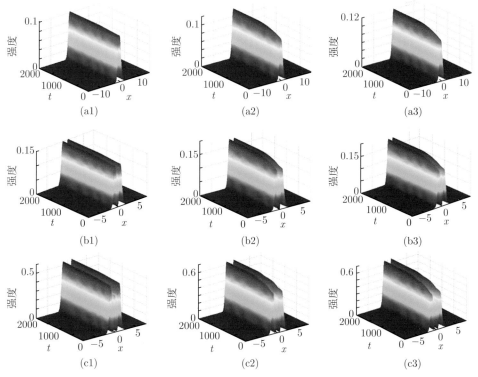

图 10.11　稳定的非线性局域模态的激发 (参照方程 (10.2.13)). 当 $n = 0$ 时: (a1) $\omega = 1, \sigma_1 = 0.1, \sigma_2 = 1.1$, (a2) $\omega_1 = 1, \omega_2 = 2, \sigma = 0.1$, (a3) $\omega_1 = 1, \omega_2 = 2, \sigma_1 = 0.1, \sigma_2 = 1.1$; 当 $n = 1$ 时: (b1) $\omega = 2, \sigma_1 = 0.1, \sigma_2 = 0.8$, (b2) $\omega_1 = 2, \omega_2 = 3, \sigma = 0.1$, (b3) $\omega_1 = 2, \omega_2 = 3, \sigma_1 = 0.1, \sigma_2 = 0.8$; 当 $n = 2$ 时: (c1) $\omega = 2, \sigma_1 = 0.1, \sigma_2 = 0.2$, (c2) $\omega_1 = 2, \omega_2 = 3, \sigma = 0.1$, (c3) $\omega_1 = 2, \omega_2 = 3, \sigma_1 = 0.1, \sigma_2 = 0.2$

$(1, 0.1))$ 激发到另一个稳定的单峰非线性局域模态 $(10.3.4)$(其中 $(\omega_2, \sigma) = (2, 0.1))$. 图 10.11(a3) 展现了方程 (10.2.13) 的非线性模态 $\psi(x, t)$ 的传播演化, 其中初值条件由方程 (10.3.4), 以及 $\omega \to \omega(t)$ 和 $\sigma \to \sigma(t)$ 同时决定. 它也可以将一个初始稳定的单峰非线性局域模态 $(10.3.4)$(其中 $(\omega, \sigma_1) = (1, 0.1))$ 激发到另一个稳定的单峰非线性局域模态 $(10.3.4)$ (其中 $(\omega_2, \sigma_2) = (2, 1.1))$.

　　类似地, 对于 $n = 1$, 可以分别激发一个稳定的双峰非线性局域模态 $(10.3.4)$ (其中 $(\omega, \sigma) = (2, 0.1))$ 到另一个稳定的双峰非线性局域模态 $(10.3.4)$(其中 (ω, σ) $= (2, 0.8)$, $(\omega, \sigma) = (3, 0.1)$, 以及 $(\omega, \sigma) = (3, 0.8))$ (见图 10.11(b1), (b2), (b3)). 对于 $n = 2$, 可以分别激发一个稳定的三峰非线性局域模态 $(10.3.4)$(其中 $(\omega, \sigma) =$ $(2, 0.1))$ 到另一个稳定的三峰非线性局域模态 $(10.3.4)$(其中 $(\omega, \sigma) = (2, 0.2)$, $(\omega, \sigma) = (3, 0.1)$, 以及 $(\omega, \sigma) = (3, 0.2))$ (见图 10.11(c1), (c2), (c3)). 这些稳定的激发也表明亮孤子解 (10.3.4) 具有极强的鲁棒性.

第 11 章　含 $\mathcal{PT}$ 对称势的三阶非线性 Schrödinger 方程

本章主要基于带三阶色散的非线性 Schrödinger 方程, 在若干物理上相关的复值 $\mathcal{PT}$ 对称势下 (例如 $\mathcal{PT}$ 对称类 Scarf-Ⅱ 势和调和–高斯势), 构造出存在的精确孤子解族并讨论它们的稳定性. 即使相应的线性 $\mathcal{PT}$ 对称相位是破缺的, 我们也能找到稳定的非线性模态. 此外, 我们还使用控制参数的绝热变化来激发由精确孤子解决定的初始模态, 以达到另一个稳定的非线性模态. 在非线性光纤光学及其他物理相关领域中, 该结果可能在三阶色散和 $\mathcal{PT}$ 对称势情况下预测孤子动力学现象 (见文献 [376]).

11.1　含类 Scarf-Ⅱ 势的三阶非线性 Schrödinger 方程

在超短光脉冲 (例如 100fs[68]) 传播的研究中, 高阶色散和非线性效应变得十分重要, 例如三阶色散 (TOD)、自陡峭 (SS) 以及由受激拉曼散射引起的自频移 (SFS) 效应. 三阶非线性 Schrödinger 方程是从麦克斯韦方程[140,396] 引入的. 在增益–损耗项中具有调控系数的广义三阶非线性 Schrödinger 方程已经被验证存在光怪波[397]. 最近, 仅带有三阶色散项的非线性 Schrödinger 方程从数值上证明了孤子与色散波之间碰撞的光谱特征的实验观察. 然而据我们所知, 在三阶非线性 Schrödinger 方程中 $\mathcal{PT}$ 对称的线性和非线性模态还没有被研究过. 本节研究带有 $\mathcal{PT}$ 对称势的三阶非线性 Schrödinger 方程[398–400]

$$\mathrm{i}\frac{\partial \psi}{\partial z} = -\frac{1}{2}\frac{\partial^2 \psi}{\partial x^2} - \mathrm{i}\frac{\beta}{6}\frac{\partial^3 \psi}{\partial x^3} + [V(x) + \mathrm{i}W(x)]\psi - g|\psi|^2\psi, \qquad (11.1.1)$$

其中, 拉曼效应、非线性色散项 (如自陡峭效应和自频移效应) 以及高阶色散项已被忽略[140,396,401,402], $\psi \equiv \psi(x,z)$ 是 x, z 的复值波函数, x 表示横截坐标, z 表示传播距离, 实参数 β 代表 TOD 系数, $\mathcal{PT}$ 对称势要求 $V(x) = V(-x)$ 且 $W(x) = -W(-x)$, 它们分别用来描述波导的折射率和增益–损耗分布, $g > 0$(或 < 0) 是实值的非均匀的自聚焦 (或自散焦) 非线性系数. 我们容易推导出功率随传播距离的演化为 $P_z = 2\displaystyle\int_{-\infty}^{+\infty} W(x)|\psi(x,z)|^2\mathrm{d}x$. 在没有增益–损耗分布的情况下, 方程 (11.1.1) 变成通常的高阶 NLS 方程[399]. 当 $\beta = 0$ 时, 方程 (11.1.1) 变为

$\mathcal{PT}$ 对称 NLS 模型, 它已经被广泛研究. 下面考虑含有 TOD 项 $(\beta \neq 0)$ 以及增益– 损耗分布的情况.

11.1.1　线性谱问题

考虑如下的 $\mathcal{PT}$ 对称类 Scarf-II 势

$$V(x) = V_0 \operatorname{sech}^2 x, \qquad W(x) = \beta \operatorname{sech}^2 x \tanh x, \tag{11.1.2}$$

其中, 实值常数 V_0 和 TOD 参数 β 可以分别用来调控无反射外势 $V(x)$ 和增益– 损耗分布 $W(x)$ 的幅度[344]. 此外, $V(x)$ 和 $W(x)$ 都是有界的 (即 $0 < |V(x)| \leqslant |V_0|, |W(x)| \leqslant 2\sqrt{3}|\beta|/9$), 这里 $W(x) = \beta V_0^{-2} V(x)\sqrt{V_0^2 - V^2(x)}$. 且当 $|x| \to \infty$ 时, $V(x), W(x) \to 0$ (见图 11.1(a)). 容易看出它的增益–损耗分布总是平衡的, 因为 $\displaystyle\int_{-\infty}^{+\infty} W(x)\mathrm{d}x = 0$, 并且对线性和非线性模态仅有有限的影响, 因为当 $|x| > M > 0(M$为某一较大的数) 时, $W(x) \sim 0$. 势 (11.1.2) 和 Scarf-II 势 (4.2.1) 之间唯一的区别在于方程 (11.1.2) 中的增益–损耗分布在相同的幅度下将更快地逼近于零.

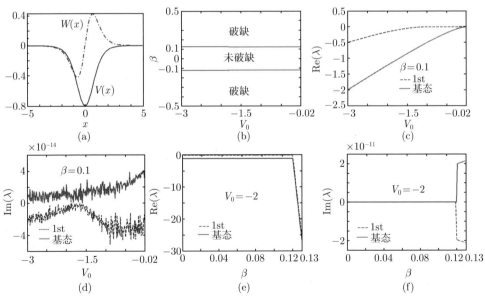

图 11.1　线性谱问题.(a) $\mathcal{PT}$ 对称类 Scarf-II 势 (11.1.2), 其中 $V_0 = -0.8, \beta = 1$; (b) 含有 $\mathcal{PT}$ 对称类 Scarf-II 势 (11.1.2) 的线性算子 L (参考方程 (11.1.3)) 的相变曲线. 未破缺 (破缺) 的 $\mathcal{PT}$ 对称相位位于两条对称破缺直线之间的部分 (之外的部分). 当 $\beta = 0.1$ 时线性问题 (11.1.3) 的前两个特征值 λ 依赖 V_0 的函数图像: (c) 实部, (d) 虚部. 当 $V_0 = -2$ 时线性问题 (11.1.3) 的前两个特征值 λ 依赖 β 的函数图像: (e) 实部, (f) 虚部

首先, 考虑方程 (11.1.1) 在 $\mathcal{PT}$ 对称类 Scarf-Ⅱ 势 (11.1.2) 的线性谱问题 ($g = 0$), 用定态解变换 $\psi(x, z) = \Phi(x)\mathrm{e}^{-\mathrm{i}\lambda z}$ 可以得到

$$L\Phi(x) = \lambda\Phi(x), \qquad L = -\frac{1}{2}\frac{\mathrm{d}^2}{\mathrm{d}x^2} - \mathrm{i}\frac{\beta}{6}\frac{\mathrm{d}^3}{\mathrm{d}x^3} + V(x) + \mathrm{i}W(x), \qquad (11.1.3)$$

其中, λ 和 $\Phi(x)$ 分别是相应的特征值和特征函数, 并且 $\lim_{|x|\to\infty}\Phi(x) = 0$.

在这里我们考虑 $V_0 < 0$ 使得势 $V(x)$ 的形状是 V 型的, 并且具有零边界条件 (见图 11.1(a)). 我们从数值上研究了算子 L 的离散谱. 图 11.1(b) 展示了在 (V_0, β) 参数空间破缺和未破缺的 $\mathcal{PT}$ 对称相位区域. 两条几乎平行的直线 ($\beta \approx \pm0.12$) 之间的部分将未破缺的 $\mathcal{PT}$ 对称区域从有限空间 $\{(V_0, \beta)| -0.02 \leqslant V_0 \leqslant -3, |\beta| \leqslant 0.5\}$ 中分离出来. 对于给定的 TOD 参数 $\beta = 0.1$, 并改变 V_0, 源自最低的两个能态的自发对称破缺从未出现, 由于 $\max(|\mathrm{Im}(\lambda)|) \leqslant 6 \times 10^{-14}$, 因而特征值的虚部可以忽略不计, 即使得特征值总是保持为实数 (见图 11.1(c), (d)). 然而对于给定的 $V_0 = -2$, 并改变 β, 源于最低的两个能态的自发对称破缺从约 $\beta = 0.12$ 开始出现 (见图 11.1(e), (f)).

11.1.2 非线性局域模态与稳定性

对于给定的 $\mathcal{PT}$ 对称类 Scarf-Ⅱ 势 (11.1.2), 可以获得方程 (11.1.1) 在自聚焦和自散焦情形下的统一的亮孤子解

$$\psi(x, z) = \sqrt{\frac{V_0 - \kappa\beta + 1}{g}}\,\mathrm{sech}(x)\mathrm{e}^{\mathrm{i}\kappa x - \mathrm{i}\mu z}, \qquad (11.1.4)$$

其中的相位波数是由 TOD 系数所定义

$$\kappa = \frac{1 + \nu\sqrt{1 + \beta^2/3}}{\beta}, \quad \nu = \pm1, \qquad (11.1.5)$$

传播常数为 $\mu = (3\kappa^2 + 3\beta\kappa - \beta\kappa^3 - 3)/6$, 以及孤子解存在的条件为

$$g(V_0 - \kappa\beta + 1) > 0. \qquad (11.1.6)$$

对于参数 ν 和非线性系数 g 的符号, 亮孤子解 (11.1.4) 存在的条件分四种情况 ($\alpha = \sqrt{1 + \beta^2/3}$):

(i) $\nu = -g = -1$ 且 $V_0 > -\alpha$ (即在 (V_0, β) 空间内双曲线 $V_0 = -\alpha$ 右侧的区域);

(ii) $\nu = g = -1$ 且 $V_0 < -\alpha$ (即在 (V_0, β) 空间内双曲线 $V_0 = -\alpha$ 左侧的区域);

(iii) $\nu = g = 1$ 且 $V_0 > \alpha$ (即在 (V_0, β) 空间内双曲线 $V_0 = \alpha$ 右侧的区域);

(iv) $\nu = -g = 1$ 且 $V_0 < \alpha$ (即在 (V_0, β) 空间内双曲线 $V_0 = \alpha$ 左侧的区域).

更重要的是, 在上述精确解存在的四个区域内, 通过线性稳定性分析及数值传播模拟, 我们都找到了稳定的孤子解, 即使相应的参数可能属于破缺的 $\mathcal{PT}$ 对称相位 (参见图 11.2). 此外, 也可以在方程 (11.1.1) 中通过缓慢改变 TOD 控制参数 $\beta \to \beta(z)$, 将非精确解激发到方程 (11.1.1) 的精确的稳定的非线性模态.

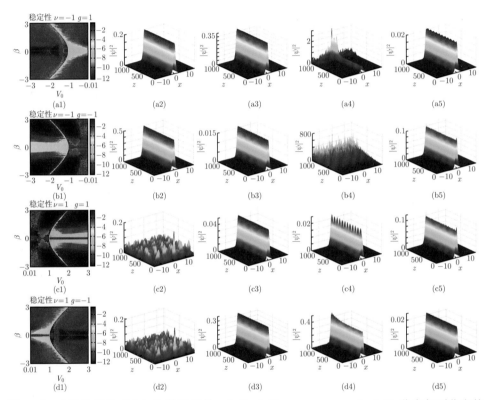

图 11.2　非线性模态 (11.1.4) 的稳定性. (a1)~(a5) $\nu = -g = -1$, (a1) 稳定与不稳定的区域, (a2) $V_0 = -0.8$, $\beta = 0.1$ (稳定的), (a3) $V_0 = -0.8$, $\beta = 1.1$ (稳定的), (a4) $V_0 = -0.8$, $\beta = 1.5$ (不稳定的), (a5) $V_0 = -1.1$, $\beta = 0.7$ (周期变化的); (b1)~(b5) $\nu = g = -1$, (b2) $V_0 = -1.5$, $\beta = 0.1$ (稳定的), (b3) $V_0 = -1.5$, $\beta = 1.9$ (稳定的), (b4) $V_0 = -1.5$, $\beta = 2$ (不稳定的), (b5) $V_0 = -0.9$, $\beta = 0.2$ (稳定的); (c1)~(c5) $\nu = g = 1$, (c2) $V_0 = 1.2$, $\beta = 0.1$ (不稳定的), (c3) $V_0 = 1.2$, $\beta = 1$ (稳定的), (c4) $V_0 = 1.2$, $\beta = 1.2$ (周期变化的), (c5) $V_0 = 0.9$, $\beta = 0.2$ (稳定的); (d1)~(d5) $\nu = -g = 1$, (d2) $V_0 = 0.8$, $\beta = 0.1$ (不稳定的), (d3) $V_0 = 0.8$, $\beta = 1$ (稳定的), (d4) $V_0 = 0.8$, $\beta = 1.1$ (不稳定的), (d5) $V_0 = 1.1$, $\beta = 0.7$ (稳定的)

最后, 考察非线性模态的横向功率流

$$S = \frac{\mathrm{i}}{2}(\psi\psi_x^* - \psi^*\psi_x) = \kappa g^{-1}(V_0 - \kappa\beta + 1)\operatorname{sech}^2 x, \tag{11.1.7}$$

且 $g(V_0 - \kappa\beta + 1) > 0$. 这里仅考虑 $\beta > 0$ 的情形 ($\beta < 0$ 的情形可进行相似的讨论). 对于 $\nu = 1$ (或者 -1), 有 $S > 0$ (或者 < 0), 它意味着参数 ν 可以改变功率的流向从增益区域到损耗区域 (或从损耗区域到增益区域), 也可以算出孤子解 (11.1.4) 的功率为

$$P(z) = \int_{-\infty}^{+\infty} |\psi(x,z)|^2 \mathrm{d}x = 2g^{-1}(V_0 - \kappa\beta + 1).$$

11.2 含 $\mathcal{PT}$ 对称调和–高斯势与空间变系数 三阶色散的模型

本节讨论方程 (11.1.1) 的推广形式, 即 TOD 系数依赖于空间位置: $\beta \to \beta(x)$, 于是原方程变为

$$\mathrm{i}\frac{\partial\psi}{\partial z} = -\frac{1}{2}\frac{\partial^2\psi}{\partial x^2} - \mathrm{i}\frac{\beta(x)}{6}\frac{\partial^3\psi}{\partial x^3} + [V(x) + \mathrm{i}W(x)]\psi - g|\psi|^2\psi, \tag{11.2.1}$$

这里取 TOD 系数 $\beta(x)$ 为高斯函数

$$\beta(x) = \beta_0 \mathrm{e}^{-x^2}, \tag{11.2.2}$$

其中, $\beta_0 \neq 0$ 是实值振幅, 并且 $\mathcal{PT}$ 对称调和–高斯势取为

$$\begin{aligned}
V(x) &= \frac{1}{2}x^2 + \beta\gamma(36\gamma^2 - 7x^2 + 4), \\
W(x) &= \frac{1}{6}(3x - x^3)\beta + 9x\gamma(4\beta\gamma - 1),
\end{aligned} \tag{11.2.3}$$

其中, $\beta = \beta(x)$ 由方程 (11.2.2) 确定, $\gamma = \sigma\mathrm{e}^{-x^2/2}$, $\sigma \neq 0$ 是实常数. 其实也可以考虑一般情况 $\beta(x)$. 易知当 $|x| \to \infty$ 时, 势 $V(x)$ 接近调和势 $x^2/2$, 并且 $W(x) \to 0$ (见图 11.4(b), (d)).

对于给定的 $\mathcal{PT}$ 对称调和–高斯势 (11.2.3), 研究了线性问题 (11.1.3) 的离散谱, 给出了破缺与未破缺 $\mathcal{PT}$ 对称相位的参数区域 (参见图 11.3(a)). 当 $|\sigma| > 0.16$ 时, 仅当 β_0 非常接近零时才能找到离散谱 (在这里限定 $|\beta_0| \leqslant 0.3$). 对于给定的 TOD 系数强度 $\beta_0 = 0.1$, 描绘出了最低能态的六个能量谱 (见图 11.3(b), (c)), 容易看出自发对称破缺的出现主要取决于最低的两个能态.

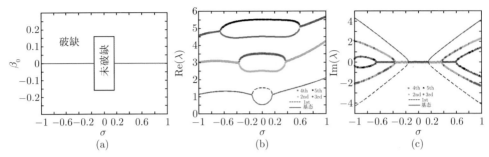

图 11.3　线性谱问题.(a) 含有 $\mathcal{PT}$ 对称调和–高斯势 (11.2.3) 的线性算子 L (参考方程 (11.1.3)) 的相变曲线. 未破缺 (破缺) 的 $\mathcal{PT}$ 对称相位在 (σ, β_0) 参数空间位于对称破缺线 (近似矩形) 之内的部分 (之外的部分). 当 $\beta_0 = 0.1$ 时线性问题 (11.1.3) 的前两个特征值 λ 依赖 σ 的函数图像: (b) 实部, (c) 虚部

在 $\mathcal{PT}$ 对称调和–高斯势 (11.2.3) 下, 即使带有高斯型的 TOD 系数, 也得到了方程 (11.2.1) 的精确孤子解

$$\psi(x, z) = 3\sigma\sqrt{\frac{2}{g}} \exp(-x^2/2)\mathrm{e}^{-\mathrm{i}z/2 + 3\mathrm{i}\sigma\sqrt{2\pi}\,\mathrm{erf}(x/\sqrt{2})}, \qquad (11.2.4)$$

其中, $g > 0$, $\mathrm{erf}(\cdot)$ 是误差函数. 不失一般性, 在下文中取 $g = 1$.

孤子解 (11.2.4) 的线性稳定性见图 11.4(a), 于是孤子解 (11.2.4) 可能在 $\sigma = 0$ 附近是稳定的. 因此对于 $\sigma = \beta_0 = 0.1$, 这时相应的实值外势几乎变成了调和势 $x^2/2$ (参见图 11.4(b)), 能够搜索到稳定的非线性局域模态 (见图 11.4(c)). 而当 $\sigma = 0.2$, $\beta_0 = 0.35$ 时, 实值外势变成双势阱 (参见图 11.4(d)), 这时也能够获得稳定的非线性局域模态 (参见图 11.4(e)). 此外, 还可以通过对参数 β_0 或者 σ 实施绝热激发来获得稳定的孤子解.

非线性模态 (11.2.4) 的横向功率流为

$$S = \frac{\mathrm{i}}{2}(\psi\psi_x^* - \psi^*\psi_x) = \frac{108\sigma^3}{g}\,\mathrm{e}^{-\frac{3}{2}x^2}, \qquad (11.2.5)$$

由于 $g > 0$, 于是它暗含着 $\mathrm{sgn}(S) = \mathrm{sgn}(\sigma)$. 由于方程 (11.2.3) 给出的增益–损耗分布 $W(x)$ 依赖于 TOD 参数 β_0 和 σ, 它们将增益–损耗分布 $W(x)$ 分割成了许多小的增益–损耗区间, 因此尽管当 $\sigma > 0$ (< 0) 时功率流沿着 x 轴的正 (负) 方向, 但是从增益与损耗的观点来看功率的流向具有十分复杂的结构.

此外, 对于上述两个模型 (常系数和空间变系数三阶色散模型), 也讨论了相应精确非线性模态与外来孤立波之间的相互作用, 以及非线性局域模态的稳定激发, 详细的研究结果参见文献 [376].

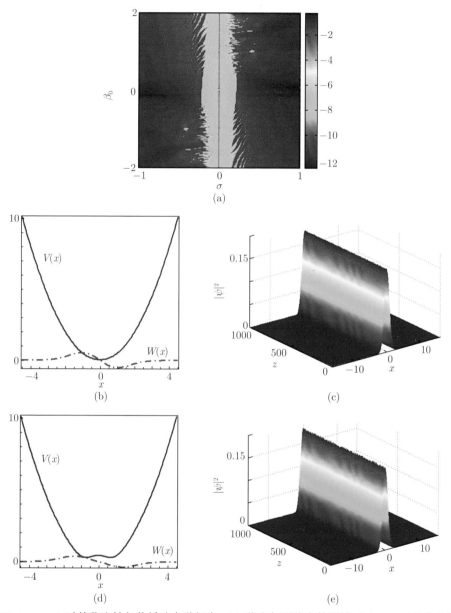

图 11.4 $g = 1$ 时的稳定性与传播动力学行为. (a) 稳定与不稳定的区域; (b) $\mathcal{PT}$ 对称单势阱, 其中 $\sigma = \beta_0 = 0.1$; (c) 稳定的非线性模态, 其中 $\sigma = \beta_0 = 0.1$ (线性未破缺的 $\mathcal{PT}$ 对称相位); (d) $\mathcal{PT}$ 对称双势阱, 其中 $\sigma = 0.1$, $\beta_0 = 1$; (e) 稳定的非线性模态, 其中 $\sigma = 0.1$, $\beta_0 = 1$ (线性破缺的 $\mathcal{PT}$ 对称相位)

第 12 章　含近 $\mathcal{PT}$ 对称势的 Ginzburg-Landau 方程

本章考虑三次复 Ginzburg-Landau(CGL) 方程在近 $\mathcal{PT}$ 对称势作用下孤子解及其稳定性. 另外, 还考虑了含 $\mathcal{PT}$ 对称势的 Hamilton 算子实谱的参数分布情况 (见文献 [403]).

12.1　Ginzburg-Landau 方程

三次复 Ginzburg-Landau(CGL) 方程[404] 为

$$iA_z + (\alpha_1 + i\alpha_2)A_{xx} + i\gamma A + (\beta_1 + i\beta_2)|A|^2 A = 0, \tag{12.1.1}$$

其中, $A = A(x,z)$ 是复场, $\alpha_{1,2}$, $\beta_{1,2}$ 和 γ 为实数. 该方程是重要的物理模型之一, 其出现在很多物理领域, 如超流、超导、等离子体物理、反应扩散系统、量子场论、玻色–爱因斯坦凝聚态以及液晶等[404-406]. CGL 方程可看成保守非线性 Schrödinger 方程的色散拓展. CGL 方程在非线性光学中具有各种应用[185,407-412], 如多峰孤子[413]、爆炸孤子[414,415]、脉动孤子[416]、混沌孤子[417]、涡旋解[418]、三维时空光孤子[411,419,420]、线性孤子 (accessible solitons)[421] 以及晶格孤子[184,220].

12.2　近 $\mathcal{PT}$ 对称非线性物理模型

当含白噪声的光脉冲通过平板波导时, 导致上部分能量增益而下部分能量损耗 (见图 12.1). 可猜测当增益–损耗不平衡时该脉冲是不稳定的. 但即使复折射率分布是非 $\mathcal{PT}$ 对称的, 那样的系统可能拥有稳定的 $\mathcal{PT}$ 对称孤子. 为了证实该想法, 考虑如下系统[220,412]

$$iA_z + (\alpha_1 + i\alpha_2)A_{xx} + [V(x) + iW(x)]A + (\beta_1 + i\beta_2)|A|^2 A = 0, \tag{12.2.1}$$

其中, $A \equiv A(x,z)$ 为复光场, z 为传播距离, x 为空间坐标. 衍射系数 α_1 和 Kerr 非线性系数 β_1 固定为 $\alpha_1 = \beta_1 = 1$, 实参数 α_2 用于描述光谱滤波或线性抛物损耗 ($\alpha_2 > 0$), 实常数 β_2 表示非线性增益/损耗过程. 不同于通常的 GL 方程[413-417,422], 这里引入复势 $V(x) + iW(x)$.

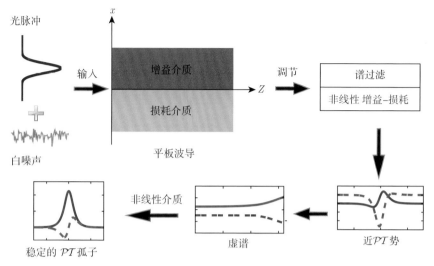

图 12.1　方程 (12.2.1) 的实验设计框架

12.3　定态解和线性稳定性理论

方程 (12.2.1) 的定态解为 $A(x, z) = \phi(x)\mathrm{e}^{\mathrm{i}qz}$, 其中 q 是传播实常数, $\phi(x) \in C[x]$ 且要求 $\lim_{|x|\to\infty} \phi(x) = 0$. 那么 $\phi(x) \in C[x]$ 满足如下方程

$$\left[(\alpha_1 + \mathrm{i}\alpha_2)\frac{\mathrm{d}^2}{\mathrm{d}x^2} + V(x) + \mathrm{i}W(x) + (\beta_1 + \mathrm{i}\beta_2)|\phi|^2\right]\phi = q\phi. \qquad (12.3.1)$$

为了研究定态解 $\phi(x)\mathrm{e}^{\mathrm{i}qz}$ 线性稳定性, 考虑摄动解

$$A(x, z) = \{\phi(x) + \epsilon[f(x)\mathrm{e}^{\delta z} + g^*(x)\mathrm{e}^{\delta^* z}]\}\mathrm{e}^{\mathrm{i}qz}, \qquad (12.3.2)$$

其中, $|\epsilon| \ll 1$, $f(x)$ 和 $g(x)$ 为摄动特征函数, δ 为摄动变化率. 将式 (12.3.2) 代入式 (12.2.1) 且选择 ϵ 的线性项可得

$$\mathrm{i}\begin{bmatrix} \hat{L}_1 & \hat{L}_2 \\ -\hat{L}_2^* & -\hat{L}_1^* \end{bmatrix}\begin{bmatrix} f(x) \\ g(x) \end{bmatrix} = \delta\begin{bmatrix} f(x) \\ g(x) \end{bmatrix}, \qquad (12.3.3)$$

其中,

$$\hat{L}_1 = (\alpha_1 + \mathrm{i}\alpha_2)\partial_x^2 + V(x) + \mathrm{i}W(x) + 2(\beta_1 + \mathrm{i}\beta_2)|\phi|^2 - q, \quad \hat{L}_2 = (\beta_1 + \mathrm{i}\beta_2)\phi^2. \qquad (12.3.4)$$

若 δ 具有正实部, 则该定态解是不稳定的, 否则是线性稳定的.

12.4　近 $\mathcal{PT}$ 对称 Scarf-II 势和线性谱问题

下面考虑近 $\mathcal{PT}$ 对称 Scarf-II 势

$$V(x) = V_0 \operatorname{sech}^2(x) - \frac{\alpha_2}{\alpha_1} W_0 \operatorname{sech}(x) \tanh(x),$$

$$W(x) = W_0 \operatorname{sech}(x) \tanh(x) + W_1 \operatorname{sech}^2(x) - \alpha_2, \tag{12.4.1}$$

其中, $W_1 = (\alpha_2 - \alpha_1 \beta_2/\beta_1)[2 + W_0^2/(9\alpha_1^2)] + V_0 \beta_2/\beta_1$, 实参数 V_0 和 W_0 可分别调控复势实部和虚部的强度. 若 $\alpha_2 = \beta_2 = 0$, 该势为 $\mathcal{PT}$ 对称 Scarf-II 势, 同时方程 (12.2.1) 变为已知 $\mathcal{PT}$ 对称 NLS 方程. 但当 α_2 或 β_2 不为零且在零点附近变化时, 该势并不是 $\mathcal{PT}$ 对称的, 称其为近 $\mathcal{PT}$ 对称的.

考虑含近 $\mathcal{PT}$ 对称势 (12.4.1) 的线性谱问题

$$L\Phi(x) = \lambda \Phi(x), \qquad L = -(\alpha_1 + \mathrm{i}\alpha_2)\partial_x^2 + V(x) + \mathrm{i}W(x), \tag{12.4.2}$$

其中, λ 和 $\Phi(x)$ 表示特征值和特征函数. 数值表明, 当 $\alpha_2^2 + \beta_2^2 \neq 0$ 时 (即 L 为近 $\mathcal{PT}$ 对称的), 在 (V_0, W_0) 空间中相位未破缺区域几乎不存在. 但是当 $(\alpha_2, \beta_2) = (0, 0)$ 时 (即 L 为 $\mathcal{PT}$ 对称的) 时, 很容易在 (V_0, W_0) 空间中找到相位未破缺区域. 该结果表明 $\mathcal{PT}$ 对称性在非厄米 Hamilton 算子拥有实谱中具有重要的作用. 例如取 $V_0 = 1$, 考虑线性谱问题 (12.4.2). 图 12.2(a1), (a2) 展示了近 $\mathcal{PT}$ 对称 Scarf-II

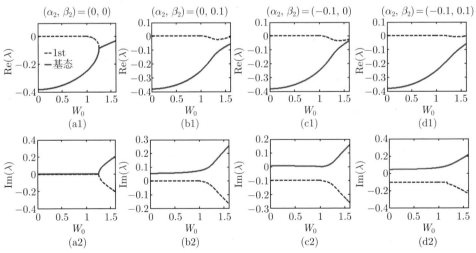

图 12.2　含近 $\mathcal{PT}$ 对称势 (12.4.1) 的线性谱问题 (12.4.2) 前两个低能级的实部和虚部随参数 W_0 的变化, 其中 $V_0 = 1$. (a1), (a2) $(\alpha_2, \beta_2) = (0, 0)$, (b1), (b2) $(\alpha_2, \beta_2) = (0, 0.1)$, (c1), (c2) $(\alpha_2, \beta_2) = (-0.1, 0)$, (d1), (d2) $(\alpha_2, \beta_2) = (-0.1, 0.1)$

势下的特征值的实部和虚部随 W_0 的变化, 其中 $W_0 = 1.25$ 为相变点. 然而若干 α_2 或 β_2 不为零, 则特征值中至少有一个非零虚部 (见图 12.2).

12.4.1 孤子解和动力学性质

下面讨论在近 $\mathcal{PT}$ 对称势 (12.4.1) 作用下方程 (12.3.1) 的定态孤子

$$\phi(x) = \sqrt{\frac{\alpha_1[2 + W_0^2/(9\alpha_1^2)] - V_0}{\beta_1}} \operatorname{sech} x \exp\left[\frac{\mathrm{i}W_0}{3\alpha_1}\arctan(\sinh x)\right], \quad q = \alpha_1.$$
(12.4.3)

很显然该孤子与 α_2 和 β_2 无关, 但其稳定性受其调控外势的影响.

当固定 α_1 和 β_1 时, 可调控势参数 V_0 和 W_0 改变复势 (12.4.1) 和孤子 (12.4.3) 强度. 为方便讨论, 这里固定 $V_0 = 1$. 当 $W_0 = 0.1$ 时, 势 (12.4.1) 几乎是偶对称的 (见图 12.3(a)). 若增大 W_0 到 1.5, 势 (12.4.1) 的非对称性变得比较明显 (见图 12.3(c)). 相应的两个孤子是 $\mathcal{PT}$ 对称的 (见图 12.3(b), (d)).

为了研究孤子的稳定性, 选取含 2% 随机噪声的孤子 (12.4.3) 作为初值来模拟波传播, 发现该解有稳定情况 (图 12.3(b)) 和不稳定情况 (图 12.3(d)), 其中 $(\alpha_2, \beta_2) = (0, 0)$ (见图 12.3(a1), (b1)), 主要原因是前者中的参数位于 $\mathcal{PT}$ 对称相位未破缺区域, 然而后者中的参数位于 $\mathcal{PT}$ 对称相位破缺区域. 当增加 β_2 变为正数或减小 α 为负值时, 孤子稳定性更容易验证 (见图 12.3(a2), (a3), (a4), (b2), (b3), (b4)). 另外, 在 (α_2, β_2) 空间中的一些特殊点, W_0 的增加也能改变孤子的稳定性, 这是一个新奇现象 (比较图 12.3(a5) 和 (b5)). 而且对于比较小的 W_0, 孤子 (12.4.3) 在 (α_2, β_2) 的第二象限且包括边界轴区域通常是稳定的, 一旦超过这些区域孤子立即变得不稳定 (图 12.3(c1)~(c5)).

12.4.2 线性稳定性和谱性质

下面展示 W_0 对孤子稳定性的影响. 图 12.4(a), (b) 表明, 当 W_0 较小时, 孤子 (12.4.3) 的稳定趋于位于 (α_2, β_2) 空间的第二象限且包括边界. 当 W_0 增大时, 孤子稳定区域仍在第二象限 (见图 12.4(c)), 同时不稳定区域开始出现在原点附近 (见图 12.4(d)). 注意在原点 $(\alpha_2, \beta_2) = (0, 0)$ 处即使外势是 $\mathcal{PT}$ 对称的, 但孤子是不稳定的. 然而外势不是 $\mathcal{PT}$ 对称的, 仍然可以通过调控 α_2 或 β_2 使得孤子稳定. 图 12.4(d) 表明即使在横坐标负半轴附近或下面区域, 孤子也能稳定存在 (见图 12.3(b5)).

另一个有意义的现象是关于线性稳定谱. 若 $(\alpha_2, \beta_2) = (0, 0)$(对应于 $\mathcal{PT}$-对称势), 线性稳定谱关于实轴和虚轴是对称的. 但是 β_2 的正 (负) 能在虚轴的左 (右) 侧产生有限对复共轭特征值 (见图 12.4(a1), (a2)). 反之, α_2 的负 (正) 能在

虚轴的左 (右) 侧产生无穷多对复共轭特征值 (见图 12.4(b1), (b2)). α_2 和 β_2 共同的影响见图 12.4(c1), (c2), (d1), (d2). 总之, 若 α_2 或 β_2 非零, 则线性稳定谱仅关于实轴是对称的, 只有非负的 β_2 和非正的 α_2 能使得谱的实部具有非正的最大值, 这能产生稳定的孤子 (见图 12.4(a1) 和 (c1)).

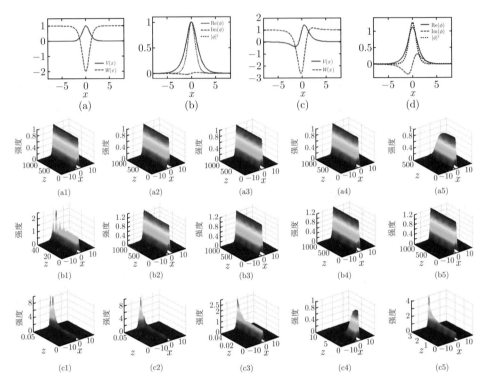

图 12.3　近 $\mathcal{PT}$ 对称势 (12.4.1) 和孤子解: $\alpha_2 = -1, \beta_2 = 1$. (a), (b) $W_0 = 0.1$, (c), (d) $W_0 = 1.5$. 孤子 (12.4.3) 的传播, 其中 $W_0 = 0.1$ (第 2 行), $W_0 = 1.5$ (第 3 行): (a1), (b1) $(\alpha_2, \beta_2) = (0, 0)$, (a2), (b2) $(\alpha_2, \beta_2) = (0, 1)$, (a3), (b3) $(\alpha_2), (\beta_2) = (-1, 0)$, (a4), (b4) $(\alpha_2, \beta_2) = (-1, 1)$, (a5), (b5) $(\alpha_2, \beta_2) = (-0.2, -0.01)$. 孤子 (12.4.3) 的不稳定传播, 其中 $W_0 = 0.1$(第 4 行): (c1) $(\alpha_2, \beta_2) = (1, 1)$, (c2) $(\alpha_2, \beta_2) = (1, 0)$, (c3) $(\alpha_2, \beta_2) = (1, -1)$, (c4) $(\alpha_2, \beta_2) = (0, -1)$, (c5) $(\alpha_2, \beta_2) = (-1, -1)$

12.4.3　孤子的相互作用

为了研究稳定孤子 (12.4.3) 的鲁棒性, 考虑其与其他孤波的相互作用. 这里考虑外来孤波 $\mathrm{sech}(x + 20)\,\mathrm{e}^{4\mathrm{i}x}$. 选择 $V_0 = 1, W_0 = 0.1$, 亮孤子 (12.4.3) 且 $(\alpha_2, \beta_2) = (0, 0)$ 以及初始条件为

$$A(x, 0) = \phi(x) + \mathrm{sech}(x + 20)\,\mathrm{e}^{4\mathrm{i}x}, \tag{12.4.4}$$

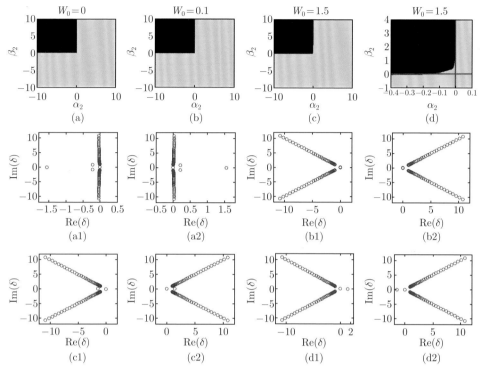

图 12.4 (α_2, β_2) 参数空间中精确孤子 (12.4.3) 的稳定区域 (黑色和暗色表示稳定区域): (a) $W_0 = 0$, (b) $W_0 = 0.1$, (c), (d) $W_0 = 1.5$, 其中 (d) 是 (c) 中原点附近区域的放大. 线性稳定谱 $(W_0 = 0.1)$: (a1) $(\alpha_2, \beta_2) = (0, 1)$, (a2) $(\alpha_2, \beta_2) = (0, -1)$, (b1) $(\alpha_2, \beta_2) = (-1, 0)$, (b2) $(\alpha_2, \beta_2) = (1, 0)$, (c1) $(\alpha_2, \beta_2) = (-1, 1)$, (c2) $(\alpha_2, \beta_2) = (1, -1)$, (d1) $(\alpha_2, \beta_2) = (-1, -1)$, (d2) $(\alpha_2, \beta_2) = (1, 1)$

来研究该波在方程 (12.2.1) 中的演化, 结果表明在碰撞前后亮孤子保持稳定传播, 而参考孤波具有微小的耗散 (见图 12.5(a)). 当稍微增大 β_2 或减小 α_2 时, 精确孤子的波形并没有改变, 然而参考孤波的振幅迅速降低 (见图 12.5(b) 和 (c)). 如果在增加 β_2 的同时减小 α_2, 仅仅参考孤波的振幅在迅速降低, 而精确孤子还能稳定传播 (见图 12.5(d)).

12.4.4 孤子的能量流动

现在研究孤子解 (12.4.3) 的能量流动情况, 即 $j(x) = \dfrac{i}{2}(A A_x^* - A^* A_x)$. 基于 GL 方程连续关系, $\dfrac{\partial \rho}{\partial z} + \dfrac{\partial j}{\partial x} = E$, 其中 $\rho = |A|^2$ 表示能量密度, 可以得到如下的能量增益或损耗密度

$$E = 2\alpha_2 |A_x|^2 - \alpha_2 (|A|^2)_{xx} - 2W(x)|A|^2 - 2\beta_2 |A|^4. \tag{12.4.5}$$

若方程 (12.2.1) 中的 $\alpha_2 = \beta_2 = 0$, $W(x) \equiv 0$, 则该系统的能量是守恒的, 否则是耗散的.

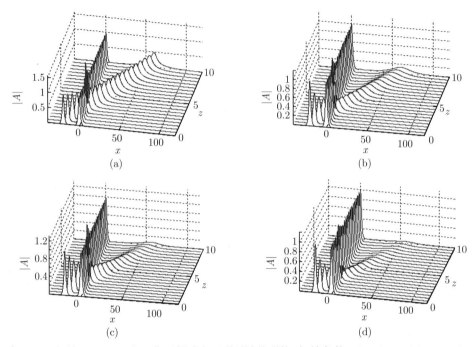

图 12.5　孤子解 (12.4.3) 和双曲正割或有理型孤波的碰撞, 初始条件 $A(x,0) = \phi(x) + \mathrm{sech}(x + 20)\,\mathrm{e}^{4\mathrm{i}x}$. (a) $(\alpha_2, \beta_2) = (0,0)$, (b) $(\alpha_2, \beta_2) = (0,1)$, (c) $(\alpha_2, \beta_2) = (-0.01,0)$, (d) $(\alpha_2, \beta_2) = (-0.01,1)$. $\phi(x)$ 由 (12.4.3) 确定, 且 $V_0 = 1, W_0 = 0.1$

固定 $W_0 = 0.1$, α_2 和 β_2 并不改变能量的增益–损耗分布 (见图 12.6(a), (b)). 当 W_0 增大时, 增益–损耗的强度和对应的流也会增大, 但是通过比较图 12.6(a), (b) 和图 12.6(c), (d), 可知它们的形状和流的方向并不改变. 事实上, 这些结果可以通过分析得到. 例如, 固定 $\alpha_1 = \beta_1 = V_0 = 1$, 将解 (12.4.3) 代入 E 和 j 的表达式, 可得

$$E = -\frac{2}{9}W_0(W_0^2 + 9)\sinh(x)\,\mathrm{sech}^4(x), \quad j = \frac{1}{27}W_0(W_0^2 + 9)\mathrm{sech}^3(x), \quad (12.4.6)$$

其仅仅依赖于 W_0, 而与 α_2 和 β_2 无关.

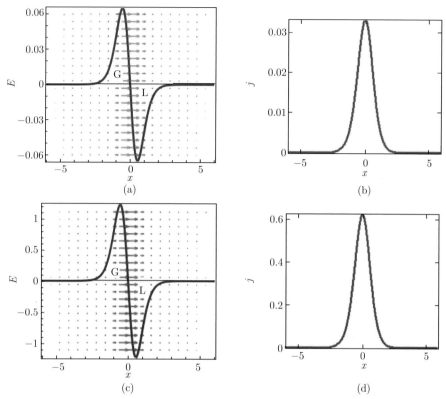

图 12.6 能量 E 和能量流 j: (a), (b) 参数取值与图 12.3(a) 和 (b) 相同; (c), (d) 参数取值与图 12.3(c) 和 (d) 相同, 这里 G (L) 表示增益 (损耗) 区域

12.5 孤子稳定激发

下面讨论孤子解 (12.4.3) 的激发, 参数依赖于传播距离 z: $\alpha_2 \to \alpha_2(z)$ 或 $\beta_2 \to \beta_2(z)$[48,369]. 考虑如下广义 GL 方程

$$\mathrm{i}A_z + [\alpha_1 + \mathrm{i}\alpha_2(z)]A_{xx} + [V(x,z) + \mathrm{i}W(x,z)]A + [\beta_1 + \mathrm{i}\beta_2(z)]|A|^2 A = 0, \quad (12.5.1)$$

其中, $V(x,z)$, $W(x,z)$ 由表达式 (12.4.1) 确定, 且 $\alpha_2 \to \alpha_2(z)$, $\beta_2 \to \beta_2(z)$, $\alpha_2(z)$ 和 $\beta_2(z)$ 具有统一的形式:

$$\epsilon(z) = \begin{cases} \dfrac{1}{2}(\epsilon_2 - \epsilon_1)\left[1 - \cos\left(\dfrac{\pi z}{1000}\right)\right] + \epsilon_1, & 0 \leqslant z < 1000, \\ \epsilon_2, & z \geqslant 1000, \end{cases} \quad (12.5.2)$$

其中, $\epsilon_{1,2}$ 分别表示初始和最后状态参数. 易知在 $\alpha_2 \to \alpha_2(z)$ 或 $\beta_2 \to \beta_2(z)$ 变换下, 孤子解 (12.4.3) 并不再满足方程 (12.5.1), 但是对于激发态 $z \geqslant 1000$ 仍满足

方程.

　　首先激发孤子解 $A(x, z)$ 中的单参数, 即 $\beta_2(z)$ 由式 (12.5.2) 确定, $\alpha_2(z) \equiv \alpha_2$. 图 12.7(a) 展示了非线性模态的不稳定激发, 这主要由于不稳定的初值条件, 即使最后的态 (12.4.3) 是稳定的. 对于变化另一个参数 $\alpha_2(z)$, 而 β_2 不变的情况, 也有类似的结果 (见图 12.7(b)). 如果同时变化两个参数, 即 $V_0(z)$ 和 $W_0(z)$ 由式 (12.5.2) 确定, 可以将最初不稳定的孤子 (12.4.3) 激发到另一稳定的孤子态 (见图 12.7(c)). 而且仅调控由 (12.5.2) 确定的参数 $W_0 \to W_0(z)$ 时, 不稳定的非线性模态 (12.4.3) 也能激发到另一稳定的孤子态 (见图 12.7(d)).

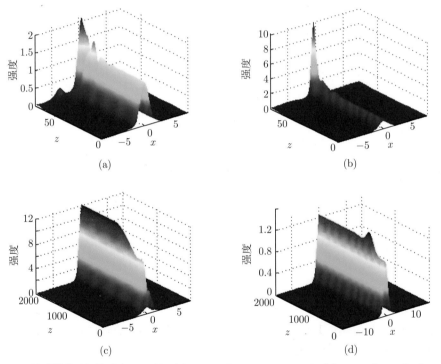

图 12.7　孤子激发 (参见式 (12.5.1)). (a) $\alpha_{21} = \beta_2 = 0$, $\alpha_{22} = -1$, (b) $\alpha_2 = \beta_{21} = 0$, $\beta_{22} = 1$, (c) $\alpha_{21} = \beta_{21} = 0$, $\alpha_{22} = -1$, $\beta_{22} = 1$, $W_0 = 1.5$; (d) $W_{01} = 0.1$, $W_{02} = 1.5$, $\alpha_2 = -0.2$, $\beta_2 = -0.01$

第 13 章　$\mathcal{PT}$ 对称的耦合非线性波系统

本章讨论 $\mathcal{PT}$ 对称的三次交叉耦合非线性项系统和五次自相位非线性项系统解的稳定性、可积性及非线性动力学行为等 (见文献 [423]).

13.1　三次耦合非线性波系统

$\mathcal{PT}$ 对称系统中的增益与损耗分布能够达到平衡, 因此 $\mathcal{PT}$ 对称的线性和非线性波在理论和实验上都被证实拥有更丰富且更有意义的波结构. 目前, 非线性耦合系统的 $\mathcal{PT}$ 对称也越来越引起人们的关注[324,424-436]. 但有些研究只包含自相位三次非线性项 (简称 SPM) [324,428,431-433,437]; 而有些研究既包括 SPM 也拥有三次交叉耦合非线性项 (简称 XPM)[427,429,436].

本章考虑具有三次 SPM 和 XPM 项的非线性系统

$$
\begin{aligned}
\mathrm{i}\dot{u}_1 &= -\mathrm{i}\gamma u_1 - u_2 - (|u_1|^2 + \sigma|u_2|^2)u_1, \\
\mathrm{i}\dot{u}_2 &= -u_1 + \mathrm{i}\gamma u_2 - (\sigma|u_1|^2 + |u_2|^2)u_2,
\end{aligned}
\tag{13.1.1}
$$

其中, 符号 · 代表对时间变量或者空间延长坐标求导, $u_i(t)\,(i=1,2)$ 表示定态光束的复振幅, $\gamma > 0$ 为增益–损耗系数. 增益和损耗项在整个系统中可以被平衡. 系统 (13.1.1) 在 $\mathcal{PT}$ 对称变换下不变, $\mathcal{P}:(u_1,u_2)\to(u_2,u_1)$, $\mathcal{T}:\mathrm{i}\to-\mathrm{i}$.

最近, Barashenkov 及其合作者[427] 研究了广义耦合系统的可积性和 $\mathcal{PT}$ 对称性修复. 这里特别指出所研究的系统 (13.1.1) 是文献 [427] 的公式 (22) 中参数为 $\beta_1 = 1/2$, $\beta_2 = \sigma - 1$, $\beta_3 = \beta_4 = 0$ 时的情形. 当参数 $\sigma = 0$ 时 (即 XPM), 系统 (13.1.1) 的动力学行为见文献 [431].

13.1.1　一般数学理论

考虑系统 (13.1.1) 的定态解

$$
u_1(t) = a\mathrm{e}^{\mathrm{i}\mu t}, \quad u_2(t) = b\mathrm{e}^{\mathrm{i}\mu t},
\tag{13.1.2}
$$

其中, μ 是一个实常数, a 和 b 是两个未知复量. 将上述定态解 (13.1.2) 代入系统 (13.1.1), 则有

$$
\begin{aligned}
\mu a &= b + \mathrm{i}\gamma a + a(|a|^2 + \sigma|b|^2), \\
\mu b &= a - \mathrm{i}\gamma b + b(\sigma|a|^2 + |b|^2).
\end{aligned}
\tag{13.1.3}
$$

不失一般性, 这里令参数 μ 和 γ 均为正实数.

利用非线性系统的线性稳定理论[306], 假定系统 (13.1.1) 的扰动定态解为

$$\boldsymbol{u}(t) = \boldsymbol{u}_0 \mathrm{e}^{\mathrm{i}\mu t}, \tag{13.1.4}$$

其中, $\boldsymbol{u}(t) = (u_1, u_2)$, $\boldsymbol{u}_0 = (a, b)$ 是复空间中的二维向量. 将下列扰动解 (13.1.5)

$$\boldsymbol{u}(t) = \mathrm{e}^{\mathrm{i}\mu t}[\boldsymbol{u}_0 + \delta(\mathrm{e}^{\lambda t}\boldsymbol{r} + \mathrm{e}^{\lambda^* t}\boldsymbol{s})] + O(\delta^2), \tag{13.1.5}$$

代入系统 (13.1.1) 中, 比较 δ 的系数可得

$$\boldsymbol{J}\begin{pmatrix} \boldsymbol{r} \\ \boldsymbol{s} \end{pmatrix} = \mathrm{i}\lambda \begin{pmatrix} \boldsymbol{r} \\ \boldsymbol{s} \end{pmatrix}, \tag{13.1.6}$$

其中, $*$ 代表复共轭, $\boldsymbol{r}$ 和 $\boldsymbol{s}$ 为 Jacobi 矩阵 $\boldsymbol{J}$ 的特征向量, 且

$$\boldsymbol{J} = \begin{pmatrix} \partial_{u_n} F(\boldsymbol{u}, \boldsymbol{u}^*) & \partial_{u_n^*} F(\boldsymbol{u}, \boldsymbol{u}^*) \\ -\partial_{u_n^*} F^*(\boldsymbol{u}, \boldsymbol{u}^*) & -\partial_{u_n} F^*(\boldsymbol{u}, \boldsymbol{u}^*) \end{pmatrix} = \begin{pmatrix} \boldsymbol{J}_1 & \boldsymbol{J}_2 \\ -\boldsymbol{J}_2^* & -\boldsymbol{J}_1^* \end{pmatrix}, \quad (n=1,2) \tag{13.1.7}$$

这里,

$$\boldsymbol{J}_1 = \begin{pmatrix} \mathrm{i}\mu - 2\mathrm{i}|u_1|^2 + \gamma - \mathrm{i}\sigma|u_2|^2 & -\mathrm{i} - \mathrm{i}\sigma u_1 u_2^* \\ -\mathrm{i} - \mathrm{i}\sigma u_1^* u_2 & \mathrm{i}\mu - 2\mathrm{i}|u_2|^2 - \mathrm{i}\sigma|u_1|^2 - \gamma \end{pmatrix},$$

$$\boldsymbol{J}_2 = \begin{pmatrix} -\mathrm{i}u_1^2 & -\mathrm{i}\sigma u_1 u_2 \\ -\mathrm{i}\sigma u_1 u_2 & -\mathrm{i}u_2^2 \end{pmatrix},$$

其中, $F(\boldsymbol{u}, \boldsymbol{u}^*) = [\mathrm{i}\mu\boldsymbol{E} - H(\boldsymbol{u})]\boldsymbol{u}$, 这里 $\boldsymbol{E}$ 是二阶单位矩阵, 且

$$H(\boldsymbol{u}) = \begin{pmatrix} 2\mathrm{i}|u_1|^2 + \mathrm{i}\sigma|u_2|^2 - \gamma & \mathrm{i}(1 + \sigma u_1 u_2^*) \\ \mathrm{i}(1 + \sigma u_1^* u_2) & 2\mathrm{i}|u_2|^2 + \mathrm{i}\sigma|u_1|^2 + \gamma \end{pmatrix}.$$

13.1.2　定态解及其稳定性

进一步给出 a, b 的通用极坐标表示

$$a = A\mathrm{e}^{\mathrm{i}\phi_a}, \quad b = B\mathrm{e}^{\mathrm{i}\phi_b}, \tag{13.1.8}$$

其中, A, B, ϕ_a, ϕ_b 是实数. 将式 (13.1.8) 代入系统 (13.1.3) 中, 则可求得两支解的存在条件如下:

$$A^2 = B^2 = \frac{\mu + \cos(\phi_b - \phi_a)}{\sigma + 1} = \frac{\mu \pm \sqrt{1 - \gamma^2}}{\sigma + 1}, \tag{13.1.9}$$

$$\sin(\phi_b - \phi_a) = -\gamma. \tag{13.1.10}$$

同样不失一般性, 这里讨论 $\sigma > -1$ 情形. 注意第一支解 $u^{(1)}$ 对应式 (13.1.9) 中 $(-)$ 情况; 第二支解 $u^{(2)}$ 则对应式 (13.1.9) 中 $(+)$ 情况.

系统 (13.1.1) 的线性谱问题为

$$\boldsymbol{\mathcal{H}}_0 \Phi = \lambda \Phi, \qquad \boldsymbol{\mathcal{H}}_0 = \begin{pmatrix} -\mathrm{i}\gamma & -1 \\ -1 & \mathrm{i}\gamma \end{pmatrix}, \tag{13.1.11}$$

其中, $\boldsymbol{\mathcal{H}}_0$ 是 $\mathcal{PT}$ 对称的. 不难得到线性谱问题 (13.1.11) 的特征值 $\lambda = \pm\sqrt{1 - \gamma^2}$, 即当 $\gamma \leqslant 1$ 时, $\mathcal{PT}$ 对称相位是未破缺的, 否则 $\mathcal{PT}$ 对称相位是破缺的[432].

如果将系统 (13.1.1) 非线性项 (SPM, XPM) 看成自诱导的势函数, 则系统 (13.1.1) 可整理为

$$\mathrm{i} \begin{pmatrix} \dot{u}_1 \\ \dot{u}_2 \end{pmatrix} = \boldsymbol{\mathcal{H}}_{\mathrm{s}} \begin{pmatrix} u_1 \\ u_2 \end{pmatrix},$$

$$\boldsymbol{\mathcal{H}}_{\mathrm{s}} = \begin{pmatrix} -\mathrm{i}\gamma - (|u_1|^2 + \sigma|u_2|^2) & -1 \\ -1 & \mathrm{i}\gamma - (\sigma|u_1|^2 + |u_2|^2) \end{pmatrix}. \tag{13.1.12}$$

现在来对比算子矩阵 $\boldsymbol{\mathcal{H}}_0$ 和 $\boldsymbol{\mathcal{H}}_{\mathrm{s}}$. 不难看出, 对于所有的解 (u_1, u_2), 如果

$$|u_1|^2 + \sigma|u_2|^2 \not\equiv \sigma|u_1|^2 + |u_2|^2,$$

则 $\boldsymbol{\mathcal{H}}_{\mathrm{s}}$ 必定是非 $\mathcal{PT}$ 对称的. 然而从上面定态解 (13.1.9), 可知 $|u_1|^2 + \sigma|u_2|^2 \equiv \sigma|u_1|^2 + |u_2|^2 = (\sigma + 1)A^2$, 因此 $\boldsymbol{\mathcal{H}}_{\mathrm{s}}$ 也是 $\mathcal{PT}$ 对称的.

现在, 考虑在定态解条件 (13.1.9) 下的 $\boldsymbol{\mathcal{H}}_{\mathrm{s}}$ 谱问题, 即

$$\boldsymbol{\mathcal{H}}_{\mathrm{s}} \Psi = \lambda_{\mathrm{s}} \Psi, \tag{13.1.13}$$

不难求出 (13.1.13) 的特征值为 $\lambda_{\mathrm{s}} = -(\sigma + 1)A^2 \pm \sqrt{1 - \gamma^2}$. 由此可见, 在定态解条件 (13.1.9) 下的 $\boldsymbol{\mathcal{H}}_{\mathrm{s}}$ 不改变 $\boldsymbol{\mathcal{H}}_0$ 的 $\mathcal{PT}$ 对称相位破缺/未破缺的临界点.

接下来讨论上述定态解的稳定性. 由条件 (13.1.9) 可以得到系统 (13.1.6) 分别对应两支定态解的特征值.

第一支解对应非零特征值:

$$\lambda^{(1)} = \pm 2\mathrm{i}\sqrt{\frac{2(1-\gamma^2) + \mu(\sigma-1)\sqrt{1-\gamma^2}}{\sigma+1}}, \qquad (13.1.14)$$

第二支解对应非零特征值:

$$\lambda^{(2)} = \pm 2\mathrm{i}\sqrt{\frac{2(1-\gamma^2) - \mu(\sigma-1)\sqrt{1-\gamma^2}}{\sigma+1}}. \qquad (13.1.15)$$

于是, 可以得到如下结论 ($\sigma > -1$):

(i) 当 $\sigma = 1$ 时, $(\lambda^{(j)})^2 = 4(\gamma^2 - 1) \leqslant 0\,(j = 1, 2)$, 因此两支解 $u^{(j)}\,(j = 1, 2)$ 在线性 $\mathcal{PT}$ 对称未破缺 (即 $\gamma \leqslant 1$) 的情况下都是稳定的. 然而在线性 $\mathcal{PT}$ 对称破缺 (即 $\gamma > 1$) 的情况下解是不稳定的, 这是因为 $(\lambda^{(j)})^2 = 4(\gamma^2 - 1) > 0\,(j = 1, 2)$. 图 13.1 显示了两支解对应的振幅、相位及特征值图, 此时参数 $\mu = 1$, $0 < \gamma < 1$.

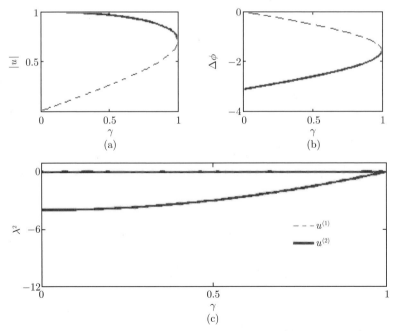

图 13.1　(a) 振幅; (b) 相位差; (c) 特征值的平方, 参数 $\mu = \sigma = 1$

(ii) 当 $\sigma > 1$ 时, 第一支解 $u^{(1)}$ 在 $\mathcal{PT}$ 对称未破缺 (即 $\gamma \leqslant 1$) 的情况下是稳定的, 因为其对应的特征值的平方 $(\lambda^{(1)})^2 < 0$. 而第二支解 $u^{(2)}$ 即使在 $\mathcal{PT}$ 对称未破缺的情况下, 仅在特征值满足 $\gamma < \sqrt{\gamma^2 + \dfrac{\mu^2(\sigma-1)^2}{4}} \leqslant 1$ 的条件下才稳定. 图 13.2 显示了两支解对应的振幅和特征值图, 此时参数 $\mu = 1$, $\sigma = 2$, $0 < \gamma < 1$.

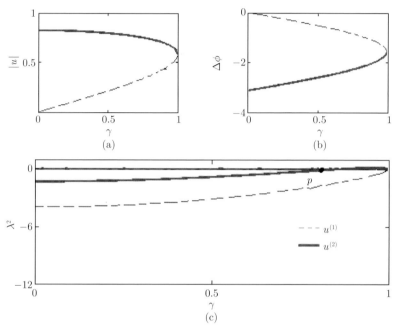

图 13.2 (a) 振幅; (b) 相位差; (c) 特征值的平方, 其中交点 p 对应 $\gamma = \sqrt{3}/2$, 参数 $\mu = 1$, $\sigma = 2$

(iii) 当 $-1 < \sigma < 1$ 时, 第二支解 $u^{(2)}$ 在 $\mathcal{PT}$ 对称未破缺 (即 $\gamma \leqslant 1$) 的情况下总是稳定的, 因为其对应的特征值的平方 $(\lambda^{(2)})^2 < 0$. 而第一支解 $u^{(1)}$ 即使在 $\mathcal{PT}$ 对称未破缺的情况下, 仅在特征值满足 $\sqrt{\gamma^2 + \dfrac{\mu^2(\sigma-1)^2}{4}} \leqslant 1$ 的条件下才稳定. 图 13.3 显示了两支解对应的振幅和特征值图, 此时参数 $\mu = 1$, $\sigma = -0.5$, $0 < \gamma < 1$.

通过上面的图 13.1∼ 图 13.3, 可以观测到两支解在 $\gamma = 1$ 时的鞍–中心分叉点处消失, 此分叉点刚好就是系统 (13.1.11) 的 $\mathcal{PT}$ 对称未破缺与破缺的临界点. 为了更深入地研究系统 (13.1.1) 的动力学行为, 从数值上模拟上述情形. 图 13.4 显示了在线性 $\mathcal{PT}$ 对称未破缺 ($\gamma < 1$) 时, $u^{(1)}$ 和 $u^{(2)}$ 都是稳定的. 图 13.5 则说明了 $u^{(1)}$ 在线性 $\mathcal{PT}$ 对称未破缺下总是稳定的, 而对于 $u^{(2)}$ 来说, 参数取值即使

在线性 $\mathcal{PT}$ 对称临界点下面, 也会出现不稳定的情况. 图 13.6中的情况则刚好与图 13.5 相反. 令 $\gamma > 1$, 在线性 $\mathcal{PT}$ 对称破缺情况下, 无论初值如何选取, 两支解都出现不对称且不稳定的演变过程 (见图 13.7).

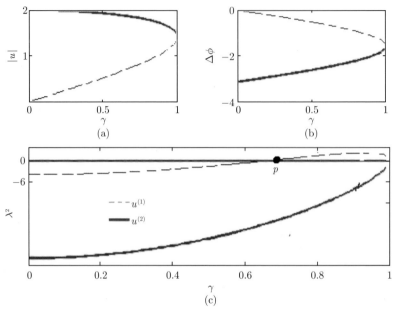

图 13.3　(a) 振幅; (b) 相位差; (c) 特征值的平方, 其中交点 p 对应 $\gamma = \sqrt{7}/4$, 参数 $\mu = 1$, $\sigma = -0.5$

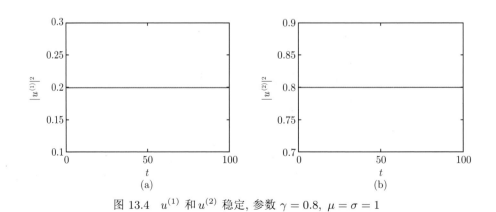

图 13.4　$u^{(1)}$ 和 $u^{(2)}$ 稳定, 参数 $\gamma = 0.8$, $\mu = \sigma = 1$

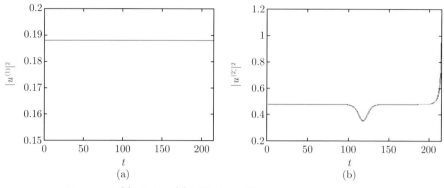

图 13.5 $u^{(1)}$ 稳定, $u^{(2)}$ 不稳定, 参数 $\gamma = 0.9$, $\mu = 1$, $\sigma = 2$

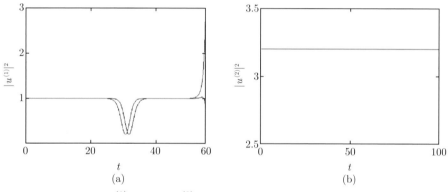

图 13.6 $u^{(1)}$ 不稳定, $u^{(2)}$ 稳定, 参数 $\gamma = 0.8$, $\mu = 1$, $\sigma = -0.5$

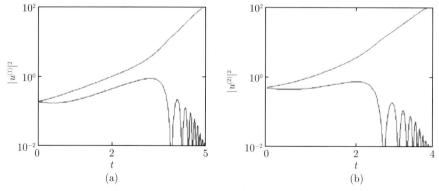

图 13.7 如图 13.6 的参数 $\mu = 1$, $\sigma = -0.5$, 令 $\gamma = 1.1$ ($\mathcal{PT}$ 对称破缺), 明显不对称的演化过程

13.1.3 Stokes 参数的动力系统

已知 Stokes 参数定义为

$$
\begin{aligned}
S_0 &= |u_1|^2 + |u_2|^2, \\
S_1 &= |u_1|^2 - |u_2|^2, \\
S_2 &= u_1^* u_2 + u_1 u_2^* = 2\mathrm{Re}(u_1^* u_2), \\
S_3 &= i(u_1^* u_2 - u_1 u_2^*) = -2\mathrm{Im}(u_1^* u_2),
\end{aligned}
\tag{13.1.16}
$$

且满足条件

$$
{S_0}^2 = {S_1}^2 + {S_2}^2 + {S_3}^2. \tag{13.1.17}
$$

由上述 Stokes 参数的定义, 则系统 (13.1.1) 对应的动力系统为

$$
\begin{aligned}
\dot{S}_0 &= -2\gamma S_1, \\
\dot{S}_1 &= -2\gamma S_0 + 2S_3, \\
\dot{S}_2 &= (\sigma - 1)S_1 S_3, \\
\dot{S}_3 &= -2S_1 + (1-\sigma)S_1 S_2.
\end{aligned}
\tag{13.1.18}
$$

若 $\sigma \neq 1$, 由系统 (13.1.18) 可得

$$
-S_1 = \frac{\dot{S}_0}{2\gamma} = \frac{\dot{S}_2}{(1-\sigma)S_3} = \frac{\dot{S}_3}{2 + (\sigma-1)S_2}, \tag{13.1.19}
$$

由式 (13.1.19) 可得到两个首次积分 (守恒律)

$$
C_1 = (\sigma - 1)(S_2^2 + S_3^2) + 4S_2,
$$

$$
C_2 = \frac{(1-\sigma)S_0}{2\gamma} - \arctan \frac{(1-\sigma)S_2 + 2}{(1-\sigma)S_3}. \tag{13.1.20}
$$

这就意味着系统 (13.1.18) 是可积的, 其中 $C_{1,2}$ 是积分常数. 这里需要指出的是, 由方程 (13.1.20) 所确定的两个守恒量是文献 [427] 的方程 (31) 和方程 (38) 中当参数 $\beta = 1/2$, $\beta_2 = \sigma - 1$, $\beta_{3,4} = 0$ 时的特定情况. 将方程 (13.1.17) 和 (13.1.20) 代入系统 (13.1.18), 可以得到只含有 S_2 的一个微分方程

$$
\dot{S}_2^2 = 4\gamma^2 \frac{(1-\sigma)S_2^2 - 4S_2 + C_1}{\sigma - 1} \left[C_2 + \arctan \frac{S_2 + 2/(1-\sigma)}{\sqrt{(4S_2 - C_1)/(1-\sigma) - S_2^2}} \right]
$$

$$+[(1-\sigma)S_2^2 - 4S_2 + C_1](4S_2 - C_1), \tag{13.1.21}$$

对上式直接开方, 可得 S_2 的一个微分方程, 结合首次积分方程 (13.1.20), 可得 S_0 和 S_3. 再利用 Stokes 参数条件 (13.1.17) 可得 S_1. 由已知的 $S_j\,(j=0,1,2,3)$ 和 Stokes 参数方程 (13.1.16), 可得

$$|u_1(t)|^2 = \frac{S_0 + S_1}{2}, \qquad |u_2(t)|^2 = \frac{S_0 - S_1}{2}. \tag{13.1.22}$$

通过 Stokes 参数条件 (13.1.17) 以及首次积分 (13.1.20), 可得 S_0, S_1, S_2 在 Stokes 空间中的关系

$$\left\{\tan\left[\frac{(1-\sigma)S_0}{2\gamma}\right] - C_2\right\}^2 = \frac{[(1-\sigma)S_2 + 2]^2}{(\sigma-1)^2(S_0^2 - S_0^1 - S_2^2)}, \tag{13.1.23}$$

$$S_0^2 = S_1^2 + \frac{C_1 - 4S_2}{\sigma - 1}. \tag{13.1.24}$$

特别地, 当 $\sigma = 1$ 时, 系统 (13.1.18) 可简化成一个线性动力系统

$$\begin{aligned}
\dot{S}_0 &= -2\gamma S_1, \\
\dot{S}_1 &= -2\gamma S_0 + 2S_3, \\
\dot{S}_2 &= 0, \\
\dot{S}_3 &= -2S_1.
\end{aligned} \tag{13.1.25}$$

通过上述系统 (13.1.25), 可得

$$-2S_1 = \frac{\dot{S}_0}{\gamma} = \dot{S}_3,$$

再结合 $\dot{S}_2 = 0$, 可得两个首次积分 (守恒律)

$$\begin{aligned}
C_3 &= S_2, \\
C_4 &= S_0 - \gamma S_3,
\end{aligned} \tag{13.1.26}$$

其中, $C_{3,4}$ 是积分常数. 因为两个积分常数 C_3 和 C_4 的存在, 也就意味着系统 (13.1.25) 是可积的, 且此积分常数由 Stokes 参数的初值以及耦合系数 γ 所确定.

与此同时, 可得系统 (13.1.25) 的周期解

$$
\begin{aligned}
S_0 &= \frac{c_1\omega - c_3\gamma\sin(2\omega t) + c_2\gamma\cos(2\omega t)}{\omega}, \\
S_1 &= c_2\sin(2\omega t) + c_3\cos(2\omega t), \\
S_2 &= c_4, \\
S_3 &= \frac{c_1\gamma\omega - c_3\sin(2\omega t) + c_2\cos(2\omega t)}{\omega},
\end{aligned}
\tag{13.1.27}
$$

其中, $\omega = \sqrt{1-\gamma^2}$, c_j $(j = 1, 2, 3, 4)$ 是由系统 (13.1.25) 的初值所确定的常数.

图 13.8 显示了在相同的初值条件下, 参数 σ, γ 取不同的值或者不同范围时, 系统 (13.1.18) 在平面 (S_1, S_0) 上的不同轨迹.

(i) 当 $\sigma = -0.5$ 时, 若耦合参数 γ 取值在 $(0, 0.66)$ 内, Stokes 参数出现周期轨道, 而当 γ 逐步增大时 (例如取 $\gamma = 0.67, 0.68$), Stokes 参数轨道出现不稳定的状态, 这与 13.1.2 节中出现的 $\mathcal{PT}$ 对称破缺的情况类似, 如图 13.8(a) 所示.

(ii) 当 $\sigma = 1$ 时, 若耦合参数 γ 取值在 $(0, 0.98)$ 内, Stokes 参数出现周期轨道, 而当 γ 逐步增大时 (例如取 $\gamma = 0.987$), Stokes 参数轨道出现不稳定的状态, 此时也与 13.1.2 节中出现的 $\mathcal{PT}$ 对称破缺的情况类似, 如图 13.8(b) 所示.

(iii) 当 $\sigma = 2$ 时, 若耦合参数 γ 取值在 $(0, 0.72)$ 内, Stokes 参数出现周期轨道, 而当 γ 逐步增大时 (如取 $\gamma = 0.729, 0.73$), Stokes 参数轨道出现不稳定的状态, 类似于 13.1.2 节中出现的 $\mathcal{PT}$ 对称破缺的情况, 如图 13.8(c) 所示.

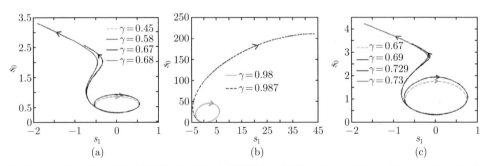

图 13.8　系统 (13.1.18) 在平面 (S_1, S_0) 上的解轨迹, 初值 $u_1(0) = 0.5$, $u_2(0) = 0.3\mathrm{i}$. (a) 参数 $\sigma = -1/2$, $\gamma \in (0, 0.66)$; (b) 参数 $\sigma = 1$, $\gamma \in (0, 0.98)$; (c) 参数 $\sigma = 2$, $\gamma \in (0, 0.72)$

通过以上结论, 可推测系统 (13.1.1) 的解与著名的 van der Pol 谐振子[437] 的解相似.

需要注意的是, 所得谐振子的周期轨道看起来像稳定的极限环, 其实则不然. 固定 σ 和 γ 的取值, 通过改变系统的初始条件, 则出现不一样的周期轨道. 这里固定 $\sigma = -0.5$, $\gamma = 0.45$, 初始值 $(u_1(0), u_2(0))$ 分别取 $(0.5, 0.1\mathrm{i})$, $(0.5, 0.3\mathrm{i})$

和 $(0.5, 0.5i)$ 时周期解轨道如图 13.9 所示, 也就是说这些轨道不是极限环, 而只是一般的稳定轨道环. 当 $\sigma = 1$ 和 $\sigma = 2$ 时的周期解的情况可以类似地得到, 本书中就不再赘述.

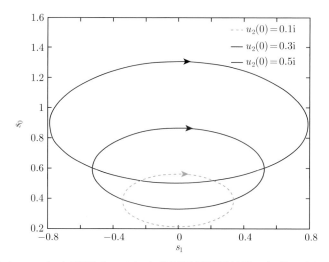

图 13.9　系统 (13.1.18) 在平面 (S_1, S_0) 上的不同周期解轨迹: 初值 $u_1(0) = 0.5$, $u_2(0) = 0.1i, 0.3i, 0.5i$, 参数 $\sigma = -0.5$, $\gamma = 0.45$

13.2　五次耦合非线性波系统

本小节考虑五次耦合非线性 $\mathcal{PT}$ 对称系统

$$
\begin{aligned}
\mathrm{i}\dot{u}_1 &= -\mathrm{i}\gamma u_1 - u_2 - (|u_1|^2 - g|u_1|^4)u_1, \\
\mathrm{i}\dot{u}_2 &= -u_1 + \mathrm{i}\gamma u_2 - (|u_2|^2 - g|u_2|^4)u_2,
\end{aligned}
\tag{13.2.1}
$$

其中, g 是五次非线性项的实系数, γ 为实数.

13.2.1　定态解及其稳定性

考虑系统 (13.2.1) 的定态解, 设

$$
u_1 = a\mathrm{e}^{\mathrm{i}\mu t}, \qquad u_2 = b\mathrm{e}^{\mathrm{i}\mu t},
\tag{13.2.2}
$$

这里 μ 是实常数, a, b 是两个未知复数. 于是可得到定态方程

$$
\begin{aligned}
\mu a &= b + \mathrm{i}\gamma a + (|a|^2 - g|a|^4)a, \\
\mu b &= a - \mathrm{i}\gamma b + (|b|^2 - g|b|^4)b.
\end{aligned}
\tag{13.2.3}
$$

将 a, b 用通常的极坐标表示为

$$a = Ae^{i\phi_a}, \qquad b = Be^{i\phi_b}. \tag{13.2.4}$$

将式 (13.2.4) 代入系统 (13.2.3) 中, 可知有四支解, 此解的条件为

$$
\begin{aligned}
A^2 = B^2 &= \frac{1 \pm \sqrt{1 - 4g[\mu - \cos(\phi_b - \phi_a)]}}{2g} \\
&= \frac{1 \pm \sqrt{1 - 4g(\mu \pm \sqrt{1 - \gamma^2})}}{2g},
\end{aligned} \tag{13.2.5}
$$

$$\sin(\phi_b - \phi_a) = -\gamma.$$

这里, 只考虑条件

$$A^2 = B^2 = \frac{1 - \sqrt{1 - 4g(\mu \pm \sqrt{1 - \gamma^2})}}{2g}, \tag{13.2.6}$$

对应的两支解情况, 其他两种情况可类似得到, 这里同样不再赘述. 利用线性稳定理论, 与 13.1 节内容相似, 可以得到系统 (13.2.1) 定态解的 Jacobi 矩阵为

$$\boldsymbol{J} = \begin{pmatrix} \boldsymbol{J}_3 & \boldsymbol{J}_4 \\ -\boldsymbol{J}_4{}^* & -\boldsymbol{J}_3{}^* \end{pmatrix}, \tag{13.2.7}$$

其中,

$$\boldsymbol{J}_3 = \begin{pmatrix} i\mu - 2i|a|^2 + \gamma + 3ig|a|^4 & -i \\ -i & i\mu - 2i|b|^2 + 3ig|b|^4 - \gamma \end{pmatrix}, \tag{13.2.8}$$

$$\boldsymbol{J}_4 = \begin{pmatrix} -ia^2 + 2ig|a|^2a^2 & 0 \\ 0 & -ib^2 + 2ig|b|^2b^2 \end{pmatrix}. \tag{13.2.9}$$

下面讨论条件 (13.2.6) 下对应的两支解.

(i) 首先讨论第一种情况, 即定态解满足条件

$$\cos(\phi_b - \phi_a) = \sqrt{1 - \gamma^2}, \tag{13.2.10}$$

$$A^2 = \frac{1 - \sqrt{1 - 4g(\mu - \sqrt{1 - \gamma^2})}}{2g}.$$

利用线性稳定理论, 得到 Jacobi 矩阵一对非零特征值为

$$\lambda^{(1)} = \pm\sqrt{2}\mathrm{i}\sqrt{\frac{6g(1-\gamma^2) - \sqrt{1-\gamma^2}\sqrt{1-4g\mu+\sqrt{1-\gamma^2}}}{g}}. \qquad (13.2.11)$$

对于固定的 $\mu = 1$, 研究了上述情况下的定态解在 (γ, g) 平面内稳定和不稳定的区域, 如图 13.10(a) 所示. 在图 13.10(a) 所示稳定 $\mathcal{PT}$ 对称未破缺的区域内, 选定 $g = -0.5$, $\gamma = 0.2$, 定态解确实是稳定的, 如图 13.10(b) 所示. 而在图 13.10(a) 所示 $\mathcal{PT}$ 对称未破缺的不稳定区域内, 选定 $g = -0.5$, $\gamma = 0.9$, 定态解是不稳定的, 如图 13.10(c) 所示. 最后, 在图 13.10(d) 中显示了参数在 $\mathcal{PT}$ 对称破缺区域内取值时定态解的演化趋势.

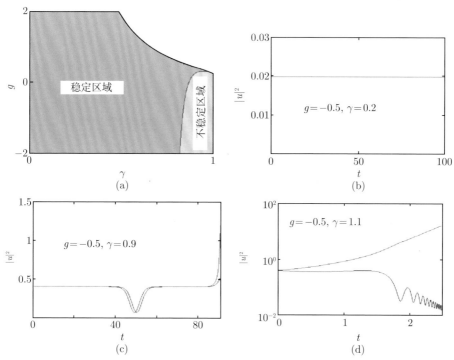

图 13.10 (a) 定态解在 (γ, g) 平面上存在区域中的稳定区域及不稳定区域; (b) $\mathcal{PT}$ 对称非破缺下稳定区域内的轨迹, 参数 $g = -0.5$, $\gamma = 0.2$; (c) $\mathcal{PT}$ 对称非破缺下不稳定区域内的轨迹, 参数 $g = -0.5$, $\gamma = 0.9$; (d) $\mathcal{PT}$ 对称破缺下的轨迹, 参数 $g = -0.5$, $\gamma = 1.1$

(ii) 讨论第二种情况, 即定态解满足条件

$$\cos(\phi_b - \phi_a) = -\sqrt{1-\gamma^2}, \qquad (13.2.12)$$

$$A^2 = \frac{1 - \sqrt{1 - 4g(\mu + \sqrt{1 - \gamma^2})}}{2g}.$$

类似地, 可得相应 Jacobi 矩阵的非零特征值

$$\lambda^{(2)} = \pm\sqrt{2}\mathrm{i}\sqrt{\frac{6g(1 - \gamma^2) + \sqrt{1 - \gamma^2}\sqrt{1 - 4g\mu - \sqrt{1 - \gamma^2}}}{g}}. \tag{13.2.13}$$

不失一般性, 仍然固定 $\mu = 1$, 研究上述情况下的定态解在 (γ, g) 平面上稳定和不稳定的区域发现解在存在区域内均是稳定的, 如图 13.11(a) 所示. 在图 13.11(a) 所示稳定 $\mathcal{PT}$ 对称未破缺的区域内, 选定 $g = -0.5$, $\gamma = 0.9$, 定态解确实是稳定的, 如图 13.11(b) 所示. 最后, 取 $g = -0.5$, $\gamma = 1.1$, 图 13.11(c) 显示了参数在 $\mathcal{PT}$ 对称破缺区域内取值时定态解的不稳定演化趋势.

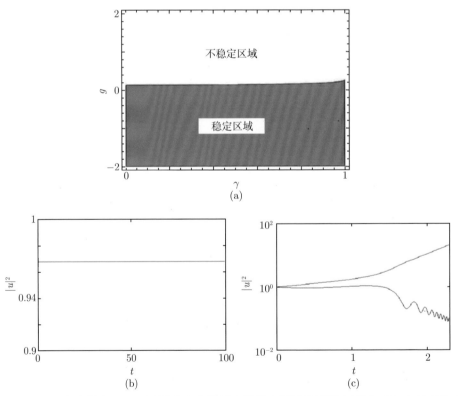

图 13.11　(a) 定态解在 (γ, g) 平面上存在区域中的稳定区域及不稳定区域; (b) $\mathcal{PT}$ 对称未破缺下稳定区域内的轨迹, 参数 $g = -0.5$, $\gamma = 0.9$, $\mu = 1$; (c) $\mathcal{PT}$ 对称破缺下的轨迹, 参数 $g = -0.5, \gamma = 1.1, \mu = 1$

13.2.2 Stokes 参数的动力系统

类似地, 由式 (13.1.16) 所定义的 Stokes 参数出发, 系统 (13.2.1) 对应的动力系统为

$$
\begin{aligned}
\dot{S}_0 &= -2\gamma S_1, \\
\dot{S}_1 &= -2\gamma S_0 + 2S_3, \\
\dot{S}_2 &= -S_1 S_3 + g S_0 S_1 S_3, \\
\dot{S}_3 &= -2S_1 + S_1 S_2 - g S_0 S_1 S_2.
\end{aligned}
\tag{13.2.14}
$$

固定取值 $g = -0.5$, 则参数 $\gamma \in (0, 0.65)$ 时, Stokes 参数 (S_0, S_1) 有周期解 (见图 13.12(a)). 而在 $\mathcal{PT}$ 对称破缺的情况下, Stokes 参数 (S_0, S_1) 的演化轨迹如图 13.12(b) 所示.

类似地, 图 13.12(a) 所示谐振子的周期轨道看起来像稳定的极限环, 事实上固定 g, γ 的取值, 通过改变系统的初值条件, 则出现不一样的周期轨道. 固定 $g = -0.5$, $\gamma = 0.45$, 初值 $(u_1(0), u_2(0))$ 分别取 $(0.5, 0.1i)$, $(0.5, 0.3i)$ 和 $(0.5, 0.5i)$ 时周期解轨道如图 13.13 所示. 也就是说这些轨道不是极限环, 而只是一般的稳定轨道环.

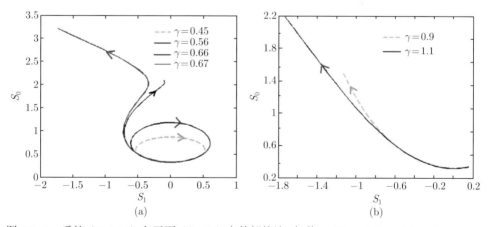

图 13.12 系统 (13.2.14) 在平面 (S_1, S_0) 上的解轨迹, 初值 $u_1(0) = 0.5$, $u_2(0) = 0.3i$, $g = -0.5$: (a) 周期轨道: $\gamma \in (0, 0.65)$, 不稳定轨道: $\gamma \in (0.65, 1)$; (b) 不稳定轨迹: $\gamma = 0.9$ ($\mathcal{PT}$ 未破缺); $\gamma = 1.1$ ($\mathcal{PT}$ 破缺)

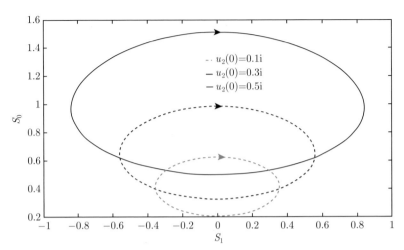

图 13.13　系统 (13.2.14) 在平面 (S_1, S_0) 上的不同周期解轨迹: 初值 $u_1(0) = 0.5$, $u_2(0) = 0.1$i, 0.3i, 0.5i, 参数 $g = -0.5$, $\gamma = 0.45$

第 14 章　含 $\mathcal{PT}$ 对称势的非局域非线性 Schrödinger 方程

本章主要研究含 $\mathcal{PT}$ 对称势的非局域非线性 Schrödinger 方程, 主要考虑了三种不同 $\mathcal{PT}$ 对称势作用下, 线性算子问题实谱的参数范围和非局域非线性 Schrödinger 方程的解及其稳定性 (见文献 [232]).

14.1　$\mathcal{PT}$ 对称非局域模型

考虑含 $\mathcal{PT}$ 对称势的非局域非线性 Schrödinger(NNLS) 方程

$$\mathrm{i}\frac{\partial}{\partial t}\psi(x,t) = -\frac{\partial^2}{\partial x^2}\psi(x,t) + [V(x)+\mathrm{i}\,W(x)]\psi(x,t) + g\,\psi^2(x,t)\psi^*(-x,t),$$

$$(14.1.1)$$

其中, $\psi(x,t)$ 是复包络场, $\psi^*(-x,t)$ 表示非局域场 $\psi(-x,t)$ 的复共轭, 常数 g 表示聚焦 $(g=-1)$ 或散焦 $(g=1)$ 相互作用. $\mathcal{PT}$ 对称势要求: $V(x)=V(-x)$, $W(x)=-W(-x)$. 当外势为零时, 方程 (14.1.1) 变为 NNLS 方程. 特别地, 若方程 (14.1.1) 的解关于空间是偶函数, 则该解也满足含同样 $\mathcal{PT}$ 对称势的标准 NLS 方程. 令

$$Q(t) = \int_{-\infty}^{+\infty}\psi(x,t)\psi^*(-x,t)\mathrm{d}x, \quad P(t) = \int_{-\infty}^{+\infty}|\psi(x,t)|^2\mathrm{d}x, \quad (14.1.2)$$

分别表示 $\mathcal{PT}$ 对称光学中的拟能量和能量[45,141], 易知 $\mathrm{d}Q(t)/\mathrm{d}t = 0$, 即 $Q(t)$ 为守恒量.

$$\frac{\mathrm{d}P(t)}{\mathrm{d}t} = 2\int_{-\infty}^{+\infty}|\psi(x,t)|^2\Big\{W(x) + g\,\mathrm{Im}[\psi(x,t)\psi^*(-x,t)]\Big\}\mathrm{d}x, \quad (14.1.3)$$

这表明 $P(t)$ 或许并不是守恒量.

考虑 $\mathcal{PT}$-NNLS 方程的定态解 $\psi(x,t) = \phi(x)\mathrm{e}^{-\mathrm{i}\mu t}$, 其中 μ 为传播常数, 复非线性模态 $\phi(x)$ 满足定态 $\mathcal{PT}$-NNLS 方程

$$\mu\,\phi(x) = -\frac{\mathrm{d}^2}{\mathrm{d}x^2}\phi(x) + [V(x)+\mathrm{i}\,W(x)]\,\phi(x) + g\,\phi^2(x)\phi^*(-x), \quad (14.1.4)$$

和边界条件 $\phi(x) \to 0 \ (x \to \pm\infty)$.

对于 $W(x) \neq 0$, $\phi(x)$ 可改写为

$$\phi(x) = \hat{\phi}(x)\mathrm{e}^{\mathrm{i}\varphi(x)}, \quad \hat{\phi}(x),\, \varphi(x) \in \mathbb{R}[x]. \tag{14.1.5}$$

将式 (14.1.5) 代入方程 (14.1.4) 可得

$$\frac{[\varphi_x(x)\hat{\phi}^2(x)]_x}{\hat{\phi}^2(x)} = W(x) + g\,\hat{\phi}(x)\hat{\phi}(-x)\sin[\theta(x)] \tag{14.1.6}$$

和

$$\frac{\hat{\phi}_{xx}(x)}{\hat{\phi}(x)} = \mu + V(x) + g\,\hat{\phi}(x)\hat{\phi}(-x)\cos[\theta(x)], \tag{14.1.7}$$

其中, $\theta(x) = \varphi(x) - \varphi(-x)$ 不同于局域 NLS 情形[45,47,48,141,171,198,201–204,314].

对于给定 $\mathcal{PT}$ 对称势 $V(x) + \mathrm{i}W(x)$, 或许能发现方程 (14.1.4) 的精确解, 否则可通过数值方法研究其数值解. 进一步分析解的线性稳定性, 考虑摄动解

$$\psi(x,t) = \left\{ \phi(x) + \varepsilon\left[F(x)\mathrm{e}^{-\mathrm{i}\delta t} + G^*(-x)\mathrm{e}^{\mathrm{i}\delta^* t} \right] \right\} \mathrm{e}^{-\mathrm{i}\mu t}, \tag{14.1.8}$$

其中, $\varepsilon \ll 1$, $F(x)$ 和 $G(x)$ 为摄动特征函数. 将式 (14.1.8) 代入式 (14.1.1) 且仅考虑 ε 的线性项可得

$$\begin{bmatrix} L(x) & g\,\phi^2(x) \\ -g\,\phi^{*2}(-x) & -L(x) \end{bmatrix} \begin{bmatrix} F(x) \\ G(x) \end{bmatrix} = \delta \begin{bmatrix} F(x) \\ G(x) \end{bmatrix}, \tag{14.1.9}$$

其中, $L(x) = -\partial_x^2 + V(x) + \mathrm{i}W(x) + 2g\,\phi(x)\phi^*(-x) - \mu$ 为 $\mathcal{PT}$ 对称的. 因此, 若所有特征值 δ 是实数, 则该 $\mathcal{PT}$ 对称的非线性模态是线性稳定的, 否则是不稳定的.

14.2　$\mathcal{PT}$ 对称势作用下的线性谱问题、非线性模态及稳定性

14.2.1　广义 $\mathcal{PT}$ 对称 Scarf-II 势

考虑广义 $\mathcal{PT}$ 对称 Scarf-II 势 $V_1(x) + \mathrm{i}W_1(x)$ 且

$$\begin{bmatrix} V_1(x) \\ W_1(x) \end{bmatrix} = -\begin{bmatrix} (w_1^2 + 2)\,\mathrm{sech}^2(x) \\ 3w_1\,\mathrm{sech}(x)\tanh(x) \end{bmatrix} - \sigma_1(x)\begin{bmatrix} \cos[\theta_1(x)] \\ \sin[\theta_1(x)] \end{bmatrix}, \tag{14.2.1}$$

其中,

$$\sigma_1(x) = g\rho_1^2 \operatorname{sech}^2(x), \quad \theta_1(x) = 2w_1 \arctan[\sinh(x)], \tag{14.2.2}$$

w_1, ρ_1 为实常数.

含广义 $\mathcal{PT}$ 对称 Scarf-II 势 (14.2.1) 的线性谱问题为

$$H_1 \Phi(x) = \lambda \Phi(x), \quad H_1 = -\partial_x^2 + V_1(x) + \mathrm{i}\, W_1(x), \tag{14.2.3}$$

当 $\rho_1 = 0$ 时, 广义 $\mathcal{PT}$ 对称 Scarf-II 势 (14.2.1) 约化为 $\mathcal{PT}$ 对称 Scarf-II 势, 以至于对应的线性谱问题对任意的 w_1 都拥有全实谱, 其主要因为 $3|w_1| \leqslant 9/4 + w_1^2$ 恒成立[41].

下面考虑 $\rho_1 \neq 0$ 的情况, 线性谱问题 (14.2.3) 的相位 (未) 破缺区域分布见图 14.1. 广义 $\mathcal{PT}$ 对称 Scarf-II 势 (14.2.1) 为双曲和周期函数的组合, 其中周期部分由 w_1 调控. 对于 $g = -1$ 情况, $\mathcal{PT}$ 对称势下的实谱范围随着 ρ_1 增大而变窄, 以至于在右下角范围内不存在束缚态 (见图 14.1(a)). 然而对于 $g = 1$ 情况是不同的 (见图 14.1(b)).

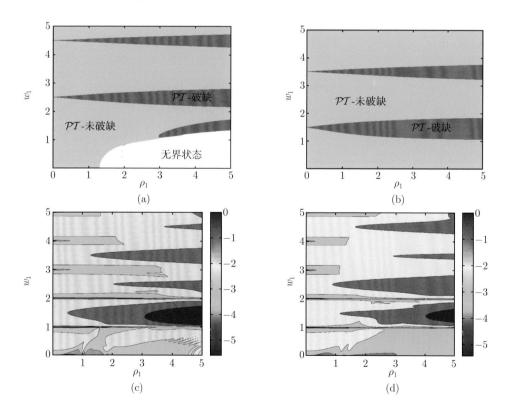

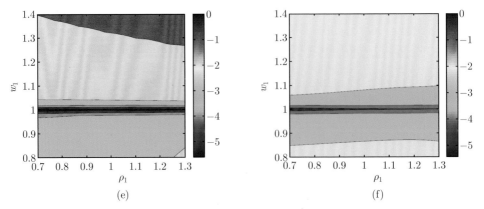

图 14.1　广义 $\mathcal{PT}$ 对称 Scarf-II 势: (a), (b) 线性谱问题的 $\mathcal{PT}$ 对称相位 (未) 破缺参数区域 (ρ_1, w_1); (c)～(f) 参数区域 (ρ_1, w_1) 中线性特征值 δ 虚部的最大绝对值 (对数尺度下), 即 $\max\{\log|\mathrm{Im}[\sigma_p(L_1)]|\}$. 左栏表示 $g = -1$ 情况, 右栏为 $g = 1$ 情况

对于给定 $\mathcal{PT}$ 对称势 (14.2.1), 可得 $\mathcal{PT}$-NNLS 方程 (14.1.4) 的亮孤子

$$\phi_1(x) = \rho_1 \mathrm{sech}(x) e^{iw_1 \arctan[\sinh(x)]}, \tag{14.2.4}$$

且 $\mu = -1$. 进而可知

$$S_1(x) = \frac{\mathrm{i}}{2}(\phi\phi_x^* - \phi_x\phi^*) = \rho_1^2 w_1 \mathrm{sech}^3(x). \tag{14.2.5}$$

可发现当 w_1 大于零时, $S_1(x)$ 一直是正的, 即能量流总是从增益向损耗方向流动. 图 14.1(c)～(f) 表明孤子 (14.2.4) 及其稳定的参数区域是极小的.

　　下面数值模拟非线性模态 (14.2.4) 在吸引和排斥两种情况下的动力学行为. 对于吸引情况 $(g = -1)$, 图 14.2 展示了势剖面、精确初始孤子态及其演化. 情况 $w_1 = \rho_1 = 1$ 对应于线性稳定情形, 即 H_1 (见方程 (14.2.3)) 具有全实谱, 其相应的非线性模态是稳定的, 但观察到明显的振荡行为 (类呼吸子) (见图 14.2(c)). 若选择 $w_1 = 1.2$, $\rho_1 = 2$, 其对应于线性稳定情况, 即 H_1 也是 $\mathcal{PT}$ 相位未破缺的, V_1 是双势阱 (见图 14.2(d)). 在这种参数情况下, 即使初始条件没有加入随机噪声, 非线性模态仍在大约 $t = 100$ 开始变得不稳定 (见图 14.2(f)).

14.2.2　广义 $\mathcal{PT}$ 对称 Rosen-Morse 势

　　下面考虑广义 $\mathcal{PT}$ 对称 Rosen-Morse 势

$$\begin{bmatrix} V_2(x) \\ W_2(x) \end{bmatrix} = -\begin{bmatrix} 2\,\mathrm{sech}^2(x) \\ 2w_2 \tanh(x) \end{bmatrix} - \sigma_2(x)\begin{bmatrix} \cos[\theta_2(x)] \\ \sin[\theta_2(x)] \end{bmatrix}, \tag{14.2.6}$$

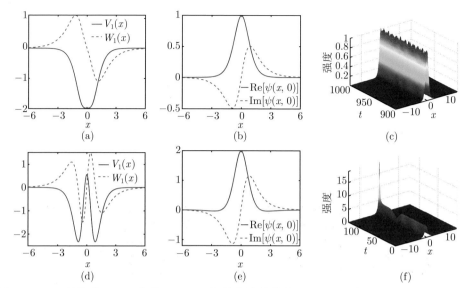

图 14.2 (a) 单势阱 (d) 双势阱, (b), (e) 初始非线性模态 (14.2.4) 的实部和虚部, (c) 具有微小振荡的稳定波演化, 其初始条件加入 2% 的随机噪声, (f) 不稳定的波演化: $t = 100$ 时刻出现分叉, 其初始并没有加入随机噪声. (a), (b), (c) 中参数为 $w_1 = 1, \rho_1 = 1$; (d), (e), (f) 中参数为 $w_1 = 1.2, \rho_1 = 2$. 所有情况中对应的线性算子都是 $\mathcal{PT}$ 相位未破缺的且 $g = -1$

且

$$\sigma_2(x) = g\rho_2^2 \mathrm{sech}^2(x), \quad \theta_2(x) = 2w_2 x, \tag{14.2.7}$$

w_2, ρ_2 为实参数. 当 $\rho_2 = 0$ 时, $\mathcal{PT}$ 对称势 $V_2(x) + \mathrm{i} W_2(x)$ 变为 $\mathcal{PT}$ 对称 Rosen-Morse 势[294].

含广义 $\mathcal{PT}$ 对称 Rosen-Morse 势 (14.2.6) 的线性谱问题为

$$H_2 \Phi(x) = \lambda \Phi(x), \quad H_2 = -\partial_x^2 + V_2(x) + \mathrm{i} W_2(x), \tag{14.2.8}$$

其中, λ 和 $\Phi(x)$ 是特征值和特征函数, $\Phi(x) \to 0$ $(x \to \pm\infty)$. 图 14.3(a), (b) 展示了 (ρ_2, w_2) 空间中 $\mathcal{PT}$ 对称相位 (未) 破缺区域.

对于给定广义 $\mathcal{PT}$ 对称 Rosen-Morse 势 (14.2.6), 可得 $\mathcal{PT}$-NNLS 方程 (14.1.4) 的亮孤子

$$\phi_2(x) = \rho_2 \mathrm{sech}(x) \mathrm{e}^{\mathrm{i} w_2 x} \tag{14.2.9}$$

且 $\mu = w_2^2 - 1$. 可知 $S_2(x) = \mathrm{i}(\phi\phi_x^* - \phi_x\phi^*)/2 = \rho_2^2 w_2 \mathrm{sech}^2(x)$, 其表明当 w_2 大于零时, $S_2(x)$ 一致是正的, 即能量流总是从增益向损耗方向流动. 图 14.3(c), (d) 表明当 w_2 几乎接近零时, 孤子解才能是线性稳定的.

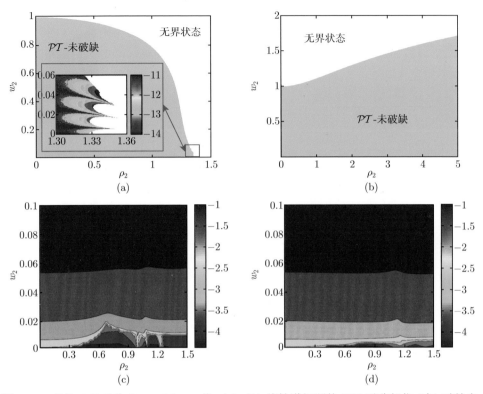

图 14.3　广义 $\mathcal{PT}$ 对称 Rosen-Morse 势: (a), (b) 线性谱问题的 $\mathcal{PT}$ 对称相位 (未) 破缺参数区域 (ρ_2, w_2); (c), (d) 参数区域 (ρ_2, w_2) 中线性特征值 δ 虚部的最大绝对值 (对数尺度下). 左栏表示 $g = -1$ 情况, 右栏为 $g = 1$ 情况

下面利用数值模拟来研究孤子 (14.2.9) 的动力学, 其中所有情况对应的线性算子 H_2 是 $\mathcal{PT}$ 相位未破缺的. 若取 $w_2 = 0.01$, $\rho_2 = 1$, 将带有 2% 随机噪声的孤子 (14.2.9) 作为初始条件, 发现该解在吸引情况下是稳定传播的 (见图 14.4(c)), 然而对于排斥情况, 该解即使不加噪声仍然是不稳定的 (见图 14.4(f)).

14.2.3　广义 $\mathcal{PT}$ 对称 Rosen-Morse-II 势

下面考虑广义 $\mathcal{PT}$ 对称 Rosen-Morse-II 势 (即周期势):

$$\begin{bmatrix} V_3(x) \\ W_3(x) \end{bmatrix} = - \begin{bmatrix} w_3^2 \cos^2(x) \\ 3 w_3 \sin(x) \end{bmatrix} - \sigma_3(x) \begin{bmatrix} \cos[\theta_3(x)] \\ \sin[\theta_3(x)] \end{bmatrix}, \tag{14.2.10}$$

且

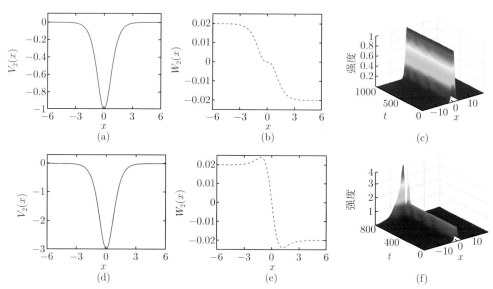

图 14.4 广义 $\mathcal{PT}$ 对称 Rosen-Morse 势的实部 (a), (d) 和虚部 (b), (e) 及具有 2% 随机噪声的精确态 (14.2.9) 的波演化 (c), (f): (a), (b), (c) $g = -1$; (d), (e), (f) $g = 1$, 其中即使初始条件中不加入噪声, 波在 $t = 1000$ 是不稳定的. 参数为 $w_2 = 0.01, \rho_2 = 1$

$$\sigma_3(x) = g\rho_3^2 \cos^2(x), \quad \theta_3(x) = 2w_3 \sin(x) \tag{14.2.11}$$

w_3, ρ_3 是实参数 (见图 14.5(a), (b)).

对于给定广义 $\mathcal{PT}$ 对称 Rosen-Morse-II 势 (14.2.10), 可得 $\mathcal{PT}$-NNLS 方程 (14.1.4) 的周期解

$$\phi_3(x) = \rho_3 \cos(x)\mathrm{e}^{\mathrm{i}w_3 \sin(x)} \tag{14.2.12}$$

且 $\mu = 1$. 因此可知

$$S_3(x) = \frac{\mathrm{i}}{2}(\phi\phi_x^* - \phi_x\phi^*) = \rho_3^2 w_3 \cos^3(x), \tag{14.2.13}$$

其表明对于正的 w_3, $S_3(x)$ 不再一直是正的, 即能量流并不是一直从增益流向损耗.

通过数值计算, 可获得广义 $\mathcal{PT}$ 对称 Rosen-Morse-II 势 (14.2.10) 作用下, 具有吸引作用 ($g = -1$) 的方程 (14.1.4) 定态数值解 (见图 14.5(b), (e)). 图 14.5(c), (f) 分别展示了两组参数 $\{w_3 = 0.1, \rho_3 = 0.5, \mu = 0.8\}$ 和 $\{w_3 = 0.3, \rho_3 = 1, \mu = 0.4\}$ 情况下数值解的不稳定性, 其主要原因可能是周期势的作用.

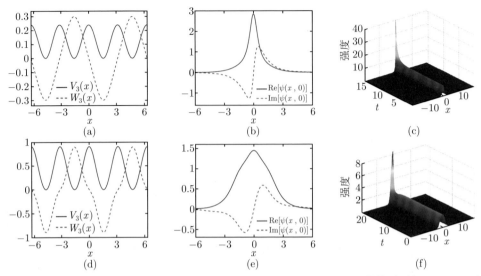

图 14.5 (a), (d) 广义 $\mathcal{PT}$ 对称 Rosen-Morse-II 势 (14.2.10), (b), (e) 数值孤子解, (c), (f) 不稳定的波演化. (a), (b), (c) $w_3 = 0.1$, $\rho_3 = 0.5$, $\mu = 0.8$, $g = -1$; (d), (e), (f) $w_3 = 0.3$, $\rho_3 = 1$, $\mu = 0.4$, $g = -1$

第 15 章 含 $\mathcal{PT}$ 对称势的三波非线性系统

本章主要研究二次非线性介质中 $\mathcal{PT}$ 对称的三波相互作用. 在物理学中, 三波相互作用可以用来描述电磁泵波与降频子波之间在光学晶体中的二次耦合作用. 将研究两个具有 $\mathcal{PT}$ 对称结构的三波相互作用模型, 并讨论相应物理系统中的非线性模态. 第一个是描述空间扩展的三波相互作用系统模型, 其 $\mathcal{PT}$ 对称结构表现为具有空间奇对称性的增益–损耗分布. 在 $\mathcal{PT}$ 对称单阱和多阱 Scarf-II 外势的调制作用下, 该空间扩展的三波系统存在稳定的孤子解. 通过控制系统参数的绝热变化, 对非线性模态的激发和演化过程进行数值模拟. 第二个模型描述的是两个耦合的三波相互作用系统, 其 $\mathcal{PT}$ 对称结构通过两个系统间的三波交互耦合构造产生. 当选择了特定的参数后, 我们可以得到系统的非线性模态族. 通过数值模拟, 我们发现不同的解族中存在稳定和不稳定的非线性模态 (见文献 [223]).

15.1 $\mathcal{PT}$ 对称外势作用下的三波系统

15.1.1 Scarf-II 外势下的非线性模态

首先介绍 $\mathcal{PT}$ 对称外势下三波相互作用的空间扩展模型[438,439]

$$iA_{1\tau} = \beta_1 A_{1\xi\xi} - \frac{i}{\nu_1} A_{1\xi} + U_1(\xi)A_1 + i\sigma_1 A_2 A_3^* ,$$

$$iA_{2\tau} = \beta_2 A_{2\xi\xi} - \frac{i}{\nu_2} A_{2\xi} + U_2(\xi)A_2 - i\sigma_2 A_1 A_3 , \qquad (15.1.1)$$

$$iA_{3\tau} = \beta_3 A_{3\xi\xi} - \frac{i}{\nu_3} A_{3\xi} + U_3(\xi)A_3 + i\sigma_3 A_2 A_1^* ,$$

这里, 复数场变量 $A_1 = A_1(x,t)$, $A_2 = A_2(x,t)$, $A_3 = A_3(x,t)$ 分别代表信号波、泵波与闲波[438,439], 下标表示其对自变量的偏导数, $*$ 表示取复共轭. 实参数 ν_j 和 β_j $(j = 1, 2, 3)$ 分别对应群速度和色散系数, 复函数 $U_j(\xi)$ $(j = 1, 2, 3)$ 用来描述可调制的外势或是相应波幅的衰减比率[438,439]. 而系统的非线性系数 σ_j $(j = 1, 2, 3)$ 则与生效的二阶磁化率、光晶体的折射率以及某些频率下波的向量模有关[438,439].

下面将研究三波具有相同群速度的情况, 即 $\nu_j = \nu$ $(j = 1, 2, 3)$, 且色散系数满足条件 $\beta_2 = 2\beta_1 = 2\beta_3 = \beta$ $(\beta > 0)$. 通过时空坐标变换 $x = \xi/\sqrt{\beta}$, $t = \tau + \nu\xi$,

系统 (15.1.1) 化为

$$
\mathrm{i}A_{1t} = \frac{1}{2}A_{1xx} + U_1(x)A_1 + \mathrm{i}\,\sigma_1 A_2 A_3^* \,,
$$

$$
\mathrm{i}A_{2t} = A_{2xx} + U_2(x)A_2 - \mathrm{i}\,\sigma_2 A_1 A_3 \,, \tag{15.1.2}
$$

$$
\mathrm{i}A_{3t} = \frac{1}{2}A_{3xx} + U_3(x)A_3 + \mathrm{i}\,\sigma_3 A_2 A_1^* \,,
$$

选取满足 $\mathcal{PT}$ 对称性的 Scarf-II 外势 $U_j(x) = V_j\,\mathrm{sech}^2\,x + 5\mathrm{i}\,W_j\,\mathrm{sech}\,x\tanh x$ $(j = 1, 2, 3)(V_j > 0, W_j$ 均为实常数)[41,45]，并考虑系统 (15.1.2) 对应的线性谱问题

$$
\boldsymbol{H}\Phi(x) = \lambda\Phi(x), \quad \boldsymbol{H} = \mathrm{diag}(H_1, H_2, H_3), \tag{15.1.3}
$$

其中, $H_j = \dfrac{1}{2}\partial_x^2 + U_j(x)$ $(j = 1, 3)$, $H_2 = \partial_x^2 + U_2(x)$, λ 为特征值, $\Phi(x)$ 表示相应的特征向量函数. 由 Scarf-II 外势的相关结论可知, 矩阵形式的线性 Hamilton 算子 $\boldsymbol{H}$ 具有全实谱的条件为

$$
\begin{aligned}
|W_j| &\leqslant \frac{1}{5}V_j + \frac{1}{40}, \quad j = 1, 3, \\
|W_2| &\leqslant \frac{1}{5}V_2 + \frac{1}{20},
\end{aligned} \tag{15.1.4}
$$

对于上述 Scarf-II 外势作用下的非线性系统 (15.1.2) $(\sigma_1\sigma_2\sigma_3 \neq 0)$, 推得如下形式的模态 (解)

$$
A_j(x, t) = \phi_j(x)\mathrm{e}^{-\mathrm{i}\mu_j t}, \quad j = 1, 2, 3, \tag{15.1.5}
$$

其中, 包络函数 $\phi_j(x)$ 写为

$$
\begin{aligned}
\phi_1(x) &= a_1 f(x)\,\mathrm{e}^{4\mathrm{i}\,W_1\varphi(x)}, \\
\phi_2(x) &= \mathrm{i}\,a_2 f(x)\,\mathrm{e}^{2\mathrm{i}\,W_2\varphi(x)}, \\
\phi_3(x) &= a_3 f(x)\,\mathrm{e}^{4\mathrm{i}\,W_3\varphi(x)},
\end{aligned} \tag{15.1.6}
$$

且 $f(x) = \mathrm{sech}^2\,x$, $\varphi(x) = \arctan[\tanh(x/2)]$, 以及

$$
\begin{aligned}
a_j &= (-1)^{n_j}\sqrt{\Pi_{k=1,k\neq j}^3\Omega_k}, \quad n_j \in \mathbb{Z}^+,\ j = 1, 2, 3, \\
\Omega_s &= \frac{V_s - 2W_s^2 - 3}{\sigma_s}, \quad s = 1, 3, \\
\Omega_2 &= \frac{V_2 - W_2^2 - 6}{\sigma_2}.
\end{aligned} \tag{15.1.7}
$$

要得到非线性模态 (15.1.5), 还需满足约束 $W_2 = 2(W_1 + W_3)$, $\mu_{1,3} = 2$, $\mu_2 = 4$. 且表达式 (15.1.7) 分为以下两种情况:

情况 1　当 $\Omega_1, \Omega_2, \Omega_3 > 0$ 时, $n_1 + n_2 + n_3$ 为偶数;

情况 2　当 $\Omega_1, \Omega_2, \Omega_3 < 0$ 时, $n_1 + n_2 + n_3$ 为奇数.

定义系统的功率为

$$P_j(t) = \int_{-\infty}^{+\infty} |A_j(x,t)|^2 \mathrm{d}x, \qquad P(t) = \sum_{j=1,2,3} P_j(t), \tag{15.1.8}$$

其横截能流 (Poynting 向量) 为

$$S_j(x,t) = \frac{\mathrm{i}}{2}\left[A_j(x,t)A_{jx}^*(x,t) - A_j^*(x,t)A_{jx}(x,t)\right], \tag{15.1.9}$$

通过它可以得到在某个特定时刻 $t = t_0$, 空间中某个点 $x = x_0$ 上能量流动的大小和方向. 而模态 (15.1.5) 的横截能流则可以写为

$$S_{1,3}(x) = 2a_{1,3}^2 W_{1,3}\,\mathrm{sech}^4 x, \quad S_2(x) = a_2^2 W_2\,\mathrm{sech}^4 x. \tag{15.1.10}$$

通常有两个途径可以用来检测非线性模态 (15.1.5) 是否稳定. 其一是线性稳定性分析, 具体流程将在 15.1.2 小节进行叙述; 其二是给模态 (15.1.5) 加上一个微小的随机扰动, 然后将其作为初值对系统 (15.1.2) 进行演化数值模拟.

15.1.2　线性稳定性分析

首先, 对非线性系统 (15.1.2) 的模态 (15.1.5) 进行线性稳定性分析. 假设解存在微扰 ($\epsilon \ll 1$)

$$A_j(x,t) = \phi_j(x)\mathrm{e}^{-\mathrm{i}\mu_j t} + \epsilon\left[f_j(x)\mathrm{e}^{\mathrm{i}\delta t} + g_j^*(x)\mathrm{e}^{-\mathrm{i}\delta^* t}\right]\mathrm{e}^{-\mathrm{i}\mu_j t}, \quad j = 1,2,3, \tag{15.1.11}$$

将其代入系统 (15.1.2) 并化为特征值问题

$$\begin{pmatrix} L_1 & 0 & -\mathrm{i}\sigma_1\phi_3^* & 0 & 0 & -\mathrm{i}\sigma_1\phi_2 \\ 0 & -L_1^* & 0 & -\mathrm{i}\sigma_1\phi_3 & -\mathrm{i}\sigma_1\phi_2^* & 0 \\ \mathrm{i}\sigma_2\phi_3 & 0 & L_2 & 0 & \mathrm{i}\sigma_2\phi_1 & 0 \\ 0 & \mathrm{i}\sigma_2\phi_3^* & 0 & -L_2^* & 0 & \mathrm{i}\sigma_2\phi_1^* \\ 0 & -\mathrm{i}\sigma_3\phi_2 & -\mathrm{i}\sigma_3\phi_1^* & 0 & L_3 & 0 \\ -\mathrm{i}\sigma_3\phi_2^* & 0 & 0 & -\mathrm{i}\sigma_3\phi_1 & 0 & -L_3^* \end{pmatrix} \begin{pmatrix} f_1 \\ g_1 \\ f_2 \\ g_2 \\ f_3 \\ g_3 \end{pmatrix} = \delta \begin{pmatrix} f_1 \\ g_1 \\ f_2 \\ g_2 \\ f_3 \\ g_3 \end{pmatrix},$$

$$\tag{15.1.12}$$

其中, 算子 $L_{1,3} = -\partial_x^2/2 - U_{1,3}(x) + \mu_{1,3}$, $L_2 = -\partial_x^2 - U_2(x) + \mu_2$, $\mu_2 = \mu_1 + \mu_3$, δ 表示特征值, $f_j(x)$, $g_j(x)$ $(j = 1, 2, 3)$ 为对应特征函数的元素. 若满足式 (15.1.12) 的所有特征值均为实数, 则认为解 $A_j(x,t)$ $(j = 1, 2, 3)$ 是线性稳定的, 否则就是不稳定的.

通常特征值问题 (15.1.12) 无法精确求解. 采用 Fourier 谱配点法把微分算子离散化为矩阵的形式并选取适当的参数进行有限近似. 通过计算可以得到该有限差分矩阵的特征值, 将其作为对原问题解的近似[71]. 此外, 还以特定参数下加入 5% 随机扰动的模态 (15.1.5) 作为初值进行数值演化, 并将演化结果与线性稳定性分析的结论进行对照.

图 15.1 大致划分了在一定范围的 (V_1, W_1) 参数空间中模态 (15.1.5) 的线性稳定 (蓝色) 和不稳定 (红色) 区域, 划分标准取决于特征值 δ 的最大虚部绝对值 (常用对数标度). 特殊地, 取定参数 $V_{1,3} = 2.14$, $V_2 = 4.28$, 分量 A_1 在图 15.2(b) 中呈现出稳定演化的孤子; 若保持其他参数不变而分别略微增加 $V_{1,3}$ 和 V_2 的值到 2.16 和 4.32, 孤子的演化就变得不稳定 (见图 15.2(d)). 这与图 15.2(a) 和 (c) 中特征值 δ 虚部最大值的大小相对应, 而另外两个分量 $A_{2,3}$ 也有着类似的情况.

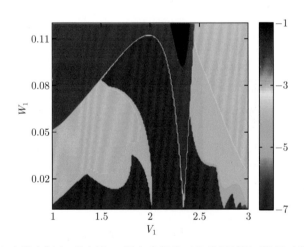

图 15.1　(V_1, W_1) 参数空间中, 特征值 δ 最大虚部绝对值的区域图 (常用对数标度), 其中参数间的约束关系为 $V_3 = V_1$, $V_2 = 2V_1$, 及 $W_2 = 2(W_1 + W_3) = 0$. 其他参数取值为 $\mu_{1,3} = 2$, $\mu_2 = 4$, $\sigma_{1,3} = -1$, $\sigma_2 = -2$

15.1.3　非线性模态的绝热激发

下面通过参数的 "绝热" 变化来研究系统 (15.1.2) 的激发态. 考虑以模态 (15.1.5) 作为初值的非自治系统:

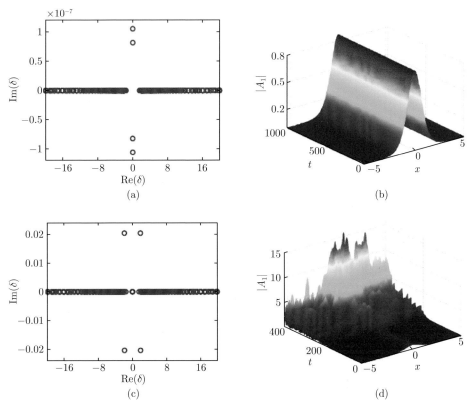

图 15.2 线性稳定特征值 (左列) 及相应密度分量 $|A_1|$ 的演化 (右列), 其中 (a), (b) $V_{1,3} =$ 2.14, $V_2 = 4.28$ 为稳定的情况; (c), (d) $V_{1,3} = 2.16$, $V_2 = 4.32$ 为不稳定的情况. 其他参数的取值为 $W_1 = -W_3 = 0.1$, $W_2 = 0$, $\mu_{1,3} = 2$, $\mu_2 = 4$, $\sigma_{1,3} = -1$, $\sigma_2 = -2$

$$\begin{cases} \mathrm{i}A_{1t} = \dfrac{1}{2}A_{1xx} + U_1(x,t)A_1 + \mathrm{i}\,\sigma_1(t)A_2 A_3^* \,, \\[2mm] \mathrm{i}A_{2t} = A_{2xx} + U_2(x,t)A_2 - \mathrm{i}\,\sigma_2(t)A_1 A_3 \,, \\[2mm] \mathrm{i}A_{3t} = \dfrac{1}{2}A_{3xx} + U_3(x,t)A_3 + \mathrm{i}\,\sigma_3(t)A_2 A_1^* \,, \\[2mm] A_j(x,0) = \phi_j(x) \,, \qquad j = 1,\, 2,\, 3, \end{cases} \qquad (15.1.13)$$

这里 $U_j(x,t) = V_j(t)\operatorname{sech}^2 x + 5\mathrm{i}\,W_j(t)\operatorname{sech} x \tanh x$ $(j = 1,\, 2,\, 3)$. 为了保证参数调制过程平滑, 我们利用如下的 "对接" 函数 $\xi(t)$:

$$\xi(t) = \begin{cases} \xi^{(\text{ini})}, & t = 0, \\ \dfrac{\xi^{(\text{end})} + \xi^{(\text{ini})}}{2} + \dfrac{\xi^{(\text{end})} - \xi^{(\text{ini})}}{2}\sin\left(\dfrac{\pi}{500}t - \dfrac{\pi}{2}\right), & 0 < t < 500, \\ \xi^{(\text{end})}, & 500 \leqslant t \leqslant 1500, \end{cases}$$

$$(15.1.14)$$

对多个系统参数 $V_j(t)$, $W_j(t)$, $\sigma_j(t)$ ($j = 1, 2, 3$) 进行同步调制, 整个过程分为两个阶段: 激发过程和演化过程. 在激发过程 ($0 < t < 500$) 中, 系统参数缓慢地从 $\xi^{(\text{ini})}$ 变到 $\xi^{(\text{end})}$, 系统对应于 $\xi^{(\text{ini})}$ 的初始状态也将绝热地变化到一个新的状态与参数的终值 $\xi^{(\text{end})}$ 相对应; 而在演化过程 ($500 \leqslant t \leqslant 1500$) 中, 系统参数维持在终值 $\xi^{(\text{end})}$, 通过激发得到的非线性模态将以最终的系统条件进行演化. 若需要让某些系统参数在整个过程中保持不变, 便令 "对接" 函数 $\xi(t)$ 满足 $\xi^{(\text{ini})} = \xi^{(\text{end})}$ 即可.

利用 Fourier 伪谱方法计算空间的二阶微分, 而关于时间的微分则采用显式的四阶 Runge-Kutta 方法, 并且把选定参数之后的模态 (15.1.5) 作为初值. 由此进行以下三个特殊的激发过程.

(1) 首先, 按式 (15.1.14) 构造 V_j ($j = 1, 2, 3$), 其中 $V_{1,3}^{(\text{ini})} = 3$, $V_{1,3}^{(\text{end})} = 3.5$, $V_2^{(\text{ini})} = 5.98$, $V_2^{(\text{end})} = 7$, 其他参数保持不变. 由式 (15.1.7) 计算可得系统处于初始状态时 $a_{1,3} = 0.0141$, $a_2 = 0.02$. 图 15.3(a)~(c) 演示了非线性模态稳定的激发和演化过程. 由于对称地选取系统参数, 故演化中 A_1 和 A_3 分量的振幅始终是一致的 (后面的两个例子亦是如此). 在激发的过程中, A_2 的振幅增大而 $A_{1,3}$ 的振幅减小, 之后激发态呈现周期性振荡. 对各分量功率的计算也能得出相似的结论 (见图 15.3(g), 绿色虚线代表 $A_{1,3}$ 的功率, 红色点划线则为 A_2 功率的 1/2), 且总功率 $P(t)$ 始终守恒 (见图 15.3(g) 中的蓝色实线). 在图 15.3(e) 中, 发现在 $t \geqslant 500$ 的部分, 即使 $W_2 = 0$, 横截能流 S_2 仍然呈现出缓慢周期变化的模式. 激发态振幅的轮廓近似于 $\operatorname{sech}^\alpha x$, $\alpha \approx 2.2$, 可见系统的初始设置是满足模态 (15.1.5) 的, 但最后得到的激发态却不满足, 故通过绝热激发过程能找到新的稳定非线性模态.

(2) 下面研究系统从弱非线性效应到强非线性效应转变过程中激发的模态. 于是同步调制 V_j 和 σ_j ($j = 1, 2, 3$), 设 $V_{1,3}^{(\text{ini})} = 2.99$, $V_{1,3}^{(\text{end})} = 1.0002$, $V_2^{(\text{ini})} = 5.98$, $V_2^{(\text{end})} = 2$ 和 $\sigma_{1,3}^{(\text{ini})} = -0.001$, $\sigma_{1,3}^{(\text{end})} = -1$, $\sigma_2^{(\text{ini})} = -0.002$, $\sigma_2^{(\text{end})} = -2$, 而 W_j ($j = 1, 2, 3$) 的值不变. 图 15.4(a)~(c) 表明, 该参数设定下激发的非线性模态能保持稳定. 在激发过程中, 波的振幅增大同时宽度减小, 之后激发态的能量流动呈现高频振荡. 图 15.4(d)~(f) 的右上框图显示在 $1497 \leqslant t \leqslant 1500$ 的时间内, 能量流动的振荡超过了 5 个周期. 在整个过程中, 系统各分量的功率 P_j ($j = 1, 2, 3$) 大致上守恒, 激发态振幅的轮廓近似于 $\operatorname{sech}^\alpha x$, $\alpha \approx 5.6$.

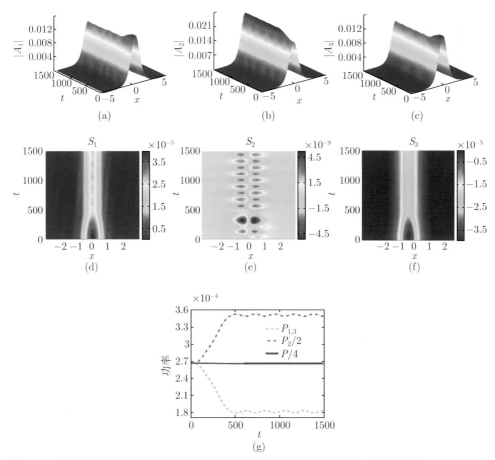

图 15.3　非线性模态的绝热激发与稳定演化过程及其横截能流随时间变化的规律. $V_j(t)$ $(j = 1, 2, 3)$ 由式 (15.1.14) 构造, 其中 $V_{1,3}^{(\mathrm{ini})} = 3$, $V_{1,3}^{(\mathrm{end})} = 3.5$, $V_2^{(\mathrm{ini})} = 5.98$, $V_2^{(\mathrm{end})} = 7$. 其他参数为 $W_1 = -W_3 = 0.1$, $W_2 = 0$, $\sigma_{1,3} = -1$, $\sigma_2 = -2$

(3) 最后, 研究一个由线性系统到非线性系统的激发过程. 当 $\sigma_j = 0$ $(j = 1, 2, 3)$ 时, 系统 (15.1.2) 退化成三个各自独立在 $\mathcal{PT}$ 对称 Scarf-II 外势作用下的线性 Schrödinger 方程, 原来三波之间的相互作用消失. 已知该线性方程是可解的[41], 故在选定参数 $V_{1,3} = 1.0002$, $V_2 = 2$, $W_1 = -W_3 = 0.006$, $W_2 = 0$ 之后, 方程的解可以写为

$$
\begin{aligned}
A_{1,3}^{(\mathrm{lin})}(x, t) &= a_{1,3}^{(\mathrm{lin})} \mathrm{e}^{20\mathrm{i}\, W_{1,3} \arctan[\tanh(x/2)]/3} \operatorname{sech} x, \\
A_2^{(\mathrm{lin})}(x, t) &= a_2^{(\mathrm{lin})} \mathrm{e}^{10\mathrm{i}\, W_2 \arctan[\tanh(x/2)]/3} \operatorname{sech} x,
\end{aligned}
\tag{15.1.15}
$$

其中, $a_j^{(\mathrm{lin})}$ $(j = 1, 2, 3)$ 是任意的复常数. 这里为了与非线性系统各分量的相位

匹配, 将 $a_{1,3}^{(\text{lin})}$ 取成实数, $a_2^{(\text{lin})}$ 为纯虚数. 以退化线性系统的解作为初值进行绝热激发, 令 $\sigma_{1,3}^{(\text{ini})} = 0$, $\sigma_{1,3}^{(\text{end})} = -1$, $\sigma_2^{(\text{ini})} = 0$, $\sigma_2^{(\text{end})} = -2$, 即让 σ_j $(j = 1, 2, 3)$ 从 0 开始变化到与前例相同的终值. 图 15.5(a)~(c) 模拟的是由线性系统初值激发出非线性系统模态的过程. 与前例相比较, 虽然激发过程仍伴有波幅的增大以及波宽的减小, 但在之后的演化中激发态的能量流动并没有明显的振荡迹象, 得到的非线性激发态振幅轮廓近似于 $\operatorname{sech}^{\alpha} x$, $\alpha \approx 1.65$.

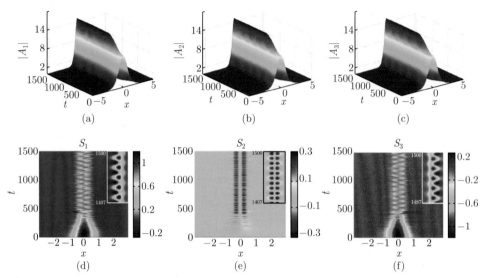

图 15.4　非线性模态的绝热激发与稳定演化过程, 及其横截能流随时间变化的规律. $V_j(t)$ 和 $\sigma_j(t)$ $(j = 1, 2, 3)$ 由式 (15.1.14) 构造, 其中 $V_{1,3}^{(\text{ini})} = 2.99$, $V_{1,3}^{(\text{end})} = 1.0002$, $V_2^{(\text{ini})} = 5.98$, $V_2^{(\text{end})} = 2$; $\sigma_{1,3}^{(\text{ini})} = -0.001$, $\sigma_{1,3}^{(\text{end})} = -1$, $\sigma_2^{(\text{ini})} = -0.002$, $\sigma_2^{(\text{end})} = -2$. 其他参数为 $W_1 = -W_3 = 0.006$, $W_2 = 0$. (d)~(f) 右上框图中显示的能量流动范围为 $|x| \leqslant 1$, 且 $1497 \leqslant t \leqslant 1500$

15.1.4　$\mathcal{PT}$ 对称多阱 Scarf-II 外势

本节将研究 $\mathcal{PT}$ 对称多阱 Scarf-II 外势[47] 作用下的广义三波相互作用系统:

$$\mathrm{i}A_{1t} = \frac{1}{2}A_{1xx} + \hat{U}_1(x)A_1 + \mathrm{i}\left[\sigma_1 + \kappa_1\hat{h}_1(x)\right]A_2A_3^*,$$

$$\mathrm{i}A_{2t} = A_{2xx} + \hat{U}_2(x)A_2 - \mathrm{i}\left[\sigma_2 + \kappa_2\hat{h}_2(x)\right]A_1A_3, \qquad (15.1.16)$$

$$\mathrm{i}A_{3t} = \frac{1}{2}A_{3xx} + \hat{U}_3(x)A_3 + \mathrm{i}\left[\sigma_3 + \kappa_3\hat{h}_3(x)\right]A_2A_1^*,$$

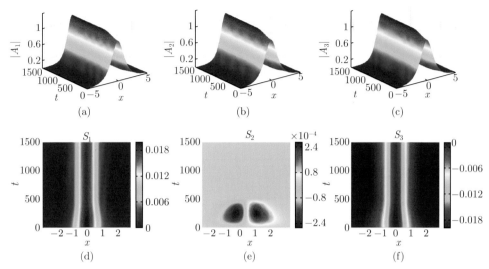

图 15.5　由线性系统到非线性系统的绝热激发过程, 非线性激发态的演化及其横截能流随时间变化的规律. $\sigma_j(t)$ $(j=1,2,3)$ 由式 (15.1.14) 构造, 其中 $\sigma_{1,3}^{(\mathrm{ini})}=\sigma_2^{(\mathrm{ini})}=0$, $\sigma_{1,3}^{(\mathrm{end})}=-1$, $\sigma_2^{(\mathrm{end})}=-2$. 其他参数为 $V_{1,3}=1.0002$, $V_2=2$, $W_1=-W_3=0.006$, $W_2=0$

这里广义系统外势 $\hat{U}_j(x)$ 的定义为

$$
\begin{aligned}
\hat{U}_j(x) &= \widetilde{V}_j(x) + \mathrm{i}\,\widetilde{W}_j(x) \\
&= \left[V_j + \hat{h}_j(x)\right]\operatorname{sech}^2 x + 5\mathrm{i}\,W_j\operatorname{sech} x\tanh x, \quad j=1,2,3,
\end{aligned}
\tag{15.1.17}
$$

其中, $\hat{h}_j(x)=-h_j\cos(\omega x)$ $(\omega\in\mathbb{R}^+,\ j=1,2,3)$ 可用来构造 $\mathcal{PT}$ 对称外势的多阱形状. 当 $\kappa_j=a_j^2/(a_1a_2a_3)$ $(j=1,2,3)$ 时, 该广义系统 (15.1.16) 和原系统 (15.1.2) 有着相同形式的解 (15.1.5)~(15.1.7).

当 $\omega=0$ 或 $h_j=0$ $(j=1,2,3)$ 时, 广义 $\mathcal{PT}$ 对称外势 (15.1.17) 即为标准的 Scarf-II 外势, 广义系统 (15.1.16) 将退化为原系统 (15.1.2). 非负参数 ω 表示引入周期分布 $\hat{h}_j(x)$ $(j=1,2,3)$ 的频率. 当 ω 不为 0 时, 每个 $\widetilde{V}_j(x)$ $(j=1,2,3)$ 均呈现多阱的形状; 若频率 ω 增大, 外势也将出现更多阱的结构 (见图 15.6(a), (d), (g)).

接下来, 将研究多势阱下系统参数对非线性模态 (15.1.5) 线性稳定性及其演化的影响. 在演化的数值模拟中, 对模态初值加入了 5% 的随机扰动. 选定参数条件 $V_{1,3}=h_{1,3}=2$, $V_2=h_2=4$, $W_1=-W_3=0.03$, $W_2=0$, $\sigma_{1,3}=-1$, $\sigma_2=-2$, $\omega=1$, 图 15.6(b), (c) 呈现的是稳定的非线性模态. 若保持其他参数不变, 增大 W_1 的值到 0.05, 从图 15.6(e), (f) 中可以看到模态的演化变得不稳定, 这说明增益–损耗分布的强度稍稍增加, 可能导致非线性模态的崩溃; 固定 $W_1=0.05$, 增大

ω 的值到 4, 非线性模态又重新变回稳定的状态 (见图 15.6(h), (i)), 故引入的频率参数 ω 也会影响非线性模态的稳定性.

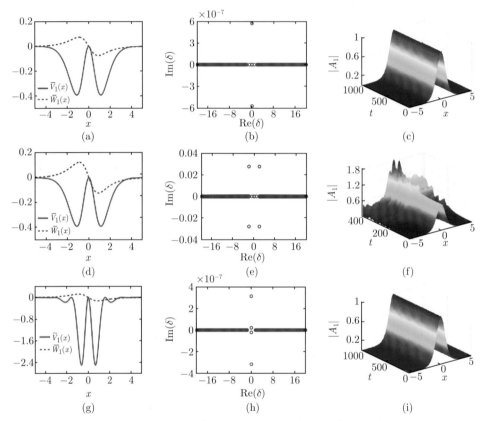

图 15.6　$\mathcal{PT}$ 对称多阱 Scarf-II 外势的实、虚部 (左列), 线性稳定特征值 (中列), 密度分量 $|A_1|$ 的演化 (右列), 其中 (a)~(c) $W_1 = 0.03$, $\omega = 1$, (g)~(i) $W_1 = 0.05$, $\omega = 4$, 对应稳定的情况; (d)~(f) $W_1 = 0.05$, $\omega = 1$, 为不稳定的情况. 其他参数为 $V_{1,3} = h_{1,3} = 2$, $V_2 = h_2 = 4$, $W_3 = -W_1$, $W_2 = 0$, $\sigma_{1,3} = -1$, $\sigma_2 = -2$

15.2　$\mathcal{PT}$ 对称的三波耦合系统

本节将研究满足 $\mathcal{PT}$ 对称性的三波耦合系统, 它可由一组常微分方程描述. 每个方程都描述了电场的一个分量, 它们具有各自的频率, 并与其他分量耦合.

15.2.1　非线性模态及其线性谱

下面研究一个三波相互作用的二耦合子, 它的控制方程为

$$i\dot{B}_{-3} = -i\gamma_3 B_{-3} + k_3 B_3 - i\sigma_3 B_{-2}B_{-1}^* + q_3 B_{-3},$$

$$i\dot{B}_{-2} = -i\gamma_2 B_{-2} + k_2 B_2 + i\sigma_2 B_{-1}B_{-3} + q_2 B_{-2},$$

$$i\dot{B}_{-1} = -i\gamma_1 B_{-1} + k_1 B_1 - i\sigma_1 B_{-2}B_{-3}^* + q_1 B_{-1},$$

$$i\dot{B}_{1} = i\gamma_1 B_{1} + k_1 B_{-1} + i\sigma_1 B_{2}B_{3}^* + q_1 B_{1},$$

$$i\dot{B}_{2} = i\gamma_2 B_{2} + k_2 B_{-2} - i\sigma_2 B_{1}B_{3} + q_2 B_{2},$$

$$i\dot{B}_{3} = i\gamma_3 B_{3} + k_3 B_{-3} + i\sigma_3 B_{2}B_{1}^* + q_3 B_{3}.$$

(15.2.1)

这里 $B_l = B_l(t)$ $(l = \pm 1, \pm 2, \pm 3)$ 代表不同的分量, 上方圆点表示对时间的导数. 在上述耦合系统 (15.2.1) 中, 分量 B_{-1}, B_{-2}, B_{-3} 和 B_1, B_2, B_3 分别构成了两个三波相互作用的子系统, 它们之间通过线性耦合系数 k_1, k_2, k_3 联系在一起[312]. 此外, σ_j $(j = 1, 2, 3)$ 为非线性作用系数, q_j $(j = 1, 2, 3)$ 表示恒常外势作用, γ_j $(j = 1, 2, 3)$ 控制增益–损耗分布, 系统的总功率 P 则定义为所有分量的平方范数之和.

通过引入定态拟设 $\boldsymbol{B}(t) = e^{-i\lambda \Lambda t}\boldsymbol{b}$, 其中 λ 为传播常数,

$$\Lambda = \mathrm{diag}(1, 2, 1, 1, 2, 1),$$
$$\boldsymbol{B}(t) = (B_{-3}(t), B_{-2}(t), B_{-1}(t), B_1(t), B_2(t), B_3(t))^{\mathrm{T}},$$

$\boldsymbol{b} = (b_{-3}, b_{-2}, b_{-1}, b_1, b_2, b_3)^{\mathrm{T}}$ 为一常向量, 可将系统 (15.2.1) 化为非线性特征值问题

$$\lambda \Lambda \boldsymbol{b} = H\boldsymbol{b} + F(\boldsymbol{b})\boldsymbol{b},$$

(15.2.2)

线性算子 H 和非线性算子 $F(\boldsymbol{b})$ 的形式如下

$$H = \begin{pmatrix} q_3 - i\gamma_3 & 0 & 0 & 0 & 0 & k_3 \\ 0 & q_2 - i\gamma_2 & 0 & 0 & k_2 & 0 \\ 0 & 0 & q_1 - i\gamma_1 & k_1 & 0 & 0 \\ 0 & 0 & k_1 & q_1 + i\gamma_1 & 0 & 0 \\ 0 & k_2 & 0 & 0 & q_2 + i\gamma_2 & 0 \\ k_3 & 0 & 0 & 0 & 0 & q_3 + i\gamma_3 \end{pmatrix},$$

(15.2.3)

$$F(\boldsymbol{b}) = \begin{pmatrix} 0 & -\mathrm{i}\sigma_3 b_{-1}^* & 0 & 0 & 0 & 0 \\ \dfrac{\mathrm{i}}{2}\sigma_2 b_{-1} & 0 & \dfrac{\mathrm{i}}{2}\sigma_2 b_{-3} & 0 & 0 & 0 \\ 0 & -\mathrm{i}\sigma_1 b_{-3}^* & 0 & 0 & 0 & 0 \\ 0 & 0 & 0 & 0 & \mathrm{i}\sigma_1 b_3^* & 0 \\ 0 & 0 & 0 & -\dfrac{\mathrm{i}}{2}\sigma_2 b_3 & 0 & -\dfrac{\mathrm{i}}{2}\sigma_2 b_1 \\ 0 & 0 & 0 & 0 & \mathrm{i}\sigma_3 b_1^* & 0 \end{pmatrix}. \quad (15.2.4)$$

对于系统的线性部分, 宇称算子 $\mathcal{P}$ 定义为反对角元均为 1 的反对角矩阵, 时间反演算子 $\mathcal{T}$ 定义为复共轭操作. 容易验证 $\mathcal{P}^2 = \mathcal{T}^2 = 1$ 和 $H\mathcal{PT} = \mathcal{PT}H$, 因此线性算子 H 是 $\mathcal{PT}$ 对称的. 相应 $\mathcal{PT}$ 对称线性系统的特征谱由矩阵 $\Lambda^{-1}H$ 的六个特征值组成. 特征值及其对应的特征向量见表 15.1.

表 15.1　特征值和特征向量, 其中参数取为 $\varphi_j = -\arctan\left(\gamma_j / \sqrt{k_j^2 - \gamma_j^2}\right)$, $\quad j = 1, 2, 3$

特征值	$q_1 \pm \sqrt{k_1^2 - \gamma_1^2}$,	$\dfrac{q_2 \pm \sqrt{k_2^2 - \gamma_2^2}}{2}$,	$q_3 \pm \sqrt{k_3^2 - \gamma_3^2}$,
特征向量	$(0, 0, \mathrm{e}^{\pm \mathrm{i}\varphi_1}, 1, 0, 0)^{\mathrm{T}}$,	$(0, \mathrm{e}^{\pm \mathrm{i}\varphi_2}, 0, 0, 1, 0)^{\mathrm{T}}$,	$(\mathrm{e}^{\pm \mathrm{i}\varphi_3}, 0, 0, 0, 0, 1)^{\mathrm{T}}$,

15.2.2　非线性模态及其动力学行为

不妨令 $b_l = r_l \mathrm{e}^{\mathrm{i}\theta_l}$, 其中 r_l 和 θ_l 是实数 ($l = \pm 1, \pm 2, \pm 3$), 并且考虑到 $\mathcal{PT}$ 对称性约束条件 $r_{-j} = r_j$ 和 $\theta_{-j} = -\theta_j$ ($j = 1, 2, 3$), 方程 (15.2.2) 的实部和虚部分别为

$$\begin{aligned} 0 &= \gamma_1 + \sigma_1 \frac{r_2 r_3}{r_1} \cos(\theta_1 + \theta_3 - \theta_2) - k_1 \sin 2\theta_1, \\ 0 &= \gamma_2 - \sigma_2 \frac{r_1 r_3}{r_2} \cos(\theta_1 + \theta_3 - \theta_2) + k_2 \sin 2\theta_2, \\ 0 &= \gamma_3 + \sigma_3 \frac{r_1 r_2}{r_3} \cos(\theta_1 + \theta_3 - \theta_2) - k_3 \sin 2\theta_3, \\ \lambda &= q_1 + \sigma_1 \frac{r_2 r_3}{r_1} \sin(\theta_1 + \theta_3 - \theta_2) + k_1 \cos 2\theta_1, \\ 2\lambda &= q_2 + \sigma_2 \frac{r_1 r_3}{r_2} \sin(\theta_1 + \theta_3 - \theta_2) + k_2 \cos 2\theta_2, \\ \lambda &= q_3 + \sigma_3 \frac{r_1 r_2}{r_3} \sin(\theta_1 + \theta_3 - \theta_2) + k_3 \cos 2\theta_3. \end{aligned} \qquad (15.2.5)$$

于是定态模态的功率可以表示为 $P = 2(r_1^2 + r_2^2 + r_3^2)$. 引入新的坐标变量替换其中的三角函数, 并考虑毕达哥拉斯三角恒等式对新坐标变量的约束条件, 即 $s_j = $

$\sin \theta_j$, $c_j = \cos \theta_j$ 以及引入约束条件 $s_j^2 + c_j^2 = 1 (j = 1, 2, 3)$, 于是方程 (15.2.5) 可以转化为关于新坐标变量 $s_j, c_j (j = 1, 2, 3)$ 的多项式系统. 一旦给定系统参数和传播常数 λ, 就可以得到该三波耦合系统的非线性模态族.

接下来, 将非线性模态族在 (λ, P) 平面上进行可视化, 并研究这些非线性模态的演化特性. 注意到在反射变换下, 即 $B_{\pm 1, \pm 3} \to -B_{\pm 1, \pm 3}$, $B_{\pm 1, \pm 2} \to -B_{\pm 1, \pm 2}$, 或者 $B_{\pm 2, \pm 3} \to -B_{\pm 2, \pm 3}$, B 仍然是等价于多项式系统的解, 因此 (λ, P) 平面上的每一个点对应四个代数解. 而这四个代数解分别对应原系统的四个定态解, 它们具有等价的动力学行为 (至多具有满足上述反射变换的恒定相位差). 所以, (λ, P) 平面上的每一个点对应着一个非线性模态. 在接下来的分析中, 不妨取定 $k_{1,3} = 1$, $k_2 = 2$, $q_{1,3} = 0.25$, $q_2 = 0$, $\sigma_{1,3} = 1$ 和 $\sigma_2 = 2$.

首先, 考虑当增益–损耗较小时的情况. 当 $\gamma_1 = 0.1$, $\gamma_2 = 0.5$, $\gamma_3 = 0.2$ 时, 线性算子 H 具有纯实数的特征谱, 因此是 $\mathcal{PT}$ 对称未破缺的. 非线性模态族在 (λ, P) 平面上的分布如图 15.7(a) 所示. 由代数方程次数可知该系统至多有六族解. 当 $\lambda \lesssim -1$ 时, 系统具有六族非线性模态; 当 $\lambda \approx (-1, -0.7)$ 时, 某些非线性模态族突然消失 (见插图); 非线性模式的二次退化分别发生在 $\lambda \approx -0.2$, $\lambda \approx 1.4$ 和 $\lambda \approx 1.6$. 通过数值计算, 可以得到非线性模态的演化. 数值求解代数方程时产生的舍入误差, 相当于对数值模拟进行了微小的初值扰动.

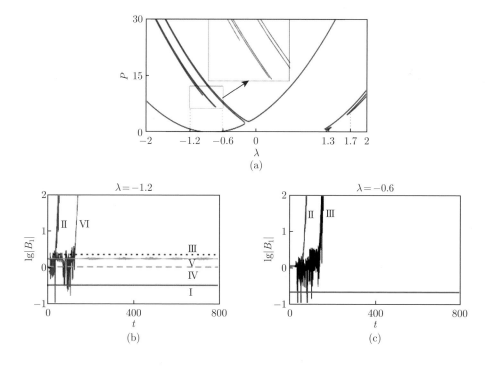

(a)

(b)

(c)

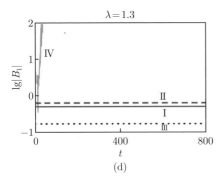
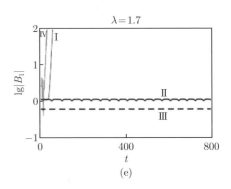

图 15.7　(a) 定态非线性模态族在 (λ, P) 平面上的分布, (b)~(e) 不同传播常数对应非线性模态的演化, 其中传播常数分别为: (b) $\lambda = -1.2$; (c) $\lambda = -0.6$; (d) $\lambda = 1.3$; (e) $\lambda = 1.7$. 其他参数为 $\gamma_1 = 0.1$, $\gamma_2 = 0.5$, $\gamma_3 = 0.2$, $k_{1,3} = 1$, $k_2 = 2$, $q_{1,3} = 0.25$, $q_2 = 0$, $\sigma_{1,3} = 1$, $\sigma_2 = 2$

图 15.7(b)~(e) 展示了不同 λ 情况下所有非线性模态的数值演化, 相应模态的功率参见表 15.2. 一般而言, 在不稳定非线性模态传播的过程中, 模态的幅度最终会呈指数长. 图中幅度为恒定常数的水平线刻画稳定非线性模态的演化.

表 15.2　系统增益–损耗较小 ($\gamma_1 = 0.1$, $\gamma_2 = 0.5$, $\gamma_3 = 0.2$) 且 $\mathcal{PT}$ 对称未破缺时, 不同传播常数下非线性模态的功率

传播常数	I	II	III	IV	V	VI
$\lambda = -1.2$	0.855732	14.3327	14.7245	15.0353	18.6914	19.0904
$\lambda = -0.6$	0.240654	7.65339	8.09159			
$\lambda = 1.3$	0.797600	1.08032	1.54805	26.7894		
$\lambda = 1.7$	5.377740	5.60087	6.42962	37.8988		

当 $\lambda = -1.2$ 时, 图 15.7(b) 展示了系统所具有六个非线性模态的演化, 它们在图中按功率的升序排列 (见表 15.2) 依次标记为 I, II, $\cdots$, VI. 可以看到非线性模态 I, III, IV 和 V 能够稳定传播, 而非线性模态 II 和 IV 的演化是发散的.

当 $\lambda = -0.6$ 时, 如图 15.7(c) 所示, 系统具有三种非线性模态. 只有功率最低的模态 I 是演化稳定的, 而其他两个功率较高的则是演化不稳定的. 当 $\lambda = 1.3$ 时, 如图 15.7(d) 所示, 系统具有四种非线性模态, 其中功率较低的三种模态是演化稳定的, 而最高功率的模态则是演化不稳定的. 当 $\lambda = 1.7$ 时, 如图 15.7(e) 所示, 类似于图 15.7(d), 系统具有四种非线性模态. 然而, 模态 I 快速发散, 而模态 II 的幅度在传播过程中进行周期振荡.

然后, 考虑当系统具有相对较大增益–损耗时的情况. 取 $\gamma_1 = 0.1$, $\gamma_2 = 1.2$, $\gamma_3 = 0.2$. 此时, 线性运算子 H 也是 $\mathcal{PT}$ 对称未破缺的. 非线性模态族 (λ, P) 在平面上的分布如图 15.8(a) 所示. 由代数方程次数可知该系统也是至多有六族解.

但是, 与图 15.7(a) 所示的情况相比, 发现图 15.8(a) 中的非线性模态族较少. 具体来说, 当 $\lambda \lesssim -1$ 时, 系统只有四个非线性模态族; 非线性模态的二次退化发生在 $\lambda \approx -0.7$ 和 $\lambda \approx -0.3$ 附近. 而且, 当 $\lambda \in (1.2, 1.4)$ 和 $\lambda > 1.6$ 时, 找不到图 15.7(a) 中具有的功率较低的两族非线性模态.

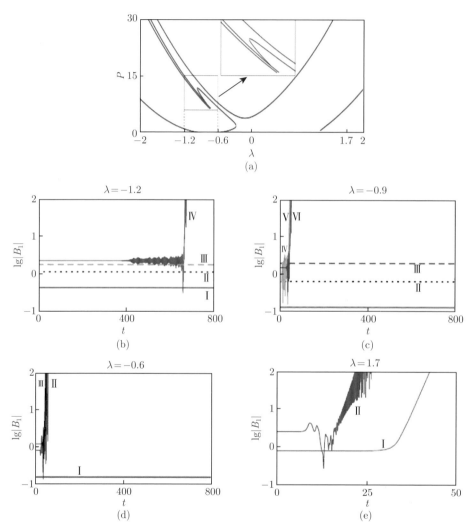

图 15.8 (a) 定态非线性模态族在 (λ, P) 平面上的分布, (b)~(e) 不同传播常数对应非线性模态的演化, 其中传播常数分别为: (b) $\lambda = -1.2$; (c) $\lambda = -0.9$, (d) $\lambda = -0.6$, (e) $\lambda = 1.7$. 其他参数为 $\gamma_1 = 0.1$, $\gamma_2 = 1.2$, $\gamma_3 = 0.2$, $k_{1,3} = 1$, $k_2 = 2$, $q_{1,3} = 0.25$, $q_2 = 0$, $\sigma_{1,3} = 1$, $\sigma_2 = 2$

与前面的讨论类似, 图 15.8(b)~(e) 刻画了系统具有不同传播常数 λ 时非线性模态的动力行为 (见表 15.3). 当 $\lambda = -1.2$ 时, 如图 15.8(b) 所示, 非线性模态 IV 在 $t = 400$ 后变得不稳定. 当 $\lambda = -0.9$ 时, 如图 15.8(c) 所示, 具有较低功率的三个非线性模态是演化稳定的, 而其他具有较高功率的三个模态则很快发散. 当 $\lambda = -0.6$ 时, 如图 15.8(d) 所示, 只有 I 是演化稳定的. 当 $\lambda = 1.7$ 时, 如图 15.8(e) 所示, 两个模态大约在 $t = 50$ 之内就已经发散.

表 15.3   系统增益–损耗较大 ($\gamma_1 = 0.1$, $\gamma_2 = 1.2$, $\gamma_3 = 0.2$) 且 $\mathcal{PT}$ 对称未破缺时, 不同
传播常数下非线性模态的功率

传播常数	I	II	III	IV	V	VI
$\lambda = -1.2$	1.1583	14.3562	15.0094	18.2081		
$\lambda = -0.9$	0.11793	8.87586	9.29451	9.75421	11.0457	12.5018
$\lambda = -0.6$	0.143321	6.7761	7.94878			
$\lambda = 1.7$	6.7362	36.6502				

最后, 考虑当线性算子 H 是 $\mathcal{PT}$ 对称破缺时 (系统的线性谱含有复数特征值) 的情况: $\gamma_1 = 0.1$, $\gamma_2 = 2.4$, $\gamma_3 = 0.2$. 如图 15.9(a) 所示, 与 $\mathcal{PT}$ 对称未破缺

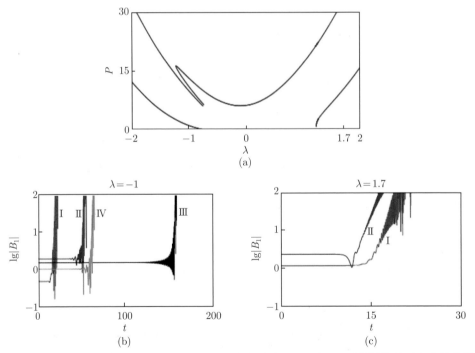

图 15.9   (a) 定态非线性模态族在 (λ, P) 平面中的分布, (b), (c) 不同传播常数对应非线性模态的演化, 其中传播常数分别为: (b) $\lambda = -1$, (c) $\lambda = 1.7$. 其他参数为 $\gamma_1 = 0.1$, $\gamma_2 = 2.4$, $\gamma_3 = 0.2$, $k_{1,3} = 1$, $k_2 = 2$, $q_{1,3} = 0.25$, $q_2 = 0$, $\sigma_{1,3} = 1$, $\sigma_2 = 2$

的情况相比, 系统的非线性模态族更少. 而且, 在给定相同的传播常数 λ 下, 非线性模态的演化更容易发散 (见图 15.9(b), (c) 及表 15.4).

表 15.4 系统增益–损耗较大 ($\gamma_1 = 0.1$, $\gamma_2 = 2.4$, $\gamma_3 = 0.2$) 且 $\mathcal{PT}$ 对称破缺时, 不同传播常数下非线性模态的功率

情况	I	II	III	IV
$\lambda = 1.7$	1.06577	9.95005	11.0793	13.1905
$\lambda = -1$	10.1232	32.7065		

参 考 文 献

[1] Guo Y L, Shen H J. History of Physics (in Chinese). Beijing: Tsinghua University Press, 2005.

[2] Dai N. Chinese Ancient History of Physics (in Chinese). Beijing: China International Broadcasting Press, 2010.

[3] Buchwald J Z, Fox R. The Oxford Handbook of the History of Physics. Oxford: Oxford University Press, 2013.

[4] Dirac P A M. The Principles of Quantum Mechanics. 4th ed. Oxford: The Clarendon Press, 1958.

[5] Bender C M, Boettcher S. Real spectra in non-Hermitian Hamiltonians having PT symmetry. Phys. Rev. Lett., 1998, 80 (24): 5243.

[6] Bender C M. Making sense of non-Hermitian Hamiltonians. Rep. Prog. Phys., 2007, 70: 947.

[7] Konotop V V, Yang J, Zezyulin D A. Nonlinear waves in PT-symmetric systems. Rev. Mod. Phys., 2016, 88: 035002.

[8] Born M. Uber quantenmechanik. Z. Phys., 1924, 26: 379.

[9] Griffiths D J. Introduction to Quantum Mechanics. 2nd ed. Singapore: Pearson Educ. Int., 2005.

[10] Fitzpatrick R. Quantum Mechanics. Singapore: World Scientific, 2015.

[11] Morin D. Waves. Harvard University, 2022.

[12] Saleem M. Quantum Mechanics. IOP: IOP Publishing Ltd, 2015.

[13] Hecht K. Quantum Mechanics. New York: Springer, 2013.

[14] Gu Q. Quantum Mechanics. I. II. Beijing: Science Press, 2014.

[15] Zeng J. Quantum Mechanics (I) (in Chinese). Beijing: Science Press, 2007.

[16] Binney J, Skinner D. The Physics of Quantum Mechanics. 4th ed. Singapore: Oxford University Press, 2013.

[17] Robertson H P. The uncertainty principle. Phys. Rev., 1929, 34 (1): 163.

[18] Trifonov D A. Generalizations of Heisenberg uncertainty relation. Europ. Phys. J. B, 2002, 29 (2): 349-353.

[19] Rayski J. The possibility of a more realistic interpretation of quantum mechanics. Found. Phys., 1973, 3 (1): 89-100.

[20] Gao S. On the time-energy uncertainty relation. J. Hangzhou Norn. Coll., 1999, 6 (11): 32-36.

[21] Mandelstam L, Tamm I G. The uncertainty relation between energy and time in nonrelativistic quantum mechanics. J. Phys. USSR, 1945: 9 (11): 249.

[22] Fadel M, Maccone L. Time-energy uncertainty relation for quantum events. Phys. Rev. A, 2021, 104 (5): L050204.

[23] Yan L L, Zhang J W, Yun M R, et al. Experimental verification of dissipation-time uncertainty relation. Phys. Rev. Lett., 2022, 128 (5): 050603.

[24] Kusse B R, Westwig E A. Mathematical Physics: Applied Mathematics for Scientists and Engineers. New York: John Wiley & Sons, 2010.

[25] Gu Q. Mathematical Methods of Physics (in Chinese). Beijing: Science Press, 2012.

[26] Abramowitz M, Stegun I. Handbook of Mathematical Functions with Formulas, Graphs, and Mathematical Tables. New York: Dover, 1965.

[27] Bowman F. Introduction to Bessel Functions. New York: Dover, 1958.

[28] Gamow G. Zur quantentheorie des atomkernes. Z. für Phys., 1928, 51 (3-4): 204-212.

[29] Feshbach H, Porter C, Weisskopf V. Model for nuclear reactions with neutrons. Phys. Rev., 1954, 96 (2): 448-464.

[30] El-Ganainy R, Makris K G, Khajavikhan M, et al. Non-Hermitian physics and PT symmetry. Nat. Phys., 2018, 14 (1): 11.

[31] Bender C M. Making sense of non-Hermitian Hamiltonians. Rep. Prog. Phys., 2007, 70 (6): 947.

[32] Bender C M, Brody D C, Jones H F. Must a Hamiltonian be Hermitian? Am. J. Phys, 2003, 71 (11): 1095-1102.

[33] Bender C M, Brody D C, Jones H F. Complex extension of quantum mechanics. Phys. Rev. Lett., 2002, 89 (27): 270401.

[34] Yan Z. Integrable PT-symmetric local and nonlocal vector nonlinear Schrödinger equations: A unified two-parameter model. Appl. Math. Lett., 2015, 47: 61-68.

[35] Konotop V V, Yang J, Zezyulin D A. Nonlinear waves in PT-symmetric systems. Rev. Mod. Phys., 2016, 88 (3): 035002.

[36] Mostafazadeh A. Pseudo-Hermiticity versus PT symmetry: the necessary condition for the reality of the spectrum of a non-Hermitian hamilton. J. Math. Phys., 2002, 43 (1): 205-214.

[37] Dorey P, Dunning C, Tateo R. Spectral equivalences, bethe ansatz equations, and reality properties in PT-symmetric quantum mechanics. J. Phys. A, 2001, 34 (28): 5679.

[38] Dorey P, Dunning C, Tateo R. Supersymmetry and the spontaneous breakdown of PT symmetry. J. Phys. A, 2001, 34 (28): L391.

[39] Delabaere E, Pham F. Eigenvalues of complex Hamiltonians with PT-symmetry. I. Phys. Lett., 1998, A 250: 25-28.

[40] Znojil M. PT-symmetric harmonic oscillators. Phys. Lett. A, 1999, 259 (3-4): 220-223.

[41] Ahmed Z. Real and complex discrete eigenvalues in an exactly solvable one-dimensional complex PT-invariant potential. Phys. Lett. A, 2001, 282 (6): 343-348.

[42] Wadati M. Construction of parity-time symmetric potential through the soliton theory. J. Phys. Soc. Jpn., 2008, 77 (7): 074005-074005.

[43] Miura R M. Korteweg-de Vries equation and generalizations. I. A remarkable explicit nonlinear transformation. J. Math. Phys., 1968, 9 (8): 1202-1204.

[44] Midya B, Roychoudhury R. Nonlinear localized modes in PT-symmetric Rosen-Morse potential wells. Phys. Rev. A, 2013, 87 (4): 045803.

[45] Musslimani Z, Makris K G, El-Ganainy R, et al. Optical solitons in PT periodic potentials. Phys. Rev. Lett., 2008, 100 (3): 030402.

[46] Rüter C E, Makris K G, El-Ganainy R, et al. Observation of parity–time symmetry in optics. Nat. Phys., 2010, 6 (3): 192-195.

[47] Yan Z, Wen Z, Hang C. Spatial solitons and stability in self-focusing and defocusing Kerr nonlinear media with generalized parity-time-symmetric Scarf-II potentials. Phys. Rev. E, 2015, 92 (2): 022913.

[48] Yan Z, Wen Z, Konotop V V. Solitons in a nonlinear Schrödinger equation with PT-symmetric potentials and inhomogeneous nonlinearity: Stability and excitation of nonlinear modes. Phys. Rev. A, 2015, 92 (2): 023821.

[49] Wen Z C, Yan Z. Dynamical behaviors of optical solitons in parity–time (PT) symmetric sextic anharmonic double-well potentials. Phys. Lett. A, 2015, 379 (36): 2025-2029.

[50] Cooper F, Khare A, Sukhatme U. Supersymmetry in Quantum Mechanics. Sigapore: World Scientific Publishing, 2001.

[51] Cooper F, Khare A, Sukhatme U. Supersymmetry and quantum mechanics. Phys Rep., 1995, 251: 267.

[52] Infeld L, Hull T E. The factorization method. Rev. Mod. Phys., 1951, 23: 21.

[53] Miri M A, Heinrich M, Christodoulides D N. Supersymmetry-generated complex optical potentials with real spectra. Phys. Rev. A, 2013, 87: 043819.

[54] Russell J S. Report on waves. 14th meeting of the British Association for the Advancement of Science, London, 1844: 311-390.

[55] Korteweg D J, de Vries G. On the change of form of long waves advancing in a rectangular canal, and on a new type of long stationary waves. The London, Edinburgh, and Dublin Philosophical Magazine and Journal of Science, 1895, 39 (240): 422-443.

[56] Fermi E, Pasta P, Ulam S, et al. Studies of the nonlinear problems. Tech. rep., Los Alamos National Lab. (LANL), Los Alamos, NM (United States), 1955.

[57] Zabusky N J, Kruskal M D. Interaction of "solitons" in a collisionless plasma and the recurrence of initial states. Phys. Rev. Lett., 1965, 15 (6): 240.

[58] Gardner C S, Greene J M, Kruskal M D, et al. Method for solving the Korteweg-de Vries equation. Phys. Rev. Lett., 1967, 19 (19): 1095.

[59] Lax P D. Integrals of nonlinear equations of evolution and solitary waves. Commun. Pure Appl. Math., 1968, 21 (5): 467-490.

[60] Shabat A, Zakharov V. Exact theory of two-dimensional self-focusing and one-dimensional self-modulation of waves in nonlinear media. Sov. Phys. JETP, 1972, 34 (1): 62.

[61] Wadati M. The exact solution of the modified Korteweg-de Vries equation. J. Phys. Soc. Jpn., 1972, 32: 1681.

[62] Ablowitz M J, Kaup D J, Newell A C, et al. Method for solving the sine-Gordon equation. Phys. Rev. Lett., 1973, 30 (25): 1262.

[63] Ablowitz M J, Kaup D J, Newell A C, et al. Nonlinear-evolution equations of physical significance. Phys. Rev. Lett., 1973, 31 (2): 125.

[64] Ablowitz M J, Ladik J F. Nonlinear differential-difference equations and Fourier analysis. J. Math. Phys., 1976, 17 (6): 1011-1018.

[65] Ablowitz M J, Ladik J F. A nonlinear difference scheme and inverse scattering. Stud. Appl. Math., 1976, 55 (3): 213-229.

[66] Ablowitz M J, Clarkson P A. Solitons, Nonlinear Evolution Equations and Inverse Scattering. Cambridge: Cambridge University Press, 1991.

[67] Deift P. Orthogonal polynomials and random matrices: A Riemann-Hilbert approach, Vol. 3. American Mathematical Society, 1999.

[68] Kivshar Y S, Agrawal G. Optical solitons: From fibers to photonic crystals. San Diego: Academic Press, 2003.

[69] Rogers C, Shadwick W F. Bäcklund Transformations and Their Applications. New York: Academic Press, 1982.

[70] Hirota R. The Direct Method in Soliton Theory. Cambridge: Cambridge University Press, 2004.

[71] Yang J. Nonlinear Waves in Integrable and Nonintegrable Systems. Philadelphia: SIAM, 2010.

[72] Pitaevskii L, Stringari S. Bose-Einstein Condensation and Superfluidity. Oxford: Oxford University Press, 2016.

[73] Akhmediev N, Ankiewicz A. Dissipative Solitons, Vol. 661. Berlin: Springer, 2005.

[74] Deift P, Zhou X. A steepest descent method for oscillatory Riemann-Hilbert problems. Asymptotics for the MKdV equation. Ann. Math., 1993, 137 (2): 295-368.

[75] Gu C, Guo B, Li Y, et al. Soliton Theory and its Applications (in Chinese). Zhejiang: Zhejiang Science and Technology Press, 1990.

[76] Guo B, Pang X. Solitons (in Chinese). Beijing: Science Press, 1987.

[77] Cao C. Nonlinearization of Lax equations in the AKNS hierarchy (in Chinese). Sci. China Math., 1989, (7): 31-37.

[78] Huang N. Soliton Theory and Perturbation Method (in Chinese). Shanghai: Shanghai Scientific and Technological Education Publishing House, 1996.

[79] Fokas A S. A unified transform method for solving linear and certain nonlinear PDEs. Proc. R. Soc. Lond. A, 1997, 453 (1962): 1411-1443.

[80] Li Y. Solitons and Integrable Systems (in Chinese). Shanghai: Shanghai Scientific and Technological Education Press, 1999.

[81] Ma W X, Zhou R. On inverse recursion operator and tri-Hamiltonian formulation for a Kaup-Newell system of DNLS equations. J. Phys. A, 1999, 32 (20): L239.

[82] Qiao Z. A new integrable equation with cuspons and W/M-shape-peaks solitons. J. Math. Phys., 2006, 47 (11): 112701.

[83] Liu S Q, Ruan Y, Zhang Y. BCFG Drinfeld-Sokolov hierarchies and FJRW-theory. Invent. Math., 2015, 201 (2): 711-772.

[84] Dubrovin B, Liu S Q, Yang D, et al. Hodge integrals and tau-symmetric integrable hierarchies of Hamiltonian evolutionary PDEs. Adv. Math., 2016, 293: 382-435.

[85] Geng X. Discrete Bargmann and Neumann systems and finite-dimensional integrable systems. Physica A, 1994, 212 (1-2): 132-142.

[86] Geng X, Li R, Xue B. A vector general nonlinear Schrödinger equation with $(m + n)$ components. J. Nonlinear Sci., 2020, 30 (3): 991-1013.

[87] Zhang Y J, Cheng Y. Solutions for the vector k-constrained KP hierarchy. J. Math. Phys., 1994, 35 (11): 5869-5884.

[88] Zhu Z N. On the KdV-type equation with variable coefficients. J. Phys. A, 1995, 28 (19): 5673.

[89] Qu C, Liu X, Liu Y. Stability of peakons for an integrable modified Camassa-Holm equation with cubic nonlinearity. Comm. Math. Phys., 2013, 322 (3): 967-997.

[90] Lou S Y, Hu X B. Infinitely many Lax pairs and symmetry constraints of the KP equation. J. Math. Phys., 1997, 38 (12): 6401-6427.

[91] Hu X B, Li C X, Nimmo J J, et al. An integrable symmetric (2+1)-dimensional Lotka-Volterra equation and a family of its solutions. J. Phys. A, 2004, 38 (1): 195.

[92] Liu Q P, Hu X B, Zhang M X. Supersymmetric modified Korteweg-de Vries equation: bilinear approach. Nonlinearity, 2005, 18 (4): 1597.

[93] Xia B, Zhou R, Qiao Z. Darboux transformation and multi-soliton solutions of the Camassa-Holm equation and modified Camassa-Holm equation. J. Math. Phys., 2006 57 (10): 103502.

[94] Wang D S, Zhang D J, Yang J. Integrable properties of the general coupled nonlinear Schrödinger equations. J. Math. Phys., 2010, 51 (2): 023510.

[95] Guo B, Ling L, Liu Q. Nonlinear Schrödinger equation: Generalized Darboux transformation and rogue wave solutions. Phys. Rev. E, 2012, 85 (2): 026607.

[96] Chang X K, He Y, Hu X B, et al. Partial-skew-orthogonal polynomials and related integrable lattices with Pfaffian tau-functions. Comm. Math. Phys., 2018, 364 (3): 1069-1119.

[97] Guo B, Tian L, Yan Z, et al. Rogue Waves. Berlin: De Gruyter, 2017.

[98] Fan E. Integrable Systems, Orthogonal Polynomials and Stochastic Matries (in Chinese). Beijing: Science Press, 2022.

[99] Zhang J. On the finite-time behaviour for nonlinear Schrödinger equations.Comm. Math. Phys.,1994,162:249-260.

[100] Zhou R. Hierarchy of negative order equation and its Lax pair. J. Math. Phys., 1995, 36: 4220.

[101] Zhou Z, Ma W X, Zhou R. Finite-dimensional integrable systems associated with the Davey- Stewartson I equation. Nonlinearity, 2001, 14: 701-717.

[102] Tian L, Gui G, Liu Y. On the well-posedness problem and the scattering problem for the Dullin- Gottwald-Holm equation. Comm. Math. Phys., 2005, 257: 667-701.

[103] Lenells J, Fokas A S. On a novel integrable generalization of the sine-Gordon equation. J. Math.Phys., 2010, 51: 023519.

[104] Xue B, Geng X, Li F. Quasiperiodic solutions of Jaulent-Miodek equations with a negative flow. J. Math. Phys., 2012, 53: 063710.

[105] Wu C, Zuo D. Infinite-dimensional Frobenius manifolds underlying the Toda lattice hierarchy. Adv. Math., 2014, 255: 487-524.

[106] He J, Wu Z, Cheng Y. Gauge transformations for the constrained CKP and BKP hierarchies. J. Math.Phys. 2007, 48: 113519.

[107] Li C, He J. Quantum torus symmetry of the KP, KdV and BKP hierarchies. Lett. Math. Phys., 2014,104:1407-1423.

[108] Zhu S. Existence and uniqueness of global weak solutions of the Camassa-Holm equation with a forcing. Discrete Contin. Dyn. Syst., 2016, 36: 5201-5221.

[109] Buckingham R J, Jenkins R M, Miller P D. Semiclassical soliton ensembles for the three-wave resonant interaction equations. Comm. Math. Phys. 2017, 354: 1015-1100.

[110] Ling L, Zhao L C. Modulational instability and homoclinic orbit solutions in vector nonlinear Schrödinger equation. Commun. Nonlinear Sci. Numer. Simul., 2019, 72: 449-471.

[111] Bilman D, Miller P D. A robust inverse scattering transform for the focusing nonlinear Schrödinger equation. Comm. Pure Appl. Math., 2019, 72: 1722-1805.

[112] Bilman D, Ling L, Miller P D. Extreme superposition: Rogue waves of infinite order and the Painlevé-III hierarchy. Duke Math. J, 2020, 169: 671-760.

[113] Yang D. On tau-functions for the Toda lattice hierarchy. Lett. Math. Phys., 2020, 110: 555-583.

[114] Zhang G, Yan Z. The derivative nonlinear Schrödinger equation with zero/nonzero boundary conditions: Inverse scattering transforms and N-double-pole solutions. J.Nonlinear Sci., 2020, 30: 3089-3127.

[115] Zhang G, Ling L, Yan Z. Multi-component nonlinear Schrödinger equations with nonzero noundary conditions: Higher-order vector Peregrine solitons and asymptotic estimates. J. Nonlinear Sci., 2021,31:81.

[116] Kang J, Liu X, Qu C. On an integrable multi-component Camassa-Holm system arising from Mobius Geometry. Proc. A, 2021, 477: 20210164.

[117] Biondini G, Li S, Mantzavinos D. Long-time asymptotics for the focusing nonlinear Schrödinger equation with nonzero boundary conditions in the presence of a discrete spectrum. Comm. Math. Phys., 2021, 382: 1495-1577.

[118] Girotti M, Grava T, Jenkins R, et al. Rigorous asymptotics of a KdV soliton gas. Comm. Math. Phys., 2022, 384: 733-784.

[119] Yang Y, Fan E. Soliton resolution and large time behavior of solutions to the Cauchy problem for the Novikov equation with a nonzero background. Adv. Math., 2023, 426: 109088.

[120] Li Z Q, Tian S F, Yang J J. On the soliton resolution and the asymptotic stability of N-soliton solution for the Wadati-Konno-Ichikawa equation with finite density initial data in space-time solitonic regions. Adv. Math., 2022, 409: 108639.

[121] Boutet de Monvel A, Shepelsky D. Riemann-Hilbert approachfor the Camassa-Holm equationon the line. C. R. Math., 2006, 343: 627-632.

[122] Boutet de Monvel A, Its A, Kotlyarov V. Long-time asymptotics for the focusing NLS equationwithtime-periodic boundary conditionon the half-line. Commun. Math. Phys., 2009, 290: 479-522.

[123] McLaughlin K T R, Miller P D. The dbar steepest descent method and the asymptotic behavior of polynomials orthogonal on the unit circlewithfixedand exponentiallyvarying non-analyticweights. Int. Math. Res. Not., 2006, 2006: 48673.

[124] Dieng M, McLaughlin K T R. Dispersive asymptotics for linear and integrable equations by the dbar steepest descent method, in: Nonlinear Dispersive Partial Differential Equations and Inverse Scattering, in: Fields Inst. Commun., vol. 83. NewYork:Springer, 2019: 253-291.

[125] Borghese M, Jenkins R, McLaughlinK T R, et al. Long-time asymptotic behavior of the focusing nonlinear Schrödinger equation. Ann. I. H. Poincaré-AN, 2018, 35: 887-920.

[126] Cuccagna S, Jenkins R. On asymptotic stabilityof N-solitons of the defocusing nonlinear Schrödinger equation. Comm. Math. Phys., 2016, 343: 921-969.

[127] Jenkins R, Liu J, Perry P, et al. Solitonresolutionfor the derivative nonlinear Schrödinger equation. Comm. Math. Phys., 2018, 363: 1003-1049.

[128] Wang S K, Wu K, Sun X D, et al. Solutions of Yang-Baxter equationwithspectral parameter for six-vertexmodel. Acta Phys. Sin., 1995, 44: 1-8.

[129] Li J, Chen G. Bifurcations of travelingwave and breather solutions of a general class of nonlinear wave equations. Int. J. BifurcationChaos, 2005, 15: 2913-2926.

[130] Li Z. Travelling-Wave Solutions of Nonlinear Mathematical Physical Equations (in Chinese). Beijing: Science Press, 2007.

[131] Feng Z. On travellingwave solutions of the Burgers-Korteweg-de Vries equation. Nonlinearity, 2007, 20: 343-357.

[132] Xu J, Fan E, Chen Y. Long-time asymptotic for the derivative nonlinear Schrödinger equationwithstep-likeinitial value. Math. Phys. Anal. Geom., 2013, 16: 253-288.

[133] Zuo D. A two-component-Hunter-Saxtonequation. Inverse Probl., 2010, 26: 085003.

[134] Li B, Zhang H. Constructing families of exact solutions toa (2+1)-dimensional cubic nonlinear Schrödinger equation. Int. J. Mod. Phys. C, 2004, 15: 741-751.

[135] Chen Y, Li B. An extendedsubequationrational expansionmethod withsymbolic computationand solutions of the nonlinear Schrödinger equationmodel. Nonlinear Anal. HybridSyst., 2008, 2: 242-255.

[136] Liu C , Yang Z Y, Yang W L, et al. Nonautonomous darksolitons and rogue waves ina graded-index gratingwaveguide. Comm. Theor. Phys., 2013, 59: 311-318.

[137] Xia T C, Zang G L, Fan E. Newintegrable couplings of generalizedKaup-Newell hierarchy and itsHamiltonianstructures. Comm. Theor. Phys., 2011, 56: 1-4.

[138] Zhang Y, Fan E. Coupling integrable couplings and bi-Hamiltonianstructure associated withthe Boiti-Pempinelli-Tuhierarchy. J. Math. Phys., 2010, 51: 083506.

[139] Lin J, Jin X W, Gao X L, et al. Solitons on a periodic wave backgroundof the modified KdV-sine-Gordon equation. Comm. Theor. Phys., 2018, 70: 119-126.

[140] Feng B F, Sheng H H, Yu G F. Integrable semi-discretizations and self-adaptive moving mesh method for a generalizedsine-Gordonequation. Numer. Algorithms, 2023, 94: 351-370.

[141] Wang Z, Zou L, Zhang H Q. Solitarysolutionof discretemKdV equationby homotopy analysis method. Comm. Theor. Phys., 2008, 49: 1373-1378.

[142] Sulem C, Sulem P L. The Nonlinear Schrödinger Equation: Self-focusing and Wave Collapse. New York: Springer, 2007.

[143] Boussinesq J. Theorie des ondes et des remous qui se propagent le long d'un canal rectangulaire horizontal, en communiquant an liquide contenu dans ce canal de vitesses sensiblement pareilles de la surface anfond. Liouvilles, J. Math., 1872, 17: 55-108.

[144] Hirota R. Nonlinear partial difference equations III: Discrete sine-Gordon equation. J. Phys. Soc. Jpn., 1977, 43 (6): 2079-2086.

[145] Toda M. Vibration of a chain with nonlinear interaction. J. Phys. Soc. Jpn., 1967, 22 (2): 431-436.

[146] Olshanetsky M A, Perelomov A M. Explicit solutions of classical generalized Toda models. Invent. Math., 1979, 54 (3): 261-269.

[147] Kadomtsev B, Petviashvili V. On the stability of solitary waves in weakly dispersing media. Sov. Phys. Dokl, 1970, 15 (6): 539-541.

[148] Hasegawa A, Tappert F. Transmission of stationary nonlinear optical pulses in dispersive dielectric fibers. I. Anomalous dispersion. Appl. Phys. Lett., 1973, 23 (3): 142-144.

[149] Malomed B A, Mihalache D, Wise F, et al. Spatiotemporal optical solitons. J. Opt. B, 2005, 7 (5): R53.

[150] Agrawal G P. Nonlinear Fiber Optics. Berlin: Springer, 2013.

[151] Biswas A, Milovic D, Edwards M. Mathematical Theory of Dispersion-Managed Optical Solitons. New York: Springer Science & Business Media, 2010.

[152] Kharif C, Pelinovsky E, Slunyaev A. Rogue Waves in the Ocean. Berlin: Springer, 2009.

[153] Yan Z. Financial rogue waves. Commun. Theor. Phys., 2010, 54 (5): 947.

[154] Hirota R. Exact solution of the Korteweg-de Vries equation for multiple collisions of solitons. Phys. Rev. Lett., 1971, 27 (18): 1192.

[155] Salle M, Matveev V. Darboux Transformations and Solitons. Berlin: Springer-Verlag, 1991.

[156] Zakharov V, Shabat A. Interaction between solitons in a stable medium. Sov. Phys. JETP, 1973, 37 (5): 823-828.

[157] Kibler B, Fatome J, Finot C, et al. The Peregrine soliton in nonlinear fibre optics. Nat. Phys., 2010, 6 (10): 790.

[158] Akhmediev N, Ankiewicz A, Soto-Crespo J. Rogue waves and rational solutions of the nonlinear Schrödinger equation. Phys. Rev. E, 2009, 80 (2): 026601.

[159] Mollenauer L F, Stolen R H, Gordon J P. Experimental observation of picosecond pulse narrowing and solitons in optical fibers. Phys. Rev. Lett., 1980: 45 (13): 1095.

[160] Emplit P, Hamaide J P, Reynaud F, et al. Picosecond steps and dark pulses through nonlinear single mode fibers. Opt. Commun., 1987, 62 (6): 374-379.

[161] Kodama Y, Hasegawa A. Nonlinear pulse propagation in a monomode dielectric guide. IEEE J. Quantum. Electron., 1987, 23 (5): 510-524.

[162] Musslimani Z H, Makris K G, El-Ganainy R, et al. Analytical solutions to a class of nonlinear Schrödinger equations with PT-like potentials. J. Phys. A, 2008, 41 (24): 244019.

[163] Ultanir E A, Stegeman G I, Christodoulides D N. Dissipative photonic lattice solitons. Opt. Lett., 2004, 29 (8): 845-847.

[164] Ruschhaupt A, Delgado F, Muga J. Physical realization of PT-symmetric potential scattering in a planar slab waveguide. J. Phys. A, 2005, 38 (9): L171.

[165] Shi Z, Jiang X, Zhu X, et al. Bright spatial solitons in defocusing Kerr media with PT-symmetric potentials. Phys. Rev. A, 2011, 84 (5): 053855.

[166] El-Ganainy R, Makris K G, Christodoulides D N, et al. Theory of coupled optical PT-symmetric structures. Opt. Lett., 2007, 32 (17): 2632-2634.

[167] Makris K G, El-Ganainy R, Christodoulides D N, et al. Beam dynamics in PT symmetric optical lattices. Phys. Rev. Lett., 2008, 100 (10): 103904.

[168] Makris K, El-Ganainy R, Christodoulides D, et al. PT-symmetric periodic optical potentials. Int. J. Theor. Phys., 2011, 50 (4): 1019-1041.

[169] Makris K G, El-Ganainy R, Christodoulides D N, et al. PT-symmetric optical lattices. Phys. Rev. A, 2010, 81 (6): 063807.

[170] Guo A, Salamo G, Duchesne D, et al. Observation of PT-symmetry breaking in complex optical potentials. Phys. Rev. Lett., 2009, 103 (9): 093902.

[171] Yan Z, Xiong B, Liu W M. Spontaneous Parity–Time symmetry breaking and stability of solitons in Bose-Einstein condensates. arXiv preprint arXiv:1009.4023.

[172] Zezyulin D A, Konotop V V. Nonlinear modes in the harmonic PT-symmetric potential. Phys. Rev. A, 2012, 85 (4): 043840.

[173] Regensburger A, Miri M A, Bersch C, et al. Observation of defect states in PT-symmetric optical lattices. Phys. Rev. Lett., 2013, 110 (22): 223902.

[174] Wimmer M, Regensburger A, Miri M A, et al. Observation of optical solitons in PT-symmetric lattices. Nat. Commun., 2015, 6: 7782.

[175] Regensburger A, Bersch C, A. Miri M, et al. Parity-time synthetic photonic lattices. Nature, 2012, 488 (7410): 167-171.

[176] Castaldi G, Savoia S, Galdi V, et al. PT metamaterials via complex-coordinate transformation optics. Phys. Rev. Lett., 2013, 110 (17): 173901.

[177] Peng B, Özdemir Ş K, Lei F, et al. Parity-time-symmetric whispering-gallery microcavities. Nat. Phys., 2014, 10 (5): 394-398.

[178] Jing H, Ozdemir S K, Lu X, et al. PT-symmetric phonon laser. Phys. Rev. Lett., 2014, 113 (5): 053604.

[179] Hodaei H, Miri M A, Heinrich M, et al. Parity-time–symmetric microring lasers. Science, 2014, 346 (6212): 975-978.

[180] Berry M. Optical lattices with PT symmetry are not transparent. J. Phys. A, 2008, 41 (24): 244007.

[181] Klaiman S, Günther U, Moiseyev N. Visualization of branch points in PT-symmetric waveguides. Phys. Rev. Lett., 2008, 101 (8): 080402.

[182] Longhi S. Bloch oscillations in complex crystals with PT symmetry. Phys. Rev. Lett., 2009, 103 (12): 123601.

[183] Zyablovsky A A, Vinogradov A P, Pukhov A A, et al. PT-symmetry in optics. Phys. Usp., 2014, 57 (11): 1063.

[184] He Y, Malomed B A, Mihalache D. Localized modes in dissipative lattice media: An overview. Phil. Trans. R. Soc. A, 2014, 372 (2027): 20140017.

[185] Mihalache D. Localized structures in nonlinear optical media: A selection of recent studies. Rom. Rep. Phys., 2015, 67: 1383-1400.

[186] Zhang Z, Zhang Y, Sheng J, et al. Observation of parity-time symmetry in optically induced atomic lattices. Phys. Rev. Lett., 2016, 117 (12): 123601.

[187] Bagarello F, Passante R, Trapani C, et al. Non-Hermitian Hamiltonians in Quantum Physics. Berlin: Springer, 2016.

[188] Zezyulin D A, Barashenkov I V, Konotop V V. Stationary through-flows in a Bose-Einstein condensate with a PT-symmetric impurity. Phys. Rev. A, 2016, 94 (6): 063649.

[189] Tsoy E N, Allayarov I M, Abdullaev F K. Stable localized modes in asymmetric waveguides with gain and loss. Opt. Lett., 2014, 39 (14): 4215-4218.

[190] Konotop V V, Zezyulin D A. Families of stationary modes in complex potentials. Opt. Lett., 2014, 39 (19): 5535-5538.

[191] Nixon S D, Yang J. Bifurcation of soliton families from linear modes in non-PT-symmetric complex potentials. Stud. Appl. Math., 2016, 136 (4): 459-483.

[192] Yang J. Symmetry breaking of solitons in one-dimensional parity-time-symmetric optical potentials. Opt. Lett., 2014, 39 (19): 5547-5550.

[193] Yang J. Symmetry breaking of solitons in two-dimensional complex potentials. Phys. Rev. E, 2015, 91 (2): 023201.

[194] Yang J, Partially P T. Symmetric optical potentials with all-real spectra and soliton families in multidimensions. Opt. Lett., 2014, 39 (5): 1133-1136.

[195] Nixon S, Yang J. All-real spectra in optical systems with arbitrary gain-and-loss distributions. Phys. Rev. A, 2016, 93 (3): 031802.

[196] Hang C, Gabadadze G, Huang G. Realization of non-PT-symmetric optical potentials with all-real spectra in a coherent atomic system. Phys. Rev. A, 2017, 95 (2): 023833.

[197] Yan Z, Chen Y. The nonlinear Schrödinger equation with generalized nonlinearities and PT-symmetric potentials: Stable solitons, interactions and excitations. Chaos, 2017, 27 (7): 073114.

[198] Yan Z. Complex PT-symmetric nonlinear Schrödinger equation and Burgers equation. Phil. Trans. R. Soc. A, 2013, 371 (1989): 20120059.

[199] Dai C Q, Wang X G, Zhou G Q, et al. Stable light-bullet solutions in the harmonic and parity-time-symmetric potentials. Phys. Rev. A, 2014, 89 (1): 013834.

[200] Li P, Mihalache D, Li L. Asymmetric solitons in parity-time-symmetric double-hump Scarf-II potentials. Rom. J. Phys., 2016, 61: 1028-1039.

[201] Abdullaev F K, Kartashov Y V, Konotop V V, et al. Solitons in PT-symmetric non-linear lattices. Phys. Rev. A, 2011, 83 (4): 041805.

[202] Nixon S, Ge L, Yang J. Stability analysis for solitons in PT-symmetric optical lattices. Phys. Rev. A, 2012, 85 (2): 023822.

[203] Moiseyev N. Crossing rule for a PT-symmetric two-level time-periodic system. Phys. Rev. A, 2011, 83 (5): 052125.

[204] Lumer Y, Plotnik Y, Rechtsman M C, et al. Nonlinearly induced PT transition in photonic systems. Phys. Rev. Lett., 2013, 111 (26): 263901.

[205] Jisha C P, Alberucci A, Brazhnyi V A, et al. Nonlocal gap solitons in PT-symmetric periodic potentials with defocusing nonlinearity. Phys. Rev. A, 2014, 89 (1): 013812.

[206] Wang H, Christodoulides D. Two dimensional gap solitons in self-defocusing media with PT-symmetric superlattice. Commun. Nonlinear Sci. Numer. Simul., 2016, 38: 130-139.

[207] Hu S, Ma X, Lu D, et al. Solitons supported by complex PT-symmetric Gaussian potentials. Phys. Rev. A, 2011, 84 (4): 043818.

[208] Achilleos V, Kevrekidis P, Frantzeskakis D, et al. Dark solitons and vortices in PT-symmetric nonlinear media: From spontaneous symmetry breaking to nonlinear PT phase transitions. Phys. Rev. A, 2012, 86 (1): 013808.

[209] Cartarius H, Wunner G. Model of a PT-symmetric Bose-Einstein condensate in a δ-function double-well potential. Phys. Rev. A, 2012, 86 (1): 013612.

[210] Single F, Cartarius H, Wunner G, et al. Coupling approach for the realization of a PT-symmetric potential for a Bose-Einstein condensate in a double well. Phys. Rev. A, 2014, 90 (4): 042123.

[211] Jisha C P, Devassy L, Alberucci A, et al. Influence of the imaginary component of the photonic potential on the properties of solitons in PT-symmetric systems. Phys. Rev. A, 2014, 90 (4): 043855.

[212] Zhu H P, Pan Z H. Vortex soliton in (2+1)-dimensional PT-symmetric nonlinear couplers with gain and loss. Nonlinear Dyn., 2016, 83 (3): 1325-1330.

[213] Xu Y J. Hollow ring-like soliton and dipole soliton in (2+1)-dimensional PT-symmetric nonlinear couplers with gain and loss. Nonlinear Dyn., 2016, 83 (3): 1497-1501.

[214] Burlak G, Malomed B A. Stability boundary and collisions of two-dimensional solitons in PT-symmetric couplers with the cubic-quintic nonlinearity. Phys. Rev. E, 2013, 88 (6): 062904.

[215] Bludov Y V, Konotop V V, Malomed B A. Stable dark solitons in PT-symmetric dual-core waveguides. Phys. Rev. A, 2013, 87 (1): 013816.

[216] Fortanier R, Dast D, Haag D, et al. Dipolar Bose-Einstein condensates in a PT-symmetric double-well potential. Phys. Rev. A, 2014, 89 (6): 063608.

[217] Dizdarevic D, Dast D, Haag D, et al. Cusp bifurcation in the eigenvalue spectrum of PT- symmetric Bose-Einstein condensates. Phys. Rev. A, 2015, 91 (3): 033636.

[218] Dai C Q, Zhang X F, Fan Y, et al. Localized modes of the (n+1)-dimensional Schrödinger equation with power-law nonlinearities in PT-symmetric potentials. Commun. Nonlinear Sci. Numer. Simul., 2017, 43: 239-250.

[219] Chen Y X. One-dimensional optical solitons in cubic-quintic-septimal media with PT-symmetric potentials. Nonlinear Dyn., 2017, 87 (3): 1629-1635.

[220] He Y, Mihalache D. Lattice solitons in optical media described by the complex Ginzburg-Landau model with PT-symmetric periodic potentials. Phys. Rev. A, 2013, 87 (1): 013812.

[221] Dong L, Gu L, Guo D. Gap solitons in PT-symmetric lattices with a lower refractive-index core. Phys. Rev. A, 2015, 91 (5): 053827.

[222] Dai C Q, Wang Y Y. A bright 2D spatial soliton in inhomogeneous Kerr media with PT-symmetric potentials. Laser Phys., 2014, 24 (3): 035401.

[223] Shen Y, Wen Z, Yan Z, et al. Effect of PT symmetry on nonlinear waves for three-wave interaction models in the quadratic nonlinear media. Chaos, 2018, 28 (4): 043104.

[224] Bender C M, Brody D C, Chen J H, et al. PT-symmetric extension of the Korteweg-de Vries equation. J. Phys. A, 2007, 40: F153.

[225] Yan Z. Complex PT-symmetric extensions of the non-PT-symmetric Burgers equation. Phys. Scr., 2008, 77: 025006.

[226] Yan Z. Complex PT-symmetric extensions of the nonlinear ultra-short light pulse model. J. Phys. A, 2012, 45: 444035.

[227] Ablowitz M J, Musslimani Z H. Integrable nonlocal nonlinear Schrödinger equation. Phys. Rev. Lett., 2013, 110 (6): 064105.

[228] Ablowitz M J, Musslimani Z H. Integrable discrete PT-symmetric model. Phys. Rev. E, 2014, 90 (3): 032912.

[229] Yan Z. Nonlocal general vector nonlinear Schrödinger equations: Integrability, PT symmetribility, and solutions. Appl. Math. Lett., 2016, 62: 101-109.

[230] Yan Z. A novel hierarchy of two-family-parameter equations: Local, nonlocal, and mixed-local-nonlocal vector nonlinear Schrödinger equations. Appl. Math. Lett., 2018, 79: 123.

[231] Wen X Y, Yan Z, Yang Y. Dynamics of higher-order rational solitons for the nonlocal nonlinear Schrödinger equation with the self-induced parity-time-symmetric potential. Chaos, 2016, 26 (6): 063123.

[232] Wen Z, Yan Z. Solitons and their stability in the nonlocal nonlinear Schrödinger equation with PT-symmetric potentials. Chaos, 2017, 27 (5): 053105.

[233] Ablowitz M J, Musslimani Z H. Inverse scattering transform for the integrable nonlocal nonlinear Schrödinger equation. Nonlinearity, 2016, 29: 915.

[234] Ablowitz M J, Musslimani Z H. Integrable nonlocal nonlinear equations. Stud. Appl. Math., 2017, 139: 7.

[235] Fokas A S. Integrable multidimensional versions of the nonlocal nonlinear Schrödinger equation. Nonlinearity, 2016, 29: 319.

[236] Xu Z X, Chow K W. Breathers and rogue waves for a third order nonlocal partial differential equation by a bilinear transformation. Appl. Math. Lett., 2016, 56: 72.

[237] Huang X, Ling L. Soliton solutions for the nonlocal nonlinear Schrödinger equation. Europ. Phys. J. Plus, 2016, 131 (5): 1-11.

[238] Gerdjikov V S, Saxena A. Complete integrability of nonlocal nonlinear Schrödinger equation. J. Math. Phys., 2017, 58 (1): 013502.

[239] Ma L Y, Zhu Z N. N-soliton solution for an integrable nonlocal discrete focusing nonlinear Schrödinger equation. Appl. Math. Lett., 2016, 59: 115-121.

[240] Li J L, Zhu Z N. On a nonlocal modified Korteweg-de Vries equation: Integrability, darboux transformation and soliton solutions. Commun. Nonlinear Sci. Numer. Simul., 2017, 42: 699.

[241] Zhang G, Yan Z, Chen Y. Novel higher-order rational solitons and dynamics of the defocusing integrable nonlocal nonlinear Schrödinger equation via the determinants. Appl. Math. Lett., 2017, 69: 113.

[242] Zhang G, Yan Z. Multi-rational and semi-rational solitons and interactions for the nonlocal coupled nonlinear Schrödinger equations. Europhys. Lett., 2017, 118: 60004.

[243] Yang B, Yang J. Transformations between nonlocal and local integrable equations. Stud. Appl. Math., 2018, 140: 178.

[244] Yang B, Yang J. Darboux transformations and global explicit solutions for nonlocal Davey-Stewartson I equation. Stud. Appl. Math., 2018, 141: 186.

[245] Lou S Y, Huang F. Alice-Bob physics: coherent solutions of nonlocal KdV systems. Sci. Rep., 2017, 7 (1): 1-11.

[246] Feng B F, Luo X D, Ablowitz M J, et al. General soliton solution to a nonlocal nonlinear Schrödinger equation with zero and nonzero boundary conditions. Nonlinearity, 2018, 31 (12): 5385.

[247] Xu S Q, Geng X G. N-soliton solutions for the nonlocal two-wave interaction system via the Riemann-Hilbert method. Chin. Phys. B, 2018, 27 (12): 120202.

[248] Zhang G, Yan Z. Inverse scattering transforms and soliton solutions of focusing and defocusing nonlocal mKdV equations with non-zero boundary conditions. Physica D, 2020, 402: 132170.

[249] Wang M, Chen Y. Dynamic behaviors of general N-solitons for the nonlocal generalized nonlinear Schrödinger equation. Nonlinear Dyn., 2021, 104 (3): 2621-2638.

[250] Zhou X, Fan E. Long time asymptotics for the nonlocal mKdV equation with finite density initial data. Physica D, 2022, 440: 133458.

[251] Kominis Y. Soliton dynamics in symmetric and non-symmetric complex potentials. Opt. Commun., 2015, 334: 265-272.

[252] Kominis Y. Dynamic power balance for nonlinear waves in unbalanced gain and loss landscapes. Phys. Rev. A, 2015, 92 (6): 063849.

[253] Yang J, Nixon S. Stability of soliton families in nonlinear Schrödinger equations with non-parity-time-symmetric complex potentials. Phys. Lett. A, 2016, 380 (45): 3803-3809.

[254] Suchkov S V, Sukhorukov A A, Huang J, et al. Nonlinear switching and solitons in PT-symmetric photonic systems. Laser Photonics Rev., 2016, 10 (2): 177-213.

[255] Mihalache D. Multidimensional localized structures in optical and matter-wave media: A topical survey of recent literature. Rom. Rep. Phys., 2017, 69 (1): 403.

[256] Oldham K B, Spanier J. The Fractional Calculus. New York: Academic Press, 1974.

[257] Hilfer R. Applications of Fractional Calculus in Physics. Singapore: World Scientific Publishing, 2000.

[258] Herrmann F. Fractional Calculus: An Introduction for Physicists. 2nd ed. Singapore: World Scientific Publishing, 2014.

[259] Machado J T, Kiryakova V, Mainardi F. Recent history of fractional calculus. Commun. Nonlinear Sci. Numer. Simulat., 2011, 16: 1140.

[260] West B J, Deering B, Deering W D. The Lure of Modern Science: Fractal Thinking, Vol. 3. Singapore: World Scientific, 1995.

[261] Dong J. Fractional calculus and its application to fractional quantum mechanics (in Chinese). Ph. D. thesis, Shandong University, Shandong, 2009.

[262] Guo B, Pu X, Huang F. Fractional Partial Differential Equations and their Numerical Solutions(in Chinese). Beijing: Science Press, 2011.

[263] West B J. Colloquium: Fractional calculus view of complexity: A tutorial. Rev. Mod. Phys., 2014, 86 (4): 1169.

[264] Liu F, Zhuang P, Liu Q. Numerical Methods of Fractional Partial Differential Equations and Applications (in Chinese). Beijing: Science Press, 2015.

[265] West B J. Fractional Calculus View of Complexity: Tomorrow's Science. Carabas: CRC Press, 2016.

[266] Sun H, Zhang Y, Baleanu D, et al. A new collection of real world applications of fracitonal calculus in sicence and engineering. Commun. Nonlinear Sci. Numer. Simulat., 2018, 64: 213.

[267] Li C, Cai M. Theory and Numerical Approximations of Fractional Integrals and Derivatives. Philadephia: SIAM, 2019.

[268] Laskin N. Fractional quantum mechanics. Phys. Rev. E, 2000, 62 (3): 3135.

[269] Laskin N. Fractional quantum mechanics and Lévy path integrals. Phys. Lett. A, 2000, 268 (4-6): 298-305.

[270] Laskin N. Fractional Schrödinger equation. Phys. Rev. E, 2002, 66 (5): 056108.

[271] Laskin N. Fractional Quantum Mechanics. Singapore: World Scientific Publishing, 2018.

[272] Feynman R P. Statistical Mechanics: A set of lectures. Carabas: CRC press, 2018.

[273] Longhi S. Fractional Schrödinger equation in optics. Opt. Exp., 2015, 40: 1117.

[274] Zhang Y, Liu X, Belić M R, et al. Propagation dynamics of a light beam in a fractional Schrödinger equation. Phys. Rev. Lett., 2015, 115 (18): 180403.

[275] Zhong W P, Belić M R, Malomed B A, et al. Spatiotemporal accessible solitons in fractional dimensions. Phys. Rev. E, 2016, 94 (1): 012216.

[276] Klein C, Sparber C, Markowich P. Numerical study of fractional nonlinear Schrödinger equations. Proc. R. Soc. A, 2014, 470 (2172): 20140364.

[277] Zhang Y, Zhong H, Belić M R, et al. PT symmetry in a fractional Schrödinger equation. Laser Photon. Rev., 2016, 10 (3): 526-531.

[278] Huang C, Dong L. Gap solitons in the nonlinear fractional Schrödinger equation with an optical lattice. Opt. Lett., 2016, 41 (24): 5636-5639.

[279] Yao X, Liu X. Solitons in the fractional Schrödinger equation with parity-time-symmetric lattice potential. Photon. Research, 2018, 6 (9): 875-879.

[280] Chen M, Zeng S, Lu D, et al. Optical solitons, self-focusing, and wave collapse in a space-fractional Schrödinger equation with a Kerr-type nonlinearity. Phys. Rev. E, 2018, 98 (2): 022211.

[281] Malomed B A. Optical solitons and vortices in fractional media: A mini-review of recent results. Photonics, 2021, 8 (9): 353.

[282] Li P, Malomed B A, Mihalache D. Symmetry-breaking bifurcations and ghost states in the fractional nonlinear Schrödinger equation with a PT-symmetric potential. Opt. Lett., 2021, 46 (13): 3267-3270.

[283] Li P, Li R, Dai C. Existence, symmetry breaking bifurcation and stability of two-dimensional optical solitons supported by fractional diffraction. Opt. Exp., 2021, 29 (3): 3193-3210.

[284] Zhong M, Wang L, Li P, et al. Spontaneous symmetry breaking and ghost states supported by the fractional PT-symmetric saturable nonlinear Schrödinger equation. Chaos, 2023, 33(1): 013106.

[285] Xie J, Zhu X, He Y. Vector solitons in nonlinear fractional Schrödinger equations with parity-time-symmetric optical lattices. Nonlinear Dyn., 2019, 97 (2): 1287-1294.

[286] Ablowitz M J, Been J B, Carr L D. Fractional integrable nonlinear soliton equations. Phys. Rev. Lett., 2022, 128 (18): 184101.

[287] Ablowitz M J, Been J B, Carr L D. Integrable fractional modified Korteweg-de Vries, sine-Gordon, and sinh-Gordon equations. J. Phys. A, 2022, 55: 384010.

[288] Weng W, Zhang M, Zhang G, et al. Dynamics of fractional N-soliton solutions with anomalous dispersions of integrable fractional higher-order nonlinear Schrödinger equations. Chaos, 2022, 32(12): 123110.

[289] Zhang M, Weng W, Yan Z. Interactions of fractional N-solitons with anomalous dispersions for the integrable combined fractional higher-order mKdV hierarchy. Physica D, 2023, 444: 133614.

[290] Yan Z. New integrable multi-Lévy-index and mixed fractional nonlinear soliton hierarchies. Chaos, Solitons & Fractals, 2022, 164: 112758.

[291] Yan Z. New integrable multi-Lévy-index and mixed fractional nonlinear soliton hierarchies. Chaos, Solitons & Fractals, 2022, 164: 112758.

[292] Zhong M, Yan Z. Data-driven soliton mappings for integrable fractional nonlinear wave equations via deep learning with fourier neural operator. Chaos, Solitons & Fractals, 2022, 165: 112787.

[293] Chen Y, Yan Z, Mihalache D. Soliton formation and stability under the interplay between parity-time-symmetric generalized Scarf-II potentials and Kerr nonlinearity. Phys. Rev. E, 2020, 102 (1): 012216.

[294] Lévai G, Znojil M. Systematic search for PT-symmetric potentials with real energy spectra. J. Phys. A, 2000, 33 (40): 7165-7180.

[295] Hasegawa A, Matsumoto M. Optical Solitons in Fibers. Berlin: Springer, 2003.

[296] Belmonte-Beitia J, Pérez-García V M, Vekslerchik V, et al. Lie symmetries and solitons in nonlinear systems with spatially inhomogeneous nonlinearities. Phys. Rev. Lett., 2007, 98 (6): 064102.

[297] Yan Z. Nonautonomous "rogons" in the inhomogeneous nonlinear Schrödinger equation with variable coefficients. Phys. Lett. A, 2010, 374 (4): 672-679.

[298] Yan Z. Exact analytical solutions for the generalized non-integrable nonlinear Schrödinger equation with varying coefficients. Phys. Lett. A, 2010, 374 (48): 4838-4843.

[299] Yan Z, Jiang D. Matter-wave solutions in Bose-Einstein condensates with harmonic and Gaussian potentials. Phys. Rev. E, 2012, 85 (5): 056608.

[300] Yan Z, Konotop V. Exact solutions to three-dimensional generalized nonlinear Schrödinger equations with varying potential and nonlinearities. Phys. Rev. E, 2009, 80 (3): 036607.

[301] Yan Z. Two-dimensional vector rogue wave excitations and controlling parameters in the two-component Gross-Pitaevskii equations with varying potentials. Nonlinear Dyn., 2015, 79 (4): 2515-2529.

[302] Yang Y, Yan Z, Mihalache D. Controlling temporal solitary waves in the generalized inhomogeneous coupled nonlinear Schrödinger equations with varying source terms. J. Math. Phys., 2015, 56 (5): 053508.

[303] Ponomarenko S, Agrawal G P. Do soliton like self-similar waves exist in nonlinear optical media ? Phys. Rev. Lett., 2006, 97 (1): 013901.

[304] Serkin V N, Hasegawa A, Belyaeva T L. Nonautonomous solitons in external potentials. Phys. Rev. Lett., 2007, 98 (7): 074102.

[305] Znojil M. Shape invariant potentials with PT symmetry. J. Phys. A, 2000, 33 (7): L61.

[306] Kuznetsov E A, Rubenchik A M, Zakharov V E. Soliton stability in plasmas and hydrodynamics. Phys. Rep., 1986, 142 (3): 103-165.

[307] Trefethen L. Spectral Methods in Matlab. Philadelphia: SIAM, 2000.

[308] Zezyulin D A, Konotop V V. Nonlinear modes in finite-dimensional PT-symmetric systems. Phys. Rev. Lett., 2012, 108 (21): 213906.

[309] Abdullaev F K, Konotop V, Salerno M, et al. Dissipative periodic waves, solitons, and breathers of the nonlinear Schrödinger equation with complex potentials. Phys. Rev., 2010, E 82 (5): 056606.

[310] Hang C, Huang G, Konotop V V. PT symmetry with a system of three-level atoms. Phys. Rev. Lett., 2013, 110 (8): 083604.

[311] Hang C, Zezyulin D A, Konotop V V, et al. Tunable nonlinear parity-time-symmetric defect modes with an atomic cell. Opt. Lett., 2013, 38 (20): 4033-4036.

[312] Li H, Dou J, Huang G. Pt symmetry via electromagnetically induced transparency. Opt. Express, 2013, 21 (26): 32053-32062.

[313] Hang C, Zezyulin D A, Huang G, et al. Tunable nonlinear double-core PT-symmetric waveguides. Opt. Lett., 2014, 39 (18): 5387-5390.

[314] Kreibich M, Main J, Cartarius H, et al. Hermitian four-well potential as a realization of a PT-symmetric system. Phys. Rev. A, 2013, 87 (5): 051601.

[315] Dast D, Haag D, Cartarius H, et al. Eigenvalue structure of a Bose-Einstein condensate in a PT-symmetric double well. J. Phys. A, 2013, 46 (37): 375301.

[316] Belmonte-Beitia J, Pérez-García V M, Vekslerchik V, et al. Localized nonlinear waves in systems with time- and space-modulated nonlinearities. Phys. Rev. Lett., 2008, 100 (16): 164102.

[317] Friedrich H, Jacoby G, Meister C G. Quantum reflection by Casimir-van der Waals potential tails. Phys. Rev. A, 2002, 65 (3): 032902.

[318] Bludov Y V, Yan Z, Konotop V V. Dynamics of inhomogeneous condensates in contact with a surface. Phys. Rev. A, 2010, 81 (6): 063610.

[319] Yan Z. Localized analytical solutions and parameters analysis in the nonlinear dispersive Gross–Pitaevskii mean-field GP (m, n) model with space-modulated nonlinearity and potential. Stud. Appl. Math., 2014, 132 (3): 266-284.

[320] Pitaevskii L, Stringari S. Bose-Einstein Condensation. Oxford: Oxford University Press, 2003.

[321] Pethick C J, Smith H. Bose-Einstein Condensation in Dilute Gases. Cambridge: Cambridge University Press, 2008.

[322] Kartashov Y V, Malomed B A, Torner L. Solitons in nonlinear lattices. Rev. Mod. Phys., 2011, 83 (1): 247-305.

[323] Midya B. Analytical stable gaussian soliton supported by a parity-time symmetric potential with power-law nonlinearity. Nonlinear Dyn., 2015, 79 (1): 409-415.

[324] Rodrigues A S, Li K, Achilleos V, et al. PT-symmetric double-well potentials revisited: Bifurcations, stability and dynamics. Rom. Rep. Phys., 2013, 65 (1): 5-26.

[325] Bender C M, Wu T T. Analytic structure of energy levels in a field-theory model. Phys. Rev. Lett., 1968, 21 (6): 406-409.

[326] Simon B, Dicke A. Coupling constant analyticity for the anharmonic oscillator. Ann. Phys., 1970, 58 (1): 76-136.

[327] Weniger E J. Construction of the strong coupling expansion for the ground state energy of the quartic, sextic, and octic anharmonic oscillator via a renormalized strong coupling expansion. Phys. Rev. Lett., 1996, 77 (14): 2859-2862.

[328] Bender C M, Monou M. New quasi-exactly solvable sextic polynomial potentials. J. Phys. A, 2005, 38 (10): 2179-2187.

[329] Saad N, Hall R L, Ciftci H. Sextic anharmonic oscillators and orthogonal polynomials. J. Phys. A, 2006, 39 (26): 8477-8486.

[330] Kartashov Y V, Malomed B A, Torner L. Unbreakable PT symmetry of solitons supported by inhomogeneous defocusing nonlinearity. Opt. Lett., 2014, 39 (19): 5641-5644.

[331] Ashkin A, Dziedzic J M, Bjorkholm J E, et al. Observation of a single-beam gradient force optical trap for dielectric particles. Opt. Lett., 1986, 11 (5): 288-290.

[332] Richardson A C, Reihani S N S, Oddershede L B. Non-harmonic potential of a single beam optical trap. Opt. Exp., 2008, 16 (20): 15709-15717.

[333] Rüter C E, Makris K G, El-Ganainy R, et al. Observation of parity-time symmetry in optics. Nature Phys., 2010, 6 (3): 192-195.

[334] Weideman J A C. Spectral differentiation matrices for the numerical solution of Schrödinger equation. J. Phys. A, 2006, 39 (32): 10229-10237.

[335] Malomed B A. Nonlinear optics: Symmetry breaking in laser cavities. Nature Photonics, 2015, 9 (5): 287-289.

[336] Bao W, Du Q. Computing the ground state solution of Bose-Einstein condensates by a normalized gradient flow. SIAM J. Sci. Comput., 2004, 25 (5): 1674-1697.

[337] Zezyulin D A, Kartashov Y V, Konotop V V. Stability of solitons in PT-symmetric nonlinear potentials. Europhys. Lett., 2011, 96 (6): 64003.

[338] Bender C M, Orszag S A. Advanced Mathematical Methods for Scientists and Engineers I: Asymptotic Methods and Perturbation Theory. New York: Springer, 1999.

[339] Yan Z, Chen Y, Wen Z. On stable solitons and interactions of the generalized Gross-Pitaevskii equation with PT-and non-PT-symmetric potentials. Chaos, 2016, 26 (8): 083109.

[340] Chen Y, Yan Z, Li X. One-and two-dimensional gap solitons and dynamics in the PT-symmetric lattice potential and spatially-periodic momentum modulation. Commun. Nonlinear Sci. Numer. Simul., 2018, 55: 287-297.

[341] Lin Y J, Jimenez-Garcia K, Spielman I. Spin-orbit-coupled Bose-Einstein condensates. Nature, 2011, 471 (7336): 83-86.

[342] Zhang Y, Mao L, Zhang C. Mean-field dynamics of spin-orbit coupled Bose-Einstein condensates. Phys. Rev. Lett., 2012, 108 (3): 035302.

[343] Kartashov Y V, Konotop V V, Zezyulin D A. Bose-Einstein condensates with localized spin-orbit coupling: Soliton complexes and spinor dynamics. Phys. Rev. A, 2014, 90 (6): 063621.

[344] Pöschl G, Teller E. Bemerkungen zur quantenmechanik des anharmonischen oszillators. Z. für Phys., 1993, 83 (3-4): 143-151.

[345] Helm J, Cornish S, Gardiner S. Sagnac interferometry using bright matter-wave solitons. Phys. Rev. Lett., 2015, 114 (13): 134101.

[346] Ablowitz M J, Musslimani Z H. Spectral renormalization method for computing self-localized solutions to nonlinear systems. Opt. Lett., 2005, 30 (16): 2140-2142.

[347] Kohn W. Analytic properties of Bloch waves and Wannier functions. Phys. Rev., 1959, 115 (4): 809.

[348] Kotani S. Generalized Floquet theory for stationary Schrödinger operators in one dimension. Chaos Solitons Fractals, 1997, 8 (11): 1817-1854.

[349] Midya B, Roy B, Roychoudhury R. A note on the PT invariant periodic potential. Phys. Lett. A, 2010, 374 (26): 2605-2607.

[350] Chen Y, Yan Z, Mihalache D, et al. Families of stable solitons and excitations in the PT-symmetric nonlinear Schrödinger equations with position-dependent effective masses. Sci. Rep., 2017, 7 (1): 1257.

[351] Chen Y, Yan Z. Stable solitons in the 1D and 2D generalized nonlinear Schrödinger equations with the periodic effective mass and PT-symmetric potentials. Ann. Phys., 2017, 386: 44-57.

[352] Wannier G H. The structure of electronic excitation levels in insulating crystals. Phys. Rev., 1937, 52 (3): 191.

[353] Morrow R A, Brownstein K R. Model effective-mass Hamiltonians for abrupt heterojunctions and the associated wave-function-matching conditions. Phys. Rev. B, 1984, 30 (2): 678.

[354] von Roos O. Position-dependent effective masses in semiconductor theory. Phys. Rev. B, 1983, 27 (12): 7547.

[355] Morrow R A. Establishment of an effective-mass Hamiltonian for abrupt heterojunctions. Phys. Rev. B, 1987, 35 (15): 8074.

[356] Paul S F P, Fouckhardt H. An improved shooting approach for solving the time-independent Schrödinger equation for III/V QW structures. Phys. Lett. A, 2001, 286 (2): 199-204.

[357] Konotop V. On wave propagation in periodic structures with smoothly varying parameters. JOSA B, 1997, 14 (2): 364-369.

[358] Midya B, Roy B, Roychoudhury R. Position dependent mass Schrödinger equation and isospectral potentials: Intertwining operator approach. J. Math. Phys., 2010, 51 (2): 022109.

[359] Förster J, Saenz A, Wolff U. Matrix algorithm for solving Schrödinger equations with position-dependent mass or complex optical potentials. Phys. Rev. E, 2012, 86 (1): 016701.

[360] Burger S, Cataliotti F, Fort C, et al. Superfluid and dissipative dynamics of a Bose-Einstein condensate in a periodic optical potential. Phys. Rev. Lett., 2001, 86 (20): 4447.

[361] Kraemer M, Menotti C, Pitaevskii L, et al. Bose-Einstein condensates in 1D optical lattices. Eur. Phys. J. D, 2003, 27 (3): 247-261.

[362] Eisenberg H, Silberberg Y, Morandotti R, et al. Diffraction management. Phys. Rev. Lett., 2000, 85 (9): 1863.

[363] Longhi S. Quantum-optical analogies using photonic structures. Laser Photonics Rev., 2009, 3 (3): 243-261.

[364] Berry M. Physics of nonHermitian degeneracies. Czech. J. Phys., 2004, 54 (10): 1039-1047.

[365] Bagchi B, Quesne C. sl(2,C) as a complex Lie algebra and the associated non-Hermitian Hamiltonians with real eigenvalues. Phys. Lett. A, 2000, 273 (5-6): 285-292.

[366] Bagchi B, Quesne C, Znojil M. Generalized continuity equation and modified normalization in PT-symmetric quantum mechanics. Mod. Phys. Lett. A, 2001, 16 (31): 2047-2057.

[367] Makris K G, Musslimani Z H, Christodoulides D N, et al. Constant-intensity waves and their modulation instability in non-Hermitian potentials. Nat. Commun., 2015, 6: 7257.

[368] Chen Y, Yan Z. Multi-dimensional stable fundamental solitons and excitations in PT-symmetric harmonic-gaussian potentials with unbounded gain-and-loss distributions. Commun. Nonlinear Sci. Numer. Simulat., 2018, 57: 34-46.

[369] Chen Y, Yan Z. Stable parity-time-symmetric nonlinear modes and excitations in a derivative nonlinear Schrödinger equation. Phys. Rev. E, 2017, 95 (1): 012205.

[370] Shen J, Tang T. Spectral and High-Order Methods with Applications. Beijing: Science Press, 2006.

[371] Malomed B, Torner Sabata L, Wise F, et al. On multidimensional solitons and their legacy in contemporary atomic, molecular and optical physics. J. Phys. B, 2016, 49 (17): 170502.

[372] Li X, Chen Y, Yan Z. Fundamental solitons and dynamical analysis in the defocusing kerr medium and PT-symmetric rational potential. Nonlinear Dyn., 2018, 91 (2): 853-861.

[373] Mayteevarunyoo T, Malomed B A, Reoksabutr A. Solvable model for solitons pinned to a parity-time-symmetric dipole. Phys. Rev. E, 2013, 88 (2): 022919.

[374] Chen Y, Yan Z, Mihalache D. Stable flat-top solitons and peakons in the PT-symmetric δ-signum potentials and nonlinear media. Chaos, 2019, 29 (8): 083108.

[375] Karjanto N, Hanif W, Malomed B A, et al. Interactions of bright and dark solitons with localized PT-symmetric potentials. Chaos, 2015, 25 (2): 023112.

[376] Chen Y, Yan Z. Solitonic dynamics and excitations of the nonlinear Schrödinger equation with third-order dispersion in non-Hermitian PT-symmetric potentials. Sci. Rep., 2016, 6: 23478.

[377] Chen Y, Yan Z. Stable parity-time-symmetric nonlinear modes and excitations in a derivative nonlinear Schrödinger equation. Phys. Rev. E, 2017, 95 (1): 012205.

[378] Tzoar N, Jain M. Self-phase modulation in long-geometry optical waveguides. Phys. Rev. A, 1981, 23 (3): 1266.

[379] Anderson D, Lisak M. Nonlinear asymmetric self-phase modulation and self-steepening of pulses in long optical waveguides. Phys. Rev. A, 1983, 27 (3): 1393.

[380] Chen X J, Lam W K. Inverse scattering transform for the derivative nonlinear Schrödinger equation with nonvanishing boundary conditions. Phys. Rev. E, 2004, 69 (6): 066604.

[381] Mio K, Ogino T, Minami K, et al. Modified nonlinear Schrödinger equation for Alfvén waves propagating along the magnetic field in cold plasmas. J. Phys. Soc. Jpn., 1976, 41 (1): 265-271.

[382] Mjølhus E. On the modulational instability of hydromagnetic waves parallel to the magnetic field. J. Plasma Phys., 1976, 16 (3): 321-334.

[383] Ruderman M S. DNLS equation for large-amplitude solitons propagating in an arbitrary direction in a high-β hall plasma. J. Plasma Phys., 2002, 67 (4): 271-276.

[384] Spatschek K, Shukla P, Yu M. Filamentation of lower-hybrid cones. Nucl. Fusion, 1978, 18 (2): 290.

[385] Steudel H. The hierarchy of multi-soliton solutions of the derivative nonlinear Schrödinger equation. J. Phys. A, 2003, 36 (7): 1931.

[386] Kaup D J, Newell A C. An exact solution for a derivative nonlinear Schrödinger equation. J. Math. Phys., 1978, 19 (4): 798-801.

[387] Chen H, Lee Y, Liu C. Integrability of nonlinear Hamiltonian systems by inverse scattering method. Phys. Scr., 1979, 20 (3-4): 490.

[388] Kawata T, Kobayashi N, Inoue H. Soliton solutions of the derivative nonlinear Schrödinger equation. J. Phys. Soc. Jpn., 1979, 46 (3): 1008-1015.

[389] Bergé L. Self-focusing dynamics of nonlinear waves in media with parabolic-type inhomogeneities. Phys. Plasmas, 1997, 4 (5): 1227-1237.

[390] Bergé L, Skupin S. Modeling ultrashort filaments of light. DCDS, 2009, 23 (4): 1099-1139.

[391] Bergé L, Rasmussen J J, Wyller J. Dynamics of localized solutions to the Raman-extended derivative nonlinear Schrödinger equation. J. Phys. A, 1996, 29 (13): 3581.

[392] Hesthaven J S, Rasmussen J J, Bergé L, et al. Numerical studies of localized wavefields governed by the Raman-extended derivative nonlinear Schrödinger equation. J. Phys. A, 1997, 30 (23): 8207.

[393] Siegman A. Lasers. Sausalito: University Science Books, 1986.

[394] Saleh M F, Marini A, Biancalana F. Shock-induced PT-symmetric potentials in gas-filled photonic-crystal fibers. Phys. Rev. A, 2014, 89 (2): 023801.

[395] Coste C. Nonlinear Schrödinger equation and superfluid hydrodynamics. Eur. Phys. J. B, 1998, 1 (2): 245-253.

[396] Kodama Y. Optical solitons in a monomode fiber. J. Stat. Phys., 1985, 39 (5-6): 597-614.

[397] Yan Z, Dai C. Optical rogue waves in the generalized inhomogeneous higher-order nonlinear Schrödinger equation with modulating coefficients. J. Opt., 2013, 15 (6): 064012.

[398] Wang S, Mussot A, Conforti M, et al. Optical event horizons from the collision of a soliton and its own dispersive wave. Phys. Rev. A, 2015, 92 (2): 023837.

[399] Bhat N, Sipe J. Optical pulse propagation in nonlinear photonic crystals. Phys. Rev. E, 2001, 64 (5): 056604.

[400] Colman P, Husko C, Combrié S, et al. Temporal solitons and pulse compression in photonic crystal waveguides. Nat. Photonics, 2010, 4 (12): 862.

[401] Mihalache D, Truta N, Crasovan L C. Painlevé analysis and bright solitary waves of the higher-order nonlinear Schrödinger equation containing third-order dispersion and self-steepening term. Phys. Rev. E, 1997, 56 (1): 1064.

[402] Robertson S, Leonhardt U. Frequency shifting at fiber-optical event horizons: The effect of Raman deceleration. Phys. Rev. A, 2010, 81 (6): 063835.

[403] Chen Y, Yan Z, Liu W. Impact of nearly-PT symmetry on exciting solitons and interactions based on a complex Ginzburg-Landau model. Opt. Exp., 2018, 26 (25): 33022-33034.

[404] Aranson I S, Kramer L. The world of the complex Ginzburg-Landau equation. Rev. Mod. Phys., 2002, 74 (1): 99.

[405] Ipsen M, Kramer L, Sørensen P G. Amplitude equations for description of chemical reaction–diffusion systems. Phys. Rep., 2000, 337 (1): 193-235.

[406] van Hecke M. Coherent and incoherent structures in systems described by the 1d cgle: Experiments and identification. Physica D, 2003, 174 (1): 134-151.

[407] Ferreira M F, Facao M M, Latas S C. Stable soliton propagation in a system with spectral filtering and nonlinear gain. Fiber Integrated Opt., 2000, 19 (1): 31-41.

[408] Mandel P, Tlidi M. Transverse dynamics in cavity nonlinear optics. J. Opt. B, 2004, 6 (9): R60.

[409] Rosanov N, Fedorov S, Shatsev A. Two-dimensional laser soliton complexes with weak, strong, and mixed coupling. Appl. Phys. B, 2005, 81 (7): 937-943.

[410] Weiss C, Larionova Y. Pattern formation in optical resonators. Rep. Prog. Phys., 2007, 70 (2): 255.

[411] Akhmediev N, Soto-Crespo J, Grelu P. Spatiotemporal optical solitons in nonlinear dissipative media: From stationary light bullets to pulsating complexes. Chaos, 2007, 17 (3): 037112.

[412] He Y, Mihalache D. Soliton dynamics induced by periodic spatially inhomogeneous losses in optical media described by the complex Ginzburg-Landau model. J. Opt. Soc. Am. B, 2012, 29 (9): 2554-2558.

[413] Akhmediev N, Ankiewicz A, Soto-Crespo J. Multisoliton solutions of the complex Ginzburg-Landau equation. Phys. Rev. Lett., 1997, 79 (21): 4047.

[414] Akhmediev N, Soto-Crespo J M. Exploding solitons and Shil'nikov's theorem. Phys. Lett. A, 2003, 317 (3): 287-292.

[415] Soto-Crespo J M, Akhmediev N. Exploding soliton and front solutions of the complex cubic–quintic Ginzburg–Landau equation. Math. Comput. Simul, 2005, 69 (5): 526-536.

[416] Tsoy E N, Akhmediev N. Bifurcations from stationary to pulsating solitons in the cubic–quintic complex Ginzburg–Landau equation. Phys. Lett. A, 2005, 343 (6): 417-422.

[417] Akhmediev N, Soto-Crespo J M, Town G. Pulsating solitons, chaotic solitons, period doubling, and pulse coexistence in mode-locked lasers: Complex Ginzburg-Landau equation approach. Phys. Rev. E, 2001, 63 (5): 056602.

[418] Skarka V, Aleksić N, Leblond H, et al. Varieties of stable vortical solitons in Ginzburg-Landau media with radially inhomogeneous losses. Phys. Rev. Lett., 2010, 105 (21): 213901.

[419] Mihalache D, Mazilu D, Lederer F, et al. Stable spatiotemporal solitons in Bessel optical lattices. Phys. Rev. Lett., 2005, 95 (2): 023902.

[420] Mihalache D, Mazilu D, Lederer F, et al. Stability of dissipative optical solitons in the three-dimensional cubic-quintic Ginzburg-Landau equation. Phys. Rev. A, 2007, 75 (3): 033811.

[421] He Y, Malomed B A. Accessible solitons in complex Ginzburg-Landau media. Phys. Rev. E, 2013, 88 (4): 042912.

[422] Soto-Crespo J M, Akhmediev N, Chiang K S. Simultaneous existence of a multiplicity of stable and unstable solitons in dissipative systems. Phys. Lett. A, 2001, 291 (2): 115-123.

[423] Li X, Yan Z. Stability, integrability, and nonlinear dynamics of PT-symmetric optical couplers with cubic cross-interactions or cubic-quintic nonlinearities. Chaos, 2007, 27 (1): 013105.

[424] Barashenkov I V, Jackson G S, Flach S. Blow-up regimes in the $\mathcal{PT}$-symmetric coupler and the actively coupled dimer. Phys. Rev. A, 2013, 88 (5): 053817.

[425] Barashenkov I V. Hamiltonian formulation of the standard $\mathcal{PT}$-symmetric nonlinear Schrödinger dimer. Phys. Rev. A, 2014, 90 (4): 045802.

[426] Barashenkov I V, Gianfreda M. An exactly solvable $\mathcal{PT}$-symmetric dimer from a Hamiltonian system of nonlinear oscillators with gain and loss. J. Phys. A, 2014, 47 (28): 282001.

[427] Barashenkov I V, Pelinovsky D E, Dubard P. Dimer with gain and loss: Integrability and $\mathcal{PT}$-symmetry restoration. J. Phys. A, 2015, 48 (32): 325201.

[428] Sukhorukov A A, Xu Z, Kivshar Y S. Nonlinear suppression of time reversals in $\mathcal{PT}$-symmetric optical couplers. Phys. Rev. A, 2010, 82 (4): 043818.

[429] Miroshnichenko A E, Malomed B A, Kivshar Y S. Nonlinearly $\mathcal{PT}$-symmetric systems: Spontaneous symmetry breaking and transmission resonances. Phys. Rev. A, 2011, 84 (1): 012123.

[430] Alexeeva N V, Barashenkov I V, Rayanov K, et al. Actively coupled optical waveguides. Phys. Rev. A, 2014, 89 (1): 013848.

[431] Ramezani H, Kottos T, El-Ganainy R, et al. Unidirectional nonlinear $\mathcal{PT}$-symmetric optical structures. Phys. Rev. A, 2010, 82 (4): 043803.

[432] Li K, Kevrekidis P G. $\mathcal{PT}$-symmetric oligomers: Analytical solutions, linear stability, and nonlinear dynamics. Phys. Rev. E, 2011, 83 (6): 066608.

[433] Li K, Zezyulin D A, Konotop V V, et al. Parity-time-symmetric optical coupler with birefringent arms. Phys. Rev. A, 2013, 87 (3): 033812.

[434] Cuevas J, Kevrekidis P G, Saxena A, et al. $\mathcal{PT}$-symmetric dimer of coupled nonlinear oscillators. Phys. Rev. A, 2013, 88 (3): 032108.

[435] Pelinovsky D E, Zezyulin D A, Konotop V V. Nonlinear modes in a generalized $\mathcal{PT}$-symmetric discrete nonlinear Schrödinger equation. J. Phys. A, 2014, 47 (8): 085204.

[436] Kevrekidis P G, Pelinovsky D E, Tyugin D Y. Nonlinear dynamics in PT-symmetric lattices. J. Phys. A, 2013, 46 (36): 365201.

[437] Hassan A U, Hodaei H, Miri M A, et al. Integrable nonlinear parity-time-symmetric optical oscillator. Phys. Rev. E, 2016, 93 (4): 042219.

[438] Picozzi A, Haelterman M. Parametric three-wave soliton generated from incoherent light. Phys. Rev. Lett., 2001, 86 (10): 2010-2013.

[439] Picozzi A, Montes C, Haelterman M. Coherence properties of the parametric three-wave interaction driven from an incoherent pump. Phys. Rev. E, 2002, 66 (5): 056605.

《现代数学基础丛书》已出版书目

(按出版时间排序)